高等教育质量工程信息技术系列示范教材

# 计算机组成原理教程

## （第7版）

张基温 编著

清华大学出版社
北京

## 内 容 简 介

本书是一本面向应用型专业的计算机组成原理教材，全书共分 7 章。第 1 章帮助读者快速、轻松并深刻地建立计算机系统的整体概念并了解现代计算机硬件的测试技术与工具；第 2 章介绍计算机的存储体系，并着重介绍 DRAM 的内部操作对性能参数的影响；第 3 章介绍计算机总线系统和主板的有关知识；第 4 章介绍计算机的输入输出及其控制技术；第 5 章介绍计算机核心部件——控制器的工作原理和基本设计方法；第 6 章从架构层面介绍处理器中的并行技术；第 7 章介绍人们在非冯·诺依曼体系结构和非硅晶体元器件两个方面的探索。

本书概念清晰，深入浅出，取材新颖，从知识建构、启发思维和适合教学的角度组织学习内容，同时不过多依赖先修课程。本书经过 6 次修订，更贴近实际，更适合教学，可供应用型院校本科计算机科学与技术专业、软件工程专业、信息安全专业、网络工程专业、信息管理和信息系统专业和其他相关专业使用，也可以供有关工程技术人员和自学者使用。



**图书在版编目(CIP)数据**

计算机组成原理教程/张基温编著. —7 版. —北京：清华大学出版社，2017
(高等教育质量工程信息技术系列示范教材)
ISBN 978-7-302-47629-0

Ⅰ. ①计…　Ⅱ. ①张…　Ⅲ. ①计算机组成原理－高等学校－教材　Ⅳ. ①TP301

中国版本图书馆 CIP 数据核字(2017)第 153990 号

**责任编辑**：白立军　战晓雷
**封面设计**：常雪影
**责任校对**：时翠兰
**责任印制**：王静怡

**出版发行**：清华大学出版社
**网　　址**：http://www.tup.com.cn，http://www.wqbook.com
**地　　址**：北京清华大学学研大厦 A 座　　**邮　　编**：100084
**社 总 机**：010-62770175　　**邮　　购**：010-62786544
**投稿与读者服务**：010-62776969，c-service@tup.tsinghua.edu.cn
**质量反馈**：010-62772015，zhiliang@tup.tsinghua.edu.cn
**课件下载**：http://www.tup.com.cn，010-62795954
**印 装 者**：三河市金元印装有限公司
**经　　销**：全国新华书店
**开　　本**：185mm×260mm　　**印　　张**：23.5　　**字　　数**：561 千字
**版　　次**：1998 年 1 月第 1 版　2017 年 7 月第 7 版　　**印　　次**：2017 年 7 月第 1 次印刷
**印　　数**：1～2000
**定　　价**：49.00 元

产品编号：069514-01

# 第7版前言

（一）

计算机技术是人类倾注了心血并还在投入更大心血的一个领域，也使它成为竞争最为激烈的领域之一，呈现出日新月异的特征。作为这个领域的一门教材，不应当胶柱鼓瑟，而必须与时俱进，这是笔者在每一版修订时都思考的一个重要方面。本书从第4版开始增加了未来计算机展望一章，在第6版的第2章中增加了DRAM内部操作与性能参数一节，本次修订中对第7章的内容进行了部分更新等，都是基于这一考虑的。

目前，国内已经有一些计算机组成原理的教材，但是多数是面向计算机设计的。本书则想写成一本面向应用的教材，目的是让读者能从应用的角度来了解计算机的组成及其工作原理。为此，本书从第5版起增加了对计算机性能有重要影响的总线与主板一章，在本次修订中则在第1章增加了计算机性能测试工具和天梯图的内容。

（二）

计算机作为人类历史上最伟大的工具之一，是全人类智慧的结晶，其中包含了中华民族历史上和现代的巨大贡献。让读者了解这些事实，不仅是为了还原历史的真实，还在于这些事实折射出来的逻辑思维精华有启迪思维、激励创新、增强自信之效能。这是我写这本书时一直坚持的一个原则。

本书作为一本教材，希望能做到好教又好学。为此，本次修订除在文字上进行了一些修改外，还从结构上进行了一些调整。

（三）

计算机俗称电脑，顾名思义，它就是一种模拟人脑的机器。模拟可以从两个方面进行：结构模拟和功能模拟。现在要用计算机从结构的角度模拟人脑还有许多问题没有解决，只能从功能模拟的角度进行，即由一些功能部件来模拟人脑的功能。因此，计算机组成原理作为计算机科学与技术及其相关专业的一门必修核心课程，对于它的学习应当从建立计算机的组成部件与人的大脑功能之间的联系开始，然后再对这两者的工作过程加以区别。这是我要与初学者共享的一点心得。

（四）

在本次修订中，作者参考了其他一些著作和网络作品。尽管本人尽力将它们对本书的贡献通过参考文献来表明，但由于有些内容（特别是网站内容）出处不明或作者难以查考，因而疏漏之处在所难免。在此，谨向为本书提供了帮助的各位深表谢意，并向由于上述原因未能列入参考文献的文章作者表示歉意。同时，还要感谢在本次修订中参加了部分写作工作的赵忠孝、姚威、张展为、史林娟、戴璐、张友明、张秋菊、陈觉、董兆军。

本书的修订仍不会画上句号。本人诚恳地希望阅读过本书的专家、老师和学生能无保留地提出批评意见和建议，帮助本人把这本书修订得更好。

张基温

2017 年 4 月

# 目　录

# 第1章 计算机系统概述

人类生存在资源环境中。人类社会的发展过程是一个不断提高资源开发能力的过程。这种能力表现在知识水平和工具水平两个方面。

不同的时代，囿于认识水平、科学技术水平、生产力水平和制造能力的限制，人类对于工具的需求和开发重心有所不同。从原始时代到工业时代的漫长岁月中，人们迫于生存的压力，资源开发的重心先是放在物资资源上，后来扩展到能源资源。在这一漫长的时期，工具的开发重心主要在扩展和延伸四肢的机能上面。而只有到了科学技术发展到较高水平，人类的制造能力使工具从外力驱动进步到内力驱动再进步到自动工作时，信息资源开发能力才成为社会生产力水平的重要标志，以计算机为核心的信息处理与传播工具才作为智力扩展和延伸的工具，成为人类的宠儿。

人类对工具的开发是从对于人体器官功能的模拟和放大开始的。人们将计算机俗称为电脑，就说明了计算机是从模拟和放大人脑功能的工具。简单地说，模拟有两种途径：结构模拟和功能模拟。目前人类的模拟水平还基本处于功能模拟阶段。因此，对于计算机组成原理的学习也应当从这里起步。

## 1.1 计算工具的进步轨迹

纵观计算工具的发展历史，人类计算工具已经经历了算筹、算盘、计算尺、手摇计算机、电动计算机、真空管计算机、晶体管计算机、大规模集成电路计算机阶段，正在向生物计算、光计算、量子计算等方向探索。从需求的角度看，其发展主要面向3个方面：提高计算能力(计算速度和精度等)，提高计算的可用性与方便性，实现自动计算以减轻人的计算负担。

通过进一步分析还可以看出，计算机的发展是从两个方面不断向前推进的：计算机体系结构的发展和元器件技术的进步。

### 1.1.1 神奇的算盘和算筹——软件与硬件的起源

#### 1. 从记数到计数再到计算

人类计算工具的开发是从记数开始的。在原始社会，为了扩展大脑的记忆能力，人们采用了结绳记事、石子记事、刻木记事的方法，如图1.1所示。那时，人类对于“数”的概念最初只有“一、二、多”，还不能精确地区别数量。后来随着生产力的发展，剩余物质开始增多，数的概念也开始扩充，计算工具从记数走向计数。计数就是对数进行度量，是一种简单的计算。经过漫长的岁月，数制不断完善，形成两大类型的数制：位值数制(进位记数制)和迭加数制(非进位记数制)。

迭加数制的代表是罗马数制，它也规定了一套符号，每个符号代表不同的数值，并且与

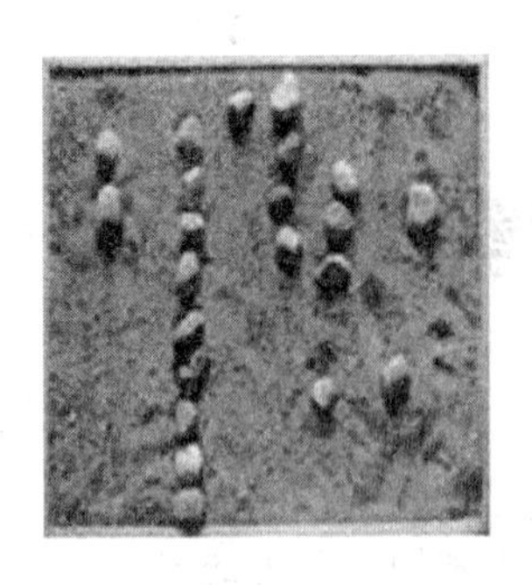

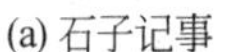

(a) 石子记事

(b) 结绳记事

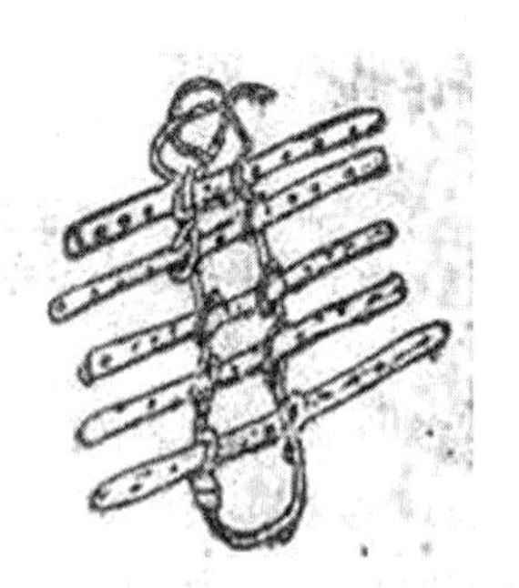

(c) 刻木记事

图 1.1　古代记事方法

位置无关。位值数制也称位权数制，它规定了一套符号，每个符号表示的数不同，并且每个符号在不同数位上所代表的值也不相同。这些计数符号是对自然现象的抽象，如十个手指，一年中月圆月缺的次数，将一件物品二分、二分、再二分得到的数量等，在此基础上产生了十进制(古代中国、古埃及以及古巴比伦记数体系)、十二进制(中国的十二地支)、十六进制(中国旧秤十六两为一斤)、六十进制(中国的十天干——甲、乙、丙、丁、戊、己、庚、辛、壬、癸与十二地支——子、丑、寅、卯、辰、巳、午、未、申、酉、戌、亥组合而成的时间记数以及古巴比伦的另一种记数体系)等应运而生。其中应用最广泛的是十进制，可以说它是基于手算的产物。

人的手指是有限的。随着数的概念的进一步扩充，人们开始扩充和延伸手指的记数功能。算盘就是一种用来扩展手指运算功能的计算工具。它通过对算珠按一定规则的排列来表示数字。根据 1976 年 3 月在陕西岐山县发掘出的西周陶丸推测，远在周代(3000 多年前)中国已经在使用算珠进行计算。迄今发现的关于珠算的最早记载则出现在东汉徐岳所著的《数术记遗》一书中，该书收集了我国汉代以前的 14 种计算形式：积算、太一、两仪、三才、五行、八卦、九宫、运筹、了知、成数、把头、龟算、珠算、计算，其中关于珠算的记载为："珠算：控带四时，经纬三才。"北周数学家甄鸾的注释为："刻板为三分，其上下二分以停游珠，中间一分以定算位。位各五珠，上一珠与下四珠色别。其上别色之珠当五；其下四珠，珠各当一。至下四珠所领，故云'控带四时'。其珠游于三方之中，故云'经纬三才'也。"图 1.2 为游珠算板的推想图。它将刻板分为 3 段，每位上都有 5 颗珠子，其中一个珠子(称上珠)与其他 4 颗(称下珠)颜色不同。它所采用的五升十进制，就是对人两只手、十个指头的模拟和放大。后来为了便于携带，人们把珠子串起来，并进一步改进，就成了图 1.3 所示的算盘。

图 1.2　游珠算板

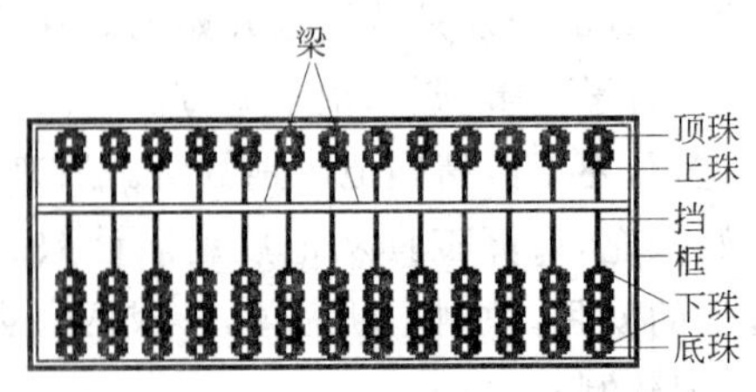


图 1.3　算盘

算盘多采用上二下五的结构，使其既可按照十进制进行计算，又可按十六进制进行计算(每位上所有珠子的总和为 15，满 16 则向左进 1)，因为中国古代的重量单位中，一斤等于 16 两。北宋著名画家张择端的大作《清明上河图》左端的“赵太丞家”药铺柜台上所放置的算盘(见图 1.4)不仅能用于计算一服药的银两，还能用于每日、每月、每年的账目核算和统计。

图 1.4 《清明上河图》的“赵太丞家”药铺

中国古代长期使用的另一种用来模拟和放大手指运算的工具称为算筹。中国古代数学家祖冲之(429—500 年，字文远，南北朝时期著名数学家、天文学家，见图 1.5)就是使用这种计算工具将圆周率计算到了小数点后 7 位。早期的算筹是用树枝或竹节等制成的，后来经过细致加工成为专用的计算工具(见图 1.6(a))。算筹也采用五升十进制，用 5 根算筹就可以表示 0～9 中任何一个数，大于 9 的数向左进一位。如图 1.6(b)所示，数字有纵式和横式两种表示方式。《夏侯阳算经》中说：“一纵十横，百立千僵，千十相望，万百相当。满位以上，五在上方，六不积算，五不单张。”意思是，纵式表示个、百、万位，横式表示十、千、十万位，空位表示零。这样，就可以用算筹表示出任意大的自然数了。图 1.6(c)为 3 个记数实例。这种记数工具被称为算筹或算子，因为它不仅可以表示任何自然数，还能够进行加、减、乘、除、乘方、开方等复杂的计算。图 1.6(d)为用算筹进行计算的实例。在漫长的历史中，中国无数人使用这种计算工具进行了各种计算。

图 1.5 祖冲之

(a) 算筹

| 数字<br>形式 | 1 | 2 | 3 | 4 | 5 | 6 | 7 | 8 | 9 |
|---|---|---|---|---|---|---|---|---|---|
| 纵式 | 𝍠 | 𝍡 | 𝍢 | 𝍣 | 𝍤 | 𝍥 | 𝍦 | 𝍧 | 𝍨 |
| 横式 | 𝍩 | 𝍪 | 𝍫 | 𝍬 | 𝍭 | 𝍮 | 𝍯 | 𝍰 | 𝍱 |

(b) 算筹表示数字的两种方式

5 4 2 8　　3 2 5 9 1　　6 0 8 3 7 9 2 4

(c) 算筹记数实例

2 3 5 6 + 4 7 8 9 = 7 1 4 5

(d) 算筹计算实例

图 1.6　筹算

在中国古代，算筹和算盘长期共存在不同的地域或人群中。它们互相影响，互相借鉴。早期算筹流行较广。后来游珠算盘被改进，算珠被串在一起，携带和使用变得方便起来，到了明代已成为主流计算工具。

### 2. 口诀——最早的计算程序语言

算筹与算盘除了都采用五升十进制外，还有一个重要的共同之处是它们的计算过程都要依据口诀（歌诀）进行。例如，朱世杰《算学启蒙》（1299 年）卷上的“归除歌诀”为：“一归如一进，见一进成十。二一添作五，逢二进成十。三一三十一，三二六十二，逢三进成十。四一二十二，四二添作五，四三七十二，逢四进成十。五归添一倍，逢五进成十。六一下加四，六二三十二……九归随身下，逢九进成十。”这些口诀是布筹或拨珠的依据，它们可以简化计算过程，便于传播，是人类计算工具史上最早的用于计算的专门语言——计算程序设计语言。图 1.7 为一本民国时期的珠算口诀书。用这种计算程序设计语言可以编制计算问题的歌诀，即程序。例如，用算盘计算 42＋39 的口诀为：

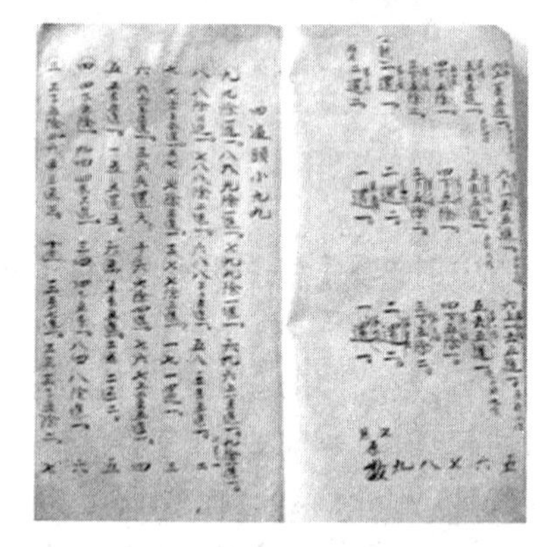

图 1.7　一本民国时期的珠算口诀书

三下五去二（十位上要加 3，应在上挡下来一个珠，即 5，再去掉 2）。

九去一进一（个位上要加 9，应先去掉一个 1，再向左进 1）。

这是世界上最早的、成系统的、意识明确的程序设计工作。这种思想实际上是把一个计算过程分成两部分：设计程序和执行程序，形成计算工具的两大要素——软件和硬件，并用软件——程序来控制硬件的工作过程。这样，就可以在相对简单的硬件上通过软件实现更多的复杂计算。这实际上也是现代计算机的基本结构。2013 年 12 月 4 日，联合国教科文组织将具有1800年历史的珠算正式列入人类非物质文化遗产名录。

**3. 讨论：算盘和算筹如何才能实现自动计算**

现代计算机可以自动执行程序，而算盘和算筹不能自动执行程序，布筹、拨珠都必须人工进行，计算者被绑定在计算过程中。那么，算盘和算筹如何才能不要人全程干预而自动实现计算过程呢？

(1) 算盘和算筹要由人——外动力进行拨珠、布筹。若算盘和算筹具有内动力，自己会动，就为自动计算提供了一个先决条件。

(2) 算盘和算筹的计算程序是由人脑下达的，是存储在人脑中的，对于算盘和算筹来说，是一种外程序方式。即使算盘和算筹可以有内动力，还要外部控制，这是其不能自动完成计算过程的另一个重要原因。假如算盘和算筹能有内程序——自己能记住程序，并由自己所记住的程序控制拨珠、布筹，那么就可以自动计算了。

### 1.1.2 提花机的启示与巴贝奇分析机——内程序计算机的最早实践

1812年，英国年轻学者巴贝奇(Charles Babbage，1792—1871，见图1.8)正在踌躇满志地思考如何用机器计算代替耗费了大量人力财力还错误百出的《数学用表》时，从法国的Jacquard提花机中得到启发，开始研究自动计算机，从此奠定了自动计算机的基本理论。

所谓提花，就是在织物上织出图案花纹。在我国出土的战国时代墓葬物品中，就有许多用彩色丝线编织的漂亮花布。所有的绸布都是用经线(纵向线)和纬线(横向线)编织而成的。只要在适当位置一根一根地“提”起一部分经线，让滑梭牵引着纬线通过，就可以织出花纹来。但是要按预先设计好的图案确定在哪个位置提起哪条经线，是一件极为费心、极为烦琐的工作。如何让机器自己知道该在何处提线，而不需要人去死记呢？最先解决了这个难题的是西汉年间钜鹿县纺织工匠陈宝光的妻子。据史书记载，她发明了一种称为“花本”的装置，用来控制提花机经线起落。图1.9为明代宋应星所著的《天工开物》中的一幅提花机的示意图。图中高耸于织机上部的部分称为“花楼”，其主要由丝线结成的花本组成。织造时，由两人配合操作，一人坐在花楼之上(古时称挽花工)，口唱手拉，按提花纹样逐一提综开口，另一人(古时称织花工)脚踏地综，投梭打纬。

图1.8 巴贝奇

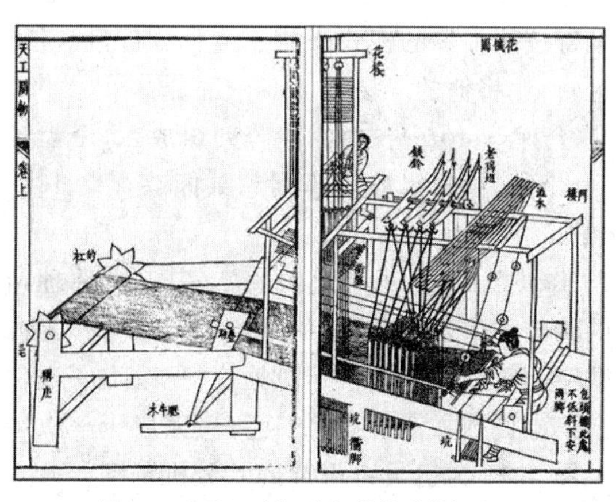

图1.9 《天工开物》中记载的明代提花机

采用花楼可以大幅提高提花机的工作效率。据史书记载，西汉年间的纺织工匠已能熟练掌握提花机技术，在配置了120根经线的情况下，平均60天即可织成一匹花布。

提花机是中国人的伟大发明，约在11～12世纪沿着丝绸之路传到欧洲。1725年法国纺织机械师布乔(B. Bouchon)想出用打孔纸带代替花本的主意，设计了一种新式提花机(见图1.10)。他设想根据图案在纸带上打出一排排小孔，并把它压在编织针上。启动机器后，正对着小孔的编织针能穿过去钩起一根经线，于是编织针就能自动按照预先设计的图案去挑选经线，织出花纹。这一思想在80年后(大约在1801年)由另一位法国机械师杰卡德(J. Jacquard，1752—1834)实现，完成了“自动提花编织机”的设计制作。这种提花机也被称作杰卡德提花机。杰卡德提花机实际上就是把编织图案的程序存储在了穿孔金属卡片上(见图1.11)，然后用穿孔金属卡片控制经线，织出图案。杰卡德的一大杰作就是用黑白丝线织成的自画像，为此使用了大约1万张卡片。

图1.10　Bouchon打孔纸带提花机的原理

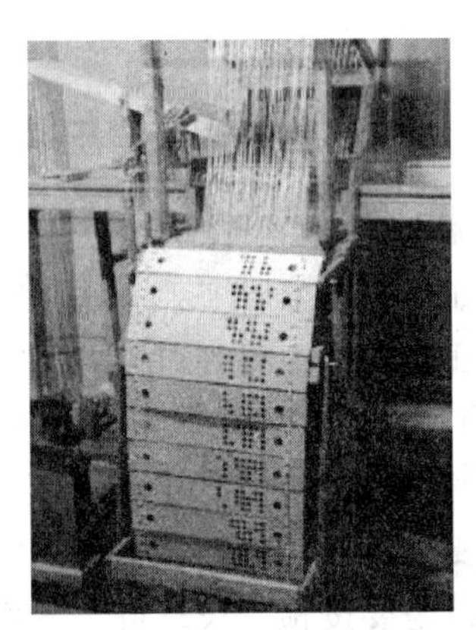

图1.11　杰卡德提花机的局部

巴贝奇从杰卡德提花机中得到了灵感，开始制作一台“差分机”。所谓“差分”，是把函数表的复杂算式转化为差分运算，用简单的加法代替平方运算。他耗费了整整十年光阴，于1822年完成了第一台差分机。差分机已经闪烁出了程序控制的灵光——它能够按照设计者的意图，自动处理不同函数的计算过程。此后，巴贝奇接着投入了一台更大的差分机的制作中。1834年巴贝奇又构想了一种新型的分析机(analytical engine，见图1.12)。

巴贝奇按照工场的模式来构建这台分析机。他打算用蒸汽机为内动力，驱动大量的齿轮机构运转，并将他的工场分为5个部分：

(1)“仓库”(store)。由齿轮阵列组成，每个齿轮可存储10个数，齿轮组成的阵列总共能够存储1000个50位数。

(2)“作坊”(mill)——“运算室”。其基本原理与帕斯卡的转轮相似，用齿轮间的啮合、旋转、平移等方式进行数字运算。为了加快运算速度，他改进了进位装置，使得50位数加50位数的运算可完成于一次转轮之中。图1.13为巴贝奇设计的差分机草图。

图1.12　巴贝奇分析机复制品

(3) 第3部分巴贝奇没有为它具体命名,其功能是以杰卡德穿孔卡片中的有孔和无孔来控制运算操作的顺序。他甚至还考虑把某一步运算的结果也用有孔或无孔表示,以便决定下一步的操作。例如某步计算达到某个预期,就执行加,否则执行减。用今天的术语来描述,它无疑是一个控制机构。

(4) 印刷厂,用来将计算结果印刷出来。

(5) 穿孔卡片,用于输入数据和程序。图1.14为分析机使用的输入穿孔卡片。

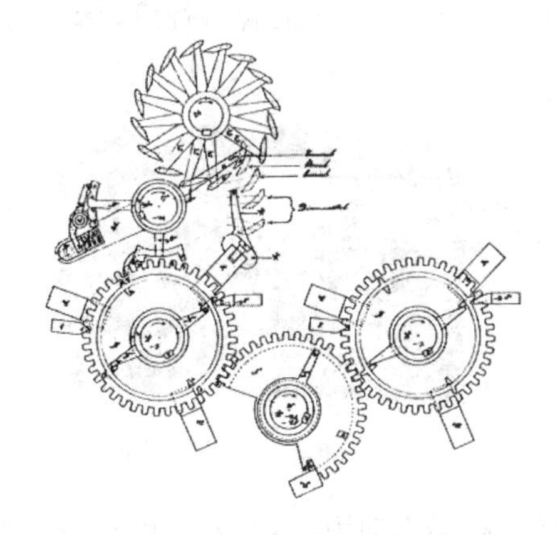

图1.13 巴贝奇设计的差分机草图

图1.14 分析机输入穿孔卡片

此外,巴贝奇还构思了在“仓库”和“作坊”之间不断往返运输数据的部件。

通过分析,人们惊奇地发现,巴贝奇的设计已经初步具备现代计算机的基本结构:存储器(仓库)、运算器(作坊)、控制器(穿孔卡片及其阅读设备)、输入输出设备(卡片穿孔设备、印刷厂)和总线(运输数据部件)。这种结构可以让计算机记住程序并按照程序的规定控制计算机的运算和输入输出。现代计算机也正是按照这样的方式工作的。因此,国际计算机界公认巴贝奇为当之无愧的计算机之父。

可惜的是,由于制作技术条件的限制和经费拮据,直到1871年去世,巴贝奇也没有把这台分析机制造出来。不过,他却为后人留下了一份极其珍贵的精神遗产:30种不同设计方案,近2000张组装图和50 000张零件图……更包括那种在逆境中自强不息,为追求理想奋不顾身的拼搏精神。

## 1.1.3 帕斯卡加法器——内动力计算机的尝试

### 1. 从帕斯卡加法器到布什的微分分析仪

巴贝奇的蓝图极好,但为什么不能实现呢?除了制作技术的制约外,还有一个关键因素是他设想的蒸汽机难以与其他元件匹配。

从内动力的角度看计算机发展轨迹,应当从17世纪的法国科学家帕斯卡(Blaise Pascal,1623—1662,见图1.15)制造的加法器说起。

图1.15 帕斯卡

帕斯卡于1623年出生在法国的一位税务官家庭。他3岁丧母，由父亲抚养长大，所以从小就对父亲一往情深。处于工业革命潮流中的小帕斯卡也对研究充满激情。他目睹着年迈的父亲每天计算税率、税款的艰辛，决心用一种机器让父亲从中解脱。19岁那年，他发明了一台机械计算机。由于它只能够做加法和减法，所以后人也将这种机器称为帕斯卡加法器(Pascaline)。如图1.16所示，帕斯卡加法器外形像一个长方盒子，外壳面板上有6个显示数字的小窗口和对应的6个轮子，分别代表个位、十位、百位、千位、万位、十万位。用铁笔拨动转轮以输入数字。如图1.17所示，其内部是一种系列齿轮组成的装置。当齿轮朝9转动时，棘爪便逐渐升高；一旦齿轮转到0，棘爪就“咔嚓”一声跌落下来，推动十位数的齿轮前进一挡，实现“逢十进一”。

图1.16　帕斯卡加法器的外形

图1.17　帕斯卡加法器的内部

帕斯卡加法器与先前的计算工具的不同之处是它有了内动力，不过它的内动力非常简单，就是使用了钟表中的发条。尽管如此，这也是一个非常了不起的进步。为了纪念帕斯卡的贡献，1971年人们将一种计算机程序设计语言用他的名字命名，这就是在计算机语言史上占有重要地位的Pascal语言。

帕斯卡逝世后不久，德国伟大的数学家莱布尼兹(Gottfried Wilhelm Leibniz，1646—1716，见图1.18)发现一篇帕斯卡撰写的关于加法器的论文，激起他强烈的发明欲望。他利用乘是加的重复、除是减的重复的原理，在帕斯卡加法器的基础上，于1674年制造成功了能进行加减乘除运算的计算机(见图1.19)。这台机器被后人称为乘法器。遗憾的是，起初的莱布尼兹乘法器没有内动力。不过它却奠定了以后风靡世界的手摇计算机的基础。

图1.18　莱布尼兹

图1.19　莱布尼兹乘法器

搜索计算机的发展史可以看到，在帕斯卡加法器之后的大约300年间，虽然还出现了一些其他计算工具，但是它们都是人工计算工具。内动力计算机的发展处于停顿状态。原因非常简单，就是因为没有一种合适的、与之匹配的动力。因为那个时期人们开发出来的蒸汽机和内燃机这样的动力装置没有办法装配到计算机中工作。

1931年美国麻省理工学院教授范内瓦·布什(Vannevar Bush,1890—1974)用电动机驱动机械轴承和齿轮,制作成功了一台称为"微分分析仪"的电动机械式计算机。图1.20为布什与他的微分分析仪。从此,停顿了近300年的内动力计算机发展进程又开始启动。

**2. 计算元件从宏观世界走向微观世界**

电作为计算机的动力所带来的影响是巨大的。它不仅赋予计算机以真正的内动力,还带来计算机运动形式的变化,进而影响着计算机的工作原理和结构,使计算机的发展呈现前所未有的活力。

1937年11月,美国AT&T贝尔实验室的研究员乔治·斯蒂比兹(George R. Stibitz,1904—1995,见图1.21)用继电器组成了一台计算装置——Model-K(见图1.22)。

图1.20 布什与他的微分分析仪

图1.21 斯蒂比兹

与此同时,在大西洋彼岸的德国,工程师朱斯(Konrad Zuse,1910—1995)也在以顽强的毅力进行计算机的研制。1938年他研制成功Z-1型机械计算机,1941年他又用一些电话公司废弃的继电器研制成功一台电磁式计算机Z-2。图1.23为朱斯和他的计算机。这些电磁式计算机的研制成功使齿轮传动计算工具彻底退出历史舞台,使计算机的运算形式由旋转运动变为继电器开闭运动。

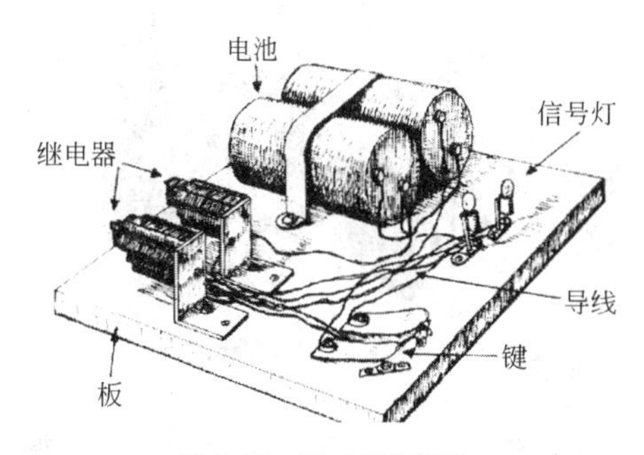


图1.22 Model-K草图

图1.23 朱斯和他的继电器式计算机

电子技术的应用标志着计算机工作时的宏观运动变为电子的微观运动,开启了计算机发展的新纪元。

1946年2月14日，美国宾夕法尼亚大学摩尔学院教授莫克利(John Mauchly)和埃克特(J. Presper Eckert)共同研制成功了ENIAC (Electronic Numerical Integrator And Computer)计算机(见图1.24)。这台计算机总共安装了17 468只电子管、7200个二极管、70 000多个电阻、10 000多只电容器和6000只继电器，电路的焊接点多达50万个，机器被安装在一排2.75m高的金属柜里，占地面积为170m² 左右，总重量达到30吨，其运算速度达到每秒5000次加法，在0.003s时间内做完两个10位数乘法。

从帕斯卡加法器到ENIAC，蹚开了一条计算机内动力之路，但是它们还不能自动实现计算过程。就拿被美国国防部引以自荣的ENIAC来说，虽然采用了当时最先进的真空管技术，但计算过程仍然要由人进行控制：使用ENIAC电子技术，数据要从面板(见图1.25)上输入；不同的运算要通过改接线路实现(见图1.26)，一个只要几秒的运算，改接线路常常要花几小时，甚至几天。人们把这种改接线路的工作称为ENIAC编程。

图1.24　ENIAC

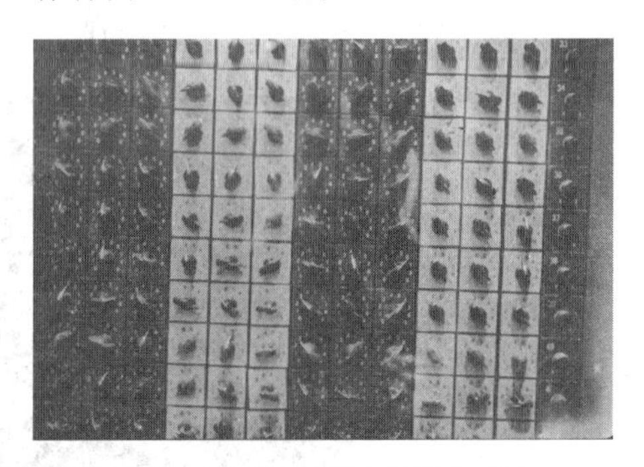

图1.25　ENIAC输入数据的面板

1955年，贝尔实验室研制出世界上第一台全晶体管计算机TRADIC，装有800只晶体管，仅100W功率。图1.27的图片里，左蹲者为项目研究人员费尔科(J. Felker)，他正用插件板为TRADIC输入指令；右立者是另一位研究人员哈瑞斯(J. Harris)，正拨动开关进行操作。

图1.26　改接ENIAC线路的情形

图1.27　贝尔实验室的全晶体管计算机TRADIC

1964年4月7日，在IBM公司成立50周年之际，由年仅40岁的吉恩·阿姆达尔(G. Amdahl)担任主设计师，历时4年研发的IBM 360(见图1.28)计算机问世，标志着集成电路计算机的出现。

1970年美国IBM公司采用大规模集成电路的大型计算机IBM 370系列投放市场。计算机进入大规模集成电路时代，同时也开始逐渐分化成通用大型机、巨型机、小型机、微型机、笔记本计算机、平板计算机和单片机等。

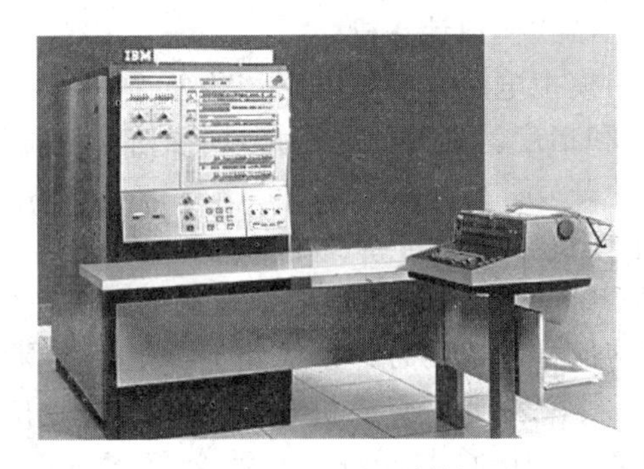

图 1.28 IBM 360 计算机

### 1.1.4 从八卦图到布尔代数——电子数字计算机的理论基础

#### 1. 数字计算与模拟计算

1）数字信号与模拟信号

在计算工具发展的过程中，一个重要的环节是解决如何表示数值的问题。在长期的实践中，人们建立了数字与模拟两大体系。它们的区别就在于信号的离散与连续，或者说是信号的有限与无限。

数字量的主要特点是在任何两个值之间只能有有限多个值——符号组合，在相邻的两个符号之间不可能有第三种符号存在，形成值的离散性。例如，结绳记事是用绳结为符号，一个结就表示一件事物，无法表示半件事物。在算盘的上挡，每移动一个珠子，代表移动 5 个单位；在下挡，每移动一个珠子，代表移动 1 个单位，没有中间的其他值。再如，帕斯卡加法器、莱布尼兹乘法器以及巴贝奇分析机中的齿轮只能一个齿一个齿地拨动。

图 1.29 日晷

模拟量的主要特点是任何两个值之间包含了无穷多个值，形成数值的不间断与连续性。最常见的是用举例或角度表示数值，如秤、尺以及用来计时的日晷（圭表的一种，又称日规，见图 1.29）等。历史上最早出现的模拟计算工具是大约在 1620—1630 年间出现的算尺（slide rule，也称计算尺，见图 1.30）。

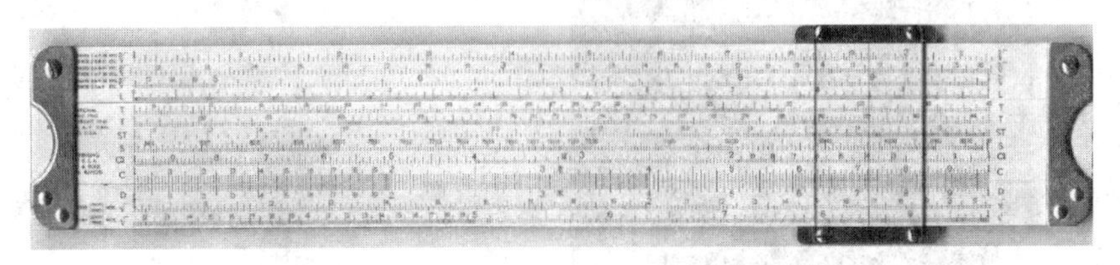

图 1.30 算尺

2）电话交换机与数字电气计算机

进入电气时代后，电流表、电压表等也采用了模拟体系。第一台用电作为内动力的布什微分分析仪就是一台电动机械式模拟计算机。

但是模拟计算机要采用模拟电路。模拟电路结构复杂，并且会由于不可避免的热干扰造成信号失真，影响准确性和精度。更大的问题是，模拟信号很难保存。这些因素导致人们很快转向数字电气计算机的开发。

最先成功地将电气计算机带进数字领域的美国贝尔实验室的是斯蒂比兹（George Stibitz）和德国科学家朱斯（Konrad Zuse）。他们都是从电话交换机中得到了启发。

交换就是把一条线路的信号转送到另一条线路上。电话实际应用后，便需要各电话机之间灵活地交换连接，于是很快发明了交换机。最早采用的是磁石电话交换机（magneto telephone exchange），接着出现了共电式电话交换机（common battery telephone exchange），这些都是人工交换机，必须由接线员（operator）来完成用户电话间的接线和拆线。例如，磁石电话交换机上装有用户塞孔、用户号牌、话终回铃牌以及接线用塞绳、应答振铃用的电键和手摇发电机等。用户呼叫时须先摇动电话机上的发电机，使交换机上的号牌“跌落”。话务员随即取一条塞绳，以一端的答应塞子插入跌落号牌的那个用户的塞孔，并扳动相应电键应答；问明所要号码后，将塞绳另一端的呼叫塞子插入被叫用户的塞孔。然后将电键扳至振铃位置，摇动发电机使被叫用户话机铃响。被叫用户听到铃响，摘机应答后，话务员将电键复原，双方即可通话。用户通话完毕，必须摇动发电机，使交换机上的回铃牌跌落，以此通知话务员拆线。图1.31是一台供电式人工电话交换机。人工交换设备简单，需用大量人力，话务员工作繁重，速度又慢。

自动交换机是靠用户发送号码（被叫用户的位址编号）进行自动选线的。世界上第一部自动交换机是1898年由美国人阿尔蒙·B·史端乔（Almon B. Strowger，图1.32）发明的。史端乔本是美国堪萨斯一家殡仪馆的老板。他发觉，电话局的话务员不知是有意还是无意，常常把他的生意电话接到他的竞争者那里，使他的多笔生意因此丢失。为此他大为恼火，发誓要发明一种不要话务员接线的自动接线设备。从1889年到1891年，他潜心研究一种能自动接线的交换机，结果他成功了。如图1.33所示，当用户拨号时，交换机内相应的选择器就随着拨号时发出的脉冲电流一步一步地改变接续位置，将主叫和被叫用户间的电话线路自动接通。这个脉冲使接线器中的电磁铁吸动一次，接线器就向前动作一步。例如，用户拨号码2，就发出两个脉冲，使电磁铁吸动两次，接线器就向前动作两步，以此类推。所以，这种交换机就叫作“步进制电话交换机”（step by step telephone exchange）。

图1.31　一台供电式人工电话交换机

图1.32　史端乔

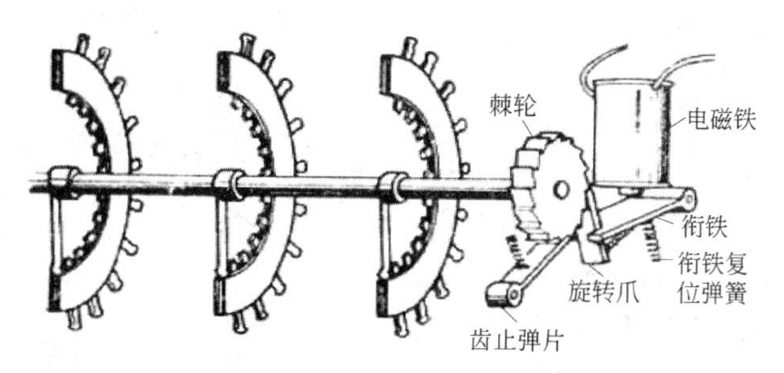


图 1.33　步进制电话交换机

朱斯借助这个原理，在自己的计算机中采用了有无脉冲来组成二进制信号，获得了成功。

3）二进制数字系统的优势

与采用模拟系统相比，采用二进制数字系统（以下简称数字系统）有如下优点：

(1) 数字系统线路简单，不需要放大等环节，所以运算速度快。

(2) 数据的表示精度由位数的多少控制，而不是靠运动的精度以及测量的精度控制，也不受系统失真的影响。

(3) 数字值可以记忆（如有无孔、磁化方向、有无电荷、开关分合等）和存储，而模拟值难以记忆和存储。

(4) 用数字信号可以将逻辑判断与数据统一表示，而模拟信号无法做到这一点。

(5) 数字系统已经形成一整套完整的理论。

后来，随着电子数字计算机越来越快，拥有越来越强的记忆能力，模拟计算机迅速被淘汰出局。

### 2. 八卦图与布尔代数

二进制数字系统之所以主导了电子计算机的发展，还有一个重要因素是人们已经为其建立了一整套完整的理论。而这套理论源自中华的八卦图。

在自然界和社会领域，普遍存在着天地、寒热、男女、生死、清浊、有无等事物的二态变化。远在几千年之前，中国的思想家就对这些现象进行了深刻的剖析和总结，建立了以阴阳的辩证统一为基础的中国古代哲学体系，并用一套符号进行推导演绎，这就是带有神秘色彩的八卦图（据说起源于山西省洪洞县卦地村）。

图 1.34 为一张基本八卦图，所谓“八卦”，就是古人用乾、坤、震、巽、坎、离、艮、兑 8 种卦象代表天、地、雷、风、水、火、山、泽 8 种自然现象，以描述自然和社会的变化。分析八卦，可以看到它们都是由阳爻(—)和阴爻(--)两种符号组成的。这两种符号表示了作为中国古代哲学根基的事物辩证统一的两个基本元素。有了这两个基本元素，就能按照图 1.35 所示的“无极生有极，有极生太极，太极（图 1.34 中间的阴阳鱼）生两仪（即阴阳），两仪生四象（即少阳、太阳、少阴、太阴），四象演八卦，八卦演万物”进行无穷的演变。

图 1.34　基本八卦图

用北宋哲学家邵雍的话说就是:“一变而二,二变而四,三变而八,四变而十有六,五变而三十有二,六变而六十有四”。即:

- 使用 1 个符号,有 2 种组合(⚊和⚋),即两仪。
- 使用 2 个符号,有 4 种组合(⚏ ⚎ ⚍ ⚌),即四象。
- 使用 3 个符号,有 8 种组合,即八卦。
- 使用 4 个符号,有 16 种组合。
- 使用 5 个符号,有 32 种组合。
- 使用 6 个符号,有 64 种组合,即图 1.36 所示的邵雍六十四卦图。

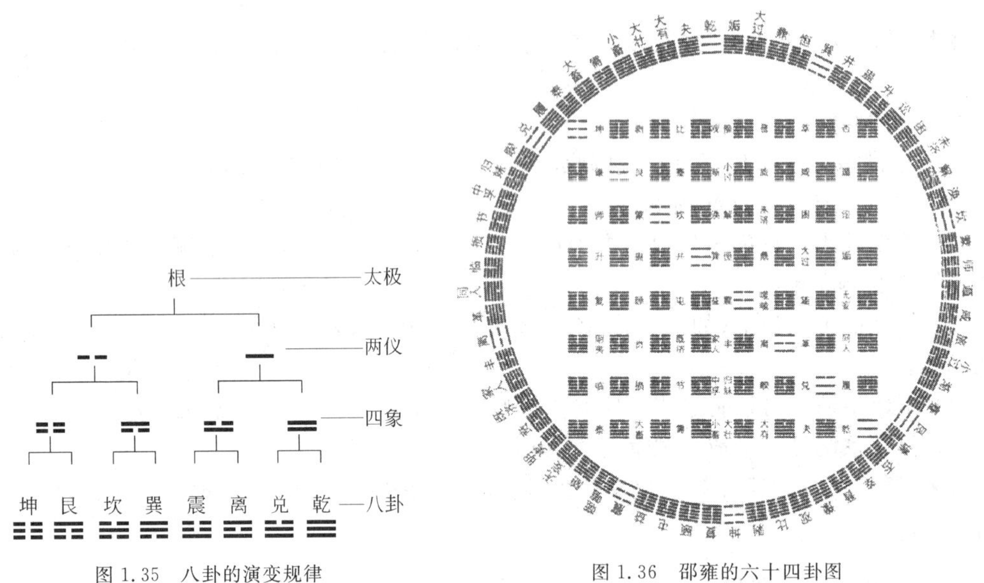


图 1.35　八卦的演变规律

图 1.36　邵雍的六十四卦图

使用的符号越多,可以形成的组合就越多。如此组合下去,没有不可以代表的事物。

中国的八卦图大约在 1658 年以前就传到了欧洲。卫匡国(Martino Martini,1614—1661,意大利耶稣会传教士,是一位对中西文化交流有过重大贡献的学者)于 1658 年在慕尼黑出版的《中国上古史》(*Sinicae Historiae Decas Prima*)的第一卷中,不仅定义了阴(Yn)、阳(Yang),还详细介绍了太极八卦的演化过程:太极生两仪(principia),两仪生四象(signa quatuor),四象生八卦(octo formas)。

著名数学家莱布尼兹认真研究了八卦图,他认为这些“古代哲学帝王的符号”实际上就是“数目字”。1679 年 3 月 15 日,莱布尼兹发表了题为《二进位算术》的论文,对二进制进行了相当充分的讨论,并与十进制进行了比较,不仅完整地解决了二进制的表示问题,而且给出了正确的二进制加法与乘法规则,他的乘法器研究也从中得到了不少启迪。图 1.37 是莱布尼兹研究二进制时的手稿。

遗憾的是,莱布尼兹虽然将八卦图称为“古代哲学帝王的符号”,但他仅仅研究了其中的数字意义,而八卦图中所包含的深奥哲学被他忽略了。

1847 年,英国数学家布尔(George Boole,1815—1864,见图 1.38)发表了著作《逻辑的数学分析》。1854 年,布尔发表《思维规律的研究——逻辑与概率的数学理论基础》,成功地将形式逻辑归结为一种代数运算,这就是布尔代数。

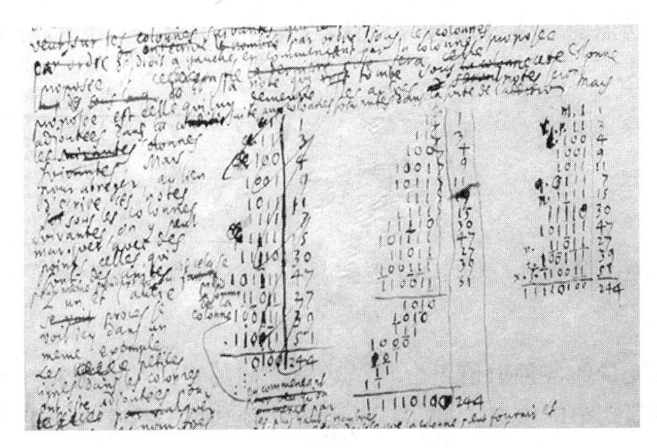

图 1.37　莱布尼兹研究二进制的手稿

布尔代数与普通的代数不一样，布尔代数中的量只有两个值：1 和 0。1 表示命题为真，0 表示命题为假。这个结果很自然地与“接通”和“断开”相对应，为百年后出现的数字计算机的开关电路设计提供了重要的数学方法和理论基础。

1938 年，克劳德·艾尔伍德·香农(Claude Elwood Shannon，1916—2001，见图 1.39)发表了著名论文《继电器和开关电路的符号分析》，首次用布尔代数对开关电路进行了相关的分析，并证明了可以通过继电器电路来实现布尔代数的逻辑运算，同时明确地给出了实现加，减，乘，除等运算的电子电路的设计方法。这篇论文成为开关电路理论研究的开端。

图 1.38　布尔

图 1.39　香农

**3. 用开关实现门电路**

传统的逻辑学是二值逻辑学，它研究命题在“真”“假”两个值中取值的规律。0、1 码只有两个码，因此特别适合用做逻辑的表达符号。通常用 1 表示“真”，用 0 表示“假”。

逻辑代数是表达语言和思维逻辑性的符号系统。逻辑代数中最基本的运算是“与”“或”“非”。

1) “与”运算和“与门”

从图 1.40(a)所示的电路可以看出，只有开关 $A$ 与 $B$ 都闭合时，$X$ 才是高电位。这种逻辑关系称为逻辑“与”，可以表达为

$$X=A \text{ and } B \quad 或 \quad X=A\wedge B$$

实现“与”逻辑功能的电路单元叫“与门”，在电路中用图 1.40(b)所示的符号表示。其真值表见图 1.40(c)。

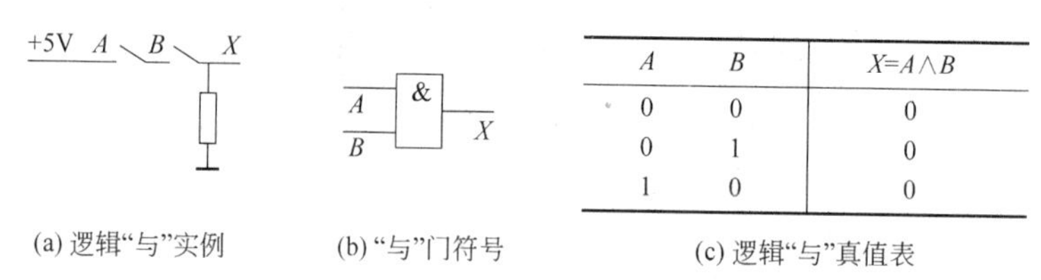


| A | B | X=A∧B |
|---|---|---|
| 0 | 0 | 0 |
| 0 | 1 | 0 |
| 1 | 0 | 0 |

(a) 逻辑“与”实例　(b)“与”门符号　(c) 逻辑“与”真值表

图 1.40　逻辑“与”

真值表是指自变量的各种取值组合与函数值之间的对应关系表格。函数取值为 1 的项数表明函数运算多项式中的项数。如“与”的运算多项式中只含 1 项。它反映了逻辑“与”有如下一些特点：

$$1\wedge1=1\quad 1\wedge0=0\quad 0\wedge1=0\quad 0\wedge0=0$$

它与“乘”相似，所以也称“逻辑乘”，相应地也可以记为

$$X=A\cdot B\quad \text{或}\quad X=A\times B$$

2)“或”运算和“或门”

从图 1.41(a)所示的电路可以看出，只要开关 $A$ 或 $B$ 至少有一个闭合，$X$ 便是高电位。这种逻辑关系称为逻辑“或”，表示为

$$X=A\ \text{or}\ B\quad \text{或}\quad X=A\vee B$$

能实现“或”逻辑功能的电路单元叫“或门”，在电路中用图 1.41(b)所示的符号表示。其真值表见图 1.41(c)。

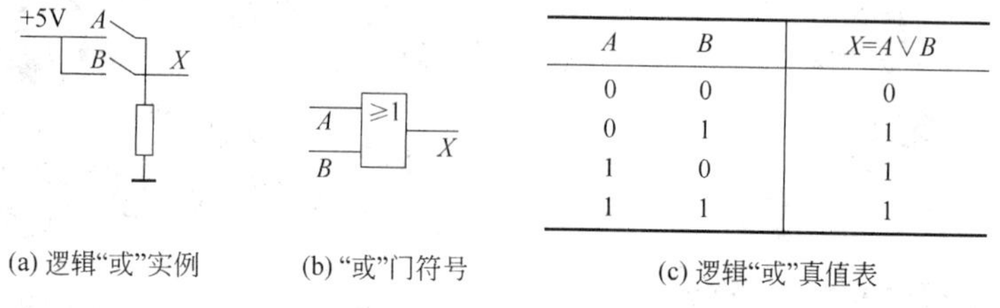


| A | B | X=A∨B |
|---|---|---|
| 0 | 0 | 0 |
| 0 | 1 | 1 |
| 1 | 0 | 1 |
| 1 | 1 | 1 |

(a) 逻辑“或”实例　(b)“或”门符号　(c) 逻辑“或”真值表

图 1.41　逻辑“或”

由逻辑“或”的真值表可以看出，逻辑“或”有如下一些特点：

$$1\vee1=1\quad 1\vee0=1\quad 0\vee1=1\quad 0\vee0=0$$

这与“加”相似，所以也称“逻辑加”，有时也记为

$$X=A+B$$

3)“非”运算和“非门”

从图 1.42(a)所示的电路可以看出，只有当开关 $A$ 打开时，$X$ 才是高电位，这种逻辑关系称为逻辑“非”，可以表示为

$$X=\text{not}\ A$$

能实现“非”逻辑功能的电路单元叫“非门”，在电路中用图 1.42(b)所示的符号表示。其真值表见图 1.42(c)。

逻辑“非”有如下一些特点：

$$\text{not}\ 1=0\quad \text{not}\ 0=1$$

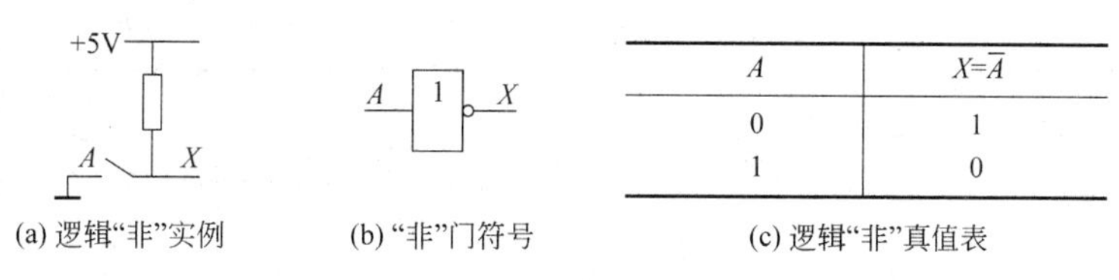


| A | X=$\overline{A}$ |
|---|---|
| 0 | 1 |
| 1 | 0 |

(a) 逻辑“非”实例　(b) “非”门符号　(c) 逻辑“非”真值表

图 1.42　逻辑“非”

所以“非”逻辑也称逻辑反，有时也可写成

$$X=\overline{A}$$

4）组合逻辑电路

正如复杂问题的解法可以通过相应的算法规则最终化为四则运算等初等数学方法进行运算一样，任何复杂的逻辑问题最终可用“与”“或”“非”这 3 种基本逻辑运算的组合加以描述。常用的组合逻辑电路单元有“与非门”“或非门”“异或门”“同或门”等，它们都是计算机中广泛应用的基本组合逻辑电路单元。表 1.1 出了几种基本组合逻辑电路单元的符号、逻辑表达式及其真值表。

**表 1.1　几种基本组合逻辑电路**

| 名　称 | 符　号 | 逻辑表达式 | 真值表 | | | 助记语 |
|---|---|---|---|---|---|---|
| | | | A | B | X | |
| 缓冲门 | A [1] X | $X=A$ | 0<br>1 | | 0<br>1 | 直通 |
| 与非门 | A, B [&] ○— X | $X=\overline{A \cdot B}(=\overline{A}+\overline{B})$ | 0<br>0<br>1<br>1 | 0<br>1<br>0<br>1 | 1<br>1<br>1<br>0 | 有 0 则 1 |
| 或非门 | A, B [≥1] ○— X | $X=\overline{A+B}(=\overline{A} \cdot \overline{B})$ | 0<br>0<br>1<br>1 | 0<br>1<br>0<br>1 | 1<br>0<br>0<br>0 | 有 1 则 0 |
| 异或门 | A, B [=1] — X | $X=A \oplus B(=\overline{A} \cdot B+A \cdot \overline{B})$ | 0<br>0<br>1<br>1 | 0<br>1<br>0<br>1 | 0<br>1<br>1<br>0 | 异则 1 |
| 同或门 | A, B [=1] ○— X | $X=A \odot B=(\overline{A} \cdot \overline{B}+A \cdot B)$ | 0<br>0<br>1<br>1 | 0<br>1<br>0<br>1 | 1<br>0<br>0<br>1 | 同则 1 |

“与非门”“或非门”都是先“与”“或”再“非”；“异或门”是输入相同则为 0，输入不同则为 1；反之，“同或门”是输入相同则为 1，输入不同则为 0。

**4. 逻辑代数的基本定律**

根据逻辑“与”“或”“非”3 种基本运算法则，可推导出表 1.2 所示的 9 条逻辑代数基本定律。

表 1.2　逻辑代数基本定律

| 名　称 | 公　式 |
| --- | --- |
| 0-1律 | $A+0=A, A\cdot 0=0, A+1=1, A\cdot 1=A$ |
| 互补律 | $A+\overline{A}=1, A\cdot\overline{A}=0$ |
| 重叠律 | $A+A=A, A\cdot A=A$ |
| 交换律 | $A+B=B+A, A\cdot B=B\cdot A$ |
| 分配律 | $A(B+C)=A\cdot B+A\cdot C, A+B\cdot C=(A+B)\cdot(A+C)$ |
| 结合律 | $(A+B)+C=A+(B+C), (A\cdot B)\cdot C=A\cdot(B\cdot C)$ |
| 吸收律 | $A+A\cdot B=A, A\cdot(A+B)=A$ |
| 反演律 | $\overline{A\cdot B\cdot C\cdot\cdots}=\overline{A}+\overline{B}+\overline{C}+\cdots, \overline{A+B+C+\cdots}=\overline{A}\cdot\overline{B}\cdot\overline{C}\cdot\cdots$ |
| 还原率 | $\overline{\overline{A}}=A$ |

## 5. 二进制计算

表 1.3 为二进制与十进制的比较。

表 1.3　二进制与十进制的比较

| 进　制 | 十　进　制 | 二　进　制 |
| --- | --- | --- |
| 表数符号 | 10 个符号：0、1、2、3、4、5、6、7、8、9 | 2 个符号：0、1 |
| 位权 | …、$10^7$、$10^6$、$10^5$、$10^4$、$10^3$、$10^2$、$10^1$、$10^0$、$10^{-1}$、$10^{-2}$、…<br>(…、京、兆、亿、万、千、百、十、一、十分之一、百分之一、…) | …、$2^5$、$2^4$、$2^3$、$2^2$、$2^1$、$2^0$、$2^{-1}$、$2^{-2}$、… |
| 进位规则 | 逢十进一 | 逢二进一 |

除此之外，二进制的计算规则比十进制的计算规则要简单得多。

1）二进制加法

规则：逢 2 进 1。

$$0+0=0 \quad 1+0=1 \quad 0+1=1 \quad 1+1=10$$

**例 1.1**　求 101.01+110.11。

**解：**

$$\begin{array}{r} 101.01 \\ +\quad 110.11 \\ \hline 1100.00 \end{array}$$

所以　　$101.01+110.11=1100.00$

2）二进制减法

规则：借 1 当 2。

$$0-0=0 \quad 1-0=1 \quad 1-1=0 \quad 10-1=1$$

**例 1.2**　求 1100.00-110.11。

**解：**

$$\begin{array}{r} 1100.00 \\ -\quad 110.11 \\ \hline 101.01 \end{array}$$

所以　　$1100.00-110.11=101.01$

3）二进制乘法

规则：

$$0\times0=0\quad 1\times0=0\quad 0\times1=0\quad 1\times1=1$$

显然，二进制数乘法比十进制数乘法简单多了。

**例 1.3** 求 10.101×101。

**解：**

```
      10.101 …………被乘数
×        101 …………乘数
────────────
      10.101 ┐
     000.00  ├ ………部分积
+   1010.1   ┘
────────────
    1101.001  ………积
```

所以 $$10.101\times101=1101.001$$

在二进制数运算过程中，由于乘数的每一位只有两种可能情况，要么是 0，要么是 1。因此部分积也只有两种情况，要么是被乘数本身，要么是 0。根据这一特点，可以把二进制数的乘法归结为移位和加法运算。即通过测试乘数的每一位是 0 还是 1 来决定部分积是加被乘数还是加 0。

除法是乘法的逆运算，可以归结为与乘法相反方向的移位和减法运算。因此，在计算机中，只要有具有移位功能的加法/减法运算器，便可以完成四则运算。

### 1.1.5 诺依曼电子数字计算机体系的确立

进入电气时代以后，随着内动力问题的解决，再加上日益激烈的工业技术竞争以及战争的需要，计算机的研制大大加快了步伐，一批科学家也基于巴贝奇的实践，探讨着计算机体系结构的理论。

#### 1. 图灵计算机

1）图灵的构想

1936 年，年仅 24 岁的英国人阿兰・麦席森・图灵（Alan Mathison Turing，1912—1954，见图 1.43）发表了著名的论文《论数字计算在决断难题中的应用》，对人的计算过程进行了深刻分析，并把这个过程分解成一系列简单动作，然后将这些动作机械化，形成如下一些计算机必须具备的机制。

（1）记忆——存储器。记忆每一步要对什么（数据）做什么（计算），得到了什么（中间以及最后的计算结果）。

（2）语言——用于描述运算和数据。

（3）扫描——用于查看计算机当前运行的情况。

（4）计算意向——程序，打算进行什么计算。

（5）控制——根据程序和当前状态执行下一步计算。

图 1.43 图灵

2）图灵机组成

根据这一构想，图灵构思了如图 1.44 所示的一台抽象的计算机。人们将其称为图灵机（Turing machine）。

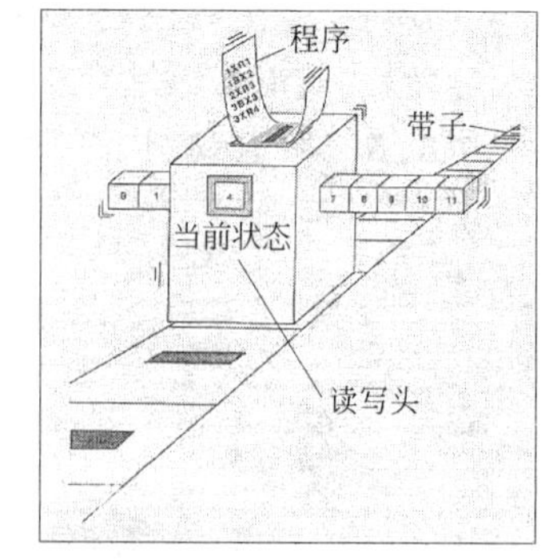

图 1.44　图灵机

图灵机的组成如下：

（1）一条无限长的纸带。纸带分成了一个一个的小方格，每个格子中包含一个来自有限字母表的符号，字母表中有一个特殊的符号表示空白。纸带上的格子从左到右依此被编号为 0，1，2，…，纸带的右端可以无限伸展。

（2）读写头。读写头有 4 种动作：

- 移动：左移一格或右移一格。
- 读取方格中的符号。
- 改写方格中的符号。
- 进行状态切换。

（3）状态变迁表。图灵计算机有一系列有限工作状态。其工作过程就是从一种状态变换到另一种状态的过程。状态的转换要按照人们的解题需要进行，用状态变迁表的形式予以规定。或者说，状态变迁表是读写头工作的依据，它具体规定了两种内容：

- 在一种状态下，根据读出的符号应当执行的操作内容（移动以及写操作）。
- 所规定的操作完成后的下一状态。

3）图灵机举例

表 1.4 为一个二进制加 1 图灵机的规则集合。其中，

- 有限状态集合 $T$\{start（初始），add（加 1），carry（进位），noncarry（不进位），overflow（溢出），return（返回），halt（停机）\}。
- 符号表 $\Sigma\{0,1,*\}$。

**表 1.4　二进制加 1 图灵机的规则集合**

| 规则编号 | 输入 | | 响应 | | |
|---|---|---|---|---|---|
| | 当前状态 | 当前符号 | 新符号 | 读写头移动 | 新状态 |
| $I_0$ | start | * | * | left | add |
| $I_1$ | add | 0 | 1 | left | noncarry |
| $I_2$ | add | 1 | 0 | left | carry |
| $I_3$ | add | * | * | right | halt |
| $I_4$ | carry | 0 | 1 | left | noncarry |
| $I_5$ | carry | 1 | 0 | left | carry |
| $I_6$ | carry | * | 1 | left | overflow |
| $I_7$ | noncarry | 0 | 0 | left | noncarry |
| $I_8$ | noncarry | 1 | 1 | left | noncarry |
| $I_9$ | noncarry | * | * | right | return |
| $I_{10}$ | overflow | 0 或 1 | * | right | return |
| $I_{11}$ | return | 0 | 0 | right | return |
| $I_{12}$ | return | 1 | 1 | right | return |
| $I_{13}$ | return | * | * | stay | halt |

若要对1011进行加1计算，可以做如下准备：

（1）在带子中相邻的格子中分别写上 *、1、0、1、1、*。

（2）读写头对准最后一个 *。

（3）编写程序：$I_1$、$I_3$、$I_6$、$I_6$、$I_5$、$I_9$、$I_{10}$、$I_{13}$、$I_{13}$、$I_{12}$、$I_{12}$、$I_{14}$。

程序执行结果输出：*、1、1、0、0、*。

图灵认为，只要带子足够长（无穷），时间足够多，他的计算机可以计算任何问题。

**2. 阿塔纳索夫的三原则**

1939年10月，约翰·阿塔纳索夫（John Vincent Atanasoff，1903—1995，见图1.45）研制出了世界第一台采用真空管的电子数字计算机ABC的样机，如图1.46所示，并提出计算机的3条原则：

（1）以二进制的逻辑基础来实现数字运算，以保证精度。

（2）利用电子技术来实现控制、逻辑运算和算术运算，以保证计算速度。

（3）采用把计算功能和二进制数更新存储的功能相分离的结构。

图1.45 阿塔纳索夫

图1.46 阿塔纳索夫的设计

**3. 维纳的五原则**

美国学者诺伯特·维纳（Norbert Wiener，1894—1964，见图1.47）是世界公认的控制论之父。在创立控制论的过程中，他曾思考计算机如何能像大脑一样工作的问题。1940年9月，他在写给万尼法·布什的信中提出了计算机五原则：

（1）不是模拟式，而是数字式。

（2）由电子元件构成，尽量减少机械部件。

（3）采用二进制而不是十进制。

（4）全部运算在机器上自动完成。

（5）在计算机内部存储数据。

图1.47 维纳

#### 4. 冯·诺依曼的体系结构

1943年,美国陆军部为了计算导弹飞行轨迹,启动了ENIAC项目。这个项目由宾夕法尼亚大学的Mauchly教授和他的学生Ecken承担。这个项目的实施引起了美籍匈牙利科学家冯·诺依曼(John Von Neumann,1903—1957)的关注。冯·诺依曼仔细研究了ENIAC的结构,并对ENIAC的设计提出过建议。1944年8月他加入莫尔计算机研制小组。1945年3月他在共同讨论的基础上提出了一个全新的存储程序通用电子计算机——EDVAC(Electronic Discrete Variable Automatic Computer,电子离散自动计算机)方案。1952年1月,EDVAC问世。这台计算机总共采用了2300个电子管,运算速度却比拥有18 000个电子管的ENIAC提高了10倍。图1.48为冯·诺依曼和他的EDVAC。

图1.48 冯·诺依曼和他的EDVAC

1954年6月,冯·诺依曼回到普林斯顿大学高级研究所工作。在那里,他进一步总结了EDVAC的设计思想,归纳了前人关于计算机的有关理论,发表了《电子计算装置逻辑结构初探》的报告。在报告中提出如下思想:

(1) 计算机系统要由运算器、控制器、存储器、输入设备、输出设备5部分组成,以运算器为核心,由控制器对系统进行集中控制。

(2) 采用二进制表示数据和指令。十进制不但电路复杂,而且要制造具有10个不同稳定状态的物理器件不那么容易。而电子元器件都很容易做到有两个稳定状态。

(3) 存储器单元用于存放数据和指令,并采用线性编址,按地址访问单元。

(4) 指令由操作码和地址码两部分组成,操作码给出操作的性质和类型,地址码给出要操作数据的地址。

(5) 指令在存储器内按照执行顺序存放。计算机工作时,就可以依次取出指令执行,直到程序结束。

冯·诺依曼的这些思想成为以后设计电子数字计算机的基本理论根据。人们通常将这种计算机体系称为冯·诺依曼体系。但其基础还是巴贝奇奠定的,冯·诺依曼则是从理论上进行了解释和提升。

### 1.1.6 操作系统——计算机的自我管理

#### 1. 问题的提出

人们一开始认为,建立了冯·诺依曼体系以后,只要把程序输入计算机,它就可以自动工作了。但是,问题并没有这么简单。随着计算机技术的发展、要处理的问题规模不断增大和计算机结构越来越复杂,计算机的管理问题逐渐成为一个瓶颈。例如:

• 要为程序中的指令和数据分配存储单元。如果程序很小,分配存储单元的工作量不算大；如果程序比较大，有几百、几千、几万、几十万行程序，还有大量数据，则地址分配的工作量就非常大了。

- 在计算机运行过程中，要在高速缓存（cache）、主存和外存之间交换信息，把这些工作都写到每个应用程序中，不仅使程序设计变得复杂，还增大了存储的冗余。
- 程序运行中要输出最终结果或中间结果，还要输入一些数据。当一个计算机配备了不同的设备时，必须考虑担任输入输出的是哪台设备。当不同的设备的操作方式不同时，还要考虑如何根据不同的设备设计不同的程序。把这些都放到应用程序中，会使应用程序极为复杂。
- 为充分利用计算机的资源，提高计算机的利用率，需要一台计算机同时执行多个任务，如同时进行多个 Word 文件的操作，或在听歌曲的同时写一个 Word 文件等。在这种情形下，如何对不同的任务（程序）进行调度呢？同时，在只有一个 CPU、一套存储系统等系统资源的情形下，应该如何进行这些资源的管理和分配？这些都是计算机系统管理的重要问题。
- 计算机是给人使用的，人们如何才能方便地给计算机发布命令让计算机工作呢？而计算机在工作过程中会出现一些意想不到的情形，这时如何向使用者提供相关信息呢？

诸如此类的问题都是计算机的管理问题。显然，用人工进行管理是非常麻烦的，效率也非常低下。于是，人们设计了一些用来管理计算机的程序，这些程序称为操作系统（Operating System，OS）。有了操作系统，计算机才能方便、高效地进行工作。

**2. 操作系统的功能结构**

操作系统已经成为现代计算机的重要组成部分。它建立在硬件的基础上，一方面管理、分配、回收系统资源，进行有关资源的协调，组织和扩充硬件功能；另一方面构成用户通常使用的功能，为系统功能提供用户友好的界面。具体说，操作系统在下列方面发挥了硬件难以替代的作用：

- 作业管理。
- 提供用户界面。
- 功能扩展。
- 资源管理。

1）作业管理

作业（job）就是用户请求计算机系统完成的一个计算任务，它由用户程序、数据以及控制命令（作业控制说明书或作业控制块）组成。每个作业一般可以分成若干顺序处理和加工的步骤——作业步。在操作系统中，负责所有作业从提交到完成期间的组织、管理和调度的程序称为作业管理程序（job manager），它负责为用户建立作业，组织调用系统资源执行，并在任务完成后撤销它。

计算机的操作系统就是从作业管理开始的。真空管时代的计算机根本没有操作系统，计算机的工作处于手工操作阶段。那时，用户要直接用机器语言编写程序，接着将程序用打孔机打在纸带或卡片上（有孔、无孔分别代表 1 和 0），再将纸带或卡片装入光电输入设备，启动输入设备将程序输入计算机，然后通过控制台启动程序运行；计算结束，用打字机打出结果后，还要卸下纸带或卡片。显然这种人工干预与计算机的运算速度太不相称。尤其是到了晶体管时代，问题更为突出。为了解决这一矛盾，人们开发了监督程序，由程序依次完成原来要由人工进行的一系列工作。1956年，通用公司为大型机IBM 704开发的GM-NAA I/O就是一个用于作业的批处理管理的软件，号称世上第一个操作系统。

这样，用户上机前，要向计算机递交程序、数据和一个作业说明书。当时主要是进行联机批处理作业。

后来，人们进一步发现，这种联机批处理方式的作业管理需要CPU的完全参与，把宝贵的CPU用来进行这些简单的工作实在划不来。于是人们又制造了卫星机，专门用于输入输出，使CPU得以解放，能全力投入解题工作。这种作业方式称为脱机批处理。

进入集成电路时代后，人们开始考虑要让一台计算机执行多道程序，为多个用户服务，因此作业管理的任务更加艰巨，作业管理程序更显得重要。

作业管理的任务有如下一些：

- 按类型组织、控制作业的运行，解决作业的输入输出问题。
- 了解并申请系统资源。
- 跟踪、监控、调试并记录系统工作状态。
- 为用户或程序员提供程序运行中的服务和帮助。

2）提供用户界面

操作系统是用户与计算机硬件之间的接口，它与作业管理密切相关。

用户工作界面是为用户创建的一个工作环境。早期的计算机给予人的是有孔、无孔的纸带或卡片工作环境，后来发展到字符命令工作环境，再后来是图形界面和多媒体环境，将来是虚拟现实环境。它与设备机器管理密切相关。它的发展是越来越简便易用和人性化。

3）功能扩展

通过操作系统中的有关程序，使有关部件功能扩展。具体如下所示。

（1）从操作系统的整体上来看，它的存在就是硬件资源的扩充、功能的增强，使小的硬件资源可以完成与大的硬件资源同样的工作。现代计算机体系结构的研究表明，在最小的物理条件下，硬件与软件具有同样的功能，它们可以互相替代。

（2）系统调用就是机器的指令系统的扩充，也是CPU功能的扩充。

（3）计算机的内存都是有限的。但是它在外存的支持下，通过存储管理软件的调度，内存与外存之间不断交换信息，小的内存可以当作大的内存使用。

（4）通过假脱机(spool)技术，用共享设备来模拟独占设备的操作。

（5）在多任务操作系统中，可以运行一个程序的多个副本(打开一个程序的多个窗口)，将一个程序当作多个同样的程序使用。

4）资源管理

现代计算机都配备有许多的硬设备和软设备，它们以及保存在计算机内部的数据统称计算机系统的资源。按照功能，可以将这些资源划分为处理机、存储器、外部设备和信息(程序和数据)大类。操作系统的作用是有效地发挥这些资源的效能，解决用户间因竞争资源而产生的冲突，防止死锁发生。

## 1.1.7 现代计算机系统结构

### 1. 计算机从裸机走向虚拟机

图 1.49 为添加了操作系统之后的计算机系统结构。可以看出，每一个部件功能的实现，都要辅以一个相应的管理程序。从整体上看，一个计算机系统由两大部分组成：硬件和对其进行管理的操作系统。操作系统的存在，扩大了计算机系统的功能，好像增加了一些功能部件一样。但是它并不是物理的，仅仅是一些程序模块。相对于构成计算机的物理部件，将之称为计算机系统的软件，而把构成计算机的物理部件称为硬件。这些软件的添加，可以在不增加计算机硬件的基础上增加计算机的功能，形成一个更“大”的计算机系统。例如，通过操作系统的管理和调度，可以将辅存当作主存使用，甚至可以把一台计算机当作多台使用。这种非物理地实现计算机功能的扩大，称为计算机的虚拟(virtual)化。图 1.50 为添加了操作系统之后形成的虚拟计算机的示意图。

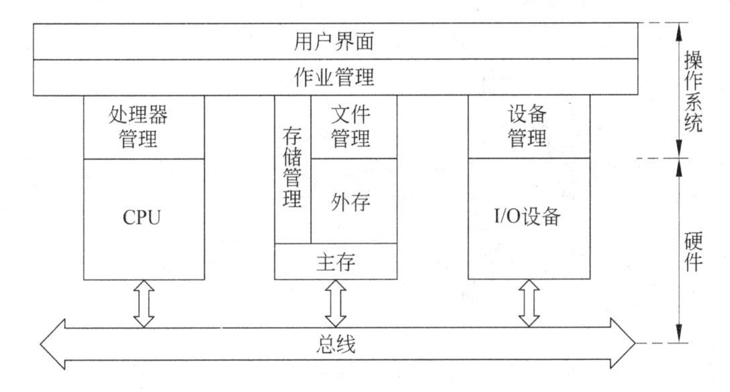


图 1.49 添加了操作系统的计算机系统结构

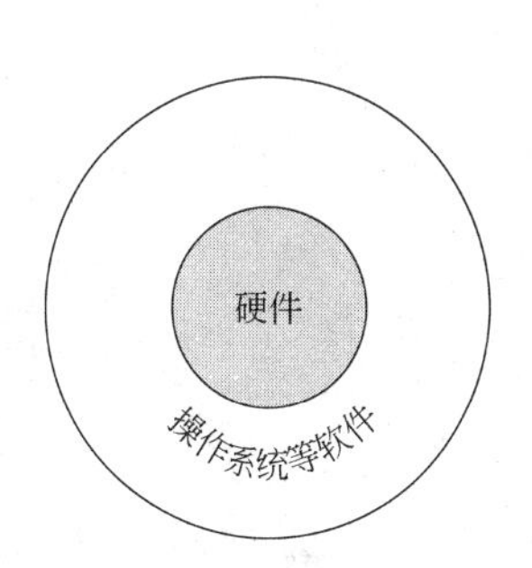


图 1.50 虚拟计算机

### 2. 现代计算机系统的模块结构

图 1.51 为组成一个完整计算机系统的软硬件模块列表。计算机系统由硬件和软件两大部分组成。可以看出，计算机系统的软件对于计算机的功能有了很大的扩充，这是计算机

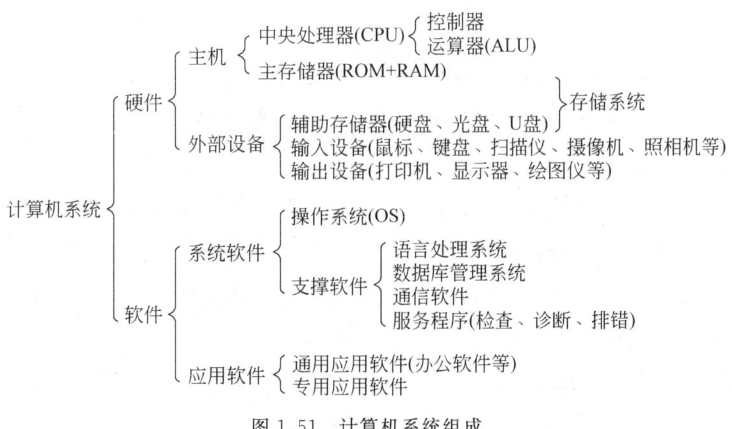


图 1.51 计算机系统组成

技术发展的结果。

**3. 现代计算机系统的层次结构**

开发复杂系统的有效办法是按照层次结构进行研究和构建。图 1.52 表明现代计算机系统的一般层次结构。图中的矩形框表示该层向上一层提供的功能支持。两个功能界面之间的水平箭头表示对上一层支持需要实施的工作。下面分别予以说明。

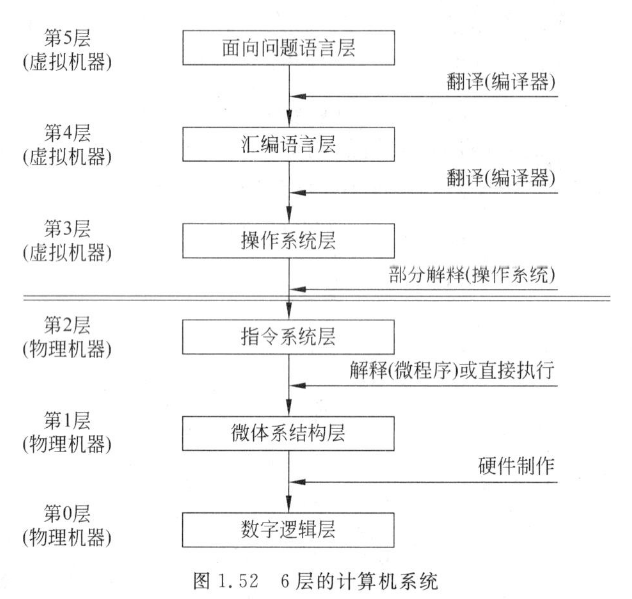


图 1.52　6 层的计算机系统

最底层称为数字逻辑层。这些功能实现了计算机有关部件所需要的基本逻辑操作。它们需要电子线路实现。

在数字逻辑层提供的基本逻辑操作的支持下，应当可以组成计算机工作所需要的全部微操作。这些微操作在时序部件的控制下，可以通过在不同的指令周期中执行不同的微操作以形成各种 CPU 指令；或者把每一条指令当作一个微程序，通过执行一个一个的微程序来形成 CPU 的指令。这样，就形成了一个 CPU 的指令系统。指令系统就是 CPU 的外特性，形成一台完整的物理机器。计算机的全部功能都建立在此物理机器之上，计算机的操作系统也建立在指令系统层上。

在指令系统层之上，通过操作系统的支持和汇编程序的支持，可以使用汇编语言编写程序，也可以进一步在编译器、链接器的支持下用面向问题的语言——高级语言编写应用程序。

对于计算机组成原理课程来说，主要关注这个层次结构中的下 3 层。即从数字逻辑层到指令系统层。在设计和制造计算机 CPU 时，则是按照相反的方向进行的：先根据需要确定 CPU 的指令系统，再分解成一系列的微操作，再对基本的微操作进行数字逻辑设计，并用电子线路实现。有关这些内容将在第 5 章中介绍。

在计算机层次结构中，还有非常重要的一层——操作系统，它是软件与硬件的分界面。现代计算机体系结构思想认为，在基本的硬件功能之上，硬件与软件不会有严格的分界线，硬件实现的功能可以由软件实现，软件实现的功能也可以由硬件实现。所以，在学习计算机组成时，为了把问题说清楚，也得了解一些有关硬件的知识，尤其是操作系统的相关知识。

### 1.1.8 自动计算机理论的再讨论

前面讨论了阿塔纳索夫、维纳和冯·诺依曼等提出的自动计算机理论。但是，按照这些理论计算机就能自动工作，而不要人的干预吗？从现在的情况看，是不能够的：

(1) 没有考虑内动力对于自动工作的影响。

(2) 仅适用于以电子元件或电气元件作为工作元件的计算机，对于其他元件的计算机不一定适用。

(3) 在这些理论提出时，计算机还处于非常简单的初期，计算机工作过程的管理问题还没有凸显。按照这些理论制造的计算机还不能算作全自动计算机，其工作过程的管理还离不开人的干预，只不过由于问题非常简单，管理工作也非常简单。当计算机随着所处理的问题的规模不断增大，而计算机存储容量不扩大时，计算机工作过程的管理工作量急剧膨胀，管理工作的难度急剧变得复杂，成为自动计算机不可或缺的重要因素。

根据上述分析，可以得出关于自动计算机必备的如下功能：

(1) 具有适合工作元件的内动力。

(2) 具有内程序执行机制。

(3) 具有与内程序相适应的数据和程序存储与表示形式。

(4) 可以实现系统运行中的自我管理。

## 1.2 0、1编码

根据“八卦演万物”的规则，用 0 和 1 代替**—**和**--**，也可以表示出计算机中所需要的一切信息。但是，用符号 0 和 1 及其组合表示不同信息时，需要遵循一定的规则，这些规则也称为 0、1 编码规则。

### 1.2.1 数字系统中的信息单位与量级

#### 1. 数字系统中的信息单位

数字计算机是一种数字系统。在数字系统中，信息单位分为如下 3 个层次。

1) 位

在数字系统中，数据是由 0 和 1 构成的，它模拟了自然界的开与关、通与止、高与低、有与无、阴与阳等状态和现象。位(bit)即一位 0、1 码，用符号 b 表示，它是数字系统中信息的最小单位。

2) 字节

为了便于理解和使用，常把长长的 0、1 编码串一节一节地划分，就像十进制阿拉伯数字被按照每 3 位划分成一节一样。不过在 0、1 编码系统中，每 8 位划分成一个字节(byte，用符号 B 表示)，即 1B =8b。

字节最多的用途是作为编码的单位或存储的单位。例如，一个汉字用 2B 编码，一个存储器的大小常用 B、KB、MB、GB 等作为单位。

3) 字

在数字系统中，字(word)有两个用途：机器一次所能处理的 0、1 码位数。这个位数称为字长，表明了机器处理的精度。例如，8 位计算机一次所处理的 0、1 码只有 8 位，32 位计算机一次所处理 0、1 码可以有 32 位。字的另一个用途是用来表示一个具有逻辑独立意义的信息，例如，一个数据字、一个指令字等。在提及“字”时，具体是指哪个用途，要根据上下文环境考虑。

**2. 数字系统中的数量级**

如表 1.5 所示，在数字系统中，还定义了一系列以 $2^{10}$(1024)递进的量级。

**表 1.5　数字系统中的重要数字量级**

| 名　称 | K | M | G | T | P | E | Z | Y |
|---|---|---|---|---|---|---|---|---|
| 英文称谓<br>中文称谓 | kilo<br>千 | mega<br>兆 | giga<br>吉 | tera<br>太 | peta<br>拍 | exa<br>艾 | zeta<br>泽 | yotta<br>尧 |
| 量级数值 | $2^{10}$ | $2^{20}$ | $2^{30}$ | $2^{40}$ | $2^{50}$ | $2^{60}$ | $2^{70}$ | $2^{80}$ |

## 1.2.2　十进制数与二进制数的转换

使用电子数字计算机，首先要解决十进制数与二进制数的转换问题。表 1.6 为几个十进制数与二进制数之间的对应关系。

**表 1.6　几个十进制数与二进制数之间的对应关系**

| 十进制数 | 二进制数 | 十进制数 | 二进制数 | 十进制数 | 二进制数 | 十进制数 | 二进制数 |
|---|---|---|---|---|---|---|---|
| 0 | 0 | 4 | 100 | 8 | 1000 | 32 | 100000 |
| 1 | 1 | 5 | 101 | 9 | 1001 | | |
| 2 | 10 | 6 | 110 | 10 | 1010 | | |
| 3 | 11 | 7 | 111 | 16 | 10000 | | |

**1. 二-十（B→D）进制转换**

规则：取二进制数各位对应的十进制值之和；各位对应的十进制值为系数与其位权之积。

**例 1.4**　将 101.11101 转换为十进制数。

**解：**

位　　权：$2^2$　$2^1$　$2^0$　　$2^{-1}$　$2^{-2}$　$2^{-3}$　$2^{-4}$　$2^{-5}$

二进制数：1　0　1　.　1　1　1　0　1

$4+0+1+0.5+0.25+0.125+0+0.03125=5.90625D$

所以 101.11100B =5.90625D。

**2. 十-二转换**

十-二转换的规则如下：

- 整数部分连续向左除 2 取余，直到 0。
- 小数部分连续向右乘 2 取整，直到 0。

这两条规则也可以采用另一种简便的方法实现：首先估计十进制数所在的二进制位权区间$[2^n, 2^{n-1})$，这样就可以得到一个从大到小的二进制数位权序列。然后用这个十进制数减去二进制位权序列中的最大的数，够减记为 1，不够减记为 0；再用余数减下一个二进制位权数，够减记为 1，不够减记为 0……一直减到 0 或满足精度要求为止。

下面分别举例说明十进制整数和小数向二进制转换的方法。

1）整数十-二转换

规则：连续向左除 2 取余，直到 0。

**例 1.5** 将 29 转换为二进制数。

**解**：

连续除 2 取余（←）

| 0 | 1 | 3 | 7 | 14 | 29 |
|---|---|---|---|---|---|
|  | 1 | 1 | 1 | 0 | 1 |

← 十进制余数序列即对应的二进制数

所以 29D=11101B。

2）小数十-二进制转换

规则：连续向右乘 2 取整，直到 0。

**例 1.6** 将 0.375 转换为二进制数。

**解**：

小数部分连续乘 2 取整（→）

| 0.375 | 0.75 | 1.50 | 1.00 |
|---|---|---|---|
| 0. | 0 | 1 | 1 |

1.00 ← 结束

所以 0.375D=0.011B。

**注意**：第一个 0 与小数点要照写。

有时，小数十-二进制转换会出现转换不完的情况。这时可按“舍 0 取 1”(相当于四舍五入)的原则，取到所需的位数。

**例 1.7** 将 0.24 转换为二进制数。

**解**：

| 连乘： | 0.24 | 0.48 | 0.96 | 1.92 | 1.84 | 1.68 | 1.36 | 0.72 | 1.44 |
|---|---|---|---|---|---|---|---|---|---|
| 取整： | 0. | 0 | 0 | 1 | 1 | 1 | 1 | 0 | 1 |
| 结果： | 0. | 0 | 0 | 1 | 1 | 1 | 1 | 1 ← 舍入 | |

所以 0.24D≈0.011111B。

3）整数小数混合十-二进制转换

规则：从小数点向左、右分别按整数、小数规则进行转换。

**例 1.8** 将 29.375 转换为二进制数。

**解：**

整数部分连续除2取余 ← → 小数部分连续乘 2 取整

0 |1 |3 |7 |14 |29 0.375 0.75 1.50 1.00

1 1 1 0 1 0 1 1

所以 29.375D=11101.011B。

### 1.2.3 八进制、十六进制和 BCD 码

#### 1. 八进制和十六进制

二进制数书写太长，难认难记。为了给程序员提供速记形式，常用八进制(octal)或十六进制(hexadecimal)作为二进制的助记符。

八进制记数符为 0,1,2,3,4,5,6,7。

十六进制记数符为 0,1,2,3,4,5,6,7,8,9,A(a),B(b),C(c),D(d),E(e),F(f)。

将二进制数由小数点起向两侧分别以 3 位为一组(最高位与最低位不足 3 位时以 0 补)。每一组便为一个八进制数。同理，以 4 位为一组，每一组便为一个十六进制数。

**例 1.9** 将 10110 1110.1111 转换为十六进制数。

**解：**

000 1 0110 1110 . 1111

补零 1 6 E . F

所以 10110 1110.1111B=16E.FH。

#### 2. BCD 码

从根本上来说，计算机内部进行的运算实际上是二进制运算。但是，把十进制数转换为二进制数，再将二进制数计算的结果转换为十进制数，在许多小型计算机中所花费的时间是很长的。在计算的工作量不大时，数制转换所用的时间会远远超过计算所需的时间。在这种情况下，常常采用 BCD 码。

BCD(Binary-Coded Decimal)码即二进制编码形式的十进制数，是用 4 位二进制数来表示一位十进制数，这种编码形式可以有多种，其中最自然、最简单的一种方式为 8421 码，也称压缩的 BCD 码，这种编码 4 位二进制数的权从左往右分别为 8、4、2、1。

**例 1.10** 将十进制数 3579 转换为 BCD 码。

**解：**

3 5 7 9

↓ ↓ ↓ ↓

0011 0101 0111 1001

所以 3579D =0011 0101 0111 1001 BCD。

4 位二进制数可以表示 16 种状态，而 1 位十进制数只可能有 10 种状态。因此用 4 位二进制数表示 1 位十进制数时有 6 种状态是多余的，称为非法码。所以在使用 BCD 码的运算过程中，要用状态寄存器中的有关位表示产生的进位或借位(称半进位)，通过对半进位的测

试，决定是否需要对运算结果加以调整。

相对于压缩的BCD码，把用8位二进制数表示的一位十进制数的编码称为非压缩的BCD码，这时高4位无意义，低4位是一个BCD码。

### 1.2.4 原码、反码、补码和移码

#### 1. 机器数与原码

一个数在机器内的表示形式称为机器数。它把一个数连同它的符号在机器中用0和1进行编码，这个数本身的值称为该机器数的真值。

一般用数的最高有效位(最左边一位)(Most Significant Bit，MSB)表示数的正负，通常：

- MSB=0表示正数，如+1011表示为01011。
- MSB=1表示负数，如-1011表示为11011。

这里的01011和11011就是两个机器数，它们的真值分别为+1011和-1011。

当然，在不需要考虑数的正负时，就不需要用1位来表示符号。这种没有符号位的数称为无符号数。由于符号位要占用1位，所以用同样字长，无符号数的最大值比有符号数要大1倍。如字长为4位时，能表示的无符号数的最大值为1111，即15，而表示的有符号数的最大值为111，即7。

直接用1位0、1码表示正、负，而数值部分不变，在运算时带来一些新的问题：

- 两个正数相加时，符号位可以同时相加：0 +0=0，即其和仍然为正数，没有影响运算的正确性。
- 一个正数与一个负数相加，和的符号位不是两符号位直接运算的值：0 +1=1，而由两数的大小决定。即其和的符号位是由两数中绝对值大的一个数所决定的。
- 两个负数相加时，由于1 +1=10，因此其和的符号位也不是由两符号位直接运算的结果所决定的。

简单地说，用这样一种直接的形式进行加运算时，负数的符号位不能与其数值部分一道参加运算，而必须利用单独的线路确定和的符号位。这样使计算机的结构变得复杂了。为了解决机器内负数的符号位参加运算的问题，引入了反码、补码和移码3种机器数形式，而把上面所采用的直接形式称为原码。

#### 2. 反码

对正数来说，其反码和原码的形式是相同的。即

$$[X]_{原}=[X]_{反}$$

对负数来说，反码要将其原码数值部分的各位变反。

| | $X$ | $[X]_{原}$ | $[X]_{反}$ |
|---|---|---|---|
| 正数 | +1101 | 01101 | 01101 |
| 负数 | −1101 | 11101 | 10010 |

数值部分取反

反码运算要注意3个问题：

- 反码运算时，其符号位与数值一起参加运算。
- 反码的符号位相加后，如果有进位出现，则要把它送回到最低位去相加。这叫作循环进位。
- 反码运算具有如下的性质：

$$[X]_{反}+[Y]_{反}=[X+Y]_{反}$$

**例 1.11** 已知 $X=0.1101$，$Y=-0.0001$，求 $X+Y$。

**解：**

$$\begin{array}{rl}
[X]_{反}= & 0.1101 \quad \text{（正数的反原码相同）} \\
+[Y]_{反}= & 1.1110 \\
\hline
 & 10.1011 \\
+\text{循环进位} & \quad\quad\;\, 1 \\
\hline
[X+Y]_{反}= & 0.1100
\end{array}$$

所以 $X+Y=0.1100$。

**例 1.12** 已知 $X=-0.1101$，$Y=$ 0.0001，求 $X+Y$。

**解：**

$$\begin{array}{rl}
[X]_{反}= & 1.0010 \\
+[Y]_{反}= & 1.1110 \\
\hline
 & 11.0000 \\
+\text{循环进位} & \quad\quad\;\, 1 \\
\hline
[X+Y]_{反}= & 1.0001
\end{array}$$

所以 $X+Y=-0.1110$。

### 3. 补码

对正数来说，其补码和原码的形式是相同的，即

$$[X]_{原}=[X]_{补}$$

对负数来说，补码为其反码（数值部分各位变反）的末位补加 1。例如：

| $X$ | | $[X]_{原}$ | | $[X]_{反}$ | | $[X]_{补}$ |
|---|---|---|---|---|---|---|
| +1101 | → | 01101 | → | 01101 | → | 01101 |
| −1101 | → | 1 1101 | → | 1 0010 | → | 10011 |
| | | 取反 | | | | 补 1 |

这种求负数的补码方法在逻辑电路中实现起来是很容易的。

不论对正数还是对负数，反码与补码具有下列相似的性质。

$$[[X]_{反}]_{反}=[X]_{原}$$

$$[[X]_{补}]_{补}=[X]_{原}$$

**例 1.13** 原码、补码的性质举例：

| | $X$ | | $[X]_{原}$ | | $[X]_{反}$ | | $[X]_{补}$ | | $[[X]_{补}]_{反}$ | | $[[X]_{补}]_{补}=[[X]_{反}]_{反}$ |
|---|---|---|---|---|---|---|---|---|---|---|---|
| 正数： | +1101 | → | 01101 | → | 01101 | → | 01101 | → | 01101 | → | 01101 |
| 负数： | −1101 | → | 11101 | → | 10010 | → | 10011 | → | 11100 | → | 11101 |
| | | | | 数值部分取反 | | 末位补1 | | 数值部分取反 | | 末位补1 | |

反码求反

采用补码运算也要注意 3 个问题：

(1) 补码运算时，其符号位也要与数值部分一样参加运算。

(2) 符号运算后如有进位出现，则把这个进位舍去。

(3) 补码运算具有如下的性质：

$$[X]_{补}+[Y]_{补}=[X+Y]_{补}$$

**例 1.14** 已知 $X=0.1101$，$Y=-0.0001$，求 $X+Y$。

**解：**

$$\begin{array}{rr} [X]_{补}= & 0.1101 \\ +\ [Y]_{补}= & 1.1111 \\ \hline [X+Y]_{补}= & \boxed{1}0.1100 \end{array}$$

（方框中的 1 舍去）

所以 $X+Y=0.1100$。

**例 1.15** 已知 $X=-0.1101$，$Y=-0.0001$，求 $X+Y$。

**解：**

$$\begin{array}{rr} [X]_{补}= & 1.0011 \\ +\ [Y]_{补}= & 1.1111 \\ \hline [X+Y]_{补}= & \boxed{1}1.0010 \xrightarrow{取补} -0.1110 \end{array}$$

（方框中的 1 舍去）

所以 $X+Y=-0.1110$。

采用反码和补码，就可以基本上解决负数在机器内部数值连同符号位一起参加运算的问题。

#### 4. 移码

移码是在补码的最高位加 1，故又称增码。

**例 1.16** 几个数的 4 位二进制补码和移码

| 真值 | 补码 | 移码 |
|---|---|---|
| +3 | 0011 | 1011 |
| 0 | 0000 | 1000 |
| -3 | 1011 | 0011 |

显然，补码和移码的数值部分相同，而符号位相反。

#### 5. 几个典型数的原码、反码、补码和移码

表 1.7 为几个典型数的原码、反码、补码和移码表示。

表 1.7　几个典型数据的机器码表示

| 真　　值 | 原　　码 | 反　　码 | 补　　码 | 移　　码 |
|---|---|---|---|---|
| +127 | 0111 1111 | 0111 1111 | 0111 1111 | 1111 1111 |
| +1 | 0000 0001 | 0000 0001 | 0000 0001 | 1000 0001 |
| +0 | 0000 0000 | 0000 0000 | 0000 0000 | 1000 0000 |
| −0 | 1000 0000 | 1111 1111 | 0000 0000 | 1000 0000 |
| −1 | 1000 0001 | 1111 1110 | 1111 1111 | 0111 1111 |
| −127 | 1111 1111 | 1000 0000 | 1000 0001 | 0000 0001 |
| −128 | 不能表示 | 不能表示 | 1000 0000 | 0000 0000 |

从表中可以看出：

- 反码有+0 与-0 之分。
- 从+128 到-128，数字是从大到小排列的，只有移码能直接反映出这一大小关系。因而移码能像无符号数一样直接进行大小比较。
- 字长为 8 位时，原码、反码的表数范围为+127～-127，而补码的表数范围为+127～-128。这是因为负数的补码是在其反码上加 1 的缘故。对于其他字长的原码、反码的表数范围，读者可以举一反三。

## 1.2.5　浮点数与定点数

### 1. 机器数的浮点表示

一个十进制数可以表示为小数点在不同位置的几种形式，例如：

$$N_1=3.14159=0.314159\times 10^1=0.0314159\times 10^2$$

同样，一个二进制数可以表示为

$$N_2=0.011B=0.110B\times 2^{-1}=0.0011B\times 2^1$$

一般地说，一个任意二进制数 $N$ 可以表示为

$$N=2^E\times F$$

式中，$E$ 为数 $N$ 的阶码；$F$ 为数 $N$ 的有效数字，称为尾数。

当 $E$ 变化时，数 $N$ 的尾数 $F$ 中的小数点位置也随之向左或向右浮动，因此将这种表示法称为数的浮点表示法。对于这样一个式子，在计算机中用约定的 4 部分表示，如图 1.53 所示。其中，$E_f$、$S$ 分别称为阶码 $E$ 和尾数 $F$ 的符号位。

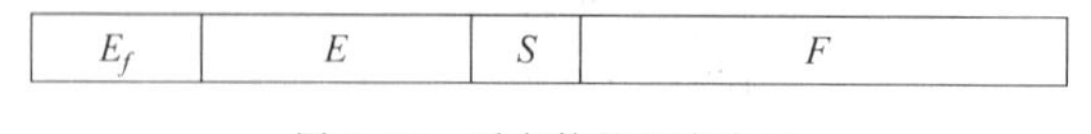


图 1.53　浮点数的机内表示

由于不同机器的字长不同，采用浮点表示法时，要预先对上述 4 部分所占的二进制位数加以约定，机器才可以自动识别。按照 IEEE 754 标准，常用的浮点数的格式如图 1.54 所示。

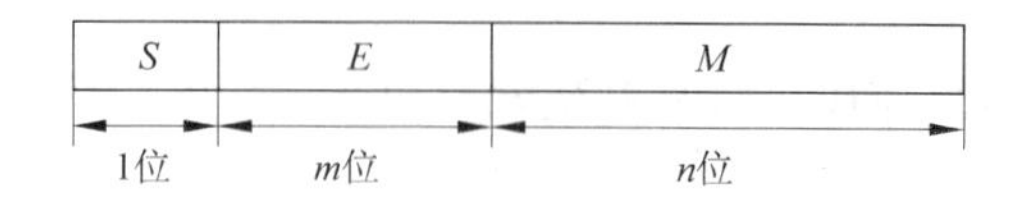


图 1.54　IEEE 754 格式的浮点数

把尾数的符号位安排在最高一位，阶符采用隐含形式。例如，对 32 位的短实数（即单精度格式），$S$ 占 1 位，$E$ 占 8 位，$F$ 占 23 位；对 64 位的长实数（即双精度格式），$S$ 占 1 位，$E$ 占 11 位，$F$ 占 52 位。

尾数一般为小数。为了提高表数精度，充分利用尾数的有效位数，在浮点机中常采用数的规格化表示法。即当尾数不为 0 时，其绝对值应$\geqslant 0.5$，否则应修改阶码。使非规格化数变为规格化数的过程称为数的规格化处理。

IEEE 754 标准约定，在小数点的左边有一个隐含位 $F_0$。因而，短实数尾数部分实际上是 24 位，长实数尾数部分实际上是 53 位，$S$ 的值只取 0 或 1。下面为真值以及 $E$、$F$、$F_0$ 之间的关系。

- $E=0$ 且 $F=0$，则 $N=0$，即 $F_0=0$。
- $E=0$ 且 $F\neq 0$，为非规格化数，$N=(-1)^S\times 2^{-126}\times(0.F)$，即 $F_0=0$。
- $1\leqslant E\leqslant 254$，为规格化数，$N=(-1)^S\times 2^{-127}\times(1.F)$，即 $F_0=1$。
- $E=255$ 且 $F=0$，则为无穷大数，$N=(-1)^S\times\infty$。
- $E=255$ 且 $F\neq 0$，则为非数值数。

采用浮点表示法进行数的乘法运算时，其尾数相乘除，其阶码相加减；进行加减运算时，必须使参加运算的数的阶码相同，即必须进行对阶处理，然后进行尾数的加减运算。

除了短实数和长实数外，IEEE 标准还提供一种 80 位的临时浮点数，它的阶码为 15 位，尾数为 64 位。

### 2. 机器数的定点表示

如果让机器中所有的数都采用同样的阶码 $a^j$，就有可能将此固定的 $a^j$ 略去不表示出来。这种表数方式称为数的定点表示法。其中所略去的 $a^j$ 称为定点数的比例因子。因此一个定点数便简化为由 $S_f$ 与 $S$ 两部分来表示。

从理论上讲，比例因子的选择是任意的，也就是说尾数中的小数点位置可以是任意的。但是为了方便，一般都将尾数表示成纯小数或纯整数的形式。另外，对比例因子的选择还有一些技术要求。

(1) 比例因子的选择不能太大。比例因子选择太大，将会使某些数丢掉过多的有效数字，影响运算精度。如数 $N=0.11$，机器字长 4 位，则：

- 当比例因子为 2 时，$S=0.011$。
- 当比例因子为 $2^2$ 时，$S=0.001$。
- 当比例因子为 $2^3$ 时，$S=0.000$。

(2) 比例因子也不可选得太小。太小了就有可能使数超过了机器允许的表示范围，即尾数部分的运算所产生的进位影响了符号位的正确性。如 0111+0101=1100，正数相加的结果变成了负数。

当字长一定时，浮点表示法能表示的数的范围比定点数大，而且阶码部分占的位数越多，能表示的数的范围就越大。但是，由于浮点数的阶码部分占用了一些位数，使尾数部分的有效位数减少，数的精度降低。为了提高浮点数的精度，就要采用多字节形式。

### 1.2.6 声音的0、1编码

#### 1. 声音数据的编码过程

声音是一种连续的波。要把连续的波用0、1进行编码，要经过采样、量化两步完成。

- 采样。就是每隔一定的时间，测取连续波上的一个振幅值。
- 量化。就是用一个二进制尺子计量采样得到的每个脉冲。

假设有图1.55(a)所示的声波，对其周期性地采样可以得到图1.55(b)的脉冲样本。对每个样本进行量化，得到图1.55(c)的一串0、1码。

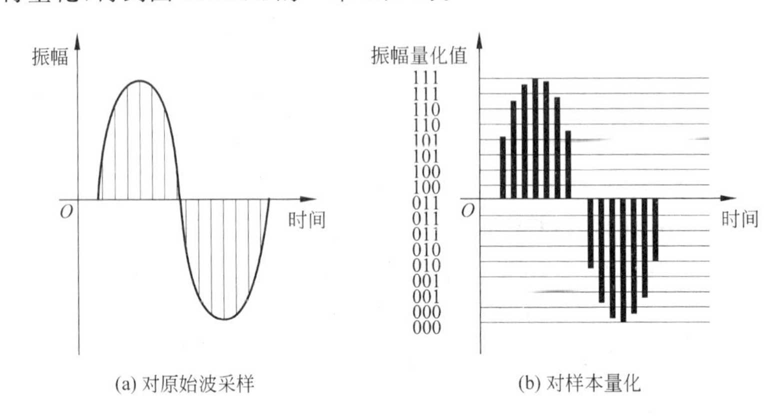

(a) 对原始波采样　　(b) 对样本量化

1011 1101 1110 1111 1111 1110 1110 1011 0100 0001 0000 0000 0001 0010 0100

(c) 量化得到的0、1码序列

图1.55　声波的0、1编码过程

#### 2. 两个技术参数：采样频率和量化精度

将一个连续波形(模拟信号)转化为数字信号的过程称为模数转换(Analog-to-Digital，A/D)。在A/D转换过程中，有两个基本参数：采样频率和量化精度。

采样频率即一秒内的采样次数，它反映了采样点之间的间隔大小。间隔越小，丢失的信息越少，采样后的图形越细腻和逼真。

1928年，美国电信工程师H.奈奎斯特(Harry Nyquist，1889—1976，见图1.56)提出：只要采样频率高于信号最高频率的两倍，就可以从采样准确地重现通过信道的原始信号的波形。因此，要从抽样信号中无失真地恢复原信号，采样频率应高于信号最高频率的两倍。一般电话中的语音信号频率约为3.4kHz，选用8kHz的采样频率就够了。

图1.56　奈奎斯特

测量精度是样本在垂直方向的精度，是样本的量化等级，它通过对波形垂直方向的等分而实现。由于数字化最终要用二进制数表示，常用二进制数的位数——字长表示样本的量化等级。若每个样本用8位字长表示，则共有$2^8=256$个量级；若每个样本用16位字长表示，则共有$2^{16}=65\ 536$个量级。字长越大，量级越多，精度越高。

## 1.2.7 图形图像的0、1编码

严格地说，图形(graphics)与图像(image)是两个既有联系又不相同的概念。图形是用计算机表示和生成的图(如直线、矩形、椭圆、曲线、平面、曲面、立体及相应的阴影等)，称为主观图像，它是基于绘图命令和坐标点来存储与处理的。图像指由摄像机、照相机或扫描仪等输入设备获得的图，称为客观图像。随着计算机技术的发展以及图形和图像技术的成熟，图形、图像的内涵日益接近并相互融合。

在计算机中处理图形图像有两种方法：

(1) 矢量图(vector graphics)法。用一些基本的几何元素(直线、弧线、圆、矩形等)以及填充色块等描述图像，并用一组指令表述。这种图像一般称为图形或合成图像。

(2) 位图(bitmap graphics)法。用点阵描述图像，并用一组0、1码数据描述。这种图像也称为位图。

这里仅介绍位图方法。位图图像通过离散化、采样和量化得到。

### 1. 图像的离散化

一个图像的线条和颜色本来都是连续的，为了用位图描述，要把它看作由一些块组成，这个过程称为离散化。例如，对于图1.57所示的一张哈尔滨雪雕图片的离散化就是用$M \times N$的网格将它分成一些小块。$M$和$N$称为位图的宽度和高度，$M \times N$称为图像的大小。

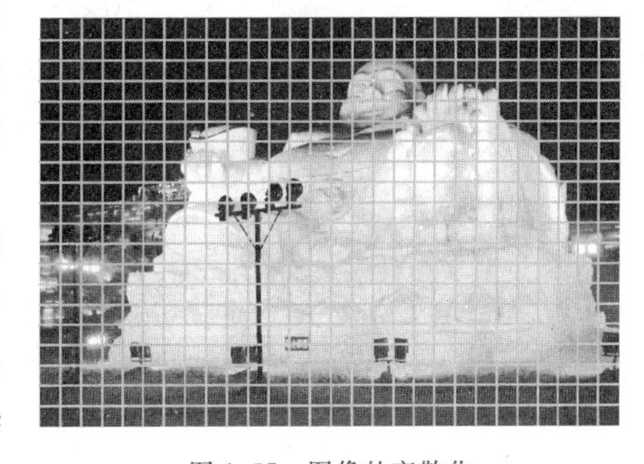

图1.57 图像的离散化

离散化后的图像被看成一个由$M \times N$的像素(picture-elements，pixel)点阵组成的图。每个像素都是一个单色的小方块，放大了就是马赛克。图像中像素的密度称为图像分辨率(image resolution)，单位为dpi(dots per inch，每英寸点数)。例如，某图像的分辨率为300dpi，表示每英寸的像素数为300。显然，图像分辨率越高，图像就越细腻；图像分辨率低，会造成马赛克现象。

### 2. 采样与量化

采样(sampling)就是在每个小块中取它的颜色参数。通常，将它的颜色进行分解，计算出红、黄、蓝(R、G、B)3种基色分量的亮度值。将每个采样点的每个分量进行0、1编码，就称为量化。

显然，各颜色分量划分得越细，即所描述的0、1码位数越多，色彩就越逼真。因为它能进一步把颜色划分得更细。为了描述颜色的逼真程度，将像素的所有颜色的0、1码的位数总和称为像素深度。

目前，像素深度有如下一些标准类型：

- 黑白图(Black & White)。颜色深度为1,只有黑白两色。
- 灰度图(Gray & Scale)。颜色深度为8,有256个灰度等级。
- 8色图(RGB 8-Color)。颜色深度为3,用3基色产生8种颜色。
- 索引16色图(Indexed 16-Color)。颜色深度为4,建立调色板,提供16种颜色。
- 索引256色图(Indexed 256-Color)。颜色深度为16,建立调色板,提供256种颜色。
- 真彩色图(RGB True Color)。颜色深度为24,提供16 777 216种颜色,大大超出人眼分辨颜色的极限(16 000种)。颜色深度也可以是32,效果更为真实。

当然,由数码摄像机和数码相机拍摄时,上述过程是自动完成的。

### 3. 位图图像的存储

一幅数字图像常用一个文件存储,存储空间为

$$文件字节数=(位图宽度\times位图高度\times位图颜色深度)/8$$

**例 1.17** 计算一幅640×480的图像按照下列颜色深度存储时的存储空间。

- 灰度图。
- 真彩色图。

**解:**

(1) 灰度图的存储空间大小为

$$(640\times480\times8)/8=307.2\text{KB}$$

(2) 真彩色图的存储空间大小为

$$(640\times480\times24)/8=921.6\text{KB}$$

### 4. 视频显示标准

与微型计算机配套的显示系统有两大类。一类是基本显示系统,用于字符/图形显示;另一类是专用显示系统,用于高分辨率图形或图像显示。这里仅介绍几种基本显示标准。

1) MDA标准

MDA(Monochrome Display Adapter,单色显示适配器)是单色字符显示系统的显示控制接口板。MDA显示标准采用9×14点阵的字符窗口,满屏显示80列、25行字符,对应分辨率为720×350。MDA不能兼容图形显示。

2) CGA标准

CGA(Color Graphics Adapter,彩色图形适配器)是彩色图形/字符显示系统的显示控制接口板,其特点是可兼容字符与图形两种显示方式。在字符方式下字符窗口为8×8点阵,因而字符质量不如MDA,但是字符和背景可以选择颜色。在图形方式下,可以显示分辨率为640×200(两种颜色)或320×200(4种颜色)的彩色图形。

3) EGA标准

EGA(Enhanced Graphics Adapter,增强型彩色图形适配器)标准的字符显示窗口为8×14点阵,字符显示质量优于CGA而接近MDA。图形方式下分辨率为640×350(16种颜色),彩色图形的质量优于CGA,且兼容原CGA和MDA的各种显示方式。

4) VGA 标准

VGA(Video Graphics Array,视频图形阵列)本来是 IBM PS/2 系统的显示标准,后来把按照 VGA 标准设计的显示控制板用于 IBM PC/AT 和 386 等微机系统。在字符方式下,字符窗口为 9×16 点阵;在图形方式下,分辨率为 640×480(16 种颜色)或 320×200(256 种颜色),改进型的 VGA 显示控制板(如 TVGA)的图形分辨率可达 1024×768(256 种颜色)。

习惯上,将 MDA、CGA 称作 PC 的第一代显示标准,EGA 是第二代,VGA 是第三代。

5) SVGA 标准

SVGA(Super Video Graphics Array,超级视频图形阵列)是视频电子标准协会 VESA 于 1989 年推出的标准,用于定义分辨率超过 VGA 640×480 的图形模式。它允许最高分辨率达 1600×1200,最高显示颜色数达 1600 种。

6) XGA 标准

XGA(eXtended Graphics Array,扩展图形阵列)由 IBM 公司于 1990 年推出。它允许逐行扫描,并用硬件实现图形加速,支持 1024×768(256 色)。其改进版 XGA-2 进一步支持 1024×768(每像素 16 位)和 1360×1024(每像素 4 位,可选 16 色)。

7) 近年的新标准

- SXGA(Super XGA,高级扩展图形阵列):分辨率达 1280×1024(每像素 32 位,本色)。
- UXGA(Ultra XGA,极速扩展图形阵列):分辨率达 1600×1200(每像素 32 位,本色)。
- WXGA(Wide XGA,加宽扩展图形阵列):显示纵横比为 16∶10,分辨率为 1280×800。
- WSXGA+(Wide Super XGA plus,宽屏高级扩展图形阵列):显示纵横比为 16∶10,分辨率可达 1680×1050。

分辨率选择的主要依据是所需颜色深度和显示存储器(VRAM)的容量。表 1.8 列出了在不同分辨率下显示不同颜色深度所需的最小 VRAM 容量。

表 1.8 不同分辨率下显示不同颜色所需的最小 VRAM 容量

| 颜色种类 | 分辨率 | | | | |
|---|---|---|---|---|---|
| | 640×480 | 800×600 | 1024×768 | 1280×1024 | 1600×1200 |
| 16 | 150KB | 234KB | 384KB | 640KB | 937KB |
| 256 | 300KB | 469KB | 768KB | 1.3MB | 1.9MB |
| 65 535 | 600KB | 938KB | 1.5MB | 2.6MB | 3.8MB |
| 16 777 216 | 900KB | 1.4MB | 2.3MB | 3.8MB | 5.6MB |

### 1.2.8 文字的 0、1 编码

计算机不仅能够对数值数据进行处理,还能够对文字数据进行处理。下面以汉字为例,介绍对文字编码过程中的有关技术。

图 1.58 是在计算机上从汉字的输入到输出(显示)的过程。

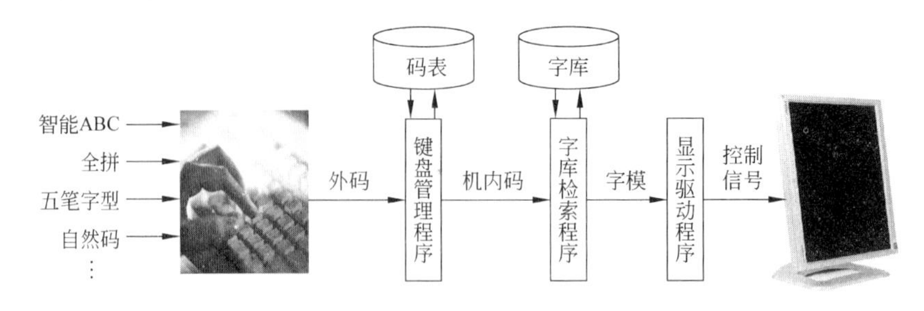


图 1.58 汉字系统工作过程

(1) 用一种输入方法从键盘输入汉字。

(2) 键盘管理程序按照码表将外码变换成机内码。

(3) 机内码经字库检索程序查找对应的点阵信息在字库的地址,从字库取出字模。

(4) 字模送显示驱动程序,产生显示控制信号。

(5) 显示器按照字模点阵将汉字字形在屏幕上显示出来。

显然,对于文字的处理要涉及如下 3 种编码:

(1) 外码,即在键盘上如何输入这个字。

(2) 内码,即在计算机内部如何表示这个字。

(3) 字模,即这个字是什么形状(字体)。

**1. 外码**

现在使用的计算机键盘是根据英文输入的需要设计的,要用其输入其他语种文字,就需要用英文字母对该种文字进行编码。以汉字为例,由于汉字形状复杂,没有确切的读音规则,且一字多音、一音多字,要像输入西文字符那样在现有键盘上利用机内码进行输入非常困难。为此,不得不设计专门用来进行输入的汉字编码——汉字外码。常见的输入法有以下几类:

(1) 按排列顺序形成的汉字编码(流水码),如区位码。

(2) 按读音形成的汉字编码(音码),如全拼、简拼、双拼等。

(3) 按字形形成的汉字编码(形码),如五笔字型、郑码等。

(4) 按音、形结合形成的汉字编码(音形码),如自然码、智能 ABC 等。

简单地说,外码就是用键盘上的符号对文字进行的编码。除汉字外,像日文、阿拉伯文字、朝鲜文字、中国的少数民族文字等都存在这种问题。对于直接采用英文字母的文字,就不会存在这种问题。

**2. 内码**

内码是计算机中进行文字存储和处理的形式——实际的文字编码。这个编码与一种语言的文字符号的数量有关。

1) ASCII 编码和 EBCDIC 码

对于英语,其符号集中仅包括如下一些字符:

(1) 26 个小写字母和 26 个大写字母。

(2) 10 个数字码：0,1,2,3,4,5,6,7,8,9。

(3) 约 25 个特殊字符，如：[,+,-,@,|,# 等。

以上共计 87 个字符。这 87 个字符用 7 位 0、1 进行编码。常用的编码形式有两种：ASCII 码(American Standard Code for Information Interchange，美国信息交换标准代码)和扩展二-十进制交换代码(EBCDIC)，小型计算机和微型计算机多采用 ASCII 码。

表 1.9 为 ASCII 码字符表，它用 8 位来表示字符代码。其基本代码占 7 位，第 8 位用作奇偶检验位，通过对奇偶检验位设置 1 或 0 状态，保持 8 位中的 1 的个数总是奇数(称奇检验)或偶数(称为偶检验)，用以检测字符在传送(写入或读出)过程中是否出错(丢失 1)。

**表 1.9 ASCII 码(7 位码)字符表**

| | 列 | 0 | 1 | 2 | 3 | 4 | 5 | 6 | 7 |
|---|---|---|---|---|---|---|---|---|---|
| 行 | $b_3b_2b_1b_0$ | $b_6b_5b_4$ | | | | | | | |
| | | 000 | 001 | 010 | 011 | 100 | 101 | 110 | 111 |
| 0 | 0000 | 控制字符 | | SP | 0 | @ | P | 、 | p |
| 1 | 0001 | | | ! | 1 | A | Q | a | q |
| 2 | 0010 | | | " | 2 | B | R | b | r |
| 3 | 0011 | | | # | 3 | C | S | c | s |
| 4 | 0100 | | | $ | 4 | D | T | d | t |
| 5 | 0101 | | | % | 5 | E | U | e | u |
| 6 | 0110 | | | & | 6 | F | V | f | v |
| 7 | 0111 | | | ' | 7 | G | W | g | w |
| 8 | 1000 | | | ( | 8 | H | X | h | x |
| 9 | 1001 | | | ) | 9 | I | Y | i | y |
| A | 1010 | | | * | : | J | Z | j | z |
| B | 1011 | | | + | ; | K | [ | k | { |
| C | 1100 | | | , | < | L | \ | l | \| |
| D | 1101 | | | - | = | M | ] | m | } |
| E | 1110 | | | . | > | N | ^ | n | ~ |
| F | 1111 | | | / | ? | O | - | o | DEL |

在码表中查找一个字符所对应的 ASCII 码的方法是：向上找 $b_6b_5b_4$，向左找 $b_3b_2b_1b_0$。例如，字母 J 的 ASCII 码中的 $b_6b_5b_4$ 为 100(4H)，$b_3b_2b_1b_0$ 为 1010(AH)。因此，J 的 ASCII 码为 1001010(4AH)。

ASCII 码也是一种 0、1 码，把它们当作数看待，称为字符的 ASCII 码值。用它们代表字符的大小，可以对字符进行大小比较。此外可以看出，数字的 ASCII 码中的高 4 位是 0011(3)，低 4 位正好是一个 BCD 码。所以，数字的 ASCII 码也是一种非压缩的 BCD 码。

1981 年，我国参照 ASCII 码制定了国家标准《信息处理交换用的七位编码字符集》。

2）汉字编码方案

汉字是世界上符号最多的文字，历史上流传下来的汉字总数有七八万之多。为了解决汉字的编码问题，有关部门推出了多种汉字编码规范。下面介绍常用的几种。

- GB 2312—1980 和 GB 2312—1990，共收录 6763 个简体汉字、682 个符号，其中汉字分为两级：一级字 3755，以拼音排序，二级字 3008，以部首排序。
- BIG5 编码，是目前中国台湾、香港地区普遍使用的一种繁体汉字的编码标准，包括 440 个符号，一级汉字 5401 个，二级汉字 7652 个，共计 13 053 个汉字。
- GBK 编码——《汉字内码扩展规范》（俗称大字符集），兼容 GB 2312，共收录汉字 21 003 个、符号883 个，并提供 1894 个造字码位，简、繁体字融于一库。
- GB 18030—2000，国家信息产业部和质量技术监督局于 2000 年 3 月在北京联合发布的《信息技术和信息交换用汉字编码字符集基本集的补充》，收录了 27 484 个汉字，还收录了藏、蒙、维等主要少数民族的文字。该标准于 2000 年 12 月 31 日强制执行。该标准的最新版本是 GB 18030—2005。

3）Unicode 编码

Unicode（Universal Multiple Octet Coded Character Set，万国码）是国际标准化组织（ISO）的标准，2.0 版于 1996 年公布，内容包含符号 6811 个、汉字 20 902 个、韩文拼音 11 172 个、造字区 6400 个、保留 20 249 个、共计 65 534 个。

### 3. 字库

由上可以看出，机内码仅仅用于存储和处理文字符号。从它们不能直接得到文字符号的形状。因为，文字形状有非常重要的特征——字体，即文字的字形，如汉字有宋、楷、隶、草、行、篆、黑……英文字母也有多种字体。在计算机中，字形是由字模形成的。

目前形成的字形技术有 3 种：点阵字形、矢量字形和曲线轮廓字形。不管是字母还是汉字都可以采用这些技术。图 1.59 为采用这 3 种技术的“汉”字。

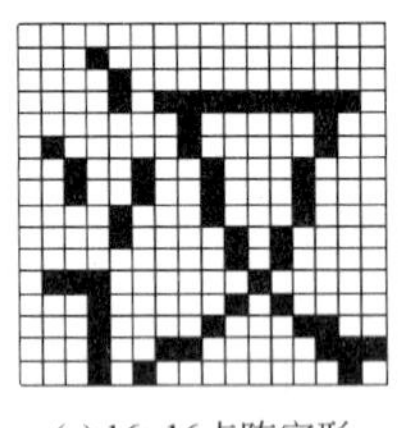
(a) 16×16点阵字形

(b) 矢量字形

(c) 曲线轮廓字形

图 1.59 “汉”字的 3 种字形技术

点阵字形是在一个栅格中把一个字分割成方块组成的点阵，来作为字模。显然，字模的点阵数越多，字形就越细腻，但占用的存储空间越大。如一个英语字母，用 8×8 点阵字模，占用的存储空间为 8B；而用一个 16×16 点阵字模，占用的存储空间为 32B。一般的点阵类型有 16×16、24×24、32×32、48×48 等。把一个点阵字形放大到一定倍数，就会显示出明显的锯齿。针式打印机适合使用这种字模。

矢量字形是用矢量指令生成一些直线条来作为字形的轮廓。这种字形可以任意放大而不会出现锯齿，特别适合支持矢量命令的输出设备（如笔式绘图仪、刻字机等）。

曲线轮廓字形由一组直线和曲线勾画字的轮廓。

一种字体的所有字符的字模构成一个字库。要输出某种字体的一个字符，就要驱动该字库中要调用的字模的存储地址（或者直接把某字符对应的 ASCII 码值当作字库的地址），然后控制打印机的针头或显示器的像素（发光点），打印或显示出指定字体的指定字符。所以，一个字模的地址要由两部分组成，一部分用于选择字库，另一部分用于在一个字库中选择一个字模。对于一个确定的字来说，它在所有字库中的地址是相同的，仅是库地址不同。

## 1.2.9 指令的 0、1 编码与计算机程序设计语言

### 1. 指令的 0、1 编码

程序是由指令组成的。指令是计算机能够识别并执行的操作命令。指令也用 0、1 进行编码。描述一条指令的 0、1 码序列称为一个指令字。

每一条指令都明确地规定了计算机必须完成的一套操作以及对哪一组操作数进行操作。所以指令可以分为两部分：操作码部分和操作数部分。操作码用来指出要求 CPU 执行什么操作（如传送（MOV）、加（ADD）、减（SUB）、输出（OUT）、停机（HALT）、转移（JP）等）。数据部分指出要对哪些数据进行操作。由于计算机中存储器是按照地址寻址的，因此操作数部分通常要描述 3 个地址：对两个地址中的数据进行操作，把运算结果放到第 3 个存储空间中。图 1.60 为一条指令字的格式。

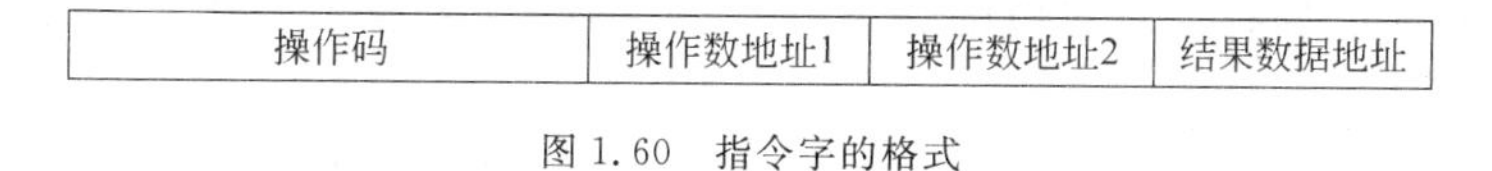


图 1.60 指令字的格式

指令码的长度由一个 CPU 所规定的指令的总条数决定，每个地址码的长度由 CPU 所能使用的存储器的大小决定。

除了 3 地址指令外，指令还可以有如下形式：

- 2 地址指令。将计算结果放在一个操作数地址中，可以节省一个结果数据存储空间。
- 1 地址指令。在 2 地址指令的基础上，一个操作数来自 CPU 中一个特定的寄存器（累加器），结果又放回累加器，只需从存储器取一个操作数。
- 0 地址指令。在普通计算机中，这种指令不需要访问存储器，如停机。又如，在堆栈计算机中进行算术逻辑运算，隐含着从堆栈顶部弹出两个操作数，并将计算结果压栈，可以不指定地址。

### 2. 指令系统

一个 CPU 所能执行的所有指令的集合就称为该 CPU 的指令系统。程序员编程，就是从该指令系统中选择合适的指令组成解题的程序。所以，程序就是为完成某项任务的指令序列。也可以说，一个 CPU 的指令系统规定了程序员与该 CPU 交互时可以使用的符号集合，所以也是该 CPU 的机器语言。

指令系统中的指令丰富，程序员编程就比较容易。但是，直接用 0、1 码表示的 CPU 的指令系统难记，难认，难理解。如下面是某 CPU 指令系统中的两条指令：

```
10000000(进行一次加法运算)
10010000(进行一次减法运算)
```

并且，不同类型的 CPU 的指令系统是有差异的。这就更增加了程序设计的难度，程序的效率很低，质量难以保证。

**3. 汇编语言**

为减轻人们在编程中的劳动强度，20 世纪 50 年代中期人们开始用一些助记符号来代替 0、1 码编程。如前面的两条机器指令可以写为

```
A+B=>A  或  ADD A,B
A-B=>A  或  SUB A,B
```

这种用助记符号描述的指令系统称为符号语言或汇编语言。

用汇编语言编程，程序的生产效率及质量都有所提高。但是汇编语言指令是机器不能直接识别、理解和执行的。用它编写的程序经检查无误后，要先翻译成机器语言程序才能被机器理解、执行。这个翻译转换过程称为“代真”。代真后得到的机器语言程序称为目标程序(object program)，代真以前的程序称为源程序(source program)。由于汇编语言指令与机器语言指令基本上具有一一对应的关系，所以汇编语言源程序的代真可以由汇编系统以查表的方式进行。

汇编语言与机器语言都是依 CPU 的不同而异，它们称为面向机器的语言。用面向机器的语言编程，可以编出效率极高的程序。但是程序员用它们编程时，不仅要考虑解题思路，还要熟悉机器的内部结构，并且要“手工”地进行存储器分配。这种编程方法的劳动强度仍然很大，给计算机的普及推广造成很大的障碍。

**4. 高级语言**

汇编语言和机器语言是面向机器的，不同类型的计算机所用的汇编语言和机器语言是不同的。1954 年出现的 FORTRAN 语言开始使用接近人类自然语言，但又消除了自然语言中的二义性的语言来描述程序。这样的语言被称为高级程序设计语言，简称高级语言。高级语言使人们开始摆脱进行程序设计必须先熟悉机器的桎梏，把精力集中于解题思路和方法上。

自 FORTRAN 以后，不同风格、不同用途、不同规模、不同版本的面向过程的高级语言便纷纷出现。据统计，全世界已有 2500 种以上的计算机语言，其中使用较多的有近百种。著名的 TIOBE 社区每月给出一个编程语言排行榜供人们参考。

### 1.2.10 数据传输中的差错检验

计算机系统工作时，由于噪声、串音、传输质量等影响，有可能在信息的形成、存取、

传送中会造成错误。为减少和避免这些错误，一方面要提高硬件的质量，另一方面可以采用抗干扰码，其基本思想是，按一定的规律在有用信息的基础上再附加上一些冗余信息，使编码在简单线路的配合下能发现错误，确定错误位置甚至自动纠正错误。通常，一个 $k$ 位的信息码组应加上 $r$ 位的检验码组，组成 $n$ 位抗干扰码字（在通信系统中称为一帧）。例如，奇偶检验码是在信息码之外再加上一位检验位，借奇偶检验线路来检测码字是否合法。

抗干扰码可分为检错码和纠错码。所谓检错码是指能自动发现差错的码，而纠错码是指不仅能发现差错而且能自动纠正差错的码。不过应该指出，这两类码之间并没有明显的界限。纠错码也可用来检错，而有的检错码可以用来纠错。抗干扰码的编码原则是在不增加硬件开销的情况下，用最小的检验码组发现、纠正更多的错误。一般说来，检验码组越长，其发现、纠正错误的能力就越强。

### 1. 奇偶检验码

通常奇偶检验以字符为单位进行分组。如传送 ASCII 码时，每传送 7 位的信息码组，都要传送 1 位附加的冗余检验位，该检验位可以作为码字的最高位，也可以作为码字的最低位，使得整个字符码组（共 8 位）中 1 或 0 的数目为奇数或偶数。对于奇检验，1（或 0）的数目为奇数时，为合法码；为偶数时，便是非法码。对于偶检验，1（或 0）的数目为偶数时，为合法码；为奇数时，便是非法码。

由此，可以设计出检验逻辑：

$$P'=C_7\oplus C_6\oplus C_5\oplus C_4\oplus C_3\oplus C_2\oplus C_1\oplus C_0\oplus P \quad (P\text{ 为检验位值})$$

当 $P'=0$ 时，无错；当 $P'=1$ 时，有错。

这种检验方法能检测出传输中任意奇数个错误，但不能检测出偶数个错误。

### 2. 码距与汉明码

从前面的讨论可以发现，ASCII 码是没有检错能力的。因为一个 ASCII 码出现 1 位错时，就变成了另一个合法的 ASCII 码，故称 ASCII 码的码距为 1。而对于横向奇偶检验码或纵向奇偶检验码来说，由任意一个码字变为另一个码字，至少要变化两位，此时称其码距为 2。码距为 2 只能检测出代码中的一位错。码距就是一种编码系统中两个任意合法码之间的最少二进制位数差。纠错理论证明：码距越大，检错和纠错能力越强，其关系如下：

$$L-1=D+C$$

其中，$L$ 为码距，$D$ 为可以检出的错误位数，$C$ 为可以纠正的错误位数，并且有 $D\geqslant C$。显然，如果能在数据码中增加几个检验位，将数据代码的码距均匀地拉大，并且把数据的每一个二进制位分配在几个奇偶检验组中。当某一位出错后，会引起几个检验位的值发生变化。这样不但能够检测出错误，而且能够为进一步纠错提供依据。汉明码就是根据这一理论，由汉明（Richard Hamming）于 1950 年提出的一种很有效的检验方法。

假设检验码组为 $r$ 位，则它共有 $2^r$ 个状态，用其中一个状态指出“有无错”，其余的 $2^r-1$ 个状态便可用于错误定位。设有效信息码组为 $k$ 位，并考虑到错误也可能发生在检验位，则须定位状态共有 $k+r$ 个。也就是说，要能充分地进行错误定位，应有如下关系：

$$2^r-1\geqslant k+r$$

由此，可以计算出表 1.10 中的值。

**表 1.10　有效信息码组长度与检验码组长度之间的关系**

| $k$ | 1 | 2～4 | 5～11 | 12～26 | 27～57 | 58～120 |
|---|---|---|---|---|---|---|
| $r$(最小) | 2 | 3 | 4 | 5 | 6 | 7 |

若编成的汉明码为 $H_mH_{m-1}\cdots H_2H_1$，则汉明码的编码规律如下：

1）检验位分布

在 $m$ 位的汉明码中，各检验位分布在位号为 $2^{i-1}$ 的位置，即检验位的位置分别为 1，2，4，8，…，其余为数据位。数据位按原来的顺序关系排列。例如有效信息码为…$D_5D_4D_3D_2D_1$，则编成的汉明码为…$D_5P_4D_4D_3D_2P_3D_1P_2P_1$，其中 $P_i$ 为第 $i$ 个检验位。

2）检验关系

汉明码的每一位 $H_i$ 要用多个检验位检验。检验关系是被检验位的位号为检验位的位号之和。如 $D_1$(位号为 3)要由 $P_2$ 与 $P_1$ 两个检验位检验，$D_2$(位号为 5)要由 $P_3$(位号为 4)与 $P_1$ 两个检验位检验，$D_3$(位号为 6)要由 $P_2$ 与 $P_3$ 两个检验位检验，$D_4$(位号为 7)要由 $P_1$、$P_2$、$P_3$ 三个检验位检验……

### 3. 循环冗余检验码

循环冗余检验码(Cyclic Redudancy Check，CRC)是一种能力相当强的检错、纠错码，并且实现编码和检码的电路比较简单，常用于串行传送(二进制位串沿一条信号线逐位传送)的辅助存储器与主机的数据通信和计算机网络中。

循环码是指通过某种数学运算实现有效信息与检验位之间的循环检验(而汉明码是一种多重检验)。

1）编码步骤

步骤 1　将待编码的 $n$ 位信息码组 $C_{n-1}C_{n-2}\cdots C_i\cdots C_2C_1C_0$ 表达为一个 $n-1$ 阶的多项式 $M(x)$：

$$M(x)=C_{n-1}x^{n-1}+C_{n-2}x^{n-2}+\cdots+C_ix^i+\cdots+C_1x^1+C_0x^0$$

步骤 2　将信息码组左移 $k$ 位，成 $M(x)\cdot x^k$，即成 $n+k$ 位的信息码组：

$$C_{n-1+k}C_{n-2+k}\cdots C_{i+k}\cdots C_{2+k}C_{1+k}C_k00\cdots00$$

步骤 3　用 $k+1$ 位的生成多项式 $G(x)$ 对 $M(x)\cdot x^k$ 作模 2 除，得到一个商 $Q(x)$ 和一个余数 $R(x)$。显然，会有如下关系。

$$M(x)\cdot x^k=Q(x)\cdot G(x)+R(x)$$

生成多项式 $G(x)$ 是预先选定的。关于它，稍后再进行介绍。这里先介绍一下模 2 除。

模 2 运算是指依按位模 2 加减为基础的四则运算，运算时不考虑进位和借位。模 2 加减的规则为：两数相同为 0，两数相异为 1。

模 2 除，就是求用 2 整除所得到的余数。每求一位商应使部分余数减少一位。上商的原则是：当部分余数为 1 时，商取 1；当部分余数为 0 时，商取 0。例如：

```
          1 0 1 ············ 商
101 ╱  1 0 0 0 0 ············ 部分余数为 1
       1 0 1
       ─────
         0 1 0 ·············· 部分余数为 0
         0 0 0
         ─────
           1 0 0 ············ 部分余数为 1
           1 0 1
           ─────
             0 1 ············ 余数
```

步骤 4　再将左移 $k$ 位的待编码有效信息与余数 $R(x)$ 作模 2 加，即形成循环冗余检验码。

**例 1.18**　对 4 位有效信息 1100 作循环冗余检验码，选择生成多项式 $G(x)$ 为 1011($k=3$)。

步骤如下：

(1) $M(x)=x^3+x^2=1100$。

(2) $M(x)\cdot x^3=x^6+x^5=1100000$($k=3$，即加了 3 个 0)。

(3) 模 2 除，$M(x)\cdot x^k/G(x)=1100000/1011=1110+010/1011$，即 $R(x)=010$。

(4) 模 2 加，得到循环冗余检验码为 $M(x)\cdot x^3=Q(x)\cdot G(x)+R(x)=110000+010=1100010$。

2) 纠错原理

由于 $M(x)\cdot x^k=Q(x)\cdot G(x)+R(x)$，根据模 2 加的规则，有

$$M(x)\cdot x^k+R(x)=M(x)\cdot x^k-R(x)=Q(x)\cdot G(x)$$

所以合法的循环冗余检验码应当能被生成多项式整除。如果循环冗余检验码不能被生成多项式整除，就说明出现了信息差错。并且，有信息差错时，循环冗余检验码被生成多项式整除所得到的余数与出错位有对应关系，因而能确定出错位置。表 1.11 为例 1.18 所得到的循环冗余检验码的出错模式。

**表 1.11　循环冗余检验码的出错模式**

| 检验结果 | $D_7$ | $D_6$ | $D_5$ | $D_4$ | $D_3$ | $D_2$ | $D_1$ | 余　数 | 出错位 |
|---|---|---|---|---|---|---|---|---|---|
| 正确 | 1 | 1 | 0 | 0 | 0 | 1 | 0 | 000 | — |
| 错误 | 1 | 1 | 0 | 0 | 0 | 1 | 1 | 001 | 1 |
| | 1 | 1 | 0 | 0 | 0 | 0 | 0 | 010 | 2 |
| | 1 | 1 | 0 | 0 | 1 | 1 | 0 | 100 | 3 |
| | 1 | 1 | 0 | 1 | 0 | 1 | 0 | 011 | 4 |
| | 1 | 1 | 1 | 0 | 0 | 1 | 0 | 110 | 5 |
| | 1 | 0 | 0 | 0 | 0 | 1 | 0 | 111 | 6 |
| | 0 | 1 | 0 | 0 | 0 | 1 | 0 | 101 | 7 |

进一步分析还会发现，循环冗余检验码当有 1 位出错时，用生成多项式作模 2 除将得到一个不为 0 的余数，将余数补 0 继续作模 2 除又得到一个不为 0 的余数，再将余数补 0 再作模 2 除……于是余数形成循环。对上例，形成 001，010，100，011，110，111，101，…的余数循环。这也就是“循环码”名称的来历。

3) 生成多项式

并不是任何一个多项式都可以作为生成多项式。从检错和纠错的要求出发，生成多项

式应能满足下列要求：

- 任何一位发生错误都应使余数不为0。
- 不同位发生错误应使余数不同。
- 对余数继续作模2运算，应使余数循环。

生成多项式的选择主要靠经验。下面3种多项式已经成为标准，具有极高的检错率：

$$x^{12}+x^{11}+x^3+x^2+x+1 \quad (\text{CRC-12})$$

$$x^{16}+x^{15}+x^2+1 \quad (\text{CRC-16})$$

$$x^{16}+x^{12}+x^5+1 \quad (\text{CRC-CCITT})$$

# 1.3 电子数字计算机的基本原理

计算机主机是计算机硬件部分的核心，它主要包括运算器、存储器、控制器以及连接有关部件的总线。本节介绍计算机各主要部件工作的基本原理。

## 1.3.1 电子数字计算机的运算器

### 1. 一位加法电路——全加器

运算器是计算机中直接执行各种操作的装置，其核心部件是加法电路。图1.61(a)为算式(0.111 +0.011)相加的过程，其中第 $i$ 位相加的过程如图1.61(b)所示。

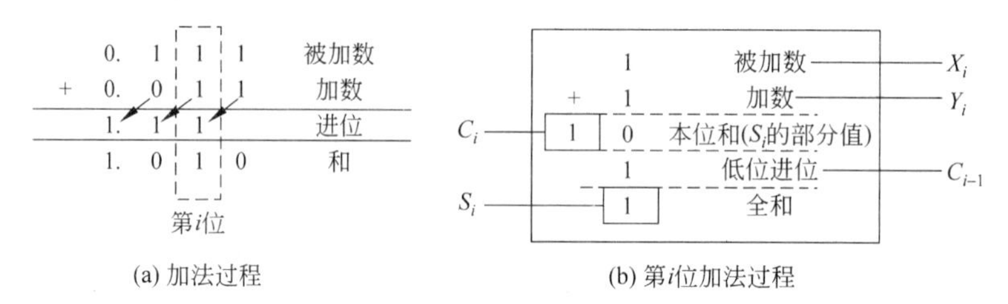


(a) 加法过程　　(b) 第 $i$ 位加法过程

图1.61　二进制加法过程分析

可以看出，加法运算时某一位相加需要有下列5个变量：

输入：被加数 $X_i$、加数 $Y_i$、低位进位 $C_{i-1}$。

输出：本位进位 $C_i$、本位全和 $S_i$。

因此一个全加器应有5个端口：3个输入端，2个输出端。它的真值表如表1.12所示。

表1.12　全加器的真值表

| $X_i$ | 0 | 0 | 0 | 0 | 1 | 1 | 1 | 1 |
|---|---|---|---|---|---|---|---|---|
| $Y_i$ | 0 | 0 | 1 | 1 | 0 | 0 | 1 | 1 |
| $C_{i-1}$ | 0 | 1 | 0 | 1 | 0 | 1 | 0 | 1 |
| $C_i$ | 0 | 0 | 0 | 1 | 0 | 1 | 1 | 1 |
| $S_i$ | 0 | 1 | 1 | 0 | 1 | 0 | 0 | 1 |

在真值表中，将函数值($C_i$ 或 $S_i$)为1的各参数($X_i$,$Y_i$,$C_{i-1}$)的“与”项相“或”，就组成了

与该函数的逻辑表达式。如全加器的本位和有 4 项,全加器的本位进位也有 4 项,即有

$$S_i = \overline{X}_i \cdot \overline{Y}_i \cdot C_{i-1} + \overline{X}_i \cdot Y_i \cdot \overline{C}_{i-1} + X_i \cdot \overline{Y}_i \cdot \overline{C}_{i-1} + X_i \cdot Y_i \cdot C_{i-1}$$
$$= X_i \oplus Y_i \oplus C_{i-1}$$
$$C_i = \overline{X}_i \cdot Y_i \cdot C_{i-1} + X_i \cdot \overline{Y}_i \cdot C_{i-1} + X_i \cdot Y_i \cdot \overline{C}_{i-1} + X_i \cdot Y_i \cdot C_{i-1}$$
$$= X_i \cdot Y_i + (X_i \oplus Y_i) \cdot C_{i-1}$$

由这两个表达式很容易得到相应的组合逻辑电路,如图 1.62(a)所示。并且可以用图 1.62(b)所示的逻辑符号表示。

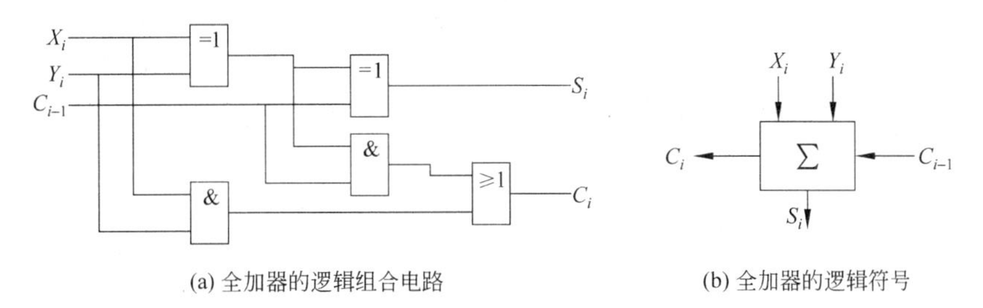


(a) 全加器的逻辑组合电路　　(b) 全加器的逻辑符号

图 1.62　全加器的逻辑组合电路及其符号

实质上,全加器是完成 3 个 1 位数相加,具有两个输出端的逻辑电路。对应于输入端的不同值,将在两个输出端上输出相应的值。

### 2. 串行加法电路

串行运算加法器如图 1.63 所示。它是由两个 $n$ 位的移位寄存器,一个全加器和一个(由 D 触发器组成的)进位触发器所组成。寄存器 $A$、$B$ 每接收一次移位脉冲,被加数和加数同时各右移一位,使得进位触发器中的前位进位和 $A_1$ 及 $B_1$ 中的当前位在 Σ 中相加。每次相加之后得 $S_i$ 计入 $A$ 寄存器最左端,本位进位送给进位触发器的输入端 $D$。下一次移位脉冲到来时,进位触发器送给 Σ 一个进位。这样经过 $n$ 次移位脉冲后,就完成了两个 $n$ 位二进制数相加,最后结果存放在寄存器 $A$ 中。

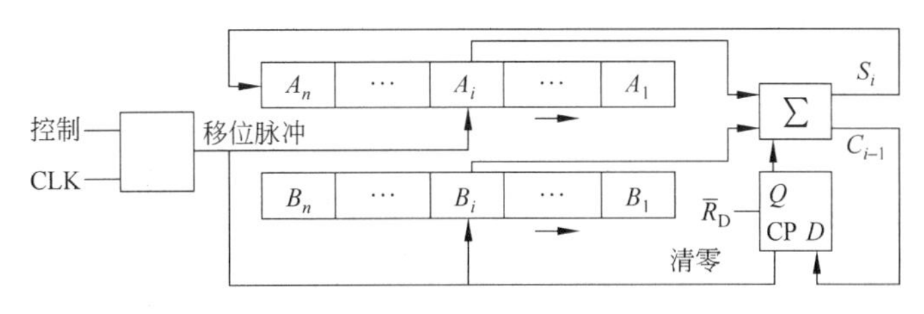


图 1.63　串行运算加法器

### 3. 并行加法电路

两个 $n$ 位二进制数各位同时相加称为并行加法。图 1.64 为 $n$ 位并行加法电路。它由 $n$ 个全加器组成。运算时由两个寄存器送来的 $n$ 位数据分别在 $n$ 个全加器中按位对应相加;每个全加器得出的进位依次向高一位传送,从而得出每位的全加和。最后一个进位 $C_n$ 为计算机工作进行判断提供了一个测试标态,在某些情况下(如多字节运算)还可以作为运

算的一个数据。

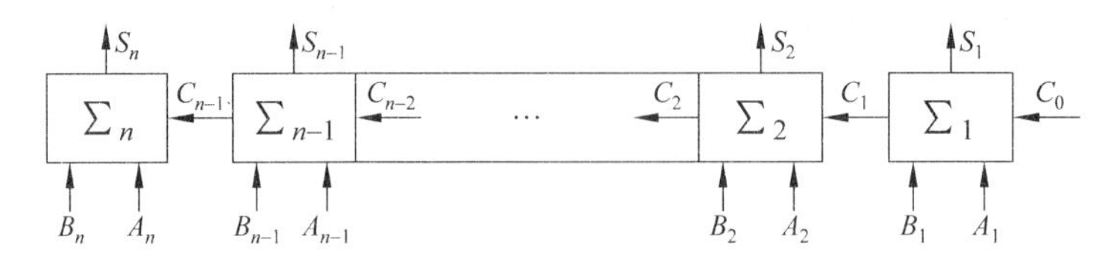


图 1.64　$n$ 位并行加法器

其中的逻辑表达式描述了它们用 3 种基本的逻辑电路实现的方法，如“异或门”可以由两个“非门”、两个“与门”、一个“或门”组成。进一步又可以用基本组合逻辑电路组成更复杂的逻辑电路。如在并行加法器前加一级“异或门”就可以组成加/减法运算器，如图 1.65 所示。

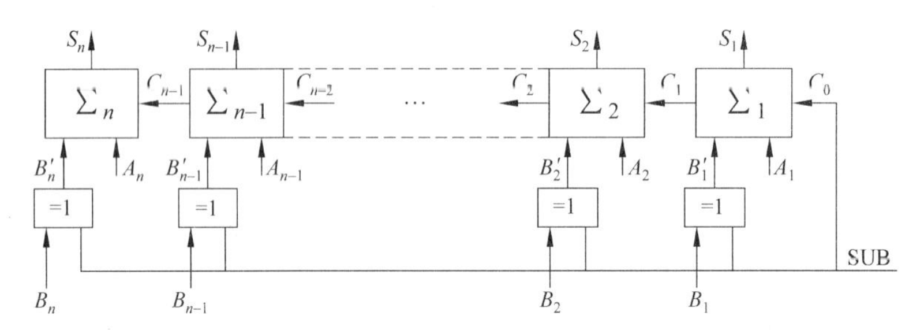


图 1.65　加/减法运算器

这样，若 $A$ 和 $B$ 使运算器中用于临时保存数据的寄存器，则当 SUB=0 时，有

$$B'_i = B_i \oplus \mathrm{SUB} = \overline{B_i} \cdot \mathrm{SUB} + B_i \cdot \overline{\mathrm{SUB}} = \overline{B_i} \cdot 0 + B_i \cdot 1 = B_i$$

进行的是 $A+B$ 运算。

当 SUB=1 时，有

$$B'_i = B_i \oplus \mathrm{SUB} = \overline{B_i} \cdot \mathrm{SUB} + B_i \cdot \overline{\mathrm{SUB}} = \overline{B_i} \cdot 1 + B_i \cdot 0 = \overline{B_i}$$

进行的是 $A-B$ 运算。

## 1.3.2　计算机存储器

存储器是计算机中用于存储数据和程序的部件。

### 1. 计算机存储器分类

1）按介质的物理性质分类

广义地讲，在一定条件下，物质性质的改变就是对过程条件的记忆，如果这些物理性质可检测并且与其相应过程条件之间有确定的一一对应关系，则可用作记忆元件。基于二进制逻辑的诺依曼电子计算机所要求的记忆元件应当有两个明确定义的物理状态，以分别表示两个基本逻辑值，且这两个状态可以被检测并转换成电信号。信息的存取速度取决于测量与改变元件的记忆状态所需的时间。能满足这一要求的物质有如下一些：

（1）机械存储器，如有孔无孔、有坑无坑，可以用光电管或激光检测并转换成电信号。

（2）电气（电子）存储器，如开关的开闭、电容器极板之间有无电容以及电压的正负，可以用电信号检测。

(3) 磁存储器，如磁化的方向，可以用电磁感应检测。

(4) 光存储器，利用光斑的有无存储数据。

此外，还有化学的和生物的存储物质等。

目前，计算机中使用的记忆元件是电子的和磁性的。这些存储元件有一个重要的特性，就像磁带一样，存入数据之后，无论怎样使用(读)，都不会消失；但只要存进(写入)新的内容，旧的内容就不复存在。这个特性称为“取之不尽，新来旧去”。

2) 按记忆性能分类

(1) 非永久记忆的存储器。也称有源存储器，指断电后数据即消失的存储器，许多半导体存储器只在有电环境下才能保存其中的数据。

(2) 永久记忆性存储器。也称无源存储器，指断电后仍能保存数据的存储器，例如磁盘、光盘、闪存等。

3) 按访问单元间的位置关系分类

(1) 顺序访问存储器。只能按某种顺序来存取，存取时间和存储单元的物理位置有关。例如磁带这样的存储设备只能顺序地进行读写。

(2) 随机访问存储器。这里的“随机”指任何存储单元的内容都能被直接存取，且存取时间和存储单元的物理位置无关。例如磁盘这样的存储设备可以读写任何磁道中任何一个扇区的数据。

4) 按读写限制分类

(1) 只读存储器。存储的内容是固定不变的，只能在线读出，不能在线写入的存储器，写入只能在特殊环境中进行，例如光盘等。

(2) 随机读写存储器。这里的“随机”指既可以在线写(存)又可以在线读(取)，既能读出又能写入的存储器，例如半导体存储器、磁盘、闪存等。

5) 按存储器在计算机系统中所起的作用分类

(1) 主存储器。也称内存，存放计算机运行期间的大量程序和数据。存取速度较快，存储容量不大。

(2) 高速缓冲存储器(Cache)。可以用与CPU直接匹配的速度高速存取指令和数据的存储器。

(3) 辅助存储器。也称外存，作为主存储器的外援，存放系统程序和大型数据文件及数据库。存储容量大，位成本低。

**2. 按照地址进行存取与主存储器结构**

计算机的主存储器被划分为存储单元，密密麻麻地排在一起，要往里放数据或指令或从中取出数据或指令，就要对存储单元预先编号，按照号码进行。这些号码就称为存储单元的地址，在机器中用补码表示。图1.66为其示意图。所以说是示意，是因为并非直接把地址码送到每个存储单元，而是把地址码送到地址译码器，由地址译码器产生地址对应单元的驱动信号，来对

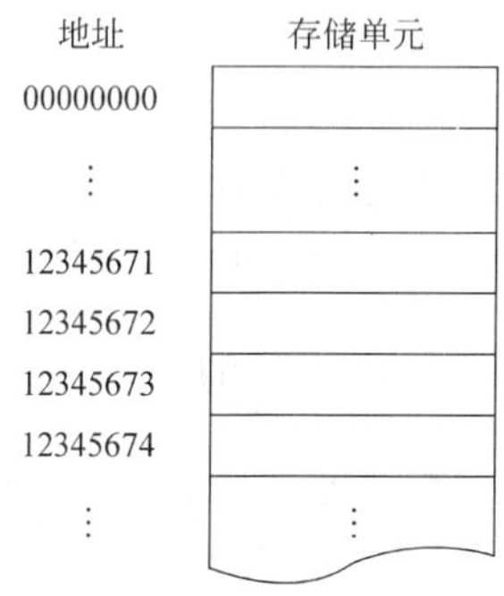

图1.66 存储单元及其地址

该单元进行读写。如图 1.67 所示，对于一个 $n$ 位的地址码，可以寻址的范围是 $2^n$ 个单元，即一种 $2^n$ 中选 1 的逻辑电路。这种译码方式称为单译码或线选法，一般用于小容量的存储器。在大容量的存储器中，通常采用二维地址译码结构（也称双译码或重合法），如图 1.68 所示。

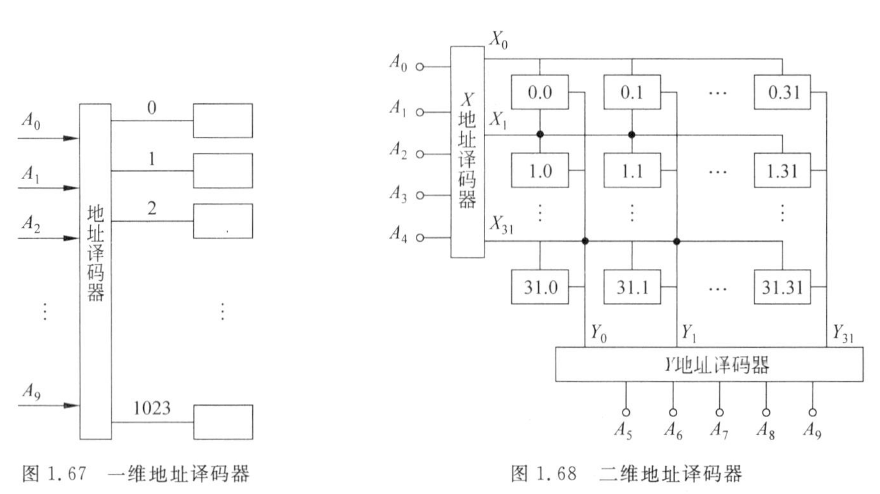


图 1.67　一维地址译码器

图 1.68　二维地址译码器

二维地址译码结构使用两个译码器，分别在 $X$（行）和 $Y$（列）两个方向进行地址译码。这样可以节省驱动电路和地址线。例如，地址宽度为 10，采用一维译码方式时字线数为 $2^{10}$ 条，需要 1024 个驱动电路；采用二维译码结构时，字线总数变为 $2\times2^5=64$ 条，需要 64 个驱动电路。

如图 1.69 所示，主存储器主要由存储体、地址译码器、驱动电路、读写电路和时序控制电路等组成。

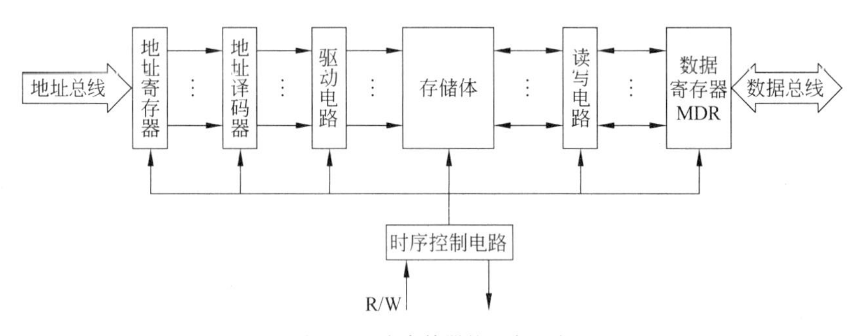


图 1.69　主存储器的基本组成

还需要说明的是，主存储器的编址方式有两种：面向字节的和面向字的。前者每一个字节有一个地址，后者每一个字有一个地址。

### 3. 存储器的基本性能要求

存储器的性能通常可以从以下几个方面描述。

1）每位成本

每位成本即折合到每一位的存储器造价，是存储器的主要经济指标。

2）容量

计算机存储器的容量是计算机存储信息的能力。一个存储器的容量常用有多少个存储单元、每个单元有多少位表示。如存储容量为 4M×8b，则表示能存储 4×1024×1024 个 8 位字长的二进制数码。另外也可以用能存储多少字节（每字节为 8 位二进制代码）表示，故前例也可称容量为 4MB。除了 MB，存储容量常用的单位还有 KB、GB、TB、PB 等。目前，微型计算机的 L1 缓存的容量在几百 KB 级，L2 缓存的容量一般在 MB 级，主存的容量在几百 MB 到几 GB 级，辅助存储器的容量在几十到几百 GB 级。大型计算机的容量要大得多。

3）存取速度

计算机存储器的存取速度通常用 3 个指标衡量：存取时间、存取周期和存储器带宽。

存取时间又称访问时间或读写时间，是指从启动一次存储器操作到完成该操作所经历的时间。例如，读出时间是指从 CPU 向存储器发出有效地址和读命令开始，直到将被选单元的内容读出送上数据总线为止所用的时间；写入时间是指从 CPU 向存储器发出有效地址和写命令开始，直到信息写入被选中单元为止所用的时间。内存的存取时间通常用 ns（纳秒）表示。在一般情况下，超高速存储器的存取时间约为 20ns，高速存储器的存取时间约为几十纳秒，中速存储器的存取时间约为 100～250ns，低速存储器的存取时间约为 300ns。

存取周期是指连续对存储器进行存取时，完成一次存取所需要的时间。通常存取周期会大于存取时间，因为一次存取操作后，需要一定的稳定时间，才能进行下一次存取操作。

存储器带宽是指存储器在单位时间内读出/写入的字节数。若存储周期为 $t_m$，每次读写 $n$ 个字节，则其带宽 $B_m=n/t_m$。

4）信息的可靠保存性、非易失性和可更换性

存储器存储信息的物理过程是有一定条件的。例如，半导体存储器只在有电源的条件下存储信息，电荷存储型存储器中的信息会随着电荷的泄漏而消失等，它们都称为有源存储器。磁盘、磁带中的信息保存不需电源，称为无源存储器，但它会因磁、热、机械力等的作用受到破坏。理想的存储器是既能方便地读写又具有非易失性的存储器。

#### 4. 分级存储

存储器的主要指标是成本、速度和容量。当然都希望在一台计算机中配置很大（单元多）、很快的存储器。但是，速度快的存储器价格就高，对经济实力的要求就高。为此，计算机的存储器实行分级存储的方式：把要反复使用的内容放在速度最快、容量较小的存储器中，把马上不用但不久就要使用的内容放在速度较快、容量较小的存储器中……把最不常用的内容放在容量极大但速度不快的存储器中。合理地在不同级别的存储器之间进行存储内容的调换，就解决了速度、容量和成本之间的矛盾。就像学生在书包中装的是马上上课要用的书籍，家里书架上放的是一个阶段要用的书籍，还要用书店或图书馆作为后盾一样。

目前的计算机存储器一般分为 3 级：辅助存储器（也称外存，如光盘、磁盘、U 盘等）、主存储器（也称内存）和高速缓冲存储器（cache，简称高速缓存）。它们之间的关系如图 1.70 所示。辅助存储器作为主存储器的后援；主存储器可以与运算器和控制器（合起来称 CPU）通信，也可以作为高速缓存的后援；高速缓存存储 CPU 最常使用的信息。一个程序执行

前，程序和它要执行的数据都存放在辅助存储器中。程序开始执行，程序会被调入内存，大型程序要一段一段地调入内存执行。程序在执行过程中，数据按照程序的需要被调入内存。为了提高程序执行的速度，还要不断地把 CPU 当前要使用的程序段和数据部分调入高速缓存执行。

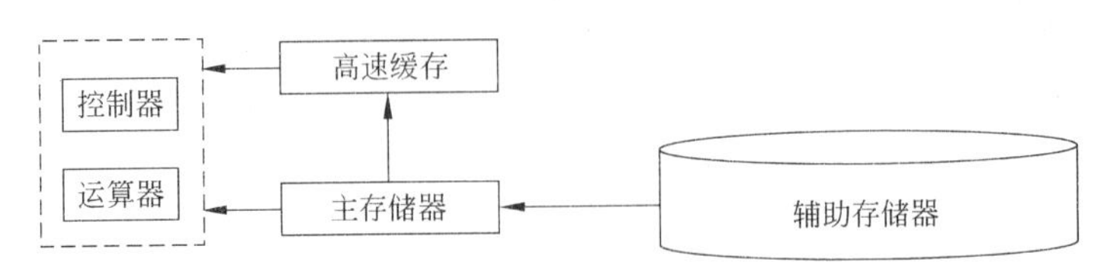


图 1.70 主存储器、辅助存储器和高速缓存之间的关系

## 1.3.3 计算机控制器

### 1. 控制器的功能

如前所述，控制器是计算机的中枢神经，可以对整个计算机的工作过程进行控制。这里，其控制功能主要表现在如下 3 个方面。

1）定序

组成程序的指令必须按照一定的顺序被执行，不能乱套。就像做菜、开会一样，必须按照一定顺序进行。否则做的菜就无法吃，会议开不好。

2）定时

电子计算机是一种复杂的机器，由众多的元件、部件组成，不同的信号经过的路径也不同。为了让这些元件、部件能协调工作，系统必须有一个统一的时间标准——时钟和节拍，就像乐队的每位演奏者都必须按照指挥节拍演奏一样。计算机中的时钟和节拍是由振荡器提供的。振荡器的工作频率称为时钟频率。显然，时钟频率越高，计算机工作节拍越快。

定序与定时合起来称为定时序。

3）发送操作控制信号

控制器应能按指令规定的内容，在规定的节拍向有关部件发出操作控制信号。

### 2. 控制器的组成与工作过程

控制器的功能由指令部件（指令寄存器、地址处理部件、指令译码部件、程序计数器）、时序部件和操作控制部件（操作控制逻辑）共同实现，其组成如图 1.71 所示。

控制器执行一条指令的过程是“取指令—分析指令—执行指令”。

1）取指令

控制器的程序计数器（Program Counter，PC）中存放当前指令的地址（如 $n$）。执行一条指令的第一步就是把该地址送到存储器的地址驱动器（图 1.71 中没有画出），按地址取出指令，送到指令寄存器（Instruction Register，IR）中。同时，PC 自动加 1，准备取下一条指令。

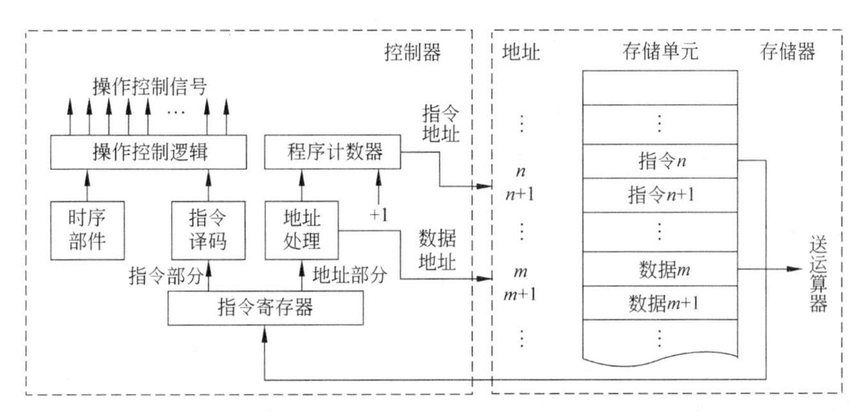


图 1.71 控制器的组成结构

2) 分析指令

一条指令由两部分组成：一部分称为操作码(Operation Code，OP)，指出该指令要进行什么操作；另一部分称为数据地址码，用于指出要对存放在哪个地址中的数据进行操作(如 $m$)。在分析指令阶段，要将数据地址码送到存储器，取出需要的操作数到运算器，同时把 OP 送到指令译码部件，翻译成要对哪些部件进行哪些操作的信号，再通过操作控制逻辑将指定的信号(和时序信号)送到指定的部件。

3) 发送操作控制信号

将有关操作控制信号按照时序安排发送到相关部件，使有关部件在规定的节拍中完成规定的操作。

### 3. 一条程序的执行过程

下面介绍一个假想程序的执行过程。这是一个求 $x+|y|$ 的程序。

1) 为程序分配存储单元

根据存储器的使用情况，给程序和数据分配合适的存储单元。本例假定程序从 2000 单元开始存储，数据存于 2010 单元、2011 单元，结果存于 2012 单元，具体安排如表 1.13 所示。

表 1.13 本例假想的内存存储情形

| 单元地址 | 单元内容 | 注 释 |
|---|---|---|
| 2000 | MOV A,(2010) | 取 2010 单元中的数据到寄存器 A |
| 2001 | MOV B,(2011) | 取 2011 单元中的数据到寄存器 B |
| 2002 | JP (B)<0,2005 | 若(B)<0，转 2005 单元，否则执行下一条 |
| 2003 | ADD A,B | 将 A 与 B 中内容相加后送 A |
| 2004 | JP+2 | 跳两个单元，即转 2006 |
| 2005 | SUB A,B | 将 A 与 B 中内容相减后送 A |
| 2006 | MOV(2012),A | 存 A 中内容到 2012 单元 |
| 2007 | OUT(2012) | 输出 2012 单元内容 |
| 2008 | HALT | 停机 |
| 2010 | x | |
| 2011 | y | |

其中，A 和 B 是运算器中的两个数据寄存器，用于临时保存数据。

2）程序执行过程

（1）启动程序，即向程序计数器（PC）中送入程序首地址 2000。

（2）按照 PC 指示的“2000”，从存储器的 2000 单元取出第一条指令“MOV A，(2010)”，送至 IR（指令寄存器），同时 PC 加 1（得 2001），准备取下一条指令。

指令“MOV A，(2010)”要求把 2010 单元中的数据（$x$）送到寄存器 A（CPU 内部暂存数据的元件）。

（3）按照 PC 指示的“2001”，从存储器的 2001 单元取出指令“MOV B，(2011)”，送至 IR，同时 PC 加 1（得 2002），准备取下一条指令。

指令“MOV A，(2011)”要求把 2011 单元中的数据（y）送到寄存器 B（CPU 内部的另一个暂存数据的元件）。

（4）按照 PC 指示的“2002”，从存储器的 2002 单元取出指令“JP B ＜ 0，2005”，送至 IR，同时 PC 加 1（得 2003），准备取下一条指令。

（5）指令“JP (B) ＜ 0，2005”首先判断 B 中的数据是否小于 0。

- 若是，就跳到 2005 单元，即将存储地址 2005 送往 PC。然后执行 2005 单元中的指令“SUB A，B”，把 B 中数据的负值（实际为 $y$ 的绝对值）加到 A 中，执行 $x+(-y)$ 的操作，并把结果存在 A 中。同时 PC 加 1（得 2006），准备取下一条指令。
- 若 B 中的值为正，就不跳转，执行 2003 单元中的“ADD A，B”，即把 A 和 B 中的数据相加，得 $x+y$，送入 A 中。同时 PC 加 1（得 2004），准备取下一条指令。接着执行 2004 单元中的指令“JP +2”，要求跳过两个单元，即把 PC 中的内容再加 2（得 2006），准备取出 2006 单元中的指令。

执行上述运算后，A 中存放的是 A 与 B 的绝对值的和 $x+|y|$，并且 PC 内容为 2006。

（6）执行 2006 单元中的指令“MOV(2012)，A”，把 A 中的内容（$x+|y|$）送到 2012 单元。同时 PC 加 1（得 2007），准备取下一条指令。

（7）执行 2007 单元中的指令“OUT(2012)”，把 2012 单元中保存的数据（$x+y$）输出。同时 PC 加 1（得 2008），准备取下一条指令。

（8）执行 2008 单元中的指令“HALT”，该程序执行结束。

### 1.3.4 总线

计算机是一种复杂的电子设备，由许多部件组成。早期的计算机没有站在全局的角度解决部件之间的连接问题，造成部件之间连接的复杂性。随着计算机的发展，部件不断增加，为了减少部件连接的复杂性，在发展接口技术的同时开始考虑建立多个部件间的公用信息通道——总线（bus）。建立总线，首先是要按照传输的内容建立信息公用通道，把总线分为 3 种类型，如图 1.72 所示。

- 数据总线（Data Bus，DB）：传输数据。
- 地址总线（Address Bus，AB）：传输内存存储单元地址。
- 控制总线（Control Bus，CB）：传输控制信号。

在每一种总线上，相应的信息在总线控制器的控制下分时地传输不同部件间的信息。

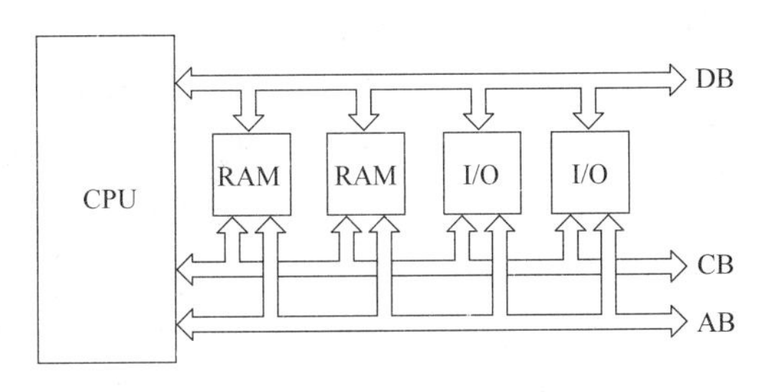


图 1.72　用总线连接的计算机

在物理上，总线由直接印刷在电路板上的导线和安装在电路板上的各种插槽组成。其他部件以插件板的形式插装在插槽上。图 1.73 为总线、插槽和部件插件板之间的连接示意图。

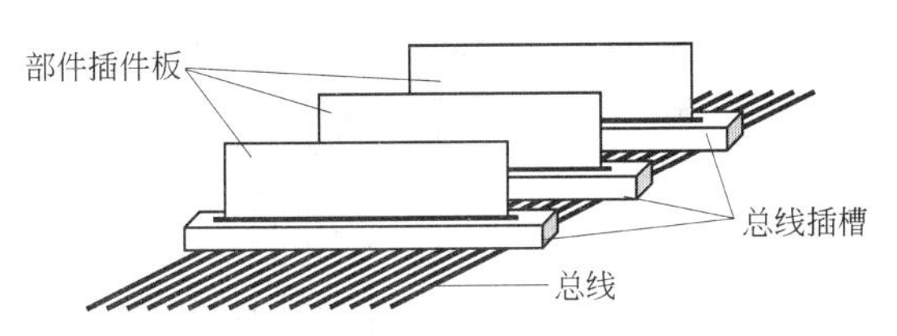


图 1.73　总线、总线插槽和部件插件板之间的连接

计算机元器件的进步和计算机体系结构的发展推动了总线技术的发展，使其逐渐成为计算机技术中的一个重要分支。图 1.74 为现代微型计算机各部件连接示意图。

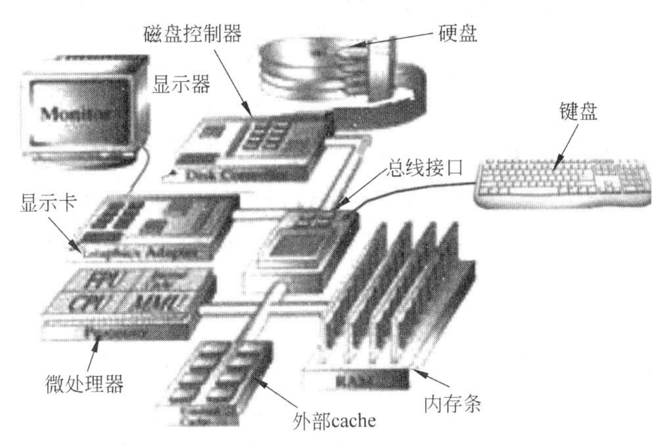


图 1.74　现代微型计算机各部件连接示意图

## 1.3.5　计算机中的时序控制

计算机是一个高速的复杂系统，为了能让相关部件有条不紊地协调工作，必须对相关操作之间的顺序依赖关系加以严格规定。对于某个具体的操作来说，必须定好它在哪个时间点开始，在哪个时间点完成；或者规定好在哪个操作之后开始，在哪个操作之前完成。这种顺序和时间点的安排就称为时序。

按照时间点的安排，要求相关部件之间有一个统一的时间参照，这就是时钟。在数字系统中，时钟定时地发射脉冲信号。每两个相邻脉冲信号之间的时间称为一个时钟周期。在单位时间(一般为秒)内时钟发出的脉冲数称为时钟频率。时钟频率越高，时钟周期越短，部件的工作速度就越高。用统一的时钟控制有关部件协调工作，称为同步控制。

相关部件之间在没有共同时钟的情况下采用异步控制方式，即靠相互间的信号联系协调(称为握手方式或应答方式)工作，用前下一个部件的结束信号启动下一个部件开始工作。

在计算机中，时序控制比比皆是，主要用于如下两种情况：

(1) 多部件协同操作时，典型的是控制器执行指令时、存储器读写时。

(2) 数据传输时，典型的是总线传输数据时。

### 1. 指令执行的时序控制

控制器执行指令的过程采取同步控制方式。为此，系统需要提供一套时序信号进行微操作时序的控制。这套时序信号由图 1.75 所示的时钟周期(节拍)、CPU 周期和指令周期组成。

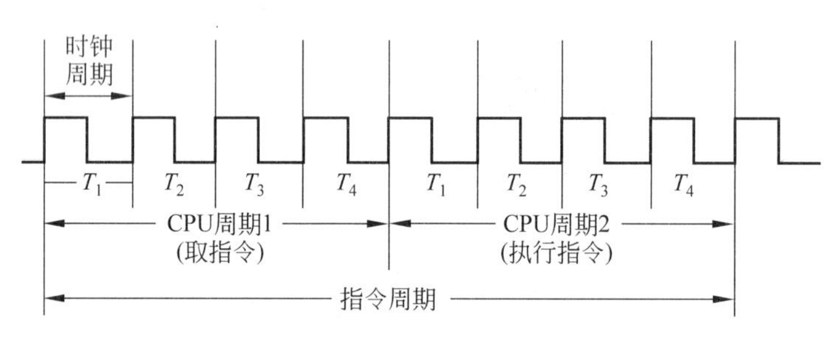


图 1.75 时钟周期、CPU 周期和指令周期

时钟周期(也称振荡周期)是 CPU 工作的最小时间单位。时钟周期是时钟频率的倒数，其高低决定了工作的快慢，时钟频率越高，计算机工作的速度就越快。

指令周期也称指令的取出-执行周期(fetch-and-execute cycle)，指 CPU 从主存中读取一条指令到指令执行结束的时间，或者说，指令周期可以细化为由“送指令地址—指令计数器(PC)加 1—指令译码—取操作数—执行操作”等微操作组成的比较详细的过程。由于每种指令的复杂程度不同，其包含的微操作内容不同，所需的指令周期的长短也不相同。

一条指令所包含的微操作之间具有顺序依赖关系。为了正确地执行指令，还需要将指令周期进一步划分为一些子周期——CPU 周期(也称工作周期、机器周期)，把一条指令包含的微操作分配在不同的 CPU 周期中。所以，CPU 周期就是 CPU 执行一个微操作所花费的时间。

图 1.76 描述了一条普通指令的 CPU 周期划分情况，它包含了 3 个 CPU 周期。

第 1 个 CPU 周期为取指周期，要完成 3 件事：

(1) 送 PC 内容(当前指令地址)到存储器的地址缓存，从内存中取出指令。

(2) 指令计数器加 1，为取下一条指令做准备。

(3) 对指令操作码进行译码或测试，以确定执行哪一些微操作。

第 2 个 CPU 周期将操作数地址送往地址寄存器并完成地址译码。

第 3 个 CPU 周期取出操作数并进行运算。

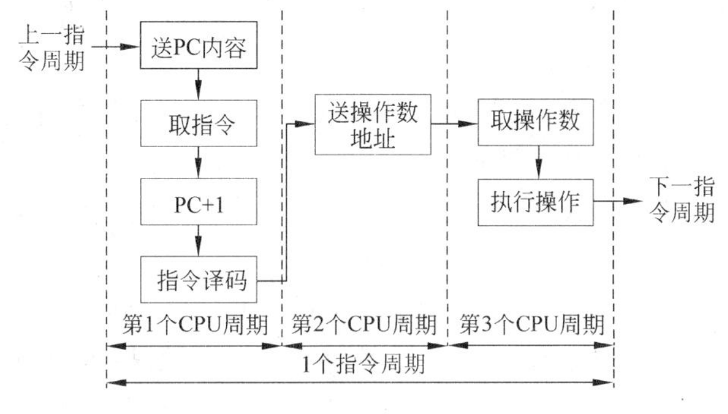


图 1.76 指令周期的 CPU 周期划分

不同的指令所包含的 CPU 周期是不同的。有关内容在 5.2 节进一步讨论。

**2. 存储器读写的时序控制**

存储器的读写时序也采用同步控制方式。存储器进行一次读或写操作所需的时间称为存储器的访问时间(或读写时间),而连续启动两次独立的读或写操作(如连续的两次读操作)所需的最短时间称为存取周期(或存储周期)。为了进行存储器的读写,需要在地址总线上送出地址信息(对于二维地址译码,需要送出行地址和列地址),需要 CPU 发出读或写命令。此外,在写时,还要在数据总线上送出要写的数据;在读时,要向数据总线送读出信息。这些信息的出现要严格按照时序进行,并且需要等待前一个信号稳定以后才能发出后一个信号。关于这些内容详见 3.2 节。

**3. 总线传输中的时序控制**

总线是多部件共享、采用分时方式供不同部件传输信号的通道。为了供多个部件共享,总线也建立了一套共享与竞争规则。这些竞争规则也与时序控制有关,可以分为同步控制与异步控制两种,详见第 3 章。

## 1.4 冯·诺依曼计算机体系的改进

### 1.4.1 冯·诺依曼瓶颈

自 20 世纪 40 年代以来,基于程序存储控制原理和二值逻辑的冯·诺依曼计算机在信息处理领域获得了巨大的成功。它依靠芯片集成度的不断提高,以简单的逻辑运算为基础开发出了处理复杂运算的高精度和高速度。随着信息时代的到来,它日益成为人类社会的各个领域越来越离不开的工具。

但是并非说冯·诺依曼计算机是万能的,适合于一切问题的。早在 20 世纪 70 年代,人们就发现了冯·诺依曼计算机的一些致命弱点。

从前面的介绍可以看出,诺依曼体系结构的基本特征是集中控制、顺序执行、数据和指令共享存储单元。这些特征为诺依曼计算机创造了辉煌,然而也正是这些特征成为了制约计算机技术进一步发展的瓶颈——人们将其称为诺依曼瓶颈。归纳起来,这个瓶颈主要有两点:一维的计算结构和一维的存储结构。

诺依曼计算机是控制(指令)流驱动,即中央处理器(CPU)和主存之间只有一条每次只能交换一个字的数据通路。同时,计算机内部的信息流动是由指令驱动的,而指令执行的顺序由指令计数器决定,这就形成了一维的计算结构。一维存储结构指诺依曼计算机的存储器是一维的线性排列单元,并要按排列顺序访问地址。

这样的两个一维性就带来以下问题:不论 CPU 和主存的吞吐率有多高,不论主存的容量有多大,只能顺序处理和交换数据。并且,由于指令和数据是离散地存储在存储器上的,造成 50%以上的内存访问微操作都是空操作,只作地址变化,而没有进行实际的存取操作。这些都浪费了大量的处理器时间。

另一方面,一维性的存储结构决定了诺依曼计算机主要适合数值计算——将高级语言的变量编译成一维的存储结构比较方便,也可以不考虑访问方法。但是随着计算机应用的不断扩展,计算机深入到数据处理、图形图像处理以及人工智能等领域,数据结构日趋复杂,多维数组、树、图等大量应用。要将它们转换成一维的线性存储模型。就需要设计复杂的算法来进行映射,使高级语言表示与机器语言描述之间的差距加大。这种差距也被称为诺依曼语义差距,如图 1.77 所示。而这些语义差距间的变换工作绝大部分要由编译程序来承担,从而给编译程序增加了很多工作量。而随着软件系统的复杂性和开发成本不断提高,软件的可靠性、可维护性和整个系统的性能都明显下降,大量的系统资源消耗在软件开销上。如何消除不断拉大的语义差距,成为计算机面临的一大难题和发展障碍。

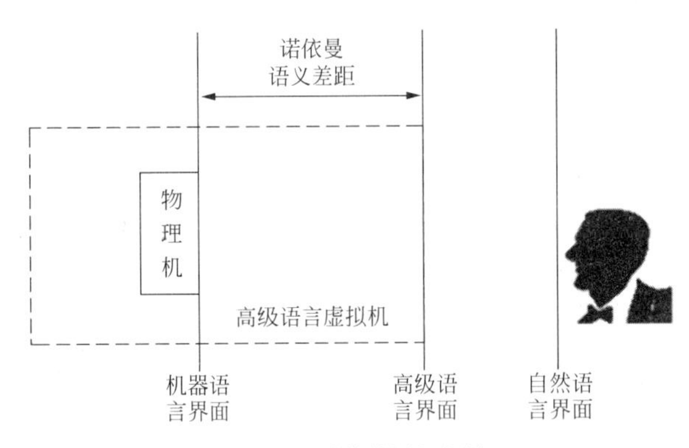


图 1.77 诺依曼语义差距

几十年来,人们努力谋求突破传统诺依曼体系的局限,这些努力主要表现在两个方面:

(1) 对诺依曼计算机的改进。下面几节先粗略地进行一些介绍,有关细节将在第 6 章讨论。

(2) 跳出冯·诺依曼体系,另辟蹊径。这一部分将在第 7 章介绍。

### 1.4.2 并行与共享

人类制造了计算机,就要使它的每一个部件都能充分地发挥潜力。于是“并行”与“共享”就成了计算机体系结构发展中的核心话题。

### 1. 从以运算器为中心到以存储器为中心

早期的计算机是以运算器为中心的，如图 1.78 所示，这种结构有如下特点：

- 输入的数据要经过运算器送到存储器。
- 在程序执行过程中，运算器要不断与存储器交换数据。
- 出现中间结果和得到最终结果时，要由运算器将它们送到输出设备。

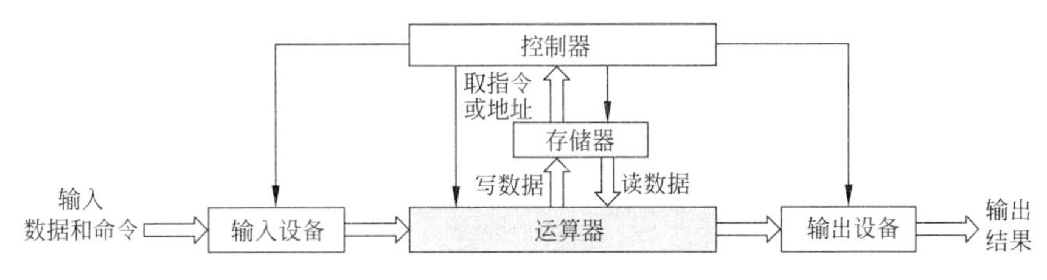


图 1.78　以运算器为中心的计算机结构

所以运算器是最忙碌的部件，而其他部件都可以轮流处于空闲状态。由于不论高速部件还是低速部件都要直接与运算器一起工作，使得运算器(也就是 CPU)这样的宝贵资源无法高效利用，而其他部件也不能得到充分利用。随着计算机应用的深入和外部设备的发展，内存与外存等外部设备之间的信息交换越来越频繁，使得矛盾日益突出。为了改变这种状况，现在的计算机都采用了以存储器为中心的结构，如图 1.79 所示，在这种结构中，CPU 与输入输出设备并行工作，并共享存储器，运算器可以“集中精力”进行运算，使其效率大大提高。

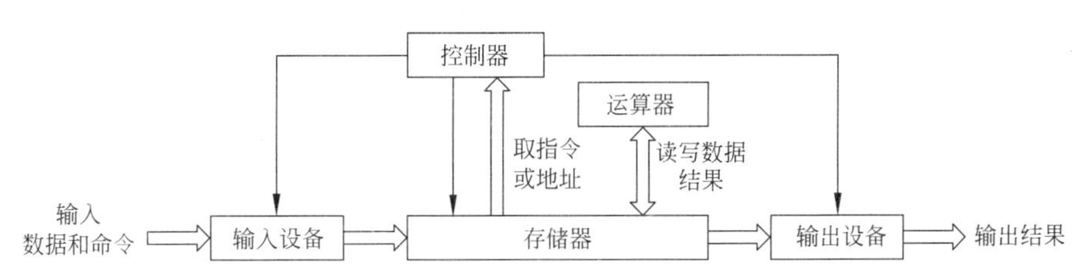


图 1.79　以存储器为中心的计算机结构

在实现以存储器为中心的结构的过程中，形成了分时操作系统、中断控制技术、DAM 控制技术和各种总线技术等。

运算器和存储器都是计算机的高速设备，不论是以哪个为中心，都是高速部件为低速部件所共享。但是，从以运算器为中心到以存储器为中心，实现的是以忙设备为中心到以较闲设备为中心，从总体上均衡了不同部件的负荷，有利于进一步挖掘高速设备的利用率。

### 2. 指令执行的并行与共享

如图 1.80 所示，早期的计算机的处理器在同一时间段内只能进行一个指令的作业；一条指令的作业完成后，才能开始另外一条指令的作业，即指令只能一条一条地串行执行。

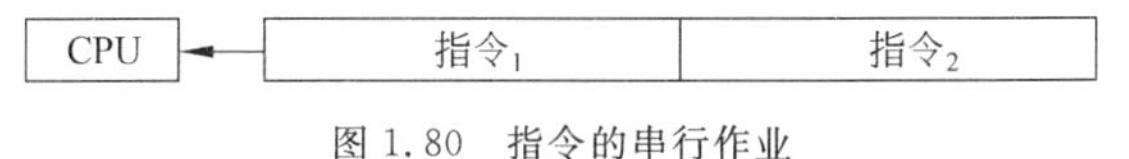


图 1.80　指令的串行作业

串行作业方式的优点是控制简单，由于下一条指令的地址在当前指令解释过程的末尾形成，因此不论是由指令指针加 1 方式，还是由转移指令把地址送到指令指针形成下一条指令地址，由当前指令转入下一条指令的时序关系都是相同的。顺序作业方式的缺点是速度慢，因为当前操作完成前，下一步操作不能开始。另外机器各部件的利用率也不高，如取指周期内运算器和指令执行部件处于空闲状态。

后来，把 CPU 分成两个相对独立的部件：指令部件（IU）和执行部件（EU），分别负责指令的解释和执行，则如图 1.81 所示，在一条指令的执行过程同时，指令部件可以取下一条指令并进行解释，这样两个部件就可以同时操作，指令之间呈现重叠执行形式。对于计算机来说，平均执行一条指令的时间缩短了。

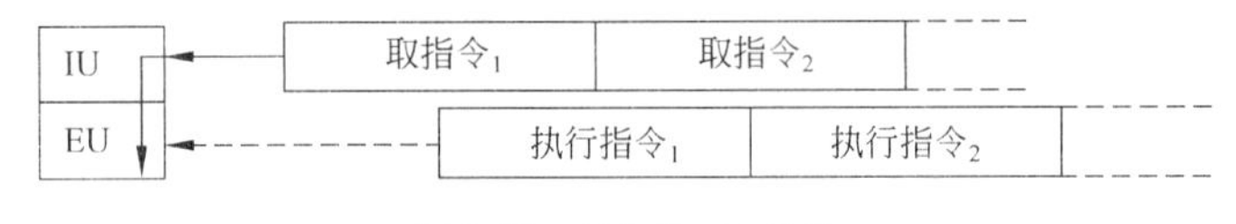


图 1.81　指令的一次重叠

后来，CPU 被分成更多个相对独立的部件，一条指令就被解释为多个子过程，不同的部件将分别对微指令流中不同的子过程进行操作，于是就形成流水作业方式。流水线是 CPU 实现高速作业的关键性技术。它如同将一条生产流水线分成多个工序，各工序可以同时工作，但加工的是不同的零件。显然，工序分得越多，同时加工的零件就越多。图 1.82 为将 CPU 分为 4 个独立部分——AU、EU、IU、BU 时的指令流水作业情况。

图 1.82　指令的流水作业

采用指令流水线，能使各操作部件同时对不同的指令进行加工，提高了计算机的工作效率。从另一方面讲，当处理器可以分解为 $m$ 个部件时，便可以每隔 $1/m$ 个指令周期解释一条指令，加快了程序的执行速度。注意，这里说的是“加快了程序的执行速度”，而不是“加快了指令的解释速度”，因为就一条指令而言，其解释速度并没有加快。

### 3. 处理器并行与共享

处理器级的并行性开发是指在一台计算机中使用多个 CPU 并行地进行计算。处理器的并行性和指令级的并行性开发的主要目的是在硬件条件（集成度、速度等）的限制下，从结构上加以改进，提高系统的运行速度。不过，指令级的并行性开发是从处理器内部的结构入手，但它的效果一般为在 5～10 倍以内。要想几十倍、成百倍地提高处理速度，就要使用处理器级的并行性技术，即建造有多台处理器或多台计算机组成的计算机系统。

1) SMP

SMP(Symmetric Multi-Processing,对称多处理结构)是指在一个计算机上汇集了一组处理器(多 CPU)。如图 1.83 所示,这种计算机的各 CPU 之间共享内存子系统以及总线结构。在这种技术的支持下,一个服务器系统可以同时运行多个处理器,并共享内存和其他的主机资源。

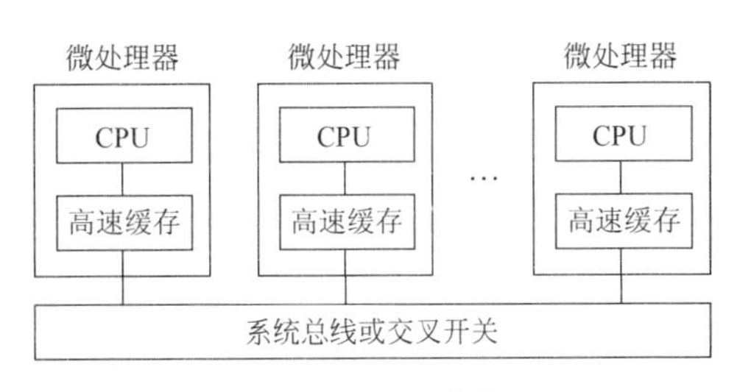


图 1.83 SMP 结构

2) MPP

MPP (Massively Parallel Processing,大规模并行处理)系统是由许多松耦合处理单元组成的,要注意的是,这里指的是处理单元(PU)而不是处理器(CPU)。每个 PU 都有自己私有的资源,如总线、内存、硬盘等。在每个处理单元内都有操作系统和管理数据库的实例复本。这种结构最大的特点在于不共享资源。

3) CMP

在多 CPU 的概念出现后不久,1996 年美国斯坦福大学提出了一个新的概念——CMP (Chip MultiProcessors,单芯片多处理器,又称多核 CPU),它可以将大规模并行处理器中的 SMP(对称多处理器)集成到同一芯片内,各个处理器并行执行不同的进程。

与 CMP 比较,SMP 处理器结构的灵活性比较突出。但是,当半导体工艺进入 0.18μm 以后,线延迟已经超过了门延迟,要求微处理器的设计通过划分为许多规模更小、局部性更好的基本单元结构来进行。相比之下,由于 CMP 结构已经被划分成多个处理器核来设计,每个核都比较简单,有利于优化设计,因此更有发展前途。

2000 年 IBM、HP 等公司成功地推出了拥有双内核的 HP PA8800 和 IBM Power4 处理器。

2005 年 4 月,Intel 公司推出了第一款供个人使用的双核处理器。

2006 年底,第一款四核极致版 CPU——QX6700(Quad eXtreme 6700)问世。

2006 年底,第一款四核非极致版 CPU——Q6600(Intel Core 2 Quad 6600)问世。

2007 年 5 月,第二款四核极致版 CPU——QX6800(Quad eXtreme 6800)问世。

### 1.4.3 哈佛结构

诺依曼结构也称普林斯顿结构,是一种将程序指令存储器和数据存储器合并在一起的存储器结构。程序指令存储地址和数据存储地址指向同一个存储器的不同物理位置,因此程序指令和数据的宽度相同。

哈佛结构是针对诺依曼结构结构提出的一种计算机体系结构,其基本特点是将程序指令存储和数据存储分开存储，即程序存储器和数据存储器是两个独立的存储器，每个存储器独立编址，独立访问。图 1.84 给出了两种结构的比较。

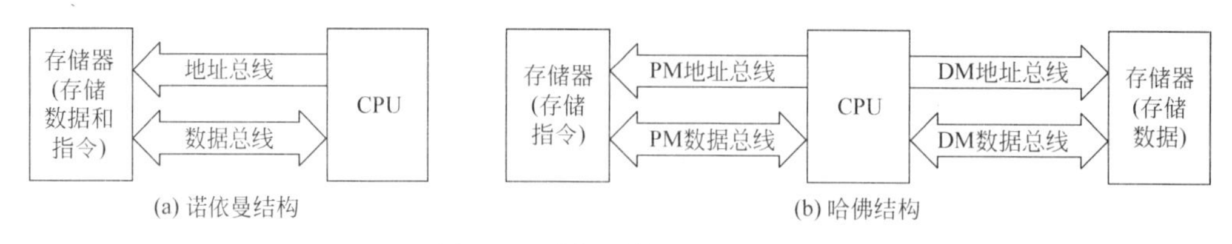


图 1.84　诺依曼结构和哈佛结构

### 1.4.4　拟态计算机

计算机的结构对于其效率具有极大影响。或者说，不同的体系结构在不同的工作情况下具有不同的效率，甚至不同的体系结构在执行不同的指令时也具有不同的效率。如果一台计算机能根据所执行的任务以及指令变换自己的体系结构，使得在执行每一项任务以及在执行每一条指令时都处于最高效率状态，则计算机的运行速度将会大大提高。

目前一般的计算机均采用“结构固定不变、靠软件编程计算”的模式。2013 年 9 月 21 日，中国工程院院士邬江兴教授主持的“新概念高效能计算机体系结构及系统研究开发”项目在中国上海通过专家组验收，意味着由中国科学家首先提出的拟态计算机技术成为现实，可能为高性能计算机的发展开辟新方向。所谓“拟态”，就是结构动态可变，酷似生活在东南亚海域的拟态章鱼，该章鱼为了适应环境可以模拟至少 15 种动物。拟态计算机可通过改变自身结构提高效能，测试表明，拟态计算机典型应用的效能比一般计算机可提升十几倍到上百倍。图 1.85 为邬江兴教授以及他提供测试的拟态计算机样机。

(a) 邬江兴教授

(b) 拟态计算机样机

图 1.85　邬江兴教授和他的拟态计算机样机

## 1.5　计算机性能评测

### 1.5.1　计算机的主要性能指标

全面衡量一台计算机的性能要考虑多种指标。并且对不同的用途，在性能上所侧重的方面不同。下面从普遍应用的角度介绍几种主要的性能指标。

### 1. 机器字长

计算机的字长影响计算的精度，也影响运算的速度。例如，一台 64 位的计算机所能表示的数据范围和精度要比一台 16 位的计算机高得多。用 64 位表示的数据字在 64 位的计算机中处理只需要一次，而改用 8 位的计算机进行处理可能要 8 次甚至还多。

不同的计算机(CPU)对于字长的规定是不同的，可以分为固定字长和可变字长两大类。与变长字长相比，固定字长计算机结构比较简单，处理速度也比较高。在固定字长的计算机中，字长一般取 8 的整数倍，如 8 位、16 位、32 位、64 位等。

### 2. 存储容量

存储系统用于存放程序和数据(包括数值型数据、字符型数据以及图像、声音数据等)。计算机的性能与高速缓存、主存储器和辅助存储器的大小都有关，当然它们的容量越大，计算机的处理能力就越强。例如，我国的“天河二号”的存储总容量达 12.4PB(千万亿字节)，内存容量达 1.4PB。

### 3. 运算速度

运算速度是衡量计算机性能的一项重要指标，也是评价计算机性能的一项综合性指标。由于影响计算机运算速度的因素很多，所以在不同的时期以及在不同的情况下，人们提出了几种不同的衡量计算机运算速度的指标。

1) 时钟频率与核数

主频也叫时钟频率，单位是兆赫(MHz)或千兆赫(GHz)，它是 CPU 工作节拍快慢的基本数据。CPU 的时钟频率越高，CPU 的工作节奏越快，运算速度自然越高。所以在单核时代，人们往往用 CPU 的主频来判断计算机的运算速度。

在多核时代，CPU 主频的增长也放慢了脚步，而且各家的主频基本上不相上下，人们把注意力转向核数上。显然，核数多的处理器运算速度要高。

2) 指令的执行速度

但是，核数与时钟频率也不能完全代表运算速度，因为还有一些其他因素会对运算速度产生很大影响，例如体系结构(拟态计算机就是一例)。所以，人们就想找出非机器因素的计算机运算速度度量方法。由于计算机是通过执行指令来进行运算的，所以指令的执行速度就成为一种比较客观的运算速度衡量标准。

(1) CPI 和 IPC。CPI(Cycles Per Instruction)即平均执行一条指令需要的时钟周期数。如前所述，一条指令往往需要多个时钟周期。但是，这是对早期的计算机而言的。那时，CPU 执行完一条指令，才能取下一条指令分析执行。现代计算机多采用重叠与流水工作方式，一个时钟周期内可以执行多条指令，CPI 改用 IPC(Instructions Per Cycle，每个时钟周期执行的指令数)描述。显然

$$IPC = 1/CPI$$

(2) MIPS。CPI 或 IPC 没有考虑主机的时钟频率。以此为基础再加上主机频率等因素，人们考虑用 MIPS(Million Instructions Per Second，每秒百万次指令)作为计算机运算

速度的衡量标准。MIPS 定义为

$$\text{MIPS} = \frac{I}{T_{\text{CPU}} \times 10^6} = \frac{f_\text{C}}{\text{CPI} \times 10^6}$$

其中，$I$ 为程序中的指令条数，$T_{\text{CPU}}$ 为程序的执行时间，$f_\text{C}$ 表示时钟频率，CPI 为每条指令执行所需时钟周期数。

**例 1.19** 已知 Pentium Ⅱ处理机的 CPI=0.5，试计算 Pentium Ⅱ 450 处理机的运算速度。

**解**：由于 Pentium Ⅱ 450 处理机 $f_\text{C}$=450MHz，因此可求出：

$$\text{MIPS}_{\text{Pentium II 450}} = \frac{f_\text{C}}{\text{CPI} \times 10^6} = \frac{450 \times 10^6}{0.5 \times 10^6} = 900\text{MIPS}$$

即 Pentium Ⅱ 450 处理机的运算速度为 900MIPS。

显然，主频越高，运算速度就越快。所以，微型计算机一般采用主频来描述运算速度，例如，Pentium 133 的主频为 133MHz，Pentium Ⅲ 800 的主频为 800MHz，Pentium 4 的主频为 1.5GHz。

3）吉普森法

实际上，不同的指令所需要的执行时间是不相同的。在用指令执行的速度来衡量计算机的运行速度时，采用哪些指令作为标准是一个需要解决的问题。

一种简单的方法是把指令系统中每种指令的执行时间加在一起求平均值。但是，不同的指令在程序中出现的频率是不相同的。例如，有的指令虽然执行时间长，但出现的频率却极低，对于机器运算的影响并不大。因此，一种更有效的方法是考虑不同指令的出现频率，对指令执行时间进行加权平均。这就是吉普森法。吉普森法用下面的公式描述一个指令集的总执行时间：

$$T_\text{M} = \sum_{i=1}^{n} f_i t_i$$

其中，$f_i$ 为第 $i$ 种指令的出现频率，$t_i$ 为第 $i$ 种指令的执行时间。

4）CPU 性能的基准测试

用指令的执行时间来衡量计算机的运算速度，对于多处理器系统来说有一定不足。因为在多处理机系统中，多个 CPU 可以并行地执行指令。考虑计算机主要用于执行计算，人们开始用一种标准计算的执行速度来评价计算机的运算速度。这种标准的计算程序称为基准测试(Benchmark Test，BMT)程序。基准测试分为整数计算能力基准测试和浮点计算能力基准测试。

(1) 整数计算能力基准测试。适用于标量机的测试，最早使用的是 Reinhold P. Weicker 在 1984 年开发的测试程序 Dhrystone，它以当时一款经典计算机 VAX 11/780 作为基准来评价 CPU 的性能，计量单位采用 DMIPS(Dhrystone Million Instructions executed Per Second)。当时 VAX 11/780 的指令执行速度是 1757 条/秒。假设某机器的 DMIPS 为 1.25，则当它的时钟频率为 50MHz 时，实际的指令执行速度为

1.25×1757×50=109 812.5MIPS

但是，Dhrystone 反映的是系统整体的性能，与操作系统以及存储器的配置有很大关

系,作为评价 CPU 的指标不尽合理。于是 EEMBC(Embedded Microprocessor Benchmark Consortium,嵌入式微处理器基准测试协会)于 2009 年另行开发了一个名为 CoreMark 的程序来测试 CPU 的性能。其计量单位为 CoreMark。现在的 CPU 天梯图基本都采用 CoreMark。

(2) 浮点计算能力基准测试。适用于向量机性能的测试,采用的基准测试程序是 Whetstone,测试计量单位为 MFLOPS(Million Floating point operations Per Second,每秒百万次浮点运算)。例如主频在 2.5~3.5GHz 之间的 CPU,对应的浮点运算速度是 $2.5\times10^8\sim3.5\times10^8$ MFLOPS。

现在超级计算机的计算速度已经达到 P 级(千万亿次),计量单位升级为 TFLOPS。图 1.86 为国际 TOP500 组织(www.top500.org)公布的 2016 年 11 月全球超级计算机 500 强榜中速度处于前 10 名的情况。

| Rank | Site | System | Cores | Rmax (TFlop/s) | Rpeak (TFlop/s) | Power (kW) |
|---|---|---|---|---|---|---|
| 1 | National Supercomputing Center in Wuxi China | **Sunway TaihuLight** - Sunway MPP, Sunway SW26010 260C 1.45GHz, Sunway NRCPC | 10,649,600 | 93,014.6 | 125,435.9 | 15,371 |
| 2 | National Super Computer Center in Guangzhou China | **Tianhe-2 (MilkyWay-2)** - TH-IVB-FEP Cluster, Intel Xeon E5-2692 12C 2.200GHz, TH Express-2, Intel Xeon Phi 31S1P NUDT | 3,120,000 | 33,862.7 | 54,902.4 | 17,808 |
| 3 | DOE/SC/Oak Ridge National Laboratory United States | **Titan** - Cray XK7 , Opteron 6274 16C 2.200GHz, Cray Gemini interconnect, NVIDIA K20x Cray Inc. | 560,640 | 17,590.0 | 27,112.5 | 8,209 |
| 4 | DOE/NNSA/LLNL United States | **Sequoia** - BlueGene/Q, Power BQC 16C 1.60 GHz, Custom IBM | 1,572,864 | 17,173.2 | 20,132.7 | 7,890 |
| 5 | DOE/SC/LBNL/NERSC United States | **Cori** - Cray XC40, Intel Xeon Phi 7250 68C 1.4GHz, Aries interconnect Cray Inc. | 622,336 | 14,014.7 | 27,880.7 | 3,939 |
| 6 | Joint Center for Advanced High Performance Computing Japan | **Oakforest-PACS** - PRIMERGY CX1640 M1, Intel Xeon Phi 7250 68C 1.4GHz, Intel Omni-Path Fujitsu | 556,104 | 13,554.6 | 24,913.5 | 2,719 |
| 7 | RIKEN Advanced Institute for Computational Science (AICS) Japan | K computer, SPARC64 VIIIfx 2.0GHz, Tofu interconnect Fujitsu | 705,024 | 10,510.0 | 11,280.4 | 12,660 |
| 8 | Swiss National Supercomputing Centre (CSCS) Switzerland | **Piz Daint** - Cray XC50, Xeon E5-2690v3 12C 2.6GHz, Aries interconnect , NVIDIA Tesla P100 Cray Inc. | 206,720 | 9,779.0 | 15,988.0 | 1,312 |
| 9 | DOE/SC/Argonne National Laboratory United States | **Mira** - BlueGene/Q, Power BQC 16C 1.60GHz, Custom IBM | 786,432 | 8,586.6 | 10,066.3 | 3,945 |
| 10 | DOE/NNSA/LANL/SNL United States | **Trinity** - Cray XC40, Xeon E5-2698v3 16C 2.3GHz, Aries interconnect Cray Inc. | 301,056 | 8,100.9 | 11,078.9 | 4,233 |

图 1.86　2016 年 11 月世界超级计算机速度的前 10 名

### 4. 带宽均衡性

计算机的工作过程就是信息流(数据流和指令流)在有关部件中流通的过程。因此,计算机最重要的性能指标——运算速度,也常用带宽衡量——数据流的最大速度和指令的最大吞吐量。

按照“木桶”原理,整体的性能取决于最差环节的性能。在组成计算机的众多部件中,每一种部件都有可能成为影响带宽的环节,例如:

- 存储器的存取周期。
- 处理器的指令吞吐量。
- 外部设备的处理速度。
- 接口(计算机与外部设备的通信口)的转接速度。
- 总线的带宽。

为了提高系统的整体性能,不仅要考虑元器件的性能,更要注意系统体系结构所造成的吞吐量和“瓶颈”环节对性能的影响。

### 5. 可靠性、可用性和 RASIS 特性

可靠性和可用性用下面的指标评价。

(1) MTBF(Mean Time Between Failure,平均故障间隔)指可维修产品的相邻两次故障之间的平均工作时间,单位为小时。它反映了产品的时间质量,是体现产品在规定时间内保持功能的一种能力。MTBF 越长,表示可靠性越高,正确工作能力越强。计算机产品的 MTBF 一般不低于 4000h,磁盘阵列产品一般 MTBF 不能低于 50 000h。

(2) MTTR(Mean Time To Restoration,平均恢复前时间)指从出现故障到系统恢复所需的时间。它包括确认失效发生所必需的时间和维护所需要的时间,也包含获得配件的时间、维修团队的响应时间、记录所有任务的时间以及将设备重新投入使用的时间。MTTR 越短,表示易恢复性越好,系统的可用性就越好。

(3) MTTF(Mean Time To Failure,平均无故障时间)也称平均失效前时间,即系统平均正常运行的时间。系统的可靠性越高,平均无故障时间越长。显然有

$$\mathrm{MTBF} = \mathrm{MTTF} + \mathrm{MTTR}$$

由于 MTTR≪MTTF,所以 MTBF 近似等于 MTTF。

可靠性(Reliability)、可用性(Availability)、可维护性(Serviceability)、完整性(Integrality)和安全性(Security)统称 RASIS。它们是衡量一个计算机系统的五大性能指标。

### 6. 效能和用户友好性

效能与计算机系统的配置有关,包括计算机系统的汉字处理能力、网络功能、外部设备的配置、系统的可扩充能力、系统软件的配置情况等。

用户友好性指计算机可以提供适合人体工程学原理、使用起来舒适的界面。例如,显示

器的分辨率、色彩的真实性、画面的大小,键盘的角度、键的位置,鼠标的形状,界面是字符界面、图形界面还是多媒体界面,计算机使用过程的交互性、简便性等,都是影响用户友好性的重要指标。

**7. 环保性**

环保性是指对人或对环境的污染大小,如辐射、噪声、耗电量、废弃物的可处理性等。效能主要指计算机的能源效率,它是环保性的一部分。目前,对于CPU的效能已经提出两个指标: EPI(Energe Per Instruction,每指令耗能)和每瓦效能的概念。EPI越高,CPU的能源效率就越低。表1.14为Intel公司在一份研究报告对其生产的一些CPU进行EPI对比的情况。

表1.14 Intel公司对一些CPU的EPI对比

| CPU名称 | 相对性能 | 相对功率 | 等效EPI |
|---|---|---|---|
| i486 | 1 | 1 | 10 |
| Pentium | 2 | 2.7 | 14 |
| Pentium Pro | 3.6 | 9 | 24 |
| Pentium 4(Willanmete) | 6 | 23 | 38 |
| Pentium 4(Cedamill) | 7.9 | 38 | 48 |
| Pentium M(Dothan) | 5.4 | 7 | 15 |
| Core Duo(Yonah) | 7.7 | 8 | 11 |

注: 表中的等效EPI是折算为65nm工艺,电压1.33V的数据。

**8. 性能价格比**

性能指的是综合性能,包括硬件、软件的各种性能。价格指整个系统的价格,包括硬件和软件的价格。性能价格比越高越好。

## 1.5.2 计算机性能测试工具

随着计算机技术的不断发展和广泛应用,计算机的性能已经广受关注,由此对于计算机各种性能的测试工具也应运而生。这些测试工具不仅涉及面广,而且种类繁多,且不断推陈出新。其中最常用的有六大类: 超频稳定性测试、综合性能测试、内存性能测试、磁盘效能测试、3D加速和SLI效能测试、系统信息获取测试。下面举例介绍这几个方面的有关测试软件。需要说明的是,由于技术的发展,新的工具会不断推出,所以下面提到的这些软件仅供参考。

**1. 超频稳定性测试**

顾名思义,计算机超频就是通过人为的方式将CPU、显卡等硬件的工作频率提高,让它们在高于额定频率的状态下工作。CPU超频可以通过硬件方法实现,也可以通过软件方法实现。硬件设置比较常用,它又分为跳线设置和BIOS设置两种。最常见的超频软件包括

SoftFSB 和各主板厂商自己开发的软件，它们的原理大同小异，都是通过控制时钟发生器的频率来达到超频的目的。

超频会导致 CPU 发热，使其工作不稳定。超频测试的目的是测试 CPU 可以承受的最高频率。典型的测试软件是 Hyper PI 和 wPrime，支持同时开启多线程综合测试多核处理器圆周率运算效能，对于单核处理器也可以使用 Super Pi 进行。

(1) Hyper PI 官方下载地址：http：//www. virgilioborges. com. br/virgilioborges/hyperpi/。

(2) wPrime 官方下载地址：http：//www. wprime. net/，进入后单击顶部的 Download。

(3) Super Pi 下载地址：http：//tools. mydrivers. com/soft/448. htm。

### 2. 综合性能测试

综合性能测试主要进行如下测试：

(1) 处理器测试。基于数据加密/解密、压缩/解压缩、图形处理、音频和视频转码、文本编辑、网页渲染、邮件功能、人工智能游戏等。

(2) 图形处理测试。基于高清视频播放、显卡图形处理、游戏测试。

(3) 硬盘测试。

测试工具可以使用功能强大的 Futuremark PCMark Vantage。

### 3. 内存性能测试

关于内存的有关性能将在第 2 章介绍。内存性能测试可以使用的测试软件有以下几个：

- Everest Ultimate v5. 02。
- Sisoftware Sandra 2009，这是一套功能强大的系统分析评比工具，拥有超过 30 种分析与测试模组，下载地址为 http：//www. onlinedown. net/soft/20733. htm。
- Benchmark。它除了可以给计算机打分，提供详细的硬件信息外，还可以对产品性能进行对比，提供改进建议，是一款功能强大的必备软件。

### 4. 磁盘效能测试

磁盘效能测试主要测试硬盘传输速率、健康状态、温度及磁盘表面等，以及得到硬盘的固件版本、序列号、容量、缓存大小以及当前的 Ultra DMA 模式等。常用测试软件有以下几个：

- HD Tune Pro。一款小巧易用的硬盘工具软件，其汉化版下载地址为 http：//www. skycn. com/soft/20529. html。
- Futuremark PCMark Vantage HDD Test。

#### 5. 3D 加速和 SLI 效能测试

Futuremark 3DMark Vantage Professional 是第一套专门基于微软 DX10 API 打造的综合性基准测试工具，能全面发挥多路显卡、多核心处理器的优势。和 3DMark05 的 DX9 性质类似，3DMark Vantage 是专门为 DX10 显卡量身打造的，而且只能运行在 Windows Vista SP1 操作系统下（Windows XP 用户请使用 06 版本）。它包括两个图形测试项目、两个处理器测试项目、6 个特性测试项目。3DMark Vantage 的典型特性是引入了 4 种不同等级的参数预设（Preset）。早前的 3DMark 在得出最终结果的时候都只有一个简单的分数，而 3DMark Vantage 按照画质等级划分成了入门级（Entry，E）、性能级（Performance，P）、高端级（High，H）、极限级（Extreme，X）4 类，得分表达方式也改成了字母加数字的组合形式（例如 P0），更加细致地反映了系统性能等级。典型的测试软件有"孤岛危机"游戏自带测试脚本。孤岛危机的下载地址为 http：//www.gamersky.com/Soft/200809/15985.shtml。

#### 6. 系统信息获取测试

CPU-Z 支持的 CPU 种类相当全面，软件的启动速度及检测速度都很快，还能检测主板和内存的相关信息，其中就有常用的内存双通道检测功能，还能显示超频幅度、内存工作频率等。CPU-Z 是一款免费的系统检测工具，可以检测 CPU、主板、内存、系统等各种硬件设备的信息。它可以测出 CPU 实际的 FSB 频率和倍频，对于超频使用的 CPU 可以非常准确地进行判断。支持操作系统 Windows 9x/NT/2000/XP/Vista。

CPU-Z v1.52 官方下载地址为 http：//www.cpuid.com/cpuz.php，汉化版下载地址为 http：//tools.mydrivers.com/soft/620.htm。

### 1.5.3 天梯图

简单地说，天梯图就是一种性能排行榜，按性能从高到低进行排列。图 1.87 就是一张 2016 年 4 月 1 日发布的 CPU 天梯图，排在最上面的是性能最高的 CPU。

图 1.87 中的 CPU 天梯图分为高端、主流、入门和古董 4 级。图中列出了 Intel 和 AMD 两个系列，每个系列又分为 3 代。可以看出，每个系列、每一代 CPU 都有高性能、中性能和低性能的。在这个天梯图的下方还列有每一代的产品中有代表性的经典工艺的年份。

不同的天梯图的画法有所不同，级别的划分也不相同。有的还会给出一个简化版。图 1.88 就是图 1.87 的简化版。

通常，CPU 性能按照某种基准测试值排列。最常用的按照 CoreMark 分数排列。最简单的 CPU 天梯图不仅给出名次，还给出了 CoreMark 分数。图 1.89 就是一张简单的 2014 年 CPU 天梯图的前面部分。

图 1.90 所示的 CPU 天梯图还给出了参考价格。

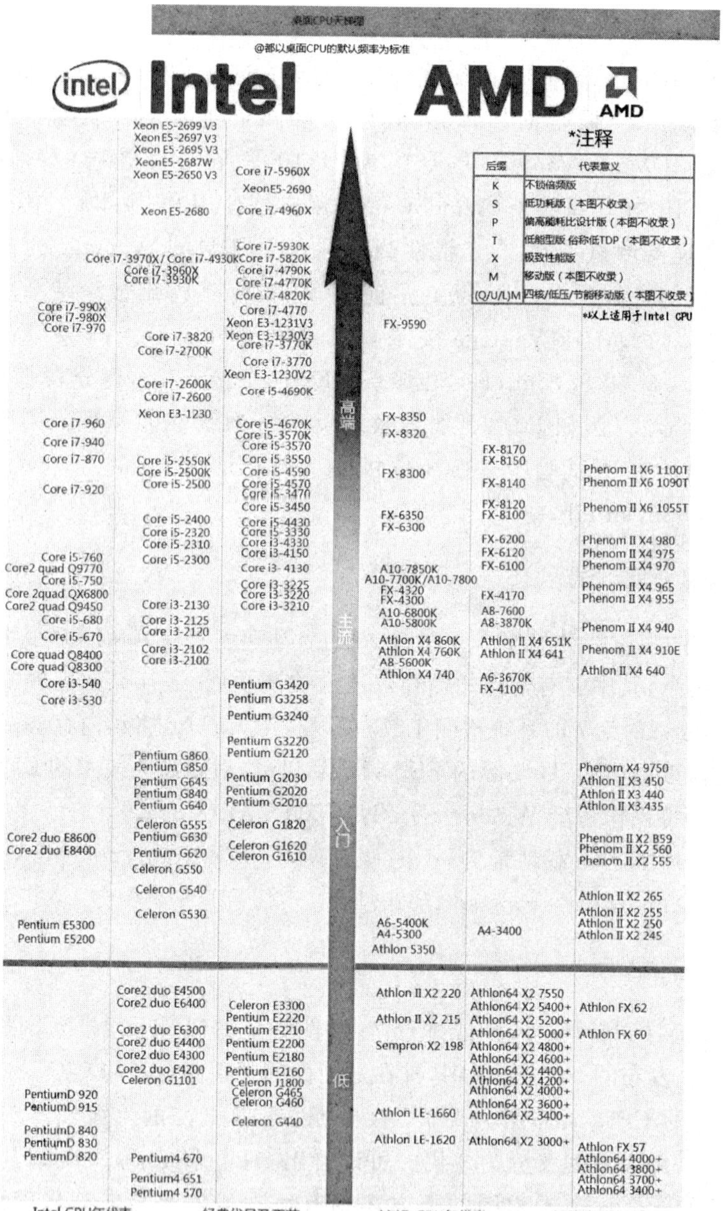

桌面CPU天梯图

@都以桌面CPU的默认频率为标准

intel Intel　　AMD AMD

Xeon E5-2699 V3
Xeon E5-2697 V3
Xeon E5-2695 V3
XeonE5-2687W
Xeon E5-2650 V3
Xeon E5-2680
Core i7-3970X / Core i7-4930K
Core i7-3960X
Core i7-3930K
Core i7-3820
Core i7-2700K
Core i7-2600K
Core i7-2600
Xeon E3-1230
Core i5-2550K
Core i5-2500K
Core i5-2500
Core i5-2400
Core i5-2320
Core i5-2310
Core i5-2300
Core i3-2130
Core i3-2125
Core i3-2120
Core i3-2102
Core i3-2100
Pentium G860
Pentium G850
Pentium G645
Pentium G840
Pentium G640
Celeron G555
Pentium G630
Pentium G620
Celeron G550
Celeron G540
Celeron G530

Core i7-5960X
XeonE5-2690
Core i7-4960X
Core i7-5930K
Core i7-5820K
Core i7-4790K
Core i7-4770K
Core i7-4820K
Core i7-4770
Xeon E3-1231V3
Xeon E3-1230V3
Core i7-3770K
Core i7-3770
Xeon E3-1230V2
Core i5-4690K
Core i5-4670K
Core i5-3570K
Core i5-3570
Core i5-3550
Core i5-4590
Core i5-4570
Core i5-3470
Core i5-3450
Core i5-4430
Core i5-3330
Core i3-4330
Core i3-4150
Core i3- 4130
Core i3-3225
Core i3-3220
Core i3-3210
Pentium G3420
Pentium G3258
Pentium G3240
Pentium G3220
Pentium G2120
Pentium G2030
Pentium G2020
Pentium G2010
Celeron G1820
Celeron G1620
Celeron G1610

Core i7-990X
Core i7-980X
Core i7-970
Core i7-960
Core i7-940
Core i7-870
Core i7-920
Core i5-760
Core2 quad Q9770
Core i5-750
Core 2quad QX6800
Core2 quad Q9450
Core i5-680
Core i5-670
Core quad Q8400
Core quad Q8300
Core i3-540
Core i3-530
Core2 duo E8600
Core2 duo E8400
Pentium E5300
Pentium E5200

高端　主流　入门　低

FX-9590
FX-8350
FX-8320
FX-8300
FX-6350
FX-6300
A10-7850K
A10-7700K/A10-7800
FX-4320
FX-4300
A10-6800K
A10-5800K
Athlon X4 860K
Athlon X4 760K
A8-5600K
Athlon X4 740
A6-5400K
A4-5300
Athlon 5350

FX-8170
FX-8150
FX-8140
FX-8120
FX-8100
FX-6200
FX-6120
FX-6100
FX-4170
A8-7600
A8-3870K
Athlon II X4 651K
Athlon II X4 641
A6-3670K
FX-4100
A4-3400

Phenom II X6 1100T
Phenom II X6 1090T
Phenom II X6 1055T
Phenom II X4 980
Phenom II X4 975
Phenom II X4 970
Phenom II X4 965
Phenom II X4 955
Phenom II X4 940
Phenom II X4 910E
Athlon II X4 640
Phenom X4 9750
Athlon II X3 450
Athlon II X3 440
Athlon II X3 435
Phenom II X2 B59
Phenom II X2 560
Phenom II X2 555
Athlon II X2 265
Athlon II X2 255
Athlon II X2 250
Athlon II X2 245

*注释

| 后缀 | 代表意义 |
| --- | --- |
| K | 不锁倍频版 |
| S | 低功耗版（本图不收录） |
| P | 偏高能耗比设计版（本图不收录） |
| T | 低能型版 俗称低TDP（本图不收录） |
| X | 极致性能版 |
| M | 移动版（本图不收录） |
| (Q/U/L)M | 四核/低压/节能移动版（本图不收录） |

*以上适用于Intel CPU

PentiumD 920
PentiumD 915
PentiumD 840
PentiumD 830
PentiumD 820

Core2 duo E4500
Core2 duo E6400
Core2 duo E6300
Core2 duo E4400
Core2 duo E4300
Core2 duo E4200
Celeron G1101
Pentium4 670
Pentium4 651
Pentium4 570

Celeron E3300
Pentium E2220
Pentium E2210
Pentium E2200
Pentium E2180
Pentium E2160
Celeron J1800
Celeron G465
Celeron G460
Celeron G440

Athlon II X2 220
Athlon II X2 215
Sempron X2 198
Athlon LE-1660
Athlon LE-1620

Athlon64 X2 7550
Athlon64 X2 5400+
Athlon64 X2 5200+
Athlon64 X2 5000+
Athlon64 X2 4800+
Athlon64 X2 4600+
Athlon64 X2 4400+
Athlon64 X2 4200+
Athlon64 X2 4000+
Athlon64 X2 3600+
Athlon64 X2 3400+
Athlon64 X2 3000+

Athlon FX 62
Athlon FX 60
Athlon FX 57
Athlon64 4000+
Athlon64 3800+
Athlon64 3700+
Athlon64 3400+

| Intel CPU年代表 | | 经典代号及工艺 | |
| --- | --- | --- | --- |
| 第五代Core i | 2014年 | Haswell-E | 22纳米 |
| 第四代Core i | 2013年 | Haswell | 22纳米 |
| 第三代Core i | 2012年 | Ivy Bridge | 22纳米 |
| 第二代Core i | 2011年 | Sandy Bridge | 32纳米 |
| 第一代Core i | 2008-2010年 | Nehalem | 32纳米 |
| 酷睿2系列 | 2006-2008年 | Conroe | 65/45纳米 |
| 奔腾4/D系列 | 2000-2008年 | NetBurst | 65纳米 |
| 奔腾3系列 | 1999-2001年 | Tualatin | 130纳米 |

| AMD CPU年代表 | | 经典代号及工艺 | |
| --- | --- | --- | --- |
| 第四代APU | 2015年 | Kabini | 28纳米 |
| 第三代APU | 2014年 | Kaveri | 28纳米 |
| 第二代APU | 2012年 | Piledriver | 32纳米 |
| 推土机FX | 2011年 | Bulldozer | 32纳米 |
| 第一代APU | 2011年 | Llano | 32纳米 |
| 羿龙系列 | 2007-2009年 | K10 | 45纳米 |
| 速龙64系列 | 2003-2007年 | K8 | 65纳米 |
| 速龙XP系列 | 1999-2004年 | K7 | 130纳米 |

图 1.87　一款 2016 年 4 月 1 日的全球 CPU 天梯图

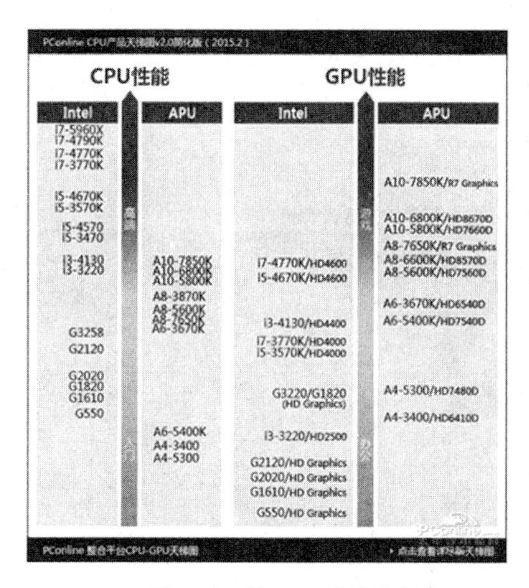


图 1.88 图 1.87 的简化版

【第1名】 Intel Xeon E5-2687W @ 3.10GHz 【分数:14564】

【第2名】 Intel Xeon E5-2690 @ 2.90GHz 【分数:14511】

【第3名】 Intel Xeon E5-2680 @ 2.70GHz 【分数:13949】

【第4名】 Intel Xeon E5-2689 @ 2.60GHz 【分数:13444】

【第5名】 Intel Xeon E5-2670 @ 2.60GHz 【分数:13312】

【第6名】 Intel Core i7-3970X @ 3.50GHz 【分数:12854】

【第7名】 Intel Core i7-3960X @ 3.30GHz 【分数:12735】

【第8名】 Intel Xeon E5-1660 @ 3.30GHz 【分数:12501】

【第9名】 Intel Xeon E5-2665 @ 2.40GHz 【分数:12444】

【第10名】 Intel Core i7-3930K @ 3.20GHz 【分数:12088】

【第11名】 Intel Xeon E5-2660 @ 2.20GHz 【分数:11961】

图 1.89 一张简单的 2014 年 CPU 天梯图的前面部分

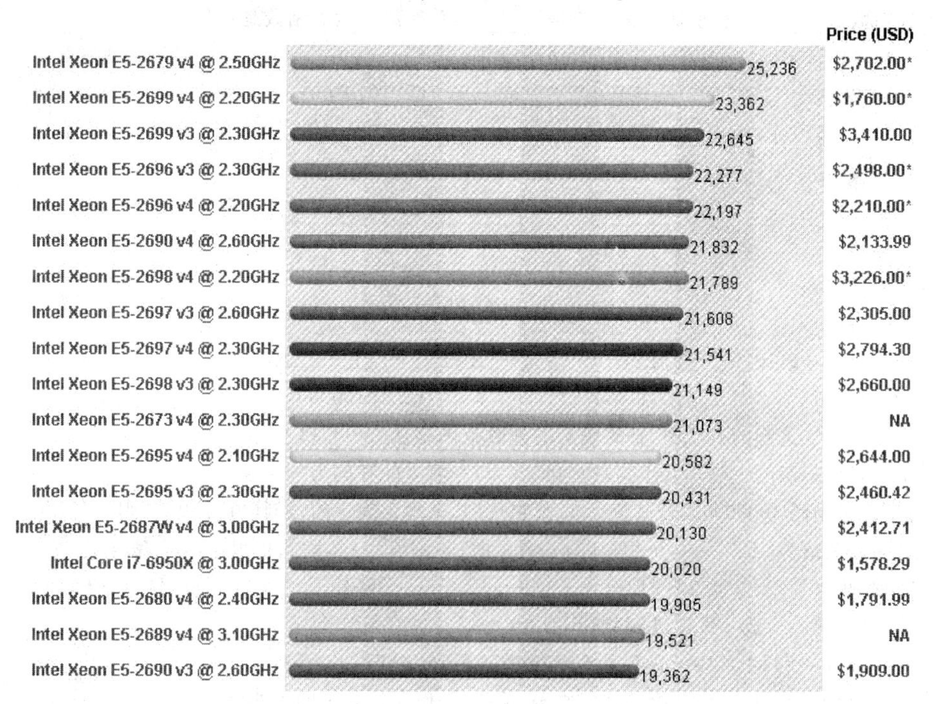


图 1.90 带有参考价格的 CPU 天梯图(部分)

# 习　题

1.1　在电气时代之前，有可能制造成功自动工作的计算机吗？

1.2　按照诺依曼计算机原理，现代计算机应具备哪些功能？

1.3　把下列十进制数转换成8位二进制数：

17,35,63,75,84,114,127,0.375,0.6875,0.75,0.8

1.4　用二进制数表示一个4位的十进制数最少需要几位(不考虑符号位)？

1.5　将下列各式用二进制进行运算：

(1) 93.5-42.75

(2) $84\frac{9}{32}-48\frac{3}{10}$

(3) 127-63

(4) 49.5×51.75

(5) 7.75×2.4

1.6　将下列十六进制数转换为十进制数：

BCDE,7E8F,EF,8C

1.7　下列第一组中最小数是___(1)___，第二组中最大数是___(2)___。将十进制数215转换成二进制数是___(3)___，转换成八进制数是___(4)___，转换成十六进制数是___(5)___。将二进制数01100100转换成十进制数是___(6)___，转换成八进制数是___(7)___，转换成十六进制数是___(8)___。

(1) A. $11011001_{(2)}$　B. $75_{(10)}$　C. $37_{(8)}$　D. $2A7_{(16)}$

(2) A. $227_{(8)}$　B. $1FF_{(16)}$　C. $10100001_{(2)}$　D. $1789_{(10)}$

(3) A. $11101011_{(2)}$　B. $11101010_{(2)}$　C. $11010111_{(2)}$　D. $11010110_{(2)}$

(4) A. $327_{(8)}$　B. $268.75_{(8)}$　C. $352_{(8)}$　D. $326_{(8)}$

(5) A. $137_{(16)}$　B. $C6_{(16)}$　C. $D7_{(16)}$　D. $EA_{(16)}$

(6) A. $011_{(10)}$　B. $100_{(10)}$　C. $010_{(10)}$　D. $99_{(10)}$

(7) A. $123_{(8)}$　B. $144_{(8)}$　C. $80_{(8)}$　D. $800_{(8)}$

(8) A. $64_{(16)}$　B. $63_{(16)}$　C. $100_{(16)}$　D. 0AD

1.8　已知：$[X]_{补}=11101011$，$[Y]_{补}=01001010$，则$[X-Y]_{补}=$________。

A. 10100001　B. 11011111　C. 10100000　D. 溢出

1.9　在一个8位二进制的机器中，补码表示的整数范围是从___(1)___(小)到___(2)___(大)。这两个数在机器中的补码表示为___(3)___(小)到___(4)___(大)。数0的补码为___(5)___。

1.10　对于二进制码10000000，若其值为0，则它是用___(1)___表示的；若其值为-128，则它是用___(2)___表示的；若其值为-127，则它是用___(3)___表示的；若其值为-0，则它是用___(4)___表示的。

A. 原码　B. 反码　C. 补码　D. 阶码

1.11　把下列各数转换成8位二进制数补码：

+1,-1,+2,-2,+4,-4,+8,-8,+19,-19,+75,-56,+37,-48

1.12　某机器字长16位，请分别给出其用原码、反码、补码所能表示的数的范围。

1.13　十进制数0.710 937 5转换成二进制数是___(1)___，浮点数的阶码可用补码或移码表示，数的表示范围是___(2)___；在浮点表示方法中___(3)___是隐含的，用8位补码表示整数-126的机器码算术右移一位后的结果是___(4)___。

(1) A. 0.1011001　B. 0.0100111　C. 0.1011011　D. 0.1010011

(2) A. 二者相同　　B. 前者大于后者　　C. 前者小于后者　　D. 前者是后者 2 倍

(3) A. 位数　　B. 基数　　C. 阶码　　D. 尾数

(4) A. 10000001　　B. 01000001　　C. 11000001　　D. 11000010

1.14　将十进制数 15/2 及-0.3125 表示成二进制浮点规格化数(阶符 1 位,阶码 2 位,数符 1 位,尾数 4 位)。

1.15　试按 IEEE 754 标准格式表示下列各数:

178.125，123456789，12345，1234567890，12345678901234567890123456789

1.16　判断下列叙述的正误:

(1) 定点补码运算时,其符号位不参加运算。

(2) 浮点运算可由阶码运算和尾数运算两部分联合实现。

(3) 阶码部分在乘除运算时只进行加、减操作。

(4) 尾数部分只进行乘法和除法运算。

(5) 浮点数的正负由阶码的正负符号决定。

(6) 在定点小数一位除法中,为避免溢出,被除数的绝对值一定要小于除数的绝对值。

1.17　下列关于定点计算机的说法中错误的是________。

A. 除补码外,原码和反码都不能表示-1

B. +0 的原码不等于-0 的原码

C. +0 的反码不等于-0 的反码

D. 对于相同的机器字长,补码比原码和反码能多表示一个负数

1.18　设寄存器内容为 11111111,若它等于+127,则它是一个________。

A. 原码　　B. 补码　　C. 反码　　D. 移码

1.19　在规格化浮点数表示中,保持其他方面不变,将阶码部分的移码表示改为补码表示,将会使数的表示范围________。

A. 增大　　B. 减少　　C. 不变　　D. 以上都不是

1.20　某数码相机的分辨率设置成 1280×960,采用 4GB 的存储卡。可以拍摄多少张真彩色的照片?

1.21　用数码相机拍的照片放到计算机后,有的只能显示照片的局部,有的照片却只占了计算机屏幕上的一个小区间。为什么会这样?什么情况下用数码相机拍的照片才能正好在计算机上显示一个满屏?

1.22　对下面的数据块先按行、再按列进行奇检验,请指出哪些位出错。

100110110

001101011

110100000

111000000

010011110

101011111

其中,每行的最后一位为检验位,最后一行为检验行。

1.23　若计算机准备传送的有效信息为 1010110010001111,生成多项式为 CRC-12,请为其写出 CRC 码。

1.24　画出下列函数的真值表。

(1) $f(A,B,C)=A\cdot B+B\cdot \overline{C}$

(2) $f(A,B,C)=A+B+\overline{C}$

1.25　试用 3 种基本门组成下列逻辑电路:

(1) 异或门。

(2) 同或门。

(3) 与非门。

(4) 或非门。

1.26 利用基本性质证明下列等式:

(1) $A \cdot \overline{B}+B \cdot \overline{C}+C \cdot \overline{A}=\overline{A} \cdot B+\overline{B} \cdot C+\overline{C} \cdot A$

(2) $A+B \cdot C=(A+C)(A+B)$

(3) $\overline{(A+B+C)} \cdot A=0$

(4) $A \cdot \overline{B}+\overline{A} \cdot \overline{C}+B \cdot \overline{C}+C=1$

1.27 总线传输与直接连线传输相比有什么好处?

1.28 时序控制在计算机工作中有什么作用?

1.29 对用户来说,CPU 内部有 3 个最重要的寄存器,它们是________。

A. IR,A,B　　B. IP,A,F　　C. IR,IP,F　　D. IP,ALU,BUS

1.30 已知 CPU 有 32 根数据线和 20 根地址线,存储容量为 100MB,试分别计算按字节和按字寻址时的寻址范围。

1.31 试述程序是如何对计算机进行控制的。

1.32 指令系统有哪些作用?

1.33 人们常说,操作系统可以扩大计算机硬件的功能,可以对计算机的资源进行管理,可以方便用户使用。这些特点是如何实现的?

1.34 人们常说,电子计算机是一种速度快、精度高、能进行自动运算的计算机工具。这些特点是如何得到的?

1.35 你认为将来的计算机将会是什么样子?

1.36 在一台时钟频率为 200MHz 的计算机中,各类指令的 CPI 如下:

- ALU 指令的 CPI 为 1。
- 存取指令的 CPI 为 2。
- 分支指令的 CPI 为 3。

现要执行一个程序,程序中这 3 类指令的比例为 45%、30%和 25%。计算下列数值(精确到小数点后两位):

(1) 执行该程序的 CPI 和 MIPS。

(2) 若有一个优化过程能将程序中 40%的分支指令减掉,请重新计算执行该程序的 CPI 和 MIPS。

# 第2章 存储系统

存储系统由赋予计算机记忆能力的部件组成。随着以存储器为中心的系统结构的建立，尤其是共享主存的多处理机的出现，存储系统的特性已经成为影响整个系统最大吞吐量的决定性因素。

## 2.1 主存储器概述

现代主存储器一般被分为 ROM(Read Only Memory，只读存储器)和 RAM(Random Access Memory，随机存储器)两部分，如图 2.1 所示，RAM 和 ROM 还可以有不同的类型。

### 2.1.1 ROM 元件

ROM 是一种在机器运行过程中只能读出、不能写入信息的无源存储器，由非易失性器件组成，主要用于存储经常要用的一些固定信息，如计算机开机时要使用的基本输入输出系统(BIOS)。

#### 1. 掩膜式 ROM(MROM)基本原理

掩膜式 ROM(Mask Read Only Memory，MROM)采用由生产商编程的 ROM 元件，用户只能将自己的要求提供给生产商进行制作，自己无能为力。其优点是可靠性高，集成度高，可以在生产线上生产，大批量应用时价格便宜，少量应用则成本很高。

#### 2. 可编程 ROM(PROM)基本原理

PROM(Programmable ROM，可编程的 ROM)在出厂时内部并没有存储任何数据，用户可以用专用编程器将自己的数据写入，但是这种机会只有一次，一旦写入后也无法修改，若是出了错误，已写入的芯片只能报废。PROM 元件有多种形式，其中一种是熔丝型的，其原理如图 2.2 所示。它在出厂时各处熔丝都是完好的，用户在使用前可以将要存 0 的位用大电流将熔丝烧断，没有熔断的位就表示 1。这种元件，一经写好，存有 0 的位便不可再改为 1。读出时，选中 $w_0$(简单地认为其为高电平)，则在位线 $b_0b_1b_2$ 上分别输出 100；选中 $w_1$，则位线 $b_0b_1b_2$ 上分别输出 011。

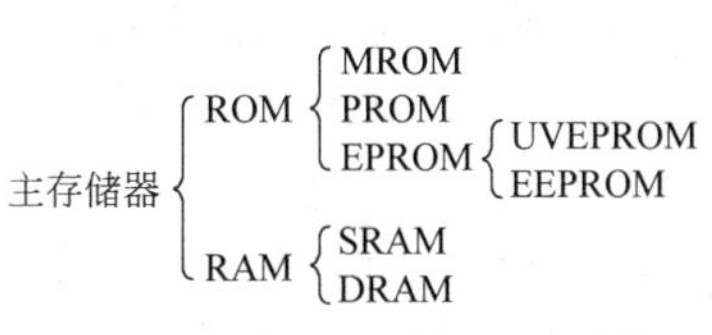

图 2.1 主存记忆元件的基本分类

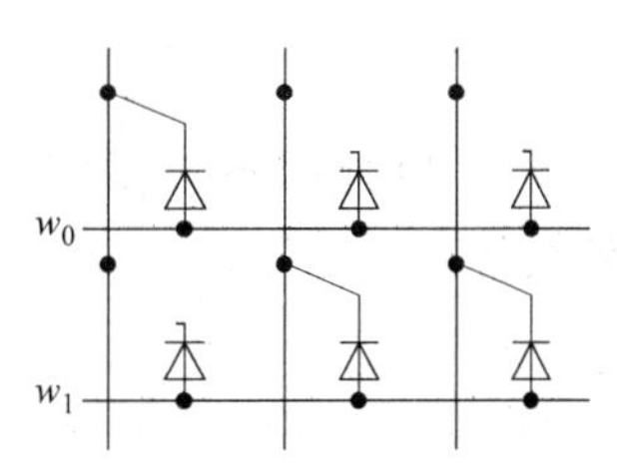

图 2.2 熔丝型 PROM

### 3. 可擦除可编程 ROM(EPROM)基本原理

EPROM(Erasable Programmable ROM,可擦除可编程 ROM)的特点是可以改写。它们在出厂时全写为 1,用户可以根据自己的需要将某些位改写为 0。当需要变更时,还可以将每一位都擦除——恢复全 1,重新写入新内容。按照擦除方式,EPROM 可以分为两种:UVEPROM(紫外线擦除 PROM)和 EEPROM(电可擦除 PROM)。

UVEPROM 的存储单元由 MOSFET(金属氧化物半导体场效应晶体管)构成。如图 2.3 所示,它在控制栅 $G_2$ 和 N 沟道间有一个浮空栅 $G_1$。浮空栅利用氧化膜使栅极与基极绝缘,可以使存储于此处的电荷不能被轻易释放,以持续保存记忆。通常,浮空栅中未存储电荷,为高电平状态;有存储电荷时,为低电平状态。

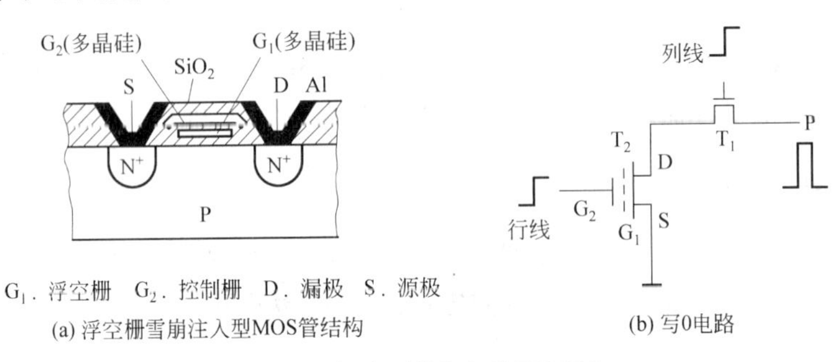


(a) 浮空栅雪崩注入型MOS管结构　(b) 写0电路

图 2.3　浮空栅雪崩注入型 EPROM

若需要对芯片内容进行改写,首先要将已存的内容擦除。如图 2.4(a)所示,在 UVEPROM 芯片正面的陶瓷封装上开有一个玻璃窗口,透过该窗口可以看到其内部的集成电路。如图 2.4(b)所示,当 40W 紫外线透过该孔照射到内部芯片中的 $G_1$ 上几分钟,$G_1$ 中的电子即可获得能量,穿过氧化层回到衬底中。$G_1$ 电荷的消失相当于抹去信息,源极与漏极之间导通,存储器中又都成为存 1 状态。因此,UVEPROM 芯片在写入数据后,要以不透光贴纸或胶布把窗口封住,以免受到意外紫外线照射而使数据受损。

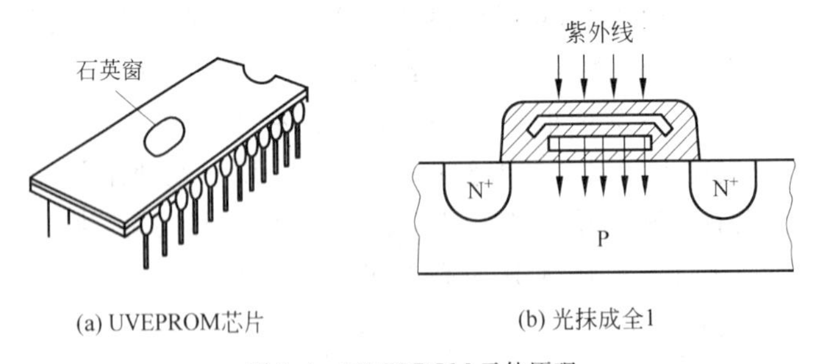


(a) UVEPROM芯片　(b) 光抹成全1

图 2.4　UVEPROM 元件原理

UVEPROM 虽然使用很广泛,但也存在着两个问题:一是用紫外线擦除信息需要很长时间(与紫外线的照射强度有关);二是不能把芯片中个别需要改写的存储单元单独擦除和重写。

如图 2.5(a)所示,EEPROM(Electronically EPROM,电可改写 EPROM)是在 EPROM

基本单元电路的控制栅 $G_1$ 的上面再生成一个抹去栅 $G_2$。可给 $G_2$ 引出一个电极，使其接某一电压 $V_G$。$G_1$ 与漏极 D 之间有薄氧化层。如图 2.5(b)所示，若 $V_G$ 为正电压，$G_1$ 与 D 之间产生隧道效应，使电子注入控制栅，即编程写入 0。如图 2.5(c)所示，若 $V_G$ 为负电压，使控制栅的电子散失，即擦除——全抹成 1。擦除后可重新写入。

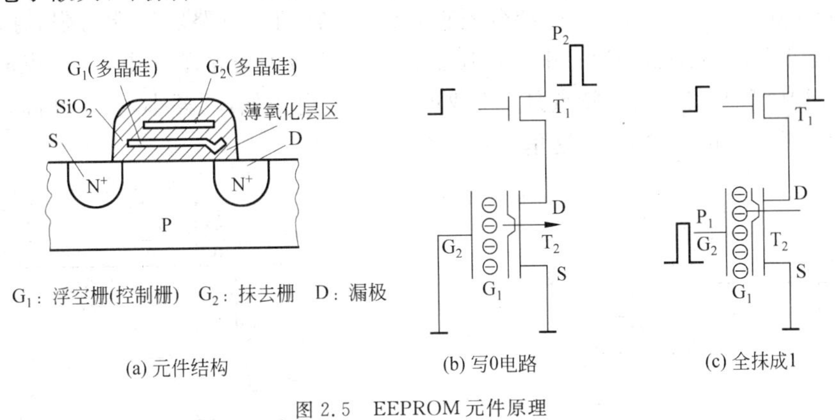


(a) 元件结构　　(b) 写0电路　　(c) 全抹成1

图 2.5　EEPROM 元件原理

## 2.1.2　RAM 元件与存储结构

### 1. SRAM 元件

SRAM(Static RAM，静态 RAM)中电子记忆元件有双极性和 MOS(Metal Oxide Semiconductor)开关两种。下面以 MOS 开关元件为例说明 SRAM 的工作原理。

MOS 开关元件是一种由金属(M)、氧化层(O)和半导体(S)组成的场效应管。它有三极(源极 S、漏极 D 和栅极 G)两态(接通与截止)：当栅极电压达到某个阈值(坎压)时，源极与栅极导通；低于这个阈值时源极与栅极断开。图 2.6 为 MOS 开关管的简化符号。这种开关状态是不稳定的。作为 SRAM 元件必须具有双稳态特性。

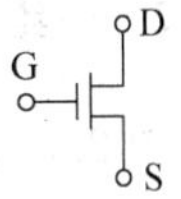

D
G
S

图 2.6　MOS 开关管符号

图 2.7 所示为一款六管 MOS 存储单元。其中，$T_1$ 和 $T_2$ 反向耦合组成一个双稳态触发器(当 $T_1$ 导通时，$T_2$ 就会截止；若 $T_1$ 截止时，$T_2$ 就会导通)，$T_3$ 和 $T_4$ 作为阻抗，$T_5$ 和 $T_6$ 作为记忆单元的选中开关(读写控制门)。当记忆单元未被选中(字线保持低电平)时，$T_5$、$T_6$ 管截止，触发器与位线隔开，原来保存的状态不改变。当字线加上高电平时，$T_5$、$T_6$ 管导通，该记忆单元被选中，可进行读/写操作。

这里，字线对位于一个存储单元的一个字节(面向字节的计算机)或一个字(面向字的计算机)中的所有位是共有的。选中字线，就是该存储单元中的所有记忆元件都被激活，便可以进行读写操作了。

(1) 写过程：字线选中，$T_5$、$T_6$ 导通，即读写控制门打开。写 1 时，位线 b′上送高电平，使 $T_2$ 导通；位线 b 上送低电平，使 $T_1$ 截止。这种状态不因写脉冲的撤离而改变。因为 $T_2$、$T_1$ 成反向耦合，只要 $V_{CC}$ 上有 +5V 的电位，就能保持这一状态。写 0 时，位线 b′上加低电平，位线 b 上送高电平，使 $T_2$ 截止，$T_1$ 导通。

(2) 读过程：字线选中，位线 b′和 b 分别与 $A$ 点和 $B$ 点相通。若记忆单元原存 1，$A$ 点

（即位线 b′）为高电平（读 1）；若原存 0，$B$ 点（即位线 b）为高电平。

MOS 静态记忆单元具有非破坏性读出的特点，抗干扰能力强，可靠性高。但是记忆单元电路所用管子数目较多，占硅片面积大，且功耗大，集成度不高。

双极型一般可分为 TTL（Transistor-Transistor Logic，晶体管-晶体管逻辑）型和 ECL 型（Emitter Coupled Logic，发射极耦合逻辑）两种。它们的电路驱动能力强，存取速度快，一般用作高速缓冲存储器。近年来还出现了新型的双极型记忆单元电路，如集成注入逻辑电路，简称 I2L 型电路。它的特点是：集成度高，工作电压低，功耗小，可靠性高，速度较快。双极型记忆单元电路样式繁多，这里不再介绍。

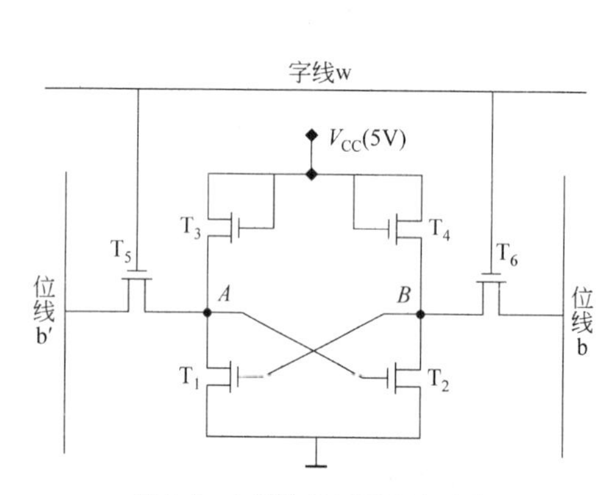

图 2.7　六管静态 MOS 记忆电路

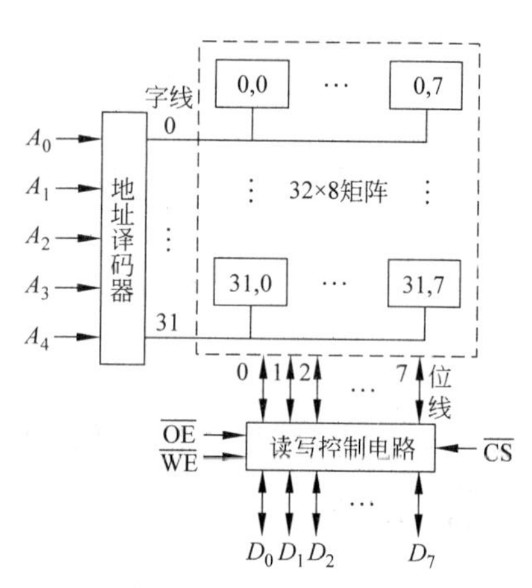

图 2.8　字结构、一维译码方式的 RAM 逻辑结构

**2. 一维地址 RAM 中的信号及其出现顺序**

图 2.8 为字结构、一维译码方式的 RAM 逻辑结构，通常用于小容量的 SRAM。它在读写过程中要使用如下一些信号：

- 数据总线上的地址信号。
- 片选信号$\overline{CS}$。
- 写控制信号$\overline{WE}$。
- 读出使能信号$\overline{OE}$。
- 数据总线上的数据信号。

图 2.9 所示的读写时序形象地描画了这类 SRAM 在读写过程中各种信号之间的时序关系。可以看出，不论是读还是写，都是按照下面的顺序发送有关信号：

（1）发送地址信号，指定要读写的单元，此信号一直保留到有效读写完成。

（2）发送片选信号 CS，选中一片存储器。

（3）发送读（$\overline{WE}$高、$\overline{OE}$低——有效）/写（$\overline{WE}$低——有效、$\overline{OE}$高）信号。

数据线上的信号因读、写而异：

- 读出是从有关单元向数据线上输出数据信号，一般是在$\overline{CS}$信号和$\overline{OE}$信号稳定后即可有数据输出到数据线上。
- 写入是由数据线向有关单元输入数据信号，一般对于送入数据的时间没有要求，但

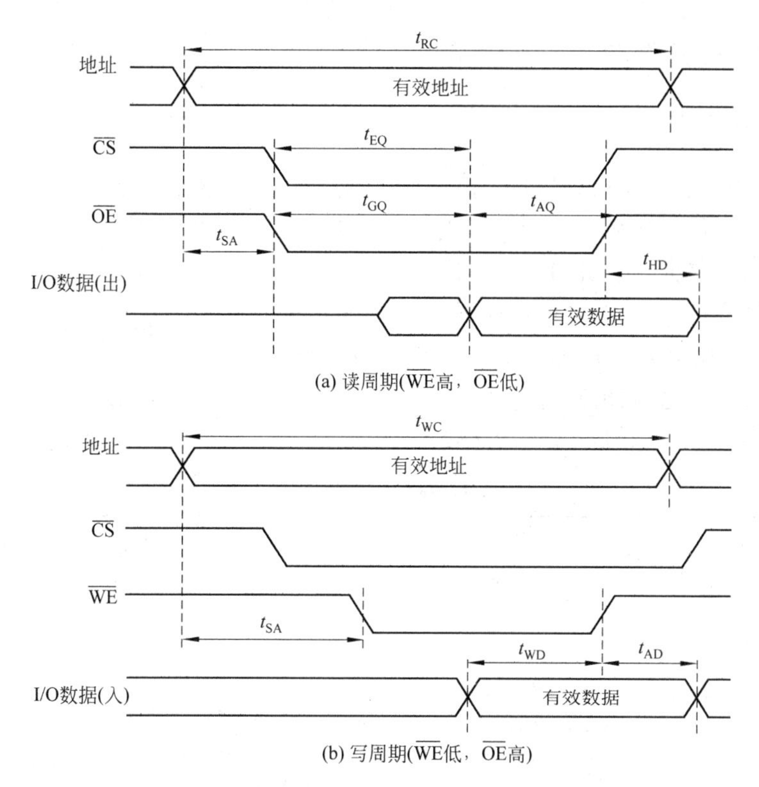


图 2.9　一维地址译码 RAM 的读写时序

是$\overline{WE}$信号和地址信号不能撤销得太早，以保证有一个写入的稳定时间。

**3. SRAM 的有关时间参数**

在对一维地址译码存储器进行读写的过程中，为了保证读写质量，要关注如下一些时间参数。

$t_{SA}$：地址建立时间。从 CPU 发送地址信号到地址信号稳定的时间，以保证地址正确。

$t_{EQ}$：片选有效时间。从 CPU 发送$\overline{CS}$到其稳定的有效时间，以保证选片正确。

$t_{GQ}$：读控制有效时间。从 CPU 发送$\overline{OE}$到其稳定的有效时间，以保证稳定的读操作。

$t_{AQ}$：有效读出时间。即$\overline{CS}$和$\overline{OE}$稳定到数据线上数据信号稳定的有效时间，在这段时间内$\overline{CS}$和$\overline{OE}$信号不可撤销，以保证读出信号正确。

$t_{AD}$：数据保持时间。以保证数据信号不在地址信号撤销前被撤销，否则会造成数据错误。

$t_{WD}$：有效写入时间。以保证数据信号在 WE 信号之前撤销，否则可能造成写入数据错误。

$t_{WC}$：写入周期；$t_{RC}$：读出周期。通常 $t_{WC}=t_{RC}$，通称存取周期。

还需要强调，不同的技术中，读写的时序可能不同。但关键是如何保证可靠的读写。

## 2.1.3 DRAM元件与基本存储结构

### 1. DRAM元件

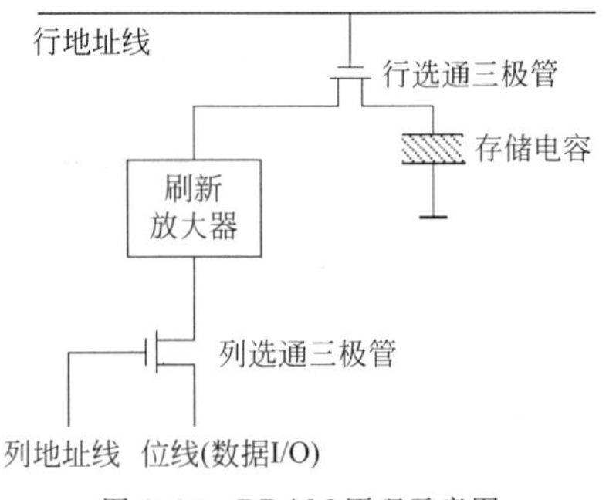


图 2.10 DRAM原理示意图

如图 2.10 所示，DRAM(Dynamic RAM，动态RAM)的存储元件靠栅极电容上的电荷保存信息，也称电荷存储型记忆元件。此外，每个 RAM 还有行地址线和列地址线，以支持二维地址译码。CPU 使用行选与列选信号，使电容与外界的传输电路导通，使电容充电(写入)与放电(读出)。

表 2.1 为 SRAM 与 DRAM 的比较。

**表 2.1 SRAM与DRAM的比较**

| 比较内容 | SRAM | DRAM |
|---|---|---|
| 存储体中的记忆元件 | 触发器 | 电容 |
| 是否破坏性读出 | 否 | 是 |
| 是否需要再生刷新 | 否 | 是 |
| 读写周期 | 短 | 长 |
| 集成度 | 低 | 高(约是 SRAM 的 4 倍) |
| 每比特成本 | 高 | 低(约是 SRAM 的 1/4) |
| 所需功率 | 大 | 小(约是 SRAM 的 1/6) |
| 主要应用场合 | 高速缓存 | 主存 |

### 2. DRAM的逻辑结构与读写信号

图 2.11 为 1M×4b 的 DRAM 芯片组成的存储阵列的逻辑结构图。

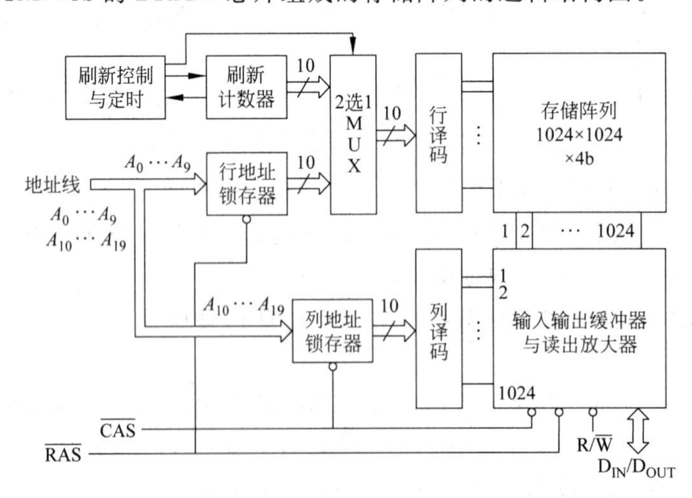


图 2.11 1M×4b 的 DRAM 芯片组成的存储阵列的逻辑结构图

从这个逻辑结构图可以看出，它的地址总数为 20，分为两部分：行地址($A_0 \cdots A_9$)和列地址($A_{10} \cdots A_{19}$)。此外,还有一个刷新计数器及其控制线路。这样,它在读写时涉及的信号有如下一些:

(1) 行地址。

(2) 行地址选通信号$\overline{\text{RAS}}$。

(3) 列地址。

(4) 列地址选通信号$\overline{\text{CAS}}$。

(5) 数据总线($D_{IN}$和 $D_{OUT}$)。

(6) 读写控制脉冲 R/$\overline{\text{W}}$。

由于 DRAM 中的信息要靠电容上的电荷保存,而存储单元中的电容容量很小,所以一个存储体中要有一个 S-AMP(Sense AMPlifier),用来放大/驱动数据信号,以保证可识别性。

此外,由于电容电荷总是会有泄漏的,为了保持数据,DRAM 必须隔一段时间进行一次电荷的补充——刷新(refresh)。刷新周期视泄漏速度而定,如 2ms、4ms 等。为此 DRAM 中需要一个刷新放大器。不过这个刷新放大器现在已经被并入读出放大器(S-AMP)中。

**3. DRAM 读写操作时的时序**

图 2.12 形象地描画了这类 DRAM 在读写过程中各种信号之间的时序关系。

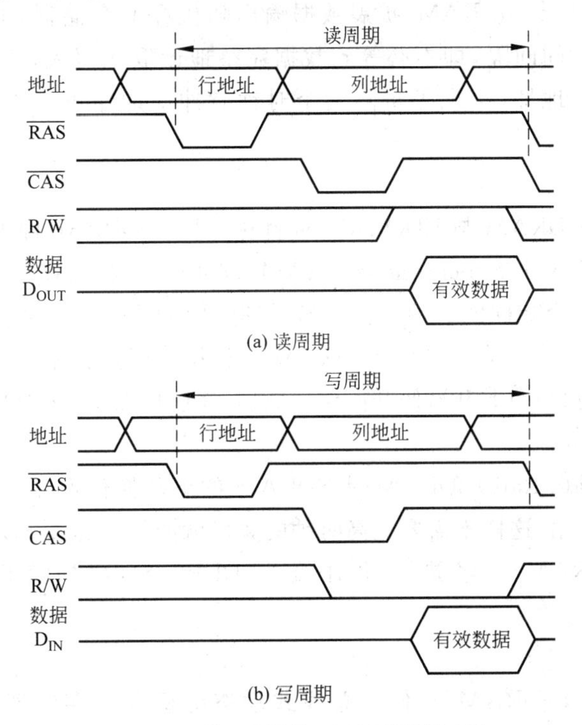


(a) 读周期

(b) 写周期

图 2.12 二维地址译码 DRAM 的读写时序

可以看出,不论是读还是写,都是按照下面的顺序发送有关信号:

(1) 发送行地址和列地址。

(2) 行地址稳定后，发送行地址选通信号 RAS，将行地址选存。

(3) 发读写命令 $R/\overline{W}$：读时，高电平并保持到$\overline{\text{CAS}}$结束之后；写时，低电平，在此期间，数据线上必须送入欲写入的数据并保持到 CAS 变为低电平之后。

(4) 发送列地址选通信号$\overline{\text{CAS}}$，将列地址选存。在此期间，若 $R/\overline{W}=1$，则将有数据输出到数据线上；当 $R/\overline{W}$ 、$\overline{\text{RAS}}$和$\overline{\text{CAS}}$都有效时，数据线上的数据被写入有关单元。

#### 4. DRAM 工作模式

DRAM 在发展过程中不断改进，形成了一些不同的工作模式。

1) FPM DRAM 与 EDO DRAM

早期的 DRAM 称为 PM RAM(Page Mode RAM，页模式随机存储器)，其特点是每写入一位数据，就必须送出列(页)和行地址各一次，决定该位的位置，并且每个地址都必须有一段稳定的时间，才能读写有效数据。在地址稳定之前，写入或读取的数据都是无效的。

FPM DRAM(Fast Page Mode DRAM，快速页模式随机存储器)是一种改良型 PM RAM。其特点是，若需要读写的前后数据在同一列或同一页(page)内，则内存控制器不必重复送出列地址，只需指出下一行地址即可，以此来提高读写效率，可以做到每 3 个时钟周期输出一次数据。

EDO(Extended Dataout RAM，扩展数据输出随机存取存储器)取消了主板与内存两个存储周期之间的时间间隔，即不必等到数据完整地读取或写入，只要一到有效的时间，即可准备送出下一个地址，实现了每隔两个时钟脉冲周期输出一次数据，使存储速度提高 30%。

2) SDRAM

PM RAM、FPM DRAM 与 EDO DRAM 都称为异步 DRAM，即 RAM 与 CPU 采用不同的时钟频率。SDRAM(Synchronous DRAM，同步动态随机存储器)的基本原理是将 CPU 与 RAM 通过一个相同的时钟锁在一起，使得 RAM 与 CPU 共享同一时钟，以相同的速度同步工作，避免了系统总线对异步 DRAM 进行操作时所需的一个时钟周期的额外等待时间，每一个时钟脉冲的上升沿便开始传递数据，速度比 EDO 内存提高 50%。

3) DDR SDRAM

DDR(Double Data Rate)SDRAM 是 SDRAM 的更新换代产品，允许在时钟脉冲的上升沿和下降沿传输数据，这样不需要提高时钟的频率就能加倍提高 SDRAM 的速度。

现在 DDR SDRAM 已经进一步升级为 DDR2 SDRAM、DDR3 SDRAM、DDR4 SDRAM 等标准系列。

4) RDRAM

RDRAM(Rambus DRAM，存储器总线式动态随机存取存储器)是 Rambus 公司开发的具有系统带宽，芯片到芯片接口设计的新型 DRAM，能在很高的频率范围内通过一个简单的总线传输数据；同时使用低电压信号，在高速同步时钟脉冲的两个边沿传输数据。

## 2.2 主存储体组织

### 2.2.1 内存条结构

主存储器以内存条的形式存在。如图 2.13 所示，内存条一般由内存颗粒、PCB 电路板、SPD 芯片、引脚（俗称金手指）以及一些电容和电阻组成。

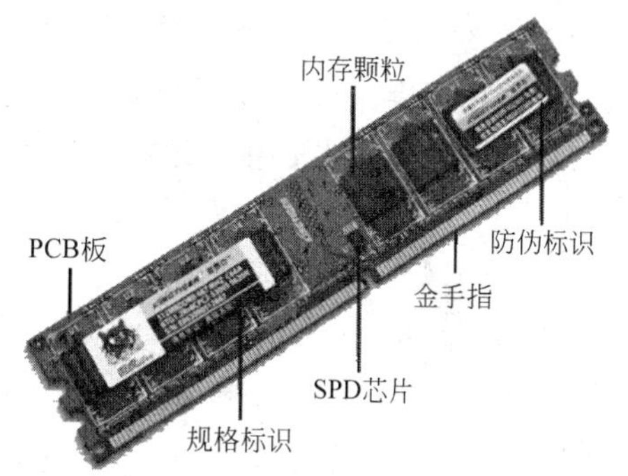


图 2.13 内存条的组成

#### 1. 内存颗粒

内存 IC 芯片在出厂时都要采用一定的封装技术进行封装。封装是一种将集成电路打包的技术。因为芯片必须与外界隔离，以防止空气中的杂质对芯片电路的腐蚀而造成电学性能下降。另一方面，封装后的芯片也更便于安装和运输。封装技术的好坏还直接影响到芯片自身性能的发挥和与之连接的 PCB（印制电路板）的设计和制造。

目前业界普遍采用的封装技术有 TSOP（Thin Small Outline Package，薄型小尺寸封装）和 BGA（Ball-Gird-Array，球栅阵列）技术。TSOP 的典型特征是引脚由四周引出，如 SDRAM 的 IC 芯片为两侧有引脚，SGRAM 的 IC 芯片四面都有引脚。BGA 封装的引脚是由芯片中心方向引出的，从而有效地缩短了信号的传导距离，可以使信号的衰减减少。

经过封装的内存 IC 芯片称为内存颗粒。其上一般都印刷有生产厂家、产品编号，以及颗粒的容量、数据宽度、存取速度、工作电压等重要参数。

#### 2. SPD 芯片

SPD（Serial Presence Detect，系列参数预置检测）是一片小型的 EEPROM 芯片，里面记录了内存条出厂时预先存入的速度、工作频率、容量、工作电压、行/列地址带宽、传输延迟、SPD 版本等基本参数。当计算机开机工作时，BIOS 就会自动读取内存 SPD 中的记录信息，来对主存进行设置，使内存运行在规定工作频率上，工作在最佳状态，实现内存的“超频”。

#### 3. 电路板（PCB）

内存条的 PCB 采用 4 层或 6 层电路板。采用多层电路板的目的有二：一是紧凑；二是分层屏蔽电路电磁辐射。

#### 4. 金手指

金手指就是内存条的引脚，用于与计算机总线连接，它也是将内存条固定在主板上的装置，并连接总线上的有关信号线。按照引脚布局，常用的内存条有如下几种。

1）SIMM

SIMM（Single In-line Memory Module，单列直插存储模块）是早期 FPM 和 EDD DRAM 内存条，这种内存条两面的金手指传输相同的信号，相当于只有一面有金手指。最初的 SIMM 一次只能传输 8b 数据，后来逐渐发展出 16b、32b 的 SIMM 模组，形成 30 线、72 线和专用内存条 3 类。

- 30 线 SIMM。数据线宽度为 8，常见容量有 256KB、1MB 和 4MB，目前基本淘汰。
- 72 线 SIMM。数据线宽度为 32，常见容量有 4MB、8MB、16MB、32MB、64MB 等。
- 专用内存条没有统一标准。

SIMM 必须成对使用。例如，72 线的 4MB SIMM 内存可采用 4 片 1M×8b 的 DRAM 芯片。

2）DIMM

DIMM（Dual In-line Memory Module，双列直插存储模块）的两面都有可独立传输信号的金手指（引脚），并且可单条使用。DIMM 又可以分为 3 种：标准 DIMM、DDR-DIMM 和 DIMM 的新产品。

（1）标准 DIMM。每面 84 线，双面共 168 线，故常称为 168 线内存条。工作时钟为 60MHz、67MHz、75MHz、83MHz。常见的容量有 8MB、16MB、32MB 等。主要使用 SDRAM 芯片，也称为 SDRAM 内存条。

（2）DDR-DIMM。每面 92 线，双面共 184 线，故常称为 184 线内存条。目前主要有以下几种速率：PC1600（200MHz）、PC2100（266MHz）、PC2700（333MHz）、PC3200（400MHz）、PC3500（433MHz）、PC3700（466MHz）、PC400（500MHz）、PC4200（533MHz）和 PC4400（566MHz）。名称中的第一个数字，如 PC2100 中的 2100，意为此内存模块的最大带宽，也就是每秒最大能够提供多少兆字节（MB）的数据。后面的×××MHz 是此内存运行时的时钟速率。单条 DDR-SDRAM 的容量从 64MB 到 2GB 不等。

（3）DIMM 的新产品。200 线的双面内存条，其工作时钟为 77MHz、83MHz、100MHz，数据宽度为 72 或 80 位，分缓冲型和非缓冲型两种，主要用于工作站和大型计算机。

DDR 内存条与 SDRAM 内存条差别不大，它们具有同样的长度与同样的引脚距离。但是 DDR 内存条有 184 个引脚，金手指中只有一个缺口；而 SDRAM 内存条是 168 个引脚，有两个缺口。

DIMM 的工作电压一般是 3.3V 或者 5V，并且分为 Unbuffered DIMM（不含缓冲区，地址和控制信号等不经过缓冲器）、Registered DIMM（地址和控制信号经过寄存，时钟经过 PLL 锁相，定位在工作站和服务器市场）和 SODIMM（定位于笔记本市场）3 种。

3）SODIMM

SODIMM（Small Outline DIMM，小型双列直插式内存模块）是非常小的存储模块，采用 144 线或 200 线引脚，尺寸却仅为 DIMM 模块的三分之一，已成为笔记本电脑用内存条的标准模式。图 2.14 为 3 款内存条实物照片。

内存条安装在主板的内存插槽中。安装时要注意方向。

(a) 72线 SIMM内存

(b) DIMM 内存

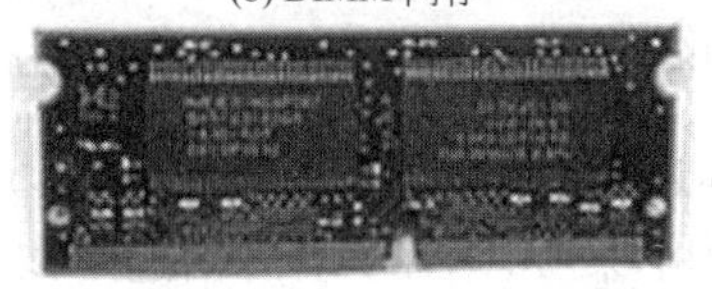

(c) SODIMM 内存

图 2.14　3 款内存条实物照片

**5. 电阻和电容**

内存上的电阻(采用排阻的形式)有 10Ω 和 22Ω 两种,使用 10Ω 的电阻的内存信号很强,对主板的兼容性较好,但其阻抗也低,经常因信号过强导致系统死机,而使用 22Ω 电阻的内存,优缺点与前者正好相反。内存厂家往往从成本考虑使用 10Ω 电阻。

电容用于滤除高频干扰。

## 2.2.2　存储体的基本扩展方式

如前所述,内存储体是由一些内存颗粒组成的,或者说,主存储体是由内存颗粒扩展(扩容)而成。从逻辑结构上看,一个主存储体可以看成由一些芯片扩展成的存储体阵列。所采用的芯片的集成方式以及计算机要求的字长不同,扩展方式也不同。本节从逻辑角度介绍几种基本的存储体扩展方式。

**1. 字扩展方式**

字扩展方式是位数(字长)不变,字数扩展。图 2.15 所示的存储器由 4 片 16K×8b 的存储芯片扩展为 64K×8b 的存储器。每个芯片内部都有自己的地址译码电路和数据缓冲电路。

具体说明如下。

(1) CPU 地址总线的 $A_{14}$、$A_{15}$ 连接到片选译码器,$A_{14}$、$A_{15}$ 为不同值时,片选译码器的 4 条输出中,只有 1 条被选中(输出低电位)。由于它们分别连接各芯片的 $\overline{CS}$(片选端),因而只有一片被驱动(选中)。$\overline{CS}$上的短线表示是低电位驱动。

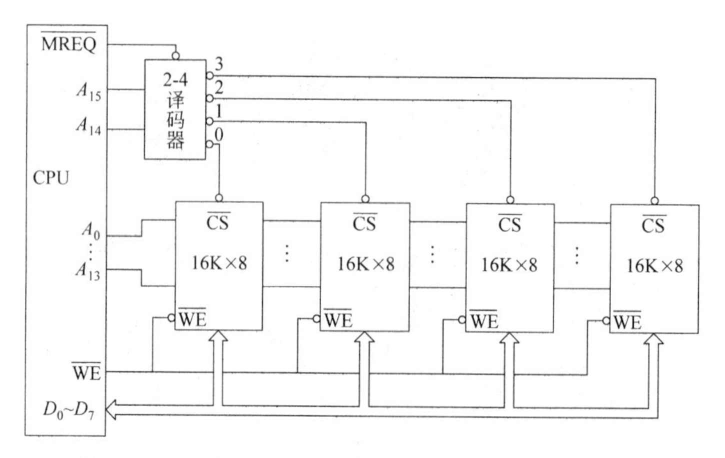


图 2.15　用 4 片 16K×8b 的存储芯片扩展为 64K×8b 的 RAM

(2) 各片的 14 条地址线都连接到 CPU 总线的 $A_0 \sim A_{13}$ 端。当 CPU 的地址总线输出一个 16 位的地址码时，$A_{14}$、$A_{15}$ 选中某一片，而 $A_0 \sim A_{13}$ 选中该片中的某字。14 条地址线的寻址范围为 16KB。

(3) $\overline{\mathrm{WE}}$为读写控制。该端为高电平（$\overline{\mathrm{WE}}=1$）时，被选中的字将读出；该端为低电平（$\overline{\mathrm{WE}}=0$）时，被选中的字将写入。

(4) 每个芯片的 8 位数据引脚并联在 8 条 CPU 数据总线上。

**2. 位扩展方式**

位扩展方式是字数不变，位数（字长）扩展。图 2.16 为用 8 片 8K×1b 的芯片扩展成 8K×8b 的 RAM 与 CPU 总线连接的示意图。

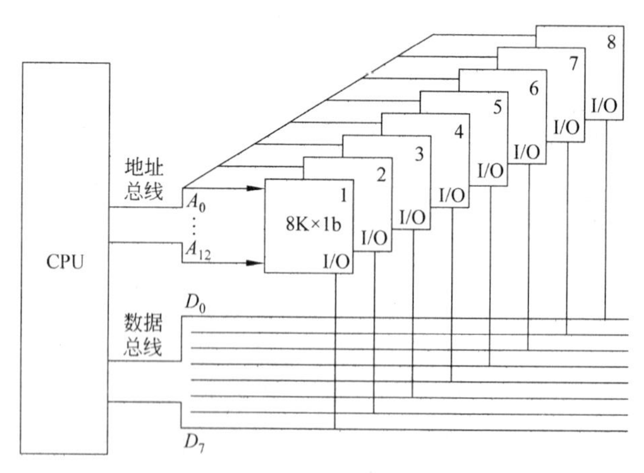


图 2.16　用 8 片 8K×1b 的芯片扩展成 8K×8b 的 RAM

**注意：**

(1) 由于每个字的各位分布在所有芯片之中，不同各片的片选端 CS 都并在一起，连接到 CPU 的相应控制线上。当进行存储器读写时，该端应为低电平。同时，CPU 的 16 条地址线并连到各片的16条地址线上，以便同时选中各片中属于同一字的各位。

(2) CPU数据线中的每一条只与一个片中唯一的一条数据线相连。

**3. 段扩展方式**

段扩展方式是字向和位向都扩展。如由4片1M×4b的芯片扩展成2M×8b的存储器。

## 2.2.3 Bank

Bank是内存行业中常用的一个术语——将内存称为“内存库”，并且至少将其赋予3种意义：

(1) P-Bank：用“P-Bank数”表示内存物理存储体的数量——等同于“行”(row)。

(2) 作为内存逻辑插槽单位的Bank。

(3) L-Bank：用“L-Bank数”表示内存的逻辑存储库的数量。

**1. 芯片位宽与P-Bank**

在计算机中，数据量用位为单位。计算机工作时，CPU在一个传输周期能接受的数据量就是CPU数据总线的位宽。而内存芯片也有自己的位宽，即芯片每个传输周期能提供的数据量，常见为4b、8b、16b。为了组成CPU数据总线的位宽，需要多颗芯片并联工作。

例如，某款计算机的CPU与内存之间的接口位宽是64b，也就意味着CPU在一个周期内会向内存发送或从内存读取64b的数据。对于8b芯片，需要8颗并联才能工作(8×8b=64b)，这8颗芯片并联在一起称为P-Bank (Physical Bank，物理Bank；Intel公司称之为row，在RDRAM中代之以channel，即通道；也有人将之称为Rank，即行Bank)。换个角度说，对于字长为64b的计算机，若各个芯片位宽之和为64b，就是单P-Bank；若各个芯片位宽之和为128b，就是双P-Bank。

因此，P-Bank实际上就是指为满足CPU工作的内存颗粒阵列。

**2. 作为插槽逻辑单位的Bank**

通常，内存插槽要与主板数据总线配合使用。例如对于位宽为64b的主板，一个168线槽称为一个Bank，因为168线内存的数据宽度是64b；而两个72线槽才能构成一个Bank，因为72线内存的数据宽度是32b。只有插满一个Bank，计算机才可以正常开机。

在计算机的主板上，常常对于插槽按照逻辑Bank从Bank 0开始编号，必须插满Bank 0才能正常开机。Bank 1以后的插槽留给日后升级扩充内存用，称作内存扩充槽。

**3. L-Bank**

如图2.17(a)所示，在芯片的内部，内存的数据是以位(b)为单位写入一张大的矩阵中，每个单元称为cell，只要指定一个行(row)，再指定一个列(column)，就可以准确地定位到某个cell。这个阵列就称为内存芯片的Bank，也称为L-Bank(Logical Bank，逻辑Bank)。

但是，由于工艺上的原因，这个阵列不可能做得太大，所以一般内存芯片中都是将内存容量分成几个阵列来制造，也就是说内存芯片中存在多个 L-Bank，图 2.17(b)为 4 个 L-Bank 的内存结构示意图。在进行行寻址时，需要先确定是哪个 L-Bank，然后再在这个选定的 L-Bank 中选择相应的行与列进行寻址。图中所示的 4 个 L-Bank 需要两根 Bank 地址线。

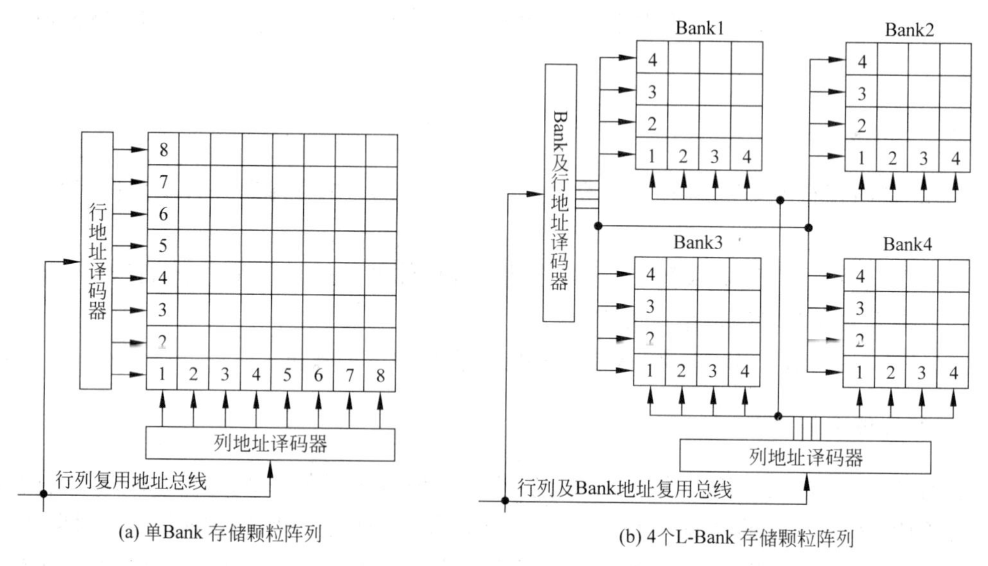


(a) 单Bank 存储颗粒阵列

(b) 4个L-Bank 存储颗粒阵列

图 2.17　Bank 存储颗粒阵列示意图

随着芯片容量的不断增加，L-Bank 数量也在不断增加。目前从 32MB 到 1GB 的芯片基本都是 4 个 L-Bank。

#### 4. 内存芯片容量的计算方法

内存芯片的容量可以用 L-Bank 计算，也可以用位宽计算。

(1) 用 L-Bank 计算：存储单元数量=行数×列数(得一个 L-Bank 的存储单元数量)×L-Bank 的数量。

(2) 用位宽计算。在很多内存产品介绍文档中，都会用 $M\times W$ 的方式来表示芯片的容量。$M$ 是该芯片中存储单元的总数，单位是兆；$W$ 代表每个存储单元的容量，也就是 SDRAM 芯片的位宽(width)，单位是位。计算出来的芯片容量以兆位(Mb)为单位，但用户可以采用除以 8 的方法换算为兆字节(MB)。

### 2.2.4　并行存储器

随着计算机所处理信息量的增加，不断对存储器的速度及容量提出更高的要求；而随着 CPU 功能的增强和 I/O 设备数量的增加，主存储器的存取速度越来越成为计算机系统中的一个瓶颈。为了提高访问存储器的带宽，人们在致力于寻找高速元件的同时，也加紧从存储体系结构方面对存储器组织结构加以改进，发展并行存储结构。

从结构上拓宽存储器带宽的技术主要有双端口(或多端口)存储器、单体多字和多体存储技术。

### 1. 双端口存储器

传统的存储器只有一个读写端口，要么进行写，要么进行读，读和写不能同时进行。双端口存储器的基本特点是：每个芯片都有两组数据总线、地址总线和控制总线，形成两个访问端口，只要不是同时访问一个单元，就允许两个端口并行地进行独立的读写，而不会互相干扰。如果两个端口同时访问同一存储单元，就由片内仲裁逻辑决定由哪一个端口访问。这样，在多处理机系统中，可以让两个 CPU 同时访问主存；或者设计成一个端口面向 CPU，另一个端口面向 I/O 处理的系统。两个端口可以不受编址的限制，几乎成倍地提高了存储器的效率。

双端口存储器的常见应用有 Cache-主存结构中的主存、运算器中的通用寄存器组等。此外，在多机系统中常采用双端口存储器甚至多端口存储器，实现多 CPU 之间的存储共享。

### 2. 单体多字系统

根据程序访问的局部性，要连续使用的信息(数据，尤其是指令)大多是连续存放的。以此为前提，可以用同一套地址系统按同一地址码，在一个读周期内取出多个字，例如同时读出 4 条指令。然后把它们组织成队列，每隔 1/4 主存周期($T_m$)依次将一条指令送入指令寄存器去执行。

典型的单体多字系统是如图 2.18 所示的多模块单体存储器。它是由字长为 $W$ 位的 $n$ 个容量相同的模块 $M_0, M_1, \cdots, M_{n-1}$ 并行连接起来，构造字长为 $n \times W$ 的存储体。这样，每个存储周期中可以同时读出 $n$ 个字(例如同时读出 $n$ 条指令)，从而使存储器的带宽 $B_m = W/T_m$ 提高到 $n$ 倍。当然，如果要访问的不是 $n$ 个连续的字，如遇到转移指令或随机分布的数据时，会大大降低实际的带宽。

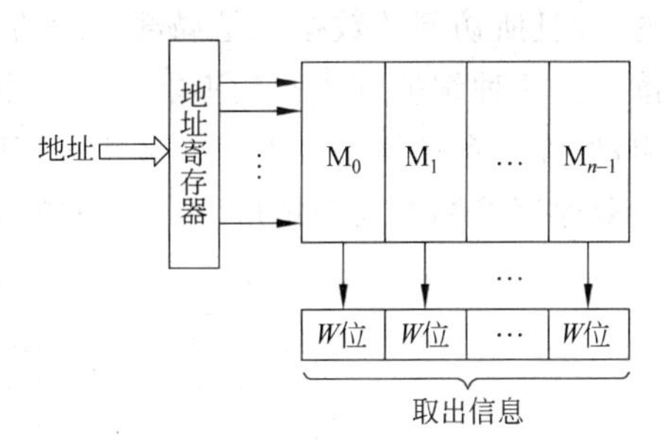

图 2.18 单体多字并行主存储器

### 3. 多体存储系统

多体存储系统与单体存储系统的区别是，它的各存储体都有自己的一套地址寄存器和地址译码、驱动、读数、时序电路，能以同等方式分别与 CPU 通信，形成各自独立的编址，又能并行或交叉工作，具有容量相同的 $N$ 个存储体。

1) 多体存储器的访问方式

分为 $N$ 个存储体的主存储器称为“模 $N$”的存储器，这 $N$ 个存储体按统一规则分别编址。它们的工作方式有两种。

(1) $N$ 个存储体同时启动，完全地并行工作。即同时送进 $N$ 个地址，同时读出 $N$ 个字，在总线上分时地传送。

(2) $N$ 个存储体分时启动流水式工作。通常互相错开 $1/m$ 个存储周期($m$ 为存储体个数)，交叉地工作。图 2.19 为有 4 个存储体的交叉存储器中各存储体启动的时序关系(负脉冲启动)。可以看出，采用 4 体的存储器，每隔 1/4 个主存周期便启动一个存储体工作。这样，在一个主存周期内就访问了4个存储单元，将存储带宽提高到4倍。

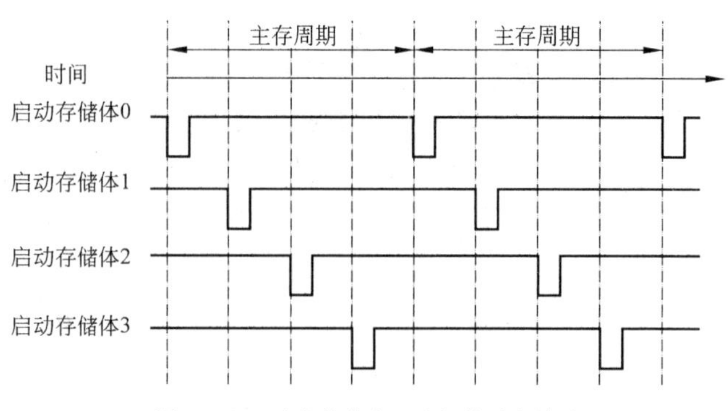


图 2.19　4个存储体交叉访问的时序关系

2）多体存储器的编址

访问多体存储器时，需要分别指定所访问的体号和体内地址，所以每个地址码被分为两部分：体号+体内地址(字地址)，需要分别进行地址译码。按照存储地址在各存储体内的分布关系，多体存储器的编址分为两种：顺序(高位交叉)编址和交叉(低位交叉)编址。

如图2.20所示，顺序编址的特点是每个存储体内的地址都是连续的。这样有利于存储器的扩充，可以任意增加一个或多个存储体(低位交叉方式只允许按2的倍数增加)，并且当一个存储体出现故障时，不影响其他存储体的工作，可靠性较高。但是，由于一个存储体在一个访存周期内只能读写一个字单元，而根据程序的局部性原理，多数程序代码是连续存放的，并且所访问的数据也是局部连续的。读写时，先选中一个存储体，再选其体内地址进行读写。这种编址方式一般不能实现多个存储体的并行工作，也不能实现多个存储体的分时启动(除非存储器采用的工作频率为CPU工作频率的 $m$ 倍，$m$ 为存储体数)，只有在DMA以及通道控制方式等情形下才有可能实现并行或并发工作。

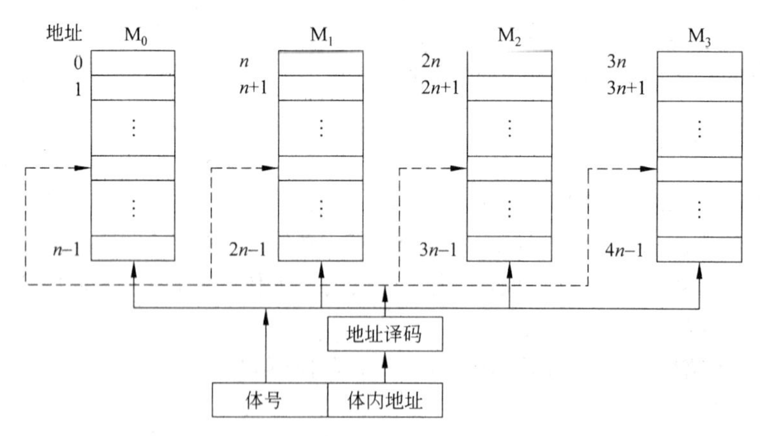


图 2.20　顺序编址的4体存储器

图2.21为交叉编址的4体存储器基本结构。它的特点是存储地址是横向连续的，即连续地址分布在相邻的块内。读写时，先选中4个体内地址，然后依次给出体号来选中具体单元，进行读写。这样，非常容易实现各存储体的分时流水以及并行工作，大大提高了存储体

的带宽。这是目前多体存储器的主流。

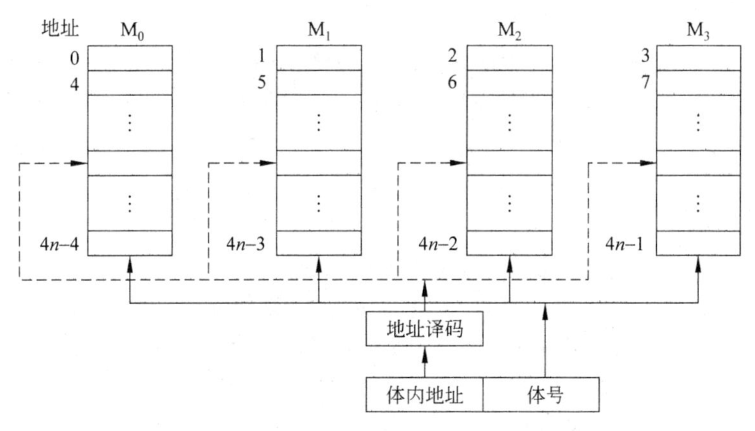


图 2.21　交叉编址的 4 体存储器

由于指令、数据、向量等的存储和执行基本上是顺序的，所以采用交叉编址时，同一主存周期中取出的是要连续执行的指令或数据，因而有利于减少存储冲突。但是可靠性较低，一个存储体故障将会导致所有程序无法执行。采用顺序编址方式时，一个存储体内的地址是连续的，但多体仅扩大了存储容量，对提高吞吐量并没有作用。

### 2.2.5　并行处理机的主存储器

存储器的组织与计算机系统结构有关，它本身就是系统结构的一部分。并行处理机一般是指一台计算机中有一个指令部件(取指令)和多个执行部件。在这种计算机中，处理机与存储器间通过互连网络(Inter-Connection Network，ICN)交换信息。如图 2.22 所示，其存储结构大体可以分为两大类：共享存储器结构和分布存储器结构。

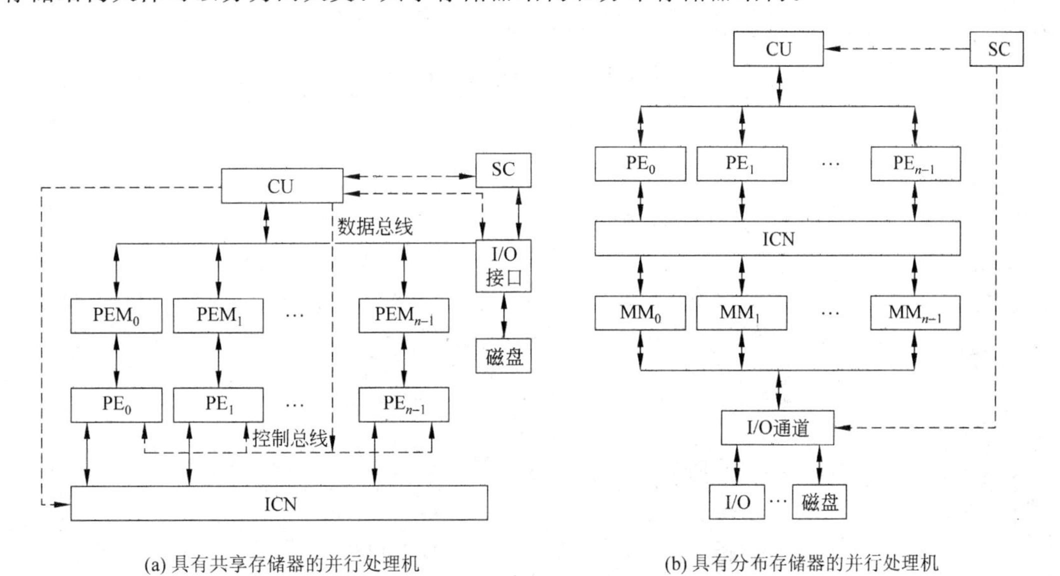


(a) 具有共享存储器的并行处理机　　(b) 具有分布存储器的并行处理机

图 2.22　并行处理机系统中处理机与存储器的互连网络

**1. 共享存储器结构**

在具有共享存储器的并行处理机中，只有一个统一的主存(Main Memory，MM)，经互连网络(ICN)为全部处理元素(Processing Element，PE)共享。I/O设备、外存都可以通过I/O通道与共享存储器交换信息。

**2. 分布存储器结构**

在具有分布存储器的并行处理机中，存储系统由两部分组成：一部分集中在专做管理的主机SC(Supervisory Control，管理机)中，为常驻操作系统使用；另一部分称为PEM(Processing Element Memory，处理元素存储器或局部存储器)，分布在各处理单元中，用以存放程序和数据。高速磁盘是存储的后援，通过I/O接口与SC及PEM交换信息。为了有效地进行高速处理，要使每个处理单元(PE)都可以依靠自己的PEM中的数据进行运算，为此要合理分配各处理单元中的数据。各处理单元之间可以通过两条途径相互联系：一条通过互连网络(ICN)；另一条通过控制部件(Control Unit，CU)，即数据从PEM读至CU，然后通过公共数据总线"广播"到全部PE中。

# 2.3 DRAM内部操作与性能参数

DRAM以其在集成度和成本两个方面的优势而得到广泛应用和快速发展，并在发展中形成了一些极有特色的技术。这些技术特色主要表现在DRAM的内部操作上。

## 2.3.1 SDRAM的主要引脚

为了说明SDRAM工作时对技术性能有重要影响的内部操作，需要了解内部的重要信号。这些信号主要由引脚提供。表2.2为关于这些信号的说明。

表2.2 SDRAM的重要信号

| 引　脚 | 名　称 | 描　述 |
|---|---|---|
| CLK | 时钟 | 芯片时钟输入 |
| CKE | 时钟使能 | 片内时钟信号控制 |
| /CS | 片选 | 禁止或使能CLK、CKE和DQM外的所有输入信号 |
| $BA_0$，$BA_1$ | 组地址选择 | 用于片内4个组的选择 |
| $A_{12}$～$A_0$ | 地址总线 | 行地址：$A_{12}$～$A_0$，列地址：$A_8$～$A_0$，自动预充电标志：$A_{10}$ |
| /RAS<br>/CAS<br>/WE | 行地址锁存<br>列地址锁存<br>写使能 | 行、列地址锁存和写使能信号引脚 |
| LDQM，UDQM | 数据I/O屏蔽 | 在读模式下控制输出缓冲；在写模式下屏蔽输入数据 |
| $DQ_{15}$～$DQ_0$ | 数据总线 | 数据输入输出引脚 |
| VDD/VSS | 电源/地 | 内部电路及输入缓冲电源/地 |
| VDDQ/VSSQ | 电源/地 | 输出缓冲电源/地 |
| NC | 未连接 | 未连接 |

### 2.3.2 SDRAM 的读写时序

SDRAM 的读写操作是从对一个 L-Bank 中的阵列发出激活命令 Active 开始的。其过程如图 2.23 所示：先是行有效操作，再是列读写。两者之间的时间间隔称为 $t_{RCD}$(RCD 为 RAS to CAS Delay，RAS 信号到 CAS 信号之间的延迟)。然后才是读写操作。

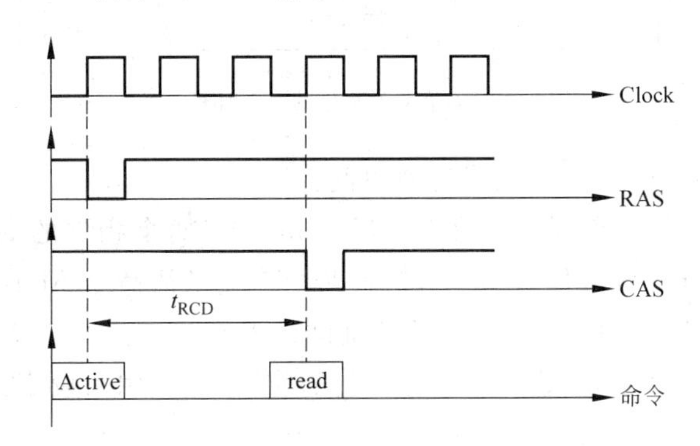


图 2.23　RAS 信号到 CAS 信号之间的延迟

#### 1. 行有效

1) 行有效及其过程

行有效就是确定要读写的行，使之处于激活(active，即有效)状态。一般说来，行有效之前要进行片选和 L-Bank 定址，但它们与行有效可以同时进行。时序关系如图 2.24 所示。操作过程如下。

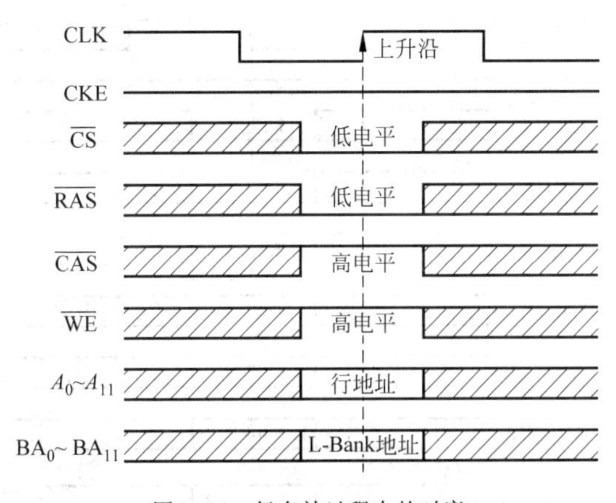


图 2.24　行有效过程中的时序

(1) 行地址通过地址总线传输到地址引脚。

(2) RAS 引脚被激活，行地址被放入行地址选通电路(row address latch)。

(3) 行地址解码器(row address decoder)选择正确的行，然后送到传感放大器 S-AMP。

(4) WE 引脚此时不被激活，所以 DRAM 知道它们不是进行写操作。

2）行有效过程中的时间参数

在行有效过程中，主要涉及 3 个时间关系：$t_{RAS}$、$t_{RC}$ 和 $t_{RP}$。它们之间的时序关系如图 2.25 所示。

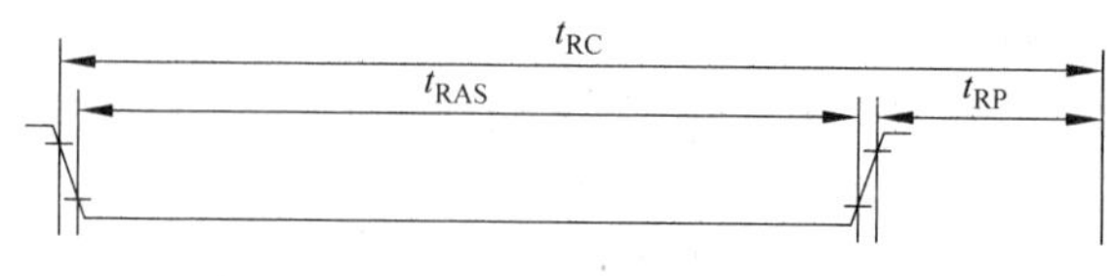


图 2.25　行有效过程中的 3 个时间关系

$t_{RAS}$(Row Address Strobe)是信号有效时间。

$t_{RC}$(Row Cycle)是行周期时间。在一个 L-Bank 中，两个相邻的 Active 命令之间的时间间隔。而在同一 Rank 不同 L-Bank 中，执行两个连续激活命令 Active 之间的最短的时间间隔被定义为 $t_{RRD}$(RAS to RAS Delay，行地址间延迟)。

$t_{RP}$(RAS Precharge)是 RAS 预充电时间。如前所述，它用来设定在另一行能被激活之前 RAS 需要的充电时间(详见 2.3.6 节)。

**2. 列读写**

行地址确定之后，就要对列地址进行寻址。在 SDRAM 中，行地址与列地址线在 $A_0$～$A_{11}$ 中一起发出。CAS(Column Address Strobe，列地址选通脉冲)信号则可以区分开行与列寻址的不同。

在发出列寻址信号的同时发出读写命令，并用$\overline{WE}$信号的状态区分是读还是写：低电平(有效)时是写命令，高电平(无效)时是读命令。图 2.26 为列读写的时序。

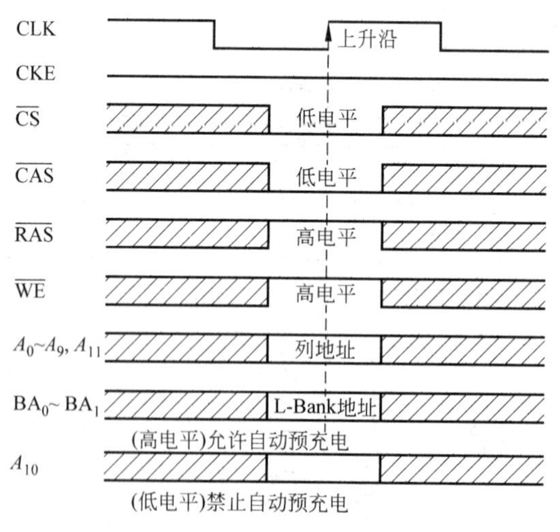


图 2.26　列读写的时序

在发送列读写命令时必须要与行有效命令有一个间隔，这个间隔被定义为 $t_{RCD}$(RAS to CAS Delay，RAS 至 CAS 延迟)。广义的 $t_{RCD}$ 以时钟周期为单位，比如 $t_{RCD}=2$，就代表延迟周期为两个时钟周期。

在选定列地址后，就已经确定了具体的存储单元，剩下的事情就是数据通过 I/O 通道输出到内存总线上了。但是在 CAS 发出之后，仍要经过一定的时间才能有数据输出，从 CAS 与读取命令发出到第一笔数据输出的这段时间被定义为 CL(CAS Latency，CAS 潜伏期)。由于 CL 只在读取时出现，所以又被称为读取潜伏期(Read Latency，RL)。

需要注意，潜伏(latency)与延迟期(delay)是两个不同的概念。延迟指一个信息或一个事件被推迟的时间量，而潜伏期指已经发生但还没有到达一定水平。因此说，CL 造成了一些输出延迟，但 CL 并不是 CD(CAS Delay)。

另外，CL 数值不能超过芯片的设计规范，否则会导致内存不稳定，甚至开不了机。并且它只能在初始化过程中的 MRS 阶段设置(详见 2.3.6 节)，不能在数据读取前临时修改。

### 3. SDRAM 读周期中的时序细节

图 2.27 为 SDRAM 读周期中的时序细节。其中的 $t_{OH}$ 为数据逻辑电平保持周期。$t_{AC}$ (Access time from CLK，时钟触发后的访问时间)是由如下原因引起的：S-AMP 的放大驱动要有一个准备时间才能保证信号的发送强度(事前还要进行电压比较以进行逻辑电平的判断)。简单地说，从数据 I/O 总线上有数据输出之前的一个时钟上升沿开始，数据就已传向 S-AMP，经过一定的驱动时间最终传向数据 I/O 总线进行输出，这段时间被定义为 $t_{AC}$。$t_{AC}$ 的单位是 ns，并且需要小于一个时钟周期。

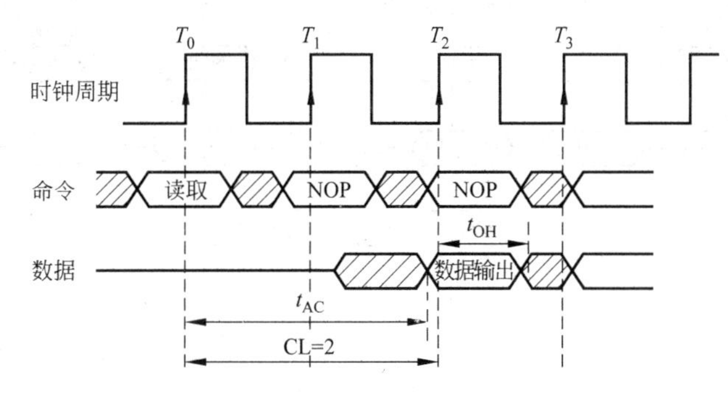


图 2.27　SDRAM 读周期中的时序细节

需要注意，每个数据在读取时都有 $t_{AC}$，包括在连续读取中，只是在进行第一个数据传输的同时就开始了第二个数据的 $t_{AC}$。

## 2.3.3　突发传输

一般说来，读写操作都是一次对一个存储单元进行寻址，如果要连续读写就还要对当前存储单元的下一个单元进行寻址，也就是要不断地发送列地址与读写命令(行地址不变，所以不用再对行寻址)。虽然由于读写延迟相同可以让数据的传输在 I/O 端是连续的，但它占用了大量的内存控制资源，在数据进行连续传输时无法输入新的命令，效率很低(早期的 FPE/EDO 内存就是以这种方式进行连续的数据传输)。

突发(burst)传输技术是指在同一行中相邻的存储单元连续进行数据传输的方式，连续传输所涉及的存储单元(列)的数量就是突发长度(Burst Lengths，BL)。采用突发传输技术，只要指定起始列地址与突发长度，内存就会依次地自动对后面相应数量的存储单元进行读写操作而不再需要控制器连续地提供列地址。这样，除了第一笔数据的传输需要若干个周期（主要是之前的延迟，一般是 $t_{RCD}+CL$）外，其后每个数据只需一个周期的即可获得。图 2.28 为突发传输与非突发传输的时序比较。

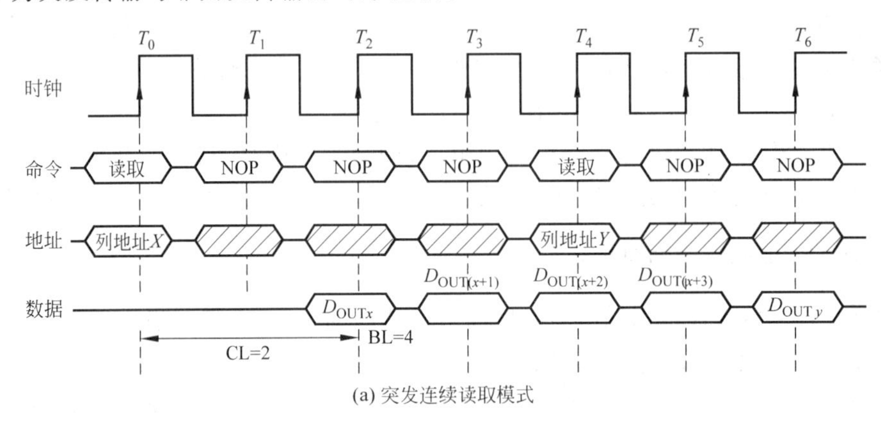


(a) 突发连续读取模式

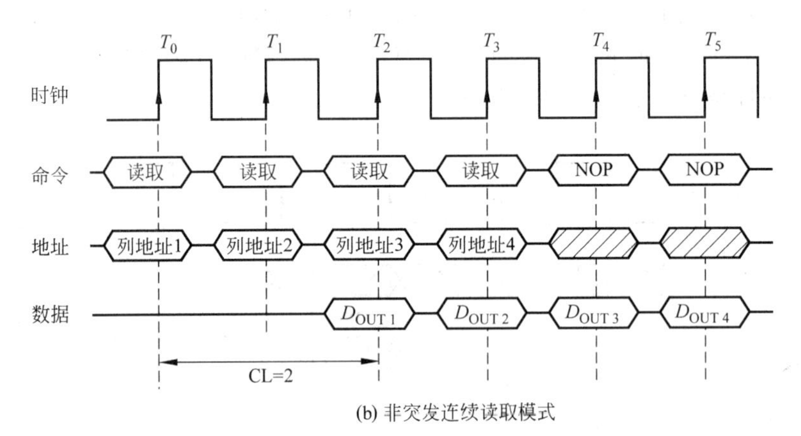


(b) 非突发连续读取模式

图 2.28　突发传输与非突发传输的时序比较

非突发连续读取模式依次单独寻址，等效于 BL=1。虽然可以让数据连续传输，但每次都要发送列地址与命令信息，控制资源占用极大。

突发连续读取模式只要指定起始列地址与突发长度，寻址与数据的读取自动进行，只要控制好两段突发读取命令的间隔周期（与 BL 相同）即可做到连续的突发传输。

BL 的数值不可在数据进行传输前临时决定，要在初始化过程中的 MRS 阶段（见 2.3.6 节）进行设置。目前可用的选项是 1、2、4、8、全页（Full Page），常见的设定是 4 和 8。

### 2.3.4　数据掩码

对于一个存储器的读写，一般总是按照系统数据总线的数据位宽一次进行的。例如，对于 64b 数据总线，只要 WR 信号一出现，就会一次将 64b 数据写到 SDRAM 中去，或从 SDRAM 中读出 64b 数据来。但是，有时不需要 64b，例如只需要 8b，对于读出来说，提供了 56b 的不需要数据位；对于写入来说，把 56b 的数据给破坏了。

为此，64b DIMM 要设置 8 条 DQM（Data I/O Mask，数据掩码）信号线（引脚），每个 DQM 对应一个字节。对于 4b 位宽芯片，两个芯片共用一个 DQM 信号线；对于 8b 位宽芯片，一个芯片占用一个 DQM 信号线；而对于 16b 位宽芯片，则需要两个 DQM 信号线。这样就可以精确屏蔽一个 P-Bank 位宽中的每个字节，不需要哪个字节，就屏蔽掉哪个字节。通过 DQM，内存可以控制 I/O 端口取消哪些输出或输入的数据。这里需要强调的是，在读取时，被屏蔽的数据仍然会从存储体传出，只是在“掩码逻辑单元”处被屏蔽。

SDRAM 标准规定，在写入时，DQM 与写入命令都是立即生效，突发周期的第二笔数据被取消；在读取时，DQM 发出两个时钟周期后生效，突发周期的第二笔数据被取消。图 2.29 描述了在这两种情况下 DQM 的作用。

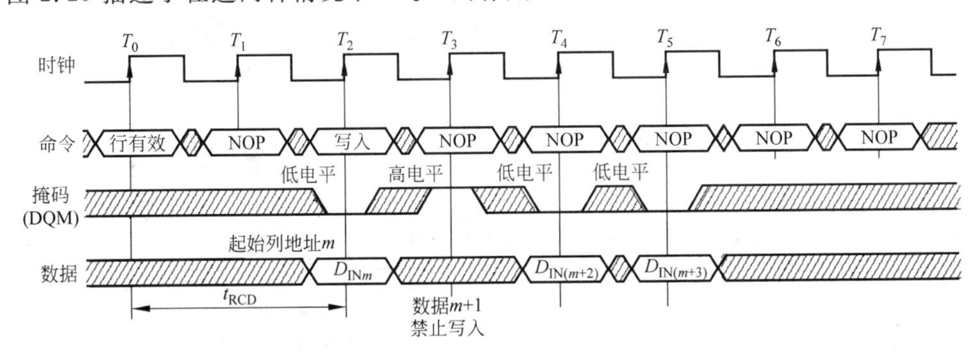


(a) 写入操作时的DQM

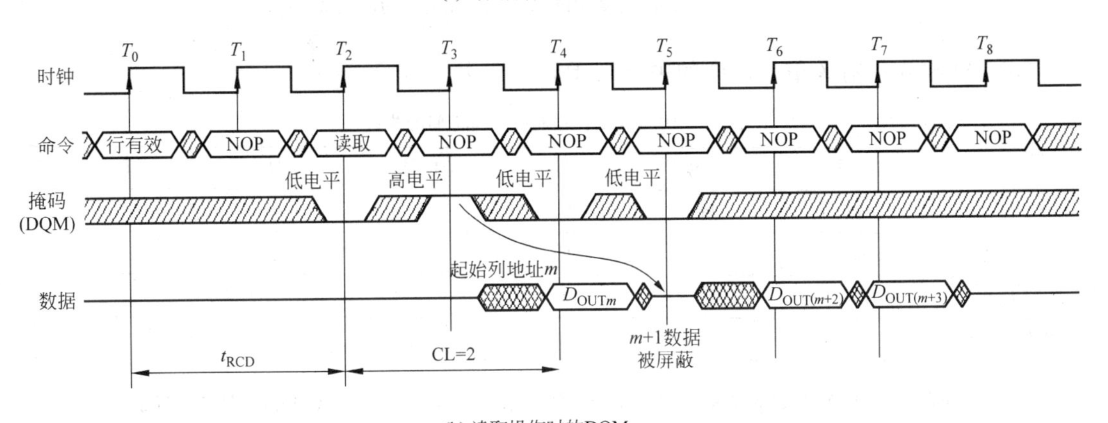


(b) 读取操作时的DQM

不用关心　　未定义

图 2.29　DQM 信号线的作用

## 2.3.5　DRAM 的动态刷新

### 1. DRAM 动态刷新的特点

(1) DRAM 刷新采用“读出”方式进行。DRAM 需要周期性地进行刷新（refresh）。为了说明 DRAM 读写与刷新的关系，在图 2.30 中分别形象地说明 DRAM 在读写以及刷新操作时各信号之间的关系。

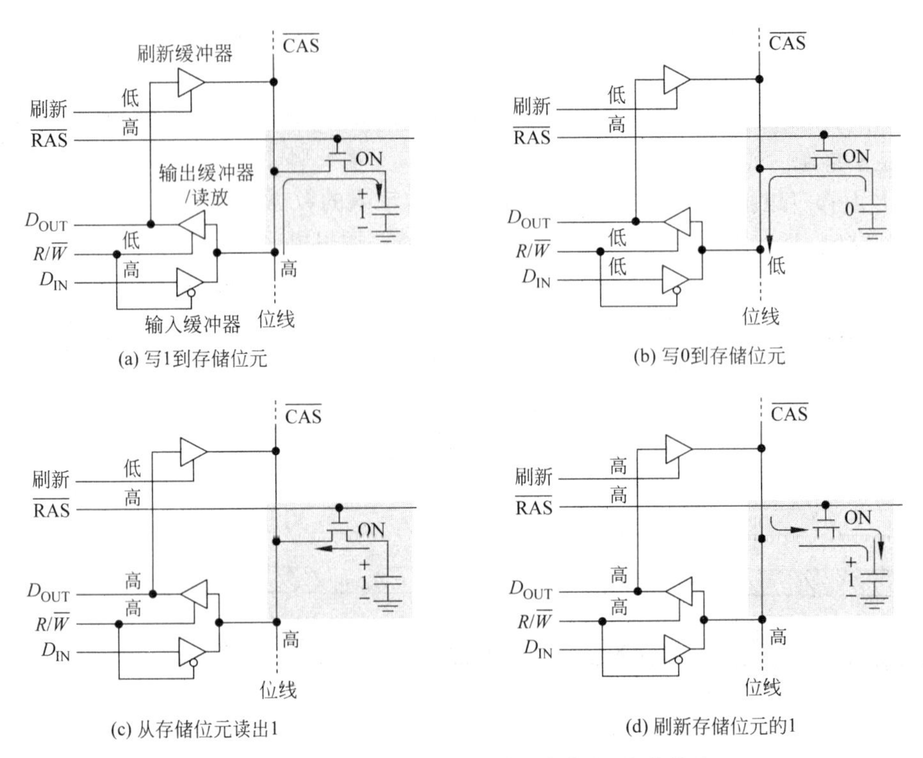


图 2.30　DRAM 读、写、刷新操作时各信号之间的关系

DRAM 操作中有关信号之间的关系列于表 2.3 中。

**表 2.3　DRAM 操作中有关信号之间的关系**

| | $\overline{RAS}$ | $\overline{CAS}$ | 刷新 | $R/\overline{W}$ | $D_{IN}$ | $D_{OUT}$ |
|---|---|---|---|---|---|---|
| 写 1 操作 | 高 | 高 | 低 | 低 | 高 | — |
| 写 0 操作 | 高 | 低 | 低 | 低 | 低 | — |
| 读 1 操作 | 高 | 高 | 低 | 高 | — | 高 |
| 刷新 1 操作 | 高 | 高 | 高 | 高 | — | 高 |

显然在刷新 1 操作时，除了刷新信号外，其他都与读 1 操作时相同。因为读出 1 时是放电，属破坏性读出，读出后必须恢复原来所保存的 1。这时，输入缓冲器是关闭的，输出缓冲器/读出放大器是打开的，若打开刷新缓冲器，输出端的 $D_{OUT}=1$，就会经刷新缓冲器送到位线上，再经 MOS 管写到电容上。所以，刷新操作采用“读出”的方式进行。

(2) 刷新通常是一行一行进行的，即每一行中各记忆单元同时被刷新。依次对存储器的每一行进行读出，就可以完成对整个 DRAM 的刷新。即在刷新过程中只改变行选地址，不需要列地址，也不需要片选信号。DRAM 芯片使用一个内部计数器来选择需要刷新哪些行。因此刷新周期与内存中的行数成比例，如果 DRAM 中的行数加倍，那么刷新所占的时间也大约提高一倍。现在多数 DRAM 开始支持 Bank 刷新命令，每次可以同时刷新一个 Bank 的多个行，还允许 Bank 级并行，即刷新 Rank 中的一个 Bank 的时候，允许访问这个 Rank 的另外一个 Bank。但总的来说，容量越大，刷新时间越长。

(3) 刷新和 CPU 访问存储器有时会发生冲突。为了避免这种冲突,一般采取刷新优先的策略。

### 2. 自动刷新与自刷新

SDRAM 刷新操作分为两种:自动刷新(Auto Refresh,AR)与自刷新(Self Refresh,SR)。实际上,它们都是内部的自动操作,都不需要外部提供行地址。

1) AR

SDRAM 内部有一个行地址生成器(也称刷新计数器)用来自动依次生成行地址。由于刷新是针对一行中的所有存储体进行的,无须列寻址,或者说$\overline{CAS}$在$\overline{RAS}$之前有效。所以,AR 又称 CBR(CAS Before RAS,列提前于行定位)式刷新。由于刷新涉及所有 L-Bank,因此在刷新过程中,所有 L-Bank 都停止工作,而每次刷新所占用的时间为 9 个时钟周期(PC133 标准),之后方可进入正常工作状态,即在这 9 个时钟周期内,所有工作指令只能等待而无法执行。64ms 之后则再次对同一行进行刷新,如此周而复始地循环刷新。显然,刷新操作肯定会对 SDRAM 的性能造成影响,但这不可避免,也是 DRAM 相对于 SRAM 取得成本优势的同时所付出的代价。

2) SR

SR 则主要用于休眠模式低功耗状态下的数据保存,这方面最著名的应用就是 STR(Suspend to RAM,休眠挂起于内存)。在发出 AR 命令时,将 CKE 置于无效状态,就进入了 SR 模式,此时不再依靠系统时钟工作,而是根据内部的时钟进行刷新操作。在 SR 期间除了 CKE 之外的所有外部信号都是无效的(无须外部提供刷新指令),只有重新使 CKE 有效才能退出自刷新模式并进入正常操作状态。

### 3. 刷新周期与刷新方式

从上一次对整个存储器刷新结束到下一次对整个存储器全部刷新一遍为止,这一段时间间隔叫刷新周期。刷新周期的长短确定以保证所有元件中的信息都不丢失为原则。JEDEC(Joint Electron Device Engineering Council,联合电子设备工程会议)规定必须在 64ms 内对每一行至少刷新一次。

由于刷新与读写操作不可同时进行,所以一个刷新周期要由两部分时间组成:刷新所占用的时间和读写操作时间。根据二者之间的关系,形成了集中、分散和异步 3 种刷新方式。图 2.31 为对于一个排列成 32×32 存储阵列的 1024 个 cell,在 3 种方式下的刷新时间安排。

1) 集中刷新(burst refresh)

这种刷新是根据所有存储元件中的信息不丢失的原则确定刷新周期。这时,刷新周期是一个确定值,与存储容量无关,如一般定为 2ms、4ms、8ms 甚至更长。在这个周期内,按照刷新优先的原则,先保证所有行刷新的时间,剩余时间供读写操作使用。图 2.31(a)表明,假定刷新周期为 2ms,存取周期为 0.5$\mu$s,则总共可以有 4000 个存取周期。其中刷新时间占用了 32 个存取周期,剩余 3968 个存储周期可供读写使用。由于刷新时必须停止读写,所以把集中读写时间称为读写死区。显然,存储器容量越大,读写死区越长。但是,在集中

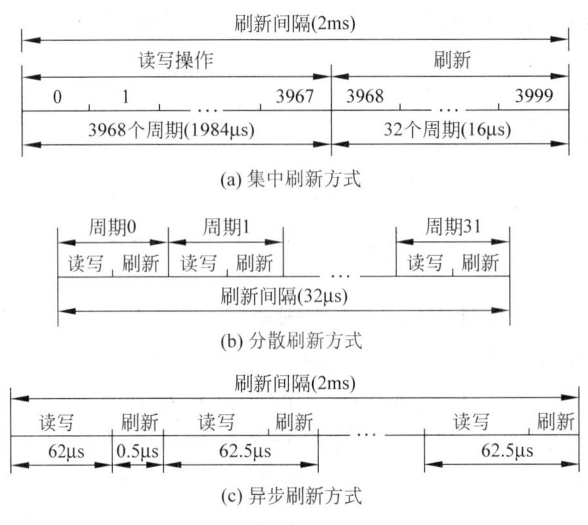


图 2.31　3 种刷新方式

读写期间，读写操作不受刷新影响，所以读写速度比较高。

2）分散式刷新(distributed refresh)

这种刷新是读写与刷新交替进行：每读写一次，进行一次刷新。这样，读写死区极短，不太影响 CPU 工作。在这种刷新方式下，刷新周期与存储容量成正比。图 2.31(b)表明，对于上述 32×32 的存储阵列，刷新周期为 32μs =32×1μs。这样，刷新过于频繁，不能充分利用允许的最大刷新周期，降低了整机工作效率，很不适合小容量存储器。

3）异步刷新(asynchronous refresh)

异步刷新是综合上述两种刷新的利弊提出的刷新方式。它的特点是刷新周期固定，也是读写与刷新交替进行。但是不是读写一次，刷新一次，而是读写多次，刷新一次。到底刷新一次，读写几次，需要根据刷新周期减去总刷新时间后计算得到。图 2.31(c)表明，对于上述 32×32 的存储阵列，每一次刷新可以平均进行大约 12.4 次读写，即占用 62μs。

## 2.3.6　芯片初始化与预充电

### 1. 芯片初始化

芯片初始化也称为 MRS(Mode Register Set，模式寄存器设置)，就是在对 SDRAM 进行数据存取之前，由 SDRAM 芯片内部的逻辑控制单元首先对其 MR(Mode Register，模式寄存器)进行设置。设置用信息由地址总线供给。图 2.32 为芯片初始化时地址总线与 MR 之间的关系。

**说明：**

(1) 突发长度(BL)决定当前接收到一个读取信号时可以读取的最大列数目。

- 在连续读取模式下，可以设置为 1、2、4、8 或整页(full page)。
- 在隔行读取模式下，可以设置为 1、2、4、8。

(2) BT(burst type，突发方式)决定读取模式为顺序(连续)还是交错(隔行)。

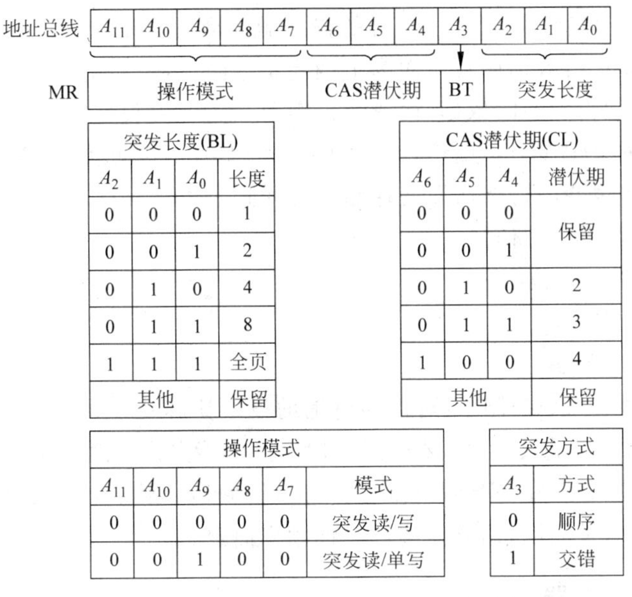


| 突发长度(BL) | | | |
|---|---|---|---|
| $A_2$ | $A_1$ | $A_0$ | 长度 |
| 0 | 0 | 0 | 1 |
| 0 | 0 | 1 | 2 |
| 0 | 1 | 0 | 4 |
| 0 | 1 | 1 | 8 |
| 1 | 1 | 1 | 全页 |
| 其他 | | | 保留 |

| CAS潜伏期(CL) | | | |
|---|---|---|---|
| $A_6$ | $A_5$ | $A_4$ | 潜伏期 |
| 0 | 0 | 0 | 保留 |
| 0 | 0 | 1 | |
| 0 | 1 | 0 | 2 |
| 0 | 1 | 1 | 3 |
| 1 | 0 | 0 | 4 |
| 其他 | | | 保留 |

| 操作模式 | | | | | |
|---|---|---|---|---|---|
| $A_{11}$ | $A_{10}$ | $A_9$ | $A_8$ | $A_7$ | 模式 |
| 0 | 0 | 0 | 0 | 0 | 突发读/写 |
| 0 | 0 | 1 | 0 | 0 | 突发读/单写 |

| 突发方式 | |
|---|---|
| $A_3$ | 方式 |
| 0 | 顺序 |
| 1 | 交错 |

图 2.32　芯片初始化时地址总线与 MR 之间的关系

(3) CAS 潜伏期(CL)可以设置为 1、2 或 3 个时钟周期。设置太长会导致所有的行激活延迟过长。设为 2 可以减少预充电时间,从而更快地激活下一行。然而,把 $t_{RP}$ 设为 2 对大多数内存都是一个很高的要求,可能会造成行激活之前的数据丢失,内存控制器不能顺利地完成读写操作。

(4) 操作模式(operation mode):

- $A_7A_8=00$,突发方式。
- $A_9=0$,突发长度适合于读和写。
- $A_9=1$,只能读取一个单元,不支持块操作。
- $A_{10}A_{11}$ 备用。

芯片初始化可以在每次系统启动(包括掉电后重启)时进行,也可以在每次存取之间进行。其过程如图 2.33 所示。

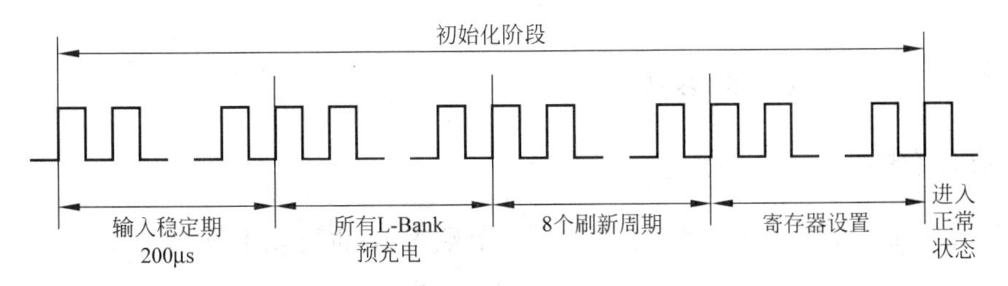


图 2.33　SDRAM 的芯片初始化过程

### 2. 预充电

由于 SDRAM 的寻址具有独占性,它要求在进行完读写操作后,如果要对同一 L-Bank 的另一行进行寻址,就要将原来有效(工作)的行关闭,重新发送行/列地址。简单地说,

L-Bank 关闭现有工作行，准备打开新行的操作就是预充电(precharge)。充电主要是对工作行中所有存储体进行数据回写。而为了确定是否回写，需要用电容的电量(或者说其产生的电压)作为判断逻辑状态的依据(读取时也需要)，为此要设定一个临界值，一般为电容电量的 1/2，超过它的为逻辑 1，进行重写；否则为逻辑 0，不进行重写(等于放电)。即使是没有工作过的存储体也会因行选通而使存储电容受到干扰。回写通过 S-AMP 读后重写。

此后，还要进行下列工作：

- 对行地址进行复位。
- 释放 S-AMP。
- 准备新行的读写。

预充电可以通过命令控制，也可以通过辅助设定让芯片在每次读写操作之后自动进行预充电。在发出预充电命令之后，要经过一段时间才能允许发送 RAS 行有效命令打开新的工作行，这个间隔被称为 $t_{RP}$(Precharge command Period，预充电有效周期)。和 $t_{RCD}$、CL 一样，$t_{RP}$的单位也是时钟周期数，具体值视时钟频率而定。

### 2.3.7 存储器控制器

DRAM 存储器的刷新需要有硬件电路的支持，包括刷新地址计数器、刷新/访存裁决、刷新控制逻辑等。这些控制线路形成 DRAM 控制器(Memory Controller，MC)，它将 CPU 的信号变换成适合 DRAM 片子的信号。

(1) 地址多路开关：刷新时不需要提供刷新地址，由多路开关进行选择。

(2) 刷新定时器：定时电路用它来提供刷新请求。

(3) 刷新地址计数器：只用 RAS 信号的刷新操作，需要提供刷新地址计数器。

(4) 仲裁电路：对同时产生的来自 CPU 的访问存储器请求和来自刷新定时器的刷新请求的优先权进行裁定。

(5) 定时发生器：提供行地址选通信号(RAS)、列地址选通信号(CAS)和写信号(WE)。

有些芯片将刷新控制电路集成在芯片内部，具有自动刷功能；有些芯片需要外加刷新控制电路。

### 2.3.8 RAM 的一般性能参数

#### 1. 存储容量

存储容量是主存的关键性参数，通常用字节数表示，也可以用位数表示。

#### 2. 内存颗粒的工作频率

目前 DRAM 内存颗粒都有两个时钟核心时钟和缓冲区时钟，形成 3 个工作频率：核心频率、时钟频率和数据传输率。

SDRAM 的主要特点是数据传输率与时钟周期同步，因此其核心频率、时钟频率以及数据传输率都一样。如 PC133 SDRAM 的核心频率、时钟频率、数据传输率分别是 133MHz、

133MHz、133Mbps。

DDR 的基本特点是双倍速率，它可以在每个时钟周期的上升沿和下降沿传输数据，即一个时钟周期可以传输 2b 数据。所以在 DDR1 SDRAM 中，核心频率和时钟频率是一样的，而数据传输率是时钟频率的两倍。例如，DDR266 SDRAM 的核心频率、时钟频率、数据传输率分别是 133MHz、133MHz、266Mbps。

在 DDR2 SDRAM 中，核心频率和时钟频率已经不一样了，由于采用了 4b Prefetch 技术，数据传输率可以达到核心工作频率的 4 倍。例如，DDR2 400 SDRAM 的核心频率、时钟频率、数据传输率分别是 100MHz、200MHz、400Mbps。图 2.34 对 SDRAM、DDR1 和 DDR2 的工作频率及数据传输率进行了比较。

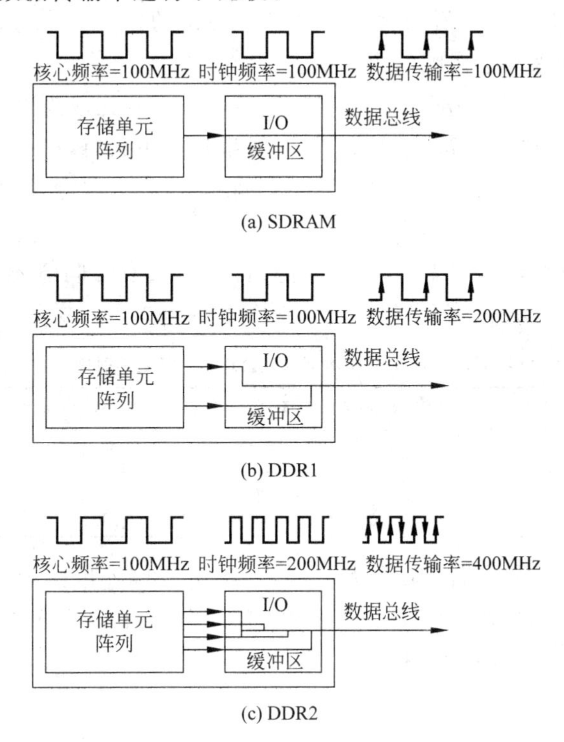


图 2.34　SDRAM、DDR1、DDR2 的 3 种频率比较

### 3. 存取时间

$t_{AC}$(Access time from CLK)是 RAM 完成一次数据存取所用的平均时间(以纳秒为单位)，数值等于 CPU 发出地址到该读写操作完成为止所用的时间，包括地址设置时间、延迟时间(初始化数据请求的时间和访问准备时间)。如一块标有“-7J”字样的内存芯片说明该内存条的存取时间是 7ns。存取时间越短，则该内存条的性能越好。例如，两根内存条都工作在 133MHz 下，其中一根的存取时间为 6ns，另一根是 7ns，则前者的速度要好于后者。

### 4. 传输延迟

在内存工作期间，有一些时间直接用于数据传输，还有一些时间进行非数据操作。这些非数据传输时间的主要组成部分就是各种延迟与潜伏期。而在众多的延迟和潜伏期中，对内存的性能影响至关重要的是 CL、$t_{RCD}$ 和 $t_{RP}$。$t_{RCD}$ 决定了行寻址（有效）至列寻址（读写命令）之间的间隔，CL 决定了列寻址到数据进行真正被读取所花费的时间，$t_{RP}$ 则决定了相同 L-Bank 中不同工作行间转换的速度。

因此每条正规的内存模组都会在标识上注明这 3 个参数值，可见它们对性能的重要性。

JEDEC 将 DDR400 作为最高的 DDR 内存标准，而将其工作时序参数划分为 3 个等级：

- DDR400A 级的 CAS-RCD-RP 工作参数规定为 2.5-3-3。
- DDR400B 级的 CAS-RCD-RP 工作参数规定为 3-3-3。
- DDR400C 级的 CAS-RCD-RP 工作参数规定为 3-4-4。

从总的延迟时间来看，CL 值的大小起到了很关键的作用。不过，并不是说 CL 值越低性能就越好，因为下列因素会影响这个数据：

(1) 新一代处理器的高速缓存较有效率，这表示处理器比较少地直接从内存读取数据。

(2) 列的数据存取频率较高，导致 RCD 的发生概率也大，读取的时间也会增多。

(3) 有时会发生同时读取大量数据的情形，此时，相邻的内存数据会一次被读取出来，CAS 延迟时间只会发生一次。

(4) CL 值的单位都是时钟周期，并非实际时间值，实际时间值还受频率的影响，表 2.4 表明不同时钟频率的 DDR 的 CAS 设定与实际延迟时间之间的关系

**表 2.4　不同时钟频率的 DDR 的 CL 设定与实际延迟时间之间的关系**

| 型　号 | DDR2 533 | DDR2 667 | DDR2 800 | DDR3 1066 | DDR3 1333 | DDR3 1600 |
|---|---|---|---|---|---|---|
| 时钟频率/MHz | 533 | 667 | 800 | 1066 | 1333 | 1600 |
| CL 值 | 4-4-4 | 5-5-5 | 6-6-6 | 7-7-7 | 8-8-8 | 9-9-9 |
| 内存模块延迟值/ns | 15.0 | 15.0 | 15.0 | 13.12 | 12.0 | 11.25 |

购买内存时，最好选择同样 CL 设置的内存，因为不同速度的内存混插在系统内，系统会以较慢的速度来运行，也就是当 CL=2.5 和 CL=2 的内存同时插在主机内，系统会自动让两条内存都工作在 CL=2.5 状态，造成资源浪费。

### 5. 工作电压

对于 DRAM 来说，工作电压是刷新用的电压。

### 6. ECC

ECC(Error Checking and Correcting，差错校验和纠正）为存储器传输提供正确性保障。

### 7. 封装方式

封装方式是将存储芯片集成到 PCB 上的方式，它影响主存的稳定性和抗干扰性。

### 8. 可靠性

存储器的可靠性指存储器在规定的时间内无故障工作的概率，通常用 MTBF 衡量。

#### 9. 功耗

存储器的功耗可分为内部功耗和外部功耗。存储器主要由存储阵列及译码电路组成，内部功耗就是存储器内部电流引起的能量消耗，外部功耗就是存储器与外部电路进行工作时所产生的功耗。存储器阵列包含大量的晶体管，如果设计不当，功耗会很可观。所以，在设计 SRAM 单元时，首要目标是将静态功耗降到最低(低功耗设计)，将负载电阻加大(可以通过使用无掺杂多晶硅来实现大的电阻)。但是增加负载电阻会使传播延时也增大，如何进行折中，是一个很强的技术问题。

### 2.3.9 DDR SDRAM 与 RDRAM

现在的 RAM 已经进入 DDR SDRAM(简称 DDR)时代，并朝着 RDRAM 迈进。本节介绍它们的基本性能。

#### 1. DDR SDRAM

DDR 是 SDRAM 的升级换代标准，其技术的先进性主要表现在如下几个方面。

(1) SDRAM 是在时钟的上升沿进行数据传输，即一个时钟周期内只传输一次数据。DDR 则允许在时钟脉冲的上升沿和下降沿都各传输一次数据，因此称为双倍速率同步动态内存(double data rate SDRAM)。

(2) DDR 使用了 DLL(Delay-Locked Loop，延时锁定回路)来提供一个数据滤波信号。当数据有效时，存储控制器可以利用这个数据滤波信号精确地定位数据，每 16 位输出一次。

(3) DDR 采用 2 位预取技术，即读出时预取 2 位，每个核心频率周期中取出的数据的位数为 2b。例如，此时在 100MHz 核心频率下，为了及时将取出的数据传输出去，I/O 缓冲区的频率也只要 100MHz(上升沿、下降沿均传输)，即可将工作速度提高到 SDRAM 的两倍。

此后，DDR 先后升级为 DDR2、DDR3、DDR4、DDR5 等。

DDR2 的预取能力为 4 位，也就是说其 L-Bank 的宽度是芯片位宽的 4 倍。此时，时钟频率是内核频率的两倍，数据频率又是时钟频率的两倍。由此可见，DDR2 在数据频率与 DDR1 相同的情况下，内核频率只有 DDR1 的一半。不要小看这个内核频率，其实它对内存的稳定性和可靠性非常重要，内核频率越低，意味着功耗越小，发热量越低，内存越稳定。实验证明，在目前的技术条件下，200MHz 差不多是内存内核的极限频率。

DDR3 有 8 位预取能力，它的最大可支持 1600MHz 的数据存取速率，但是它的内核频率其实也只有 1600/8=200MHz。时钟频率为 1600/2=800MHz。

DDR3 进一步降低了电压标准(1.5V)并采用 8 位预取机制，内部同时发送 8b 数据，数据带宽又比 DDR2 增加了一倍。

DDR3 的改进型是 DDR4。在同样工作频率下，DDR4 的传输速度是 DDR3 的两倍。DDR4 有两种规格：一种是单端信号(single-ended signaling)，带宽可以达到 1.6～3.2GB/s；另一种是采用基于差分信号的技术，带宽可以达到 6.4GB/s。

目前已经提出了 DDR5 标准。表 2.5 为 DDR 系列内存芯片的基本参数。

**表 2.5　DDR 内存芯片基本参数**

| 型　　号 | DDR | DDR2 | DDR3 | DDR4 |
|---|---|---|---|---|
| 工作电压/V | 2.5/2.6 | 1.8 | 1.5 | 1.05 |
| I/O 接口 | SSTL_25 | SSTL_18 | SSTL_15 | |
| 数据传输率/Mbps | 200～400 | 400～800 | 800～2133 | 2133～4266 |
| 容量标准 | 8～128MB | 32～512MB | 64MB～1GB | 2～16GB |
| 存储潜伏期/ns | 15～20 | 10～20 | 10～15 | |
| CL 值 | 2/2.5/3 | 3/4/5/6 | 5/6/7/8/9 | 13 |
| 预取设计/b | 2 | 4 | 8 | 8 |
| L-Bank 数量 | 2/4 | 4/8 | 8/16 | 4/8/16 |
| 突发长度 | 2/4/8 | 4/8 | 8 | 8 |
| 封装 | TSOP | FBGA | FBGA | |
| 引脚标准 | 184pin,DIMM | 240 pin,DIMM | 240 pin,DIMM | 288 pin,DIMM |

### 2. RDRAM

RDRAM(Rambus DRAM)是美国 Rambus 公司研发的一种内存。图 2.35 为 SDRAM 与 RDRAM 在结构上的对比：SDRAM 是并行数据传输；而 RDRAM 采用了串行数据传输模式，是一种总线式 DRAM，开始时使用 16 位数据总线，后来扩展到 32 位和 64 位。

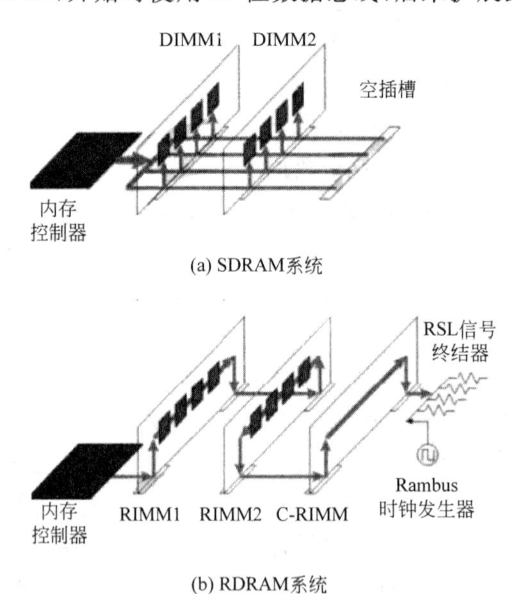

(a) SDRAM系统

(b) RDRAM系统

图 2.35　RDRAM 与 SDRAM 的结构比较

RDRAM 的优势在于采用超高时钟频率(频率范围为 800～1200MHz)以及时钟双沿(上升沿和下降沿)传输数据，每一个 RDRAM 芯片的传输峰值可达到 6.4GB/s。RDRAM 在技术上有许多独到之处。除了采用超高时钟频率外，还采用串行模块结构，各个芯片用一条总线串接起来，像接力赛一样，前面的芯片写满数据后，后面的芯片才开始读入数据(DDR 是并行结构，不论数据流量多少，所有芯片都处于读取工作状态)。这样可以简化产品设计。

RDRAM 非常快，速度约为一般 DRAM 的 10 倍以上，但是内存控制器组要作相当大的改变，目前绝大部分使用在游戏机或图形应用系统上。

## 2.4 磁盘存储器

辅助存储器是主存储器的后援存储设备，用以存放当前暂时不用的程序或数据。对辅助存储器的基本要求是容量大，成本低，可以脱机保存信息。目前主要有磁读写（如磁盘）、光读写（如光盘）、电读写（如闪存）3 类。这里先通过硬磁盘介绍磁表面存储器的基本原理。

### 2.4.1 磁表面存储原理

磁盘、磁带都是磁表面存储器。磁表面存储器是一种具有存储容量大、位成本低、信息保存时间长、读出时不需要再生等特点的辅助存储器，使用最为普遍。

#### 1. 磁表面存储元

磁表面存储器中的信息存储于涂覆在载体表面、厚度为 0.025～5μm 的磁层中。磁层是采用 γ-$Fe_2O_3$ 粉末制成的磁胶。如图 2.36 所示，没有磁化的磁介质中的磁性粒子呈杂乱排列，它们磁场方向是随机的，对外互相抵消，不呈现磁性。而当具有很窄缝隙的磁头的写线圈中通过电流时，就会在其垂直下方形成一个小的磁场，使磁介质中的一个小区间的磁粒子的磁场都指向一个方向，对外呈现磁性，形成一个局部小磁环，称为存储元。线圈中的电流方向不同，存储元被磁化的磁极性方向就不相同。

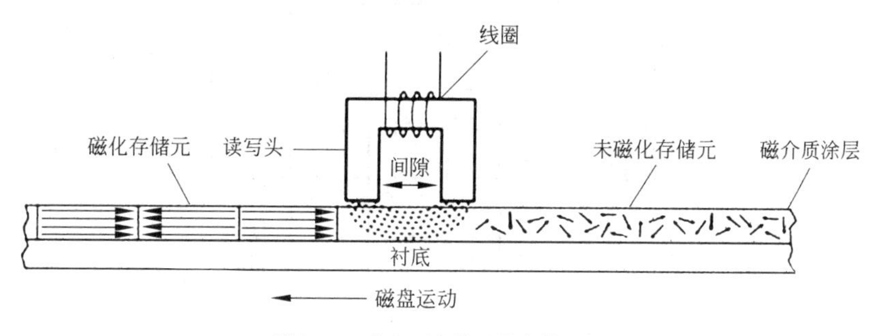


图 2.36 磁表面存储元的存储原理

如图 2.37 所示，当写线圈中通过与某 0、1 信息一致的脉冲电流时，如果速度匹配，就会在磁表面磁头下的条线（称磁道）上的连续的存储元中记录相应的信息。若写线圈中不通过脉冲电流，让载磁体在磁头下运动时，存储元中的剩磁便会在读出线圈中感应出脉冲电动势，经过读出放大器放大鉴别，就可把所存的磁信息转换成脉冲电流读出。

磁表面存储器是无源存储器，停电后所存的信息仍可保存。但是应当保护存储元不受力、光或化学的作用改变磁层的物质结构，也不受磁的作用改变剩磁方向。

#### 2. 数字磁记录格式

磁记录格式规定了一连串的二进制数字数据与磁层存储元的相应磁化翻转形式（即对

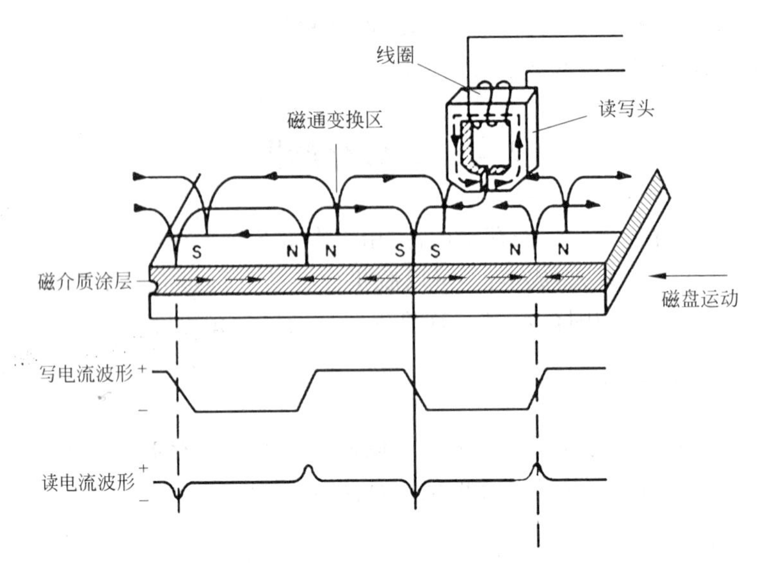


图 2.37　磁表面存储元中数据的读写原理

应的写入电流波形)互相转换的规则。磁记录方式很多,图 2.38 是 4 种基本的记录方式。

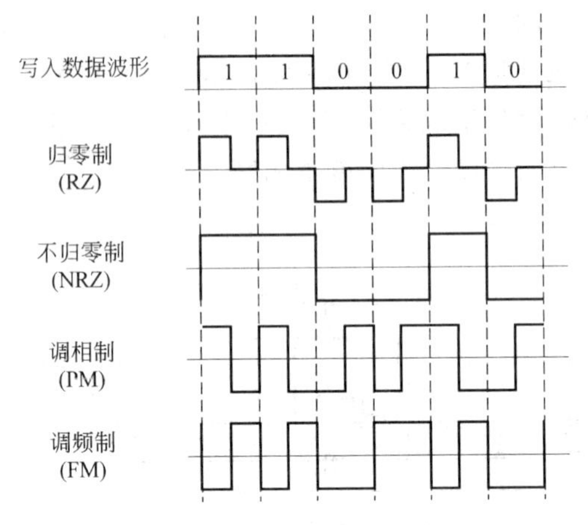


图 2.38　4 种基本记录方式

1) 归零制(RZ)

RZ(Return to Zero)方式是使磁涂层在记录 1 时从无磁性状态转变为向某个方向磁化状态,记录 0 时从未磁化状态转变为另一方向的磁化状态。在两个信号之间,磁头线圈的写电流要回到零,这是归零制的特点。这种方式简单易行,每一位记录数据本身包含时钟脉冲信号,用来作为读出时的同步控制时钟,提供自同步能力。但是,在写入数据前必须先让磁层去磁,存储一位数据要使磁层的状态变化两次(称为磁层翻转),磁层的相邻两个磁化小区间有未被磁化的空白区,因此记录密度低,抗干扰能力差。

2) 不归零制(NRZ)

NRZ(Non-Return to Zero)在记录信息时,磁头线圈中总是有电流,不是正向电流,就是反向电流,不需要磁化电流回到无电流的状态,所以称不归零制。这样磁层不是被正向磁化，就是被反向磁化，其特点是“变才反转”，即信号有变化，电流才改变方向，因此也称为异码翻转不归零制(Non Return to Zero Change，NRZ-C)。这种方式的抗干扰能力较好，但它没有自同步能力。

3）调相制(PM或PE)

调相制（Phase Modulation，PM；Phase Encoding，PE）编码又称曼彻斯特码(Manchester code)。它的特点是中间有跳变，并且利用电流的跳变的方向记录1或0。写每个1时，写电流由正向负跳变一次；写每个0时，写电流由负向正跳变一次；当记录连续的0或1时，信号交界处也要翻转一次。写1与0的存储元磁化翻转方向分别为0°和180°，所以称调相制。这种方式具有自同步能力，抗干扰能力强，但频带较窄。

4）调频制(FM)

调频制(Frequency Modulation，FM)的特点是，在两个信号的交界处写电流都要改变方向，并且利用中间有无跳变记录1或0。例如，记录1时，写电流在数据位周期中央改变一次方向；在记录0时，电流方向保持不变。很明显，记录1时的写电流频率是记录0时的2倍，故又称双频制。这种方式具有自同步能力。实际上，它在相邻两位信息之间嵌入了一位总是为1的同步信号，因而记录每位数据磁层至少翻转一次。

**3. 数字记录方式的评价与选择**

评价一种记录方式的优劣标准主要是编码效率和自同步能力等。

编码效率直接影响磁记录的密度，它是指位密度与磁化翻转密度的比值，可用记录1位信息的最大磁化翻转次数来表示。如FM、PM的编码效率为50%，NRZ的编码效率为100%。

自同步能力可用最小磁化翻转间隔和最大磁化翻转间隔的比值$R$来衡量，例如FM磁化翻转的最大间隔是$T$，最小间隔是$T/2$，所以$R_{FM}=0.5$。而NRZ没有自同步能力。

此外，影响记录方式优劣的因素还有读出数据的分辨能力、频带宽度、抗干扰能力、实现电路的复杂性等。

为了提高记录方式的性能，人们不断对记录方式进行改进，出现了改进不归零制(NRZI)、改进的调频制(MFM)、二次改进的调频制(M2FM)等。例如，单密度软磁盘采用FM记录方式，倍密度软磁盘采用MFM记录方式。

具体选择哪一种记录方式，主要看以下3点：

(1) 自同步能力。只有读出脉冲序列呈周期性时，才可能从规定的时间间隔——时钟窗口中提取时钟脉冲，提供自同步能力。

(2) 记录密度。磁记录密度主要由记录1位二进制数据的磁化翻转次数决定，翻转次数多的磁记录密度就低。

(3) 记录数据的可靠性。可靠性与实现机构的复杂程度有关，如看其是否能提供同步脉冲，信号频率是否过宽(过宽时，读出数据必须采用直流放大形式)等因素。

## 2.4.2 硬磁盘存储器的存储结构

磁盘是一些圆片形的磁表面介质存储器。磁介质的基体可以是聚酯薄膜，这种磁盘较软，称为软盘；磁介质的基体也可以是铝合金，这种磁盘较硬，称为硬盘。目前软盘已经淘汰不用。如图 2.39(a)所示，磁介质均匀地分布在一些同心圆上，形成一个盘面的磁道。为了方便地查找数据在磁道中的位置，同时还把每张磁盘分成若干扇区。通常每个磁道、每个扇区存放一定的数据块(如 512B)。一个硬磁盘存储器由一个或多个盘片组成。如图 2.39(b)所示，一个硬磁盘的多个盘片固定在同一个轴上；每个盘片有两面，都可以存放数据，并且各盘面的磁道数相同；所有盘面中同一半径的磁道形成一个圆柱面，圆柱面总数等于一个盘面的磁道数。硬磁盘中的数据地址由硬盘的台号、柱面(磁道)号、盘面号、扇区号表示。

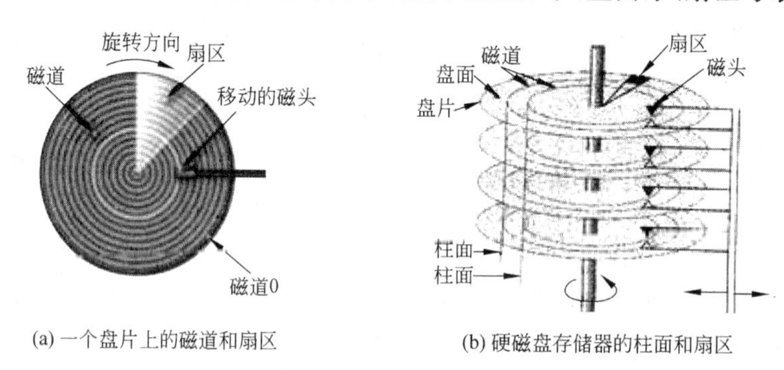


(a) 一个盘片上的磁道和扇区　　(b) 硬磁盘存储器的柱面和扇区

图 2.39　硬磁盘存储器的磁道、柱面和扇区

如图 2.40 所示，一个磁道上的扇区由一个前导区和 4096b 的数据区组成。硬盘存储器在工作时，磁盘由柱轴带动，可以做任意角度的旋转，而磁头由磁头臂沿径向做任意距离的位移。这样，就能很快找到所有盘片上的任何位置。由于在读写过程中，各个盘面的磁头总是处于同一圆柱面上，存取信息时，可按圆柱面的顺序进行，从而减少了磁头径向移动次数，有利于提高存取速度。

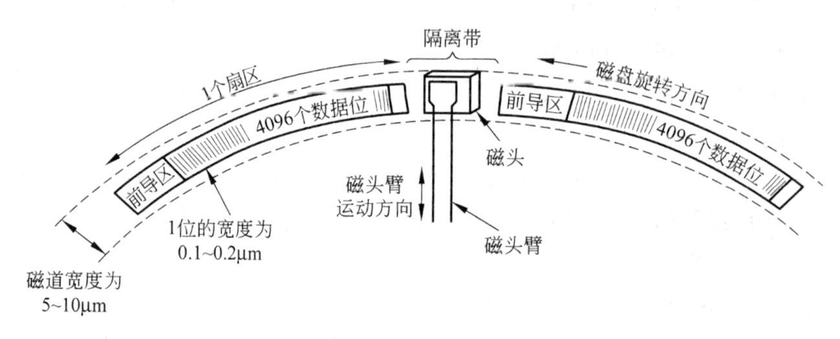


图 2.40　一个磁道上的数据存储结构

### 2.4.3　磁盘格式化

刚生产出的硬盘并不能直接用来存储数据。为了能存储数据，必须经过低级格式化、分区和高级格式化 3 个处理。

#### 1. 硬磁盘的低级格式化

低级格式化就是将空白的磁盘划分出柱面和磁道，再将磁道划分为若干个扇区，确定扇区交错因子，并给扇区加上标记，以便驱动器能识别指定的扇区。

交错因子是使扇区的呈交错方式编排。如图 2.41 所示，扇区不连续编排的目的是为了让读写头读写了某扇区之后，在读写下一扇区之前，给主机一段处理刚读入的数据的时间，而无须让驱动器停转或多转一圈。因而，扇区交错因子与主机的处理速度有关。如对 80286 采用 3∶1 因子，即读写完一个扇区的数据后，主机的处理时间要占用盘片旋转两个扇区的时间，而 PC/XT 上的硬盘扇区交错因子为 6∶1。80386 的处理速度大大提高，相应的硬盘交错因子为 1∶1。

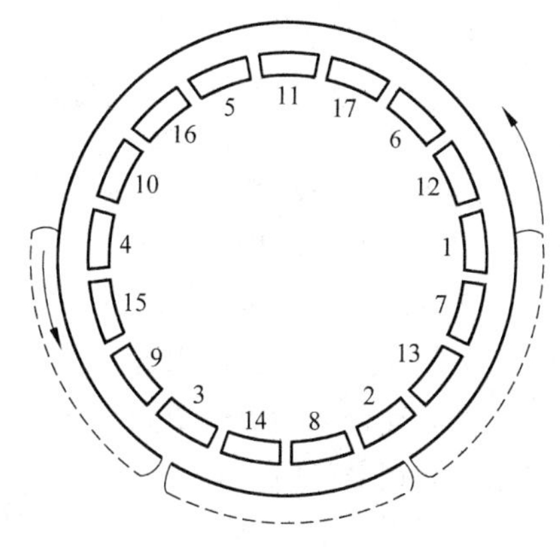

图 2.41　扇区的交错(3∶1 因子)的格式化方法

**2. 硬盘分区**

分区(partition)是将硬盘分为几个不同的存储区域。安装操作系统和软件之前，首先需要对硬盘进行分区。

分区后，硬盘空间分为如图 2.42 所示的两部分：主引导扇区和 1～4 个分区。每个分区可供不同的操作系统使用。通常一个分区的状态包括活动、非活动(即“无”状态)和隐藏 3 种状态，其中活动分区就是指当前系统所在的分区。

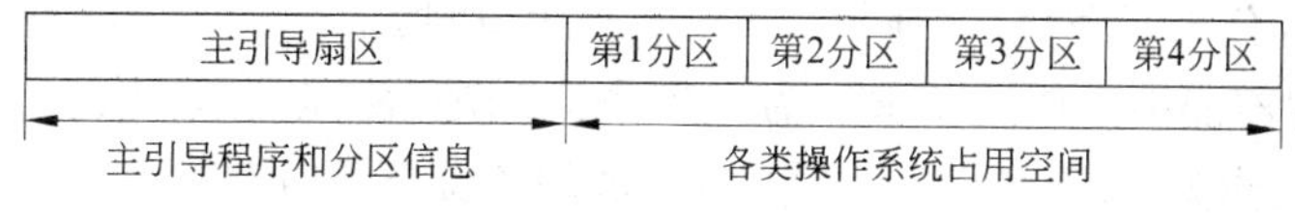

图 2.42　分区后的硬盘空间

1) 主引导扇区

主引导扇区也称主引导记录(Main Boot Record，MBR)，位于硬盘的 0 磁道 0 柱面 0 扇区，它只占一个扇区，具有固定的大小(512B)，包括了如图 2.43 所示的 3 部分内容：主引导程序、磁盘分区表(Disk Partition Table，DPT)和 2B 的结束标志 55AA。

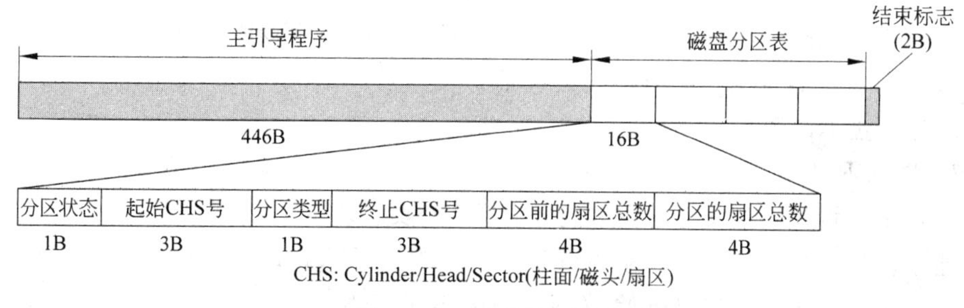

图 2.43　DPT 的数据结构

DPT 用于记录硬盘各分区的如下信息：

• 引导标志，即该分区的状态：活动(80H)、非活动(00H)或隐藏。
• 该分区起始磁头号(第 2 字节)。

• 该分区起始扇区号(第 3 字节)和起始柱面号(第 4 字节)。
• 该分区类型(第 5 字节),如 82 表示 Linux Native 分区,83 表示 Linux Swap 分区。
• 该分区终止磁头号(第 6 字节)、扇区号(第 7 字节)和终止柱面号(第 8 字节)。
• 该分区之前已经使用的扇区数(第 9～12 字节)。
• 该分区总扇区数(第 13～16 字节)。

主引导程序的主要作用如下:

• 检查硬盘分区表是否完好。
• 在分区表中寻找可引导的活动分区。
• 将活动分区的第一逻辑扇区内容装入内存。在 DOS 分区中,此扇区内容称为 DOS 引导记录(DBR)。
• 执行引导扇区的运行代码。

需要注意的是,MBR 由分区程序(例如 DOS 的 Fdisk. exe)产生,但它的产生并不依赖哪一种操作系统,无论是安装 Windows 还是 Linux,MBR 的结构都是一样的,一般用汇编语言编写。

最后两个字节 55 AA 是分区表的结束标志,如果这两个字节被修改(有些病毒就会修改这两个字节),则系统引导时将报告找不到有效的分区表。

2) 主分区、扩展分区与逻辑分区

每个分区的信息需要 16B。PDT 的总长度是 64B,最多只能记录这 4 个主分区信息,即一块硬盘最多可以分为 4 个分区,通常以 C～F 作为盘符。

4 个分区有时不能满足使用需求。为了解决此问题,磁盘分区命令允许用户在 4 个分区中指定一个分区作为扩展分区。在有扩展分区的情况下,还应进行逻辑分区才可以使用。扩展分区可以分为一个逻辑分区,最多可以分为 23 个逻辑分区,每个逻辑分区都单独分配一个盘符(如 D～Z),可以被计算机作为独立的物理设备使用。扩展分区仅用于存放数据。为了与扩展分区相区别,把能安装操作系统的磁盘分区称为磁盘主分区,也称基本分区或系统分区。

### 3. 硬磁盘的高级格式化(逻辑格式化)

硬磁盘的高级格式化是在分区的基础上,对各个分区进行磁道的格式化,在逻辑上划分磁道,建立各分区的数据结构。具体内容包括:

• 清除硬盘上的数据。
• 生成 OBR 引导区信息。
• 为各个逻辑盘建立文件分配表初始化 FAT 表。
• 建立根目录相应的文件目录表(FDT)及数据区(DATA)。
• 从各个逻辑盘指定柱面开始,对扇区进行逻辑编号。
• 标注逻辑坏道等。

1) 操作系统引导扇区

OBR(OS Boot Record, 操作系统引导扇区)通常位于每个分区(partition)的第一扇区,是操作系统可直接访问的位置,由高级格式化程序产生。OBR 通常包括一个引导程序和一个被称为BPB(BIOS Parameter Block)的本分区参数记录表,参数视分区的大小、操作系统的类别而有所不同。

引导程序的主要任务是判断本分区根目录前两个文件是否为操作系统的引导文件(例如MSDOS或者起源于MSDOS的Windows9x/Me的IO.SYS和MSDOS.SYS)。如是,就把第一个文件读入内存,并把控制权交给该文件。BPB参数块记录着本分区的起始扇区、结束扇区、文件存储格式、硬盘介质描述符、根目录大小、FAT个数、分配单元(allocation unit,以前也称之为簇)的大小等重要参数。

2) 文件分配表

在分区中,FAT(File Allocation Table,文件分配表)处于OBR之后。为了说明FAT的概念,需要补充簇(cluster)的概念。文件占用磁盘空间时,基本单位不是按照字节分配,而是按簇分配。簇的大小是扇区数,与硬盘的总容量大小有关,可能是4、8、16、32、64、…。

当向磁盘中存写一个文件时,操作系统往往会根据磁盘中的空闲簇,将文件分布在不连续的段空间上,形成链式存储结构,并把段与段之间的连接信息保存在FAT中,以便操作系统读取文件时,能够准确地找到各段的位置并正确读出。

为了数据安全起见,FAT一般做两个,第二FAT为第一FAT的备份,FAT区紧接在OBR之后,其大小由本分区的大小及文件分配单元的大小决定。

FAT的格式有很多选择。Microsoft的DOS及Windows多采用FAT12、FAT16和FAT32格式。除此以外,还有其他格式的FAT,像Windows NT、OS/2、UNIX/Linux、Novell等都有自己的文件管理方式。

3) 目录区

DIR(Directory,目录区)是文件组织结构的又一重要组成部分,它紧接在第二FAT表之后,用于与FAT配合起来准确定位文件的位置。

DIR分为两类:根目录、子目录。根目录有一个,子目录可以有多个。子目录下还可以有子目录,从而形成树状的文件目录结构。子目录其实是一种特殊的文件,文件系统为目录项分配32B。目录项分为3类:文件、子目录(其内容是许多目录项)、卷标(只能在根目录,只有一个)。目录项中有文件(或子目录,或卷标)的名字、扩展名、属性、生成或最后修改日期、时间、开始簇号及文件大小。定位文件时,操作系统根据DIR中的起始单元,结合FAT表就可以知道文件在磁盘中的具体位置及文件大小了。

4) 数据区

数据区是分区中具体存放数据的区域。在磁盘上,所有的数据都以文件的形式存放。

### 2.4.4 硬磁盘存储器与主机的连接

一个硬磁盘存储器的核心部件是那一组磁盘片。但是,光这一组磁盘片是无法工作的,还必须有使盘片转动、磁头移动、控制读写、与主机通信的部分,才能构成一个完整的硬磁盘存储器。这些功能由3个部件实现:硬磁盘驱动器、硬磁盘控制器和硬磁盘接口。

#### 1. 硬磁盘驱动器

硬磁盘驱动器是一组精密度机械电气装置。如图2.44所示,它由盘片旋转驱动控制、磁头径向定位驱动和读写控制组成。它们的作用是寻找读写位置(盘面、磁道、扇区),并进行数据的读写。

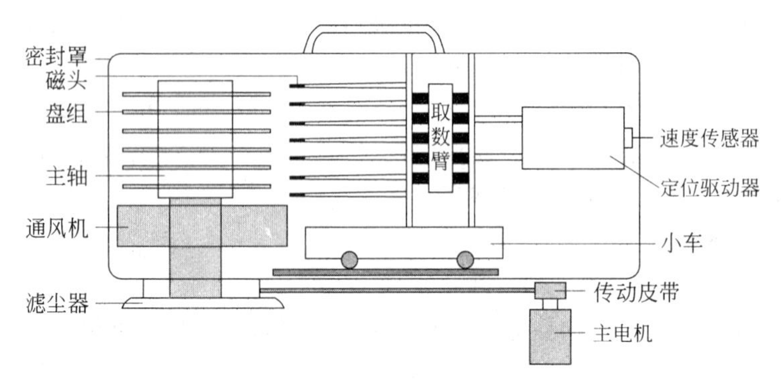


图 2.44　硬磁盘驱动器

**2. 磁盘控制器**

磁盘控制器是位于主机与磁盘驱动器之间的电子部件,其主要作用如下:

- 接收主机送来的命令,并转送给磁盘驱动器。
- 将磁盘的状态送主机。
- 在主机与磁盘驱动器之间进行读写数据的交换。

如图 2.45 所示,为实现上述功能,它要由如下 4 部分组成:

- 数据与命令的接收/发送部分。
- 数据转换(格式转换与串/并转换)。
- 数据分离(将数据域时钟信号分离)。
- 数据放大(读放大与写放大)。

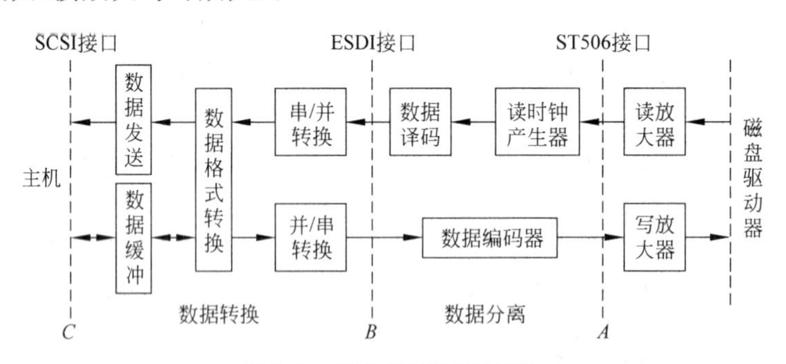


图 2.45　磁盘控制器逻辑结构

由于它的一端要与磁盘驱动器相连接,另一端要与主机相连接,所以它还需要两个接口:

- 系统级接口,用于与主机连接。
- 设备级接口,用于与磁盘驱动器连接。

但是,由于控制器与驱动器之间没有严格的界限,所以设备级接口的位置可以根据具体情况而定。大致有 3 种方案。

- 设备级接口设在图 2.45 的 *A* 处，即将读写放大交给驱动器。ST506 磁盘控制器就是如此。
- 设备级接口设在图 2.45 的 *B* 处，即将数据分离和读写放大交给驱动器。ESDI（增强型小型设备接口）就是这种情况。
- 设备级接口设在图 2.45 的 *C* 处，即将控制器的全部功能都交给驱动器。此时磁盘控制器与磁盘驱动器合二为一，并只用一个系统级接口与主机连接。

### 3. 硬磁盘存储器的系统级接口

自硬磁盘出现以后，曾出现了一些硬磁盘存储器的系统级接口（以下简称硬磁盘接口），但其中有些已经淘汰。下面仅介绍其中有影响的 3 类接口。

1）ATA 规范

ATA（Advanced Technology Attachment，高级技术附加装置）由 CDC、康柏和西部数据公司于 1986 年共同开发，以当时已经使用的 IDE（Integrated/Intelligent Drive Electronics，集成/智能电子驱动）接口技术为第一个版本 ATA1，采用 40 针引脚，容量为 40MB，传输速率为 4.16MB/s。以后相继制订了 ATA2、ATA3、ATA4、ATA5、ATA6、ATA7，传输速率不断提高，如表 2.6 所示。

**表 2.6　ATA 规范的传输速率**

| ATA 规范 | ATA1 | ATA2 | ATA3 | ATA4 | ATA5 | ATA6 | ATA7 |
|---|---|---|---|---|---|---|---|
| 传输速率/MB/s | 4.16 | 16.67 | 16.67 | 33.3 | 66.7 | 100 | 133 |

2）SATA 规范

SATA（Serial ATA，串行 ATA）于 2000 年 11 月由 Intel、APT、Dell、IBM、希捷、迈拓这几大厂商组成的 Serial ATA Working Group 制定。SATA 具有如下优点：

（1）同一时间点内只有 1 位数据传输，可以减少接口的针脚数，使结构简单。

（2）具有嵌入式时钟信号，具有更强的纠错能力，在很大程度上提高了数据传输的可靠性。

（3）只要 0.5V（500mv）的峰对峰值电压（PATA 为 5V）即可操作于更高的速度之上。节省电力，减少发热量，其驱动 IC 的生产成本也较为便宜。

（4）可以使用更高的工作频率来提高传输带宽。

表 2.7 为 3 个版本的 SATA 的几个性能参数。

**表 2.7　3 个版本的 SATA 的性能参数**

| 版　本 | 带宽/Gb/s | 速度/MB/s | 数据线最大长度/m |
|---|---|---|---|
| SATA 3.0 | 6 | 600 | 2 |
| SATA 2.0 | 3 | 300 | 1.5 |
| SATA 1.0 | 1.5 | 150 | 1 |

3）系统通用 I/O 总线

在硬磁盘存储器接口中使用的系统通用 I/O 总线接口有如下几种：

• SCSI(Small Computer System Interface,小型计算机系统接口)。
• FC(Fiber Channel,光纤通道)。
• SAS(Serial Attached SCSI,串行连接 SCSI)。

关于这些接口将在 4.6 节介绍。

### 2.4.5 硬磁盘存储器的技术参数

#### 1. 记录密度与硬盘容量

记录密度分为道密度和位密度。道密度 $D_t$ 是径向单位长度的磁道数,在数值上等于磁道距 $P$ 的倒数,单位为 TPI(Tracks Per Inch)或 TPM(Tracks Per Millimeter)。

位密度 $D_b$ 也称线密度,是单位长度磁道所能记录的二进制信息的位数,单位是 BPI (Bits Per Inch)或 BPM(Bits Per Millimeter)。注意,磁盘的位密度是以最内侧磁道进行计算的结果。其外侧磁道的位密度显然要低,因为同一磁盘存储器中的各扇区的容量相同。

磁盘容量指其所能存储的字节的总量。有了记录密度,再加上其他物理参数,就容易计算出一个磁盘存储器的存储容量。

**例 2.1** 设有一个硬盘组,共有 4 个记录面,盘面有效记录区域直径为 30cm,内直径为 10cm,记录密度为 250b/mm,磁道密度为 8 道/mm,每磁道分 16 个扇区,每扇区为 512B。硬盘的非格式化容量和格式化容量各是多少?

**解:**

每个记录面的道数:8×(300 -100)/2 =8×100,总道数:4×8×100。

每道的非格式化容量(以最内侧磁道进行计算):250×100×3.14。

总的非格式化容量:4×8×100×250×100×3.14/8=30MB。

每道的格式化容量:512×16。

总的格式化容量:4×8×100×512×16/8=25MB。

目前硬盘容量已经从几十 GB 发展到数千 GB,更大容量的硬磁盘还在陆续推出。存储容量分格式化容量和非格式化容量。非格式化容量就是整个磁盘存储器的容量。格式化实际上就是在磁盘上划分记录区,为此要写入一些标志和地址信息。格式化容量是用户实际可以使用的存储容量,它比非格式化容量要小,一般占非格式化容量的 80%左右。

#### 2. 盘径尺寸

目前,硬磁盘的盘径主要有 5.25in、3.5in、3.5in、1.8in、1in 等几种。

#### 3. 平均存取时间

磁盘存储器的平均存取时间指磁头接到读写指令后,从原来的位置移动到目的位置并完成读写操作的时间。通常,平均存取时间由如下 4 部分时间组成。

(1) 寻道时间。也称定位时间,是磁头找到目的磁道需要的时间。由于磁头原来的位置到目的位置之间的距离是不确定的,因此这个参数只能取平均值。这个值是决定硬磁盘存储器内部传输速率的关键因素之一,一般是由厂家给定的一个参数。目前,平均寻道时间已经低于 9ms。

(2) 等待时间。也称寻区时间，是磁头到达目的磁道后等待被访问的扇区旋转到磁头下方的时间。由于每次读写前，磁头不可能正好在目的扇区上方，并且与目的扇区的距离不确定。所以这个参数也只能用平均值表示。这个平均值是磁盘旋转半周的时间。其值主要由硬磁盘内主轴转速的旋转速度(rotation speed)决定。主轴转速快，磁头到达目的扇区的速度就快，磁盘的寻道时间就短。常见的硬盘主轴转速有 5400rpm、7200rpm 两种，单位为 rpm(rotation per minute，转/分)。

**例 2.2** 若主轴转速为每分钟 3600 转，计算该磁盘的平均寻区时间 $T_{wa}$。

**解：**

$$T_{wa} = \frac{1}{2} \times 10^3 \times 60/3600 = 8.3335\text{ms}$$

(3) 磁头读写时间。

(4) 其他开销。由于与前两项相比，后两项时间几乎可以忽略不计，所以平均存取时间近似等于平均寻区时间与寻道时间之和。

#### 4. 数据传输率

磁盘存储器的数据传输率指磁盘存储器在单位时间内向主机传送的数据字节数或位数，分为内部数据传输率和外部传输率。内部传输率指磁头与磁盘缓存之间的数据传输率，它是评价一个硬盘存储器性能的整体因素。外部数据传输率指系统总线与磁盘缓存之间的数据传输率，它与硬盘接口和缓存大小有关。由于在连续传输的情况下，磁盘的内部数据传输与外部数据传输可以重叠进行，所以决定磁盘数据传输率的是二者中慢的一方——内部数据传输率。假定磁盘的转速为 $r$，每条磁道的容量为 $N$，则该磁盘存储器的数据传输率 Dr $=60rN$(单位为 B/s)。

目前磁盘存储器的数据传输率可达几十兆字节每秒。

#### 5. 缓冲存储区大小

为了解决硬盘内部读写与接口之间的数据传输速度不匹配的问题，在它们之间可以设置一个缓冲存储区，以从整体上提高硬盘的数据读写速度。目前，硬盘的缓存已达兆字节(MB)级。

#### 6. 误码率

误码率是衡量磁表面存储器出错概率的参数，它等于从辅存读出时，出错信息位数和读出的总信息位数之比。为了减少出错率，要采用校验码。在一般设备中，通常用奇偶校验码来发现 1 个或奇数个错误。对磁表面存储器，由于介质表面的缺陷、尘埃等影响，可能会出现多个错误，通常采用循环冗余码来发现并纠正错误。

#### 7. 数据传输率

硬盘的数据传输率分为内部数据传输率和外部数据传输率。内部数据传输率主要由主轴的旋转速度决定。外部数据传输率是系统总线与硬盘缓冲区之间的数据传输率，它与接口类型和缓存大小有关。

## 2.4.6 磁盘阵列

### 1. 概述

20 世纪 80 年代，集成电路技术的飞速发展使 CPU 和主存速度不断提高，使得辅助存储器容量和速度的问题日益突出。当时，磁盘存储器正处于应用热潮中，因此人们也就把研制可用性、大容量、高性能辅助存储设备的希望寄托在磁盘技术上。1988 年，美国加州大学伯克利分校的戴维·帕特森（David Patterson）等人提出了 RAID（Redundant Array of Independent Disks，独立磁盘冗余阵列，简称磁盘阵列）的概念。

RAID 是并行处理技术在磁盘系统中的应用。它对文件进行分条（stripping）、分块（declustering），条块可以是一个物理块、扇区或其他存储块。它们按一定的条件展开，存储在多个磁盘上，组织成同步化的阵列，再利用交叉存取技术（interleaving）进行存取。这样，不仅扩大了容量，提高了数据传输的带宽，还可以利用冗余技术提高系统的可靠性。简单地说，RAID 是一种把多块独立的硬盘（物理硬盘）按不同方式组合起来形成一个硬盘组（逻辑硬盘），从而提供比单个硬盘更高的存储性能和提供数据冗余的技术。

### 2. RAID 分类

按照形成机制，RAID 可以分为 3 种类型：外接式磁盘阵列柜、内接式磁盘阵列卡和利用软件来仿真。

（1）外接式磁盘阵列柜最常被使用在大型服务器上，具有可热交换（hot swap）的特性，不过这类产品的价格都很贵。

（2）内接式磁盘阵列卡。有一个专门的处理器，还拥有专门的高速数据缓存。使用磁盘阵列卡的服务器可以直接通过阵列卡对磁盘进行操作，能够提供在线扩容、动态修改阵列级别、自动数据恢复、驱动器漫游、超高速缓冲等功能，不需要大量的 CPU 及系统内存资源，不会降低磁盘子系统的性能。性能远远高于常规非阵列硬盘，更安全，更稳定，并且价格便宜。但这类产品需要较高的安装技术，适合技术人员使用。

（3）利用软件仿真的方式，指通过网络操作系统提供的磁盘管理功能将普通 SCSI 卡上的多块硬盘配置成逻辑盘，组成阵列。这种 RAID 可以提供数据冗余功能，但是磁盘子系统的性能会有所降低，有的降低幅度达 30%左右。因此会拖累机器的速度，不适合大数据流量的服务器。

### 3. RAID 级别

组成磁盘阵列的不同方式称为 RAID 级别（RAID level）。下面介绍几种典型的 RAID 级别。

1）RAID0

RAID0 是最早出现的，也是最简单的 RAID 模式。它采用数据分条（data stripping）技术，把连续的数据交叉分散到多个磁盘，这样，系统有数据请求就可以被多个磁盘并行的执行，每个磁盘执行属于它自己的那部分数据请求。这种数据上的并行操作可以充分利用总线的带宽，显著提高磁盘整体存取性能。如图 2.46 所示，系统向 4 个磁盘组成的 RAID0 磁盘组发出的 I/O 数据请求被转化为 4 项操作，其每一项操作都对应一块物理硬盘，可以同时执行。

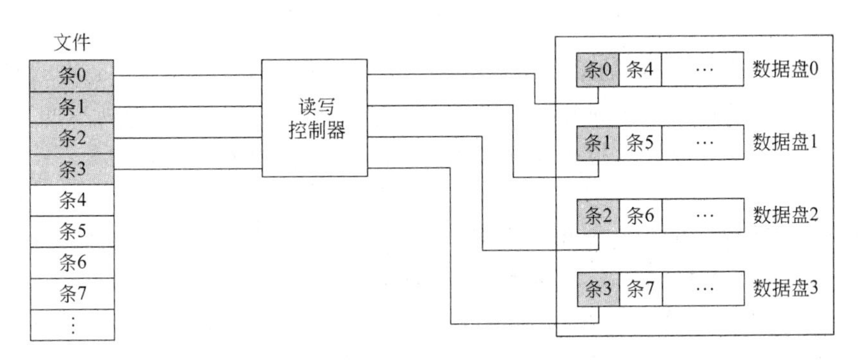


图 2.46　RAID0 工作原理

从理论上讲，4 块硬盘的并行操作使同一时间内磁盘读写速度提升了 4 倍。但由于总线带宽等多种因素的影响，实际的提升速率肯定会低于理论值。但是，大量数据并行传输与串行传输比较，提速效果十分显著。不过由于它不提供冗余，当阵列中的一个驱动器出现故障时，整个系统也将瘫痪。

2) RAID1 与 RAID10

RAID1 又称为镜像(mirror 或 mirroring)，它的宗旨是最大限度地保证用户数据的可用性和可修复性，是一种可靠性最高的技术。如图 2.47 所示，RAID1 的工作原理为每个工作盘(RAID0)都建立一个对应的镜像盘(mirror disk)。在写数据时必须同时写入工作盘和镜像盘。当读取数据时，系统先从 RAID0 的源盘读取数据，如果读取数据成功，就不去管备份盘上的数据；如果读取源盘数据失败，则系统自动转而读取备份盘上的数据，不会造成用户工作任务的中断。当然，应当及时地更换损坏的硬盘并利用备份数据重新建立镜像，避免备份盘在发生损坏时造成不可挽回的数据损失。

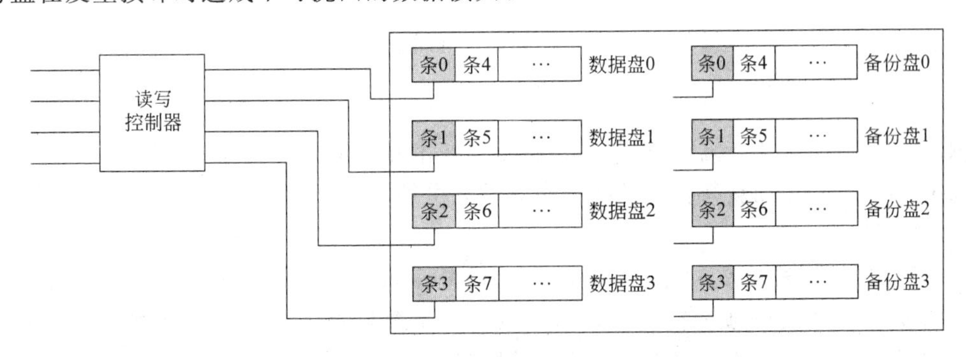


图 2.47　RAID10 工作原理

由于数据的百分之百备份，RAID1 成为所有 RAID 级别中提供最高的数据安全保障的级别。但是，备份数据占了总存储空间的一半，因而，镜像的磁盘空间利用率低，存储成本高。所以 RAID1 用于存放重要数据，如服务器和数据库存储等领域。

RAID10 是 RAID1 与 RAID0 技术的结合。这是可靠性和速度的结合。

3）RAID2～RAID5

RAID2～RAID4 都有单独的校验盘，它们的区别在于所采用的纠错技术和交叉条的大小不同：

（1）RAID2 采用位（条块的单位为位或字节）交叉及使用称为“加重平均纠错码”的编码技术来提供错误检查及恢复的磁盘阵列技术。其一次读写往往要涉及所有的阵列盘。这种编码技术需要多个磁盘存放检查及恢复信息，使得 RAID2 技术实施更复杂。因此，在商业环境中很少使用。

（2）RAID3 采用位交叉技术和一个奇偶校验盘的磁盘阵列。这种磁盘阵列对于大量的连续数据可提供很好的传输率，但对于随机数据，奇偶盘会成为写操作的瓶颈。

（3）RAID4 采用块（条块的单位为块或记录）交叉技术和一个奇偶校验盘的可独立传输的磁盘阵列。因此，大部分数据传输仅针对一块盘进行。RAID4 使用一块磁盘作为奇偶校验盘，每次写操作都需要访问奇偶盘，成为写操作的瓶颈。在商业应用中很少使用。

（4）RAID5 是 RAID4 的改进型，是一种存储性能、数据安全和存储成本兼顾的存储解决方案。它采用块交叉技术的可独立传输的磁盘阵列，但不单独设校验盘，而是按某种规则把校验数据分布在组成阵列的磁盘上。这样，一个磁盘上既有数据，又有校验信息，从而解决了多盘争用校验盘的问题。图 2.48 是一种使用了 4 个独立硬磁盘的 RAID5 实例。

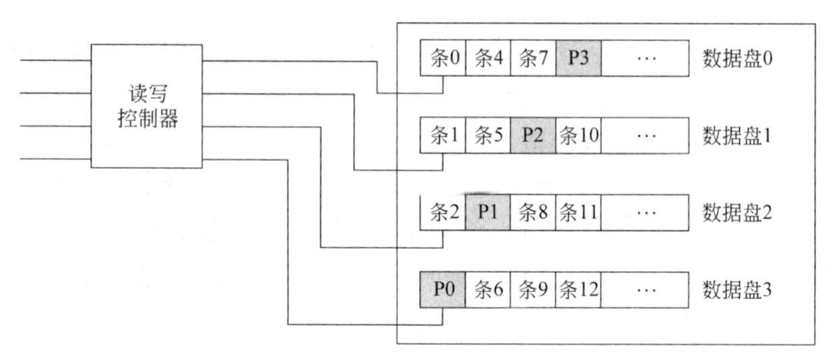


图 2.48　RAID5 工作原理

4）RAID6

RAID6 是采用双磁盘驱动器容错的块交叉技术磁盘阵列。由于有两个磁盘驱动器用于存放检、纠错码，因而获得很高的数据有效性和可靠性。

5）RAID7

RAID7 的主要特点是采用多数据通道技术和 cache 技术，进一步提高了存取速度和可靠性。多数据通道是在每一个作为 I/O 的磁盘驱动器与每一个主机之间都有独立的控制和数据通道。多数据通道不仅能防止磁盘故障造成的错误，还能防止通道故障造成的错误，并能提高访问速度。

表 2.8 为几种常用磁盘阵列的比较。

表 2.8　几种常用磁盘阵列的比较

| RAID等级 | 需要硬盘数 | 最小容错硬盘数 | 数据可用容量 | 效能 | 安全性 | 目　的 | 应用产业 |
|---|---|---|---|---|---|---|---|
| 0 | ≥2 | 0 | $n$ | 最高 | 一个硬盘异常，全部硬盘即跟着异常 | 追求最大容量、速度 | 3D 产业宣传、影片剪辑等 |
| 1 | ≥2 | 总数的一半 | 总容量的一半 | 稍有提升 | 最高 | 追求最大安全性 | 个人、企业数据备份 |
| 5 | ≥3 | 1 | $n-1$ | 高 | 高 | 追求最大容量、最小预算 | 个人、企业数据备份 |
| 6 | ≥4 | 2 | $n-2$ | 比 RAID5 稍慢 | 安全性较 RAID5 高 | 同 RAID5，但较安全 | 个人、企业数据备份 |
| 10 | ≥4 | 总数的一半 | 总容量的一半 | 高 | 安全性最高 | 综合 RAID0/1 优点，理论速度较快 | 大型数据库 |

# 2.5　光盘存储器

## 2.5.1　光盘的技术特点与类型

### 1. 光盘存储技术的特点

由于多媒体需要很大的存储空间，硬盘已不能满足要求，这促使了光盘技术的迅速发展。光盘存储器是一种光读写存储器，它有如下技术特点。

- 记录密度高，存储容量大，容量一般都在 650MB 以上。
- 采用非接触方式读写，没有磨损，可靠性高。
- 可长期(60～100 年)保存信息。
- 成本低廉，易于大量复制。
- 存储密度高，体积小，能自由更换盘片。
- 误码率低，为 $10^{-10}$～$10^{-17}$。
- 存取时间，即把信息写入光盘或从光盘上读出所需的时间，一般为 100～500ms。数据存取速率比磁盘略低，基本速率(单倍速)为 150MB/s。

### 2. 光盘的基本类型

光盘存储器可分为固定型(Compact Disc ROM，CD-ROM)、只写一次型(Write Once/Read Memory, WORM)和可擦写型(Compact Disc Read and Write, CD-RW)。它们的读写原理不尽相同。只读和只写一次型光盘的存储介质有多种，如只写一次型光盘的存储介质是碲(Te)掺加适量硒(Se)、锑(Sb)或碲-碳(Te-C)的金属化合物。写信息时，要先把主机送来的数据在光盘控制器内调制成 MFM 方式的写数据，然后把其中的 1 变成功率为 20mw 左右、聚焦为 1$\mu$m 左右的脉冲激光点，对存储介质微小的区域加热，打出微米级的凹坑以代表 1，无凹坑处代表 0。读出时，功率低(为写入光束功率的 1/10)的激光连续照射在光盘上，有凹坑处的反射光弱，无凹坑处的反射光强，由光检测器就可以把反射光的强弱变为电信号。

只读型和只写一次型的读写原理基本相同，只是前者由厂家写入，后者可以由用户写入。

### 2.5.2 可擦写型光盘读写原理

按照工作原理，可擦写型光盘有磁光型和相变型两种。

#### 1. 磁光盘读写原理

磁光盘的存储介质是由光磁材料，如GdFe、GdCo、TbFe和GdTbFe等稀土-铁族光磁材料做成的易于垂直磁化的磁性薄膜。写入信息前，先要使磁膜向（垂直于盘面的）某一个方向磁化。要写1时，光头产生激光束，使磁膜局部受热，上升到居里点（150℃左右），使磁顽力降至零，用极弱磁场便可以将磁极反转；写入信息后，激光束消失，以永磁保持刚才写入的信息。读出时，利用激光与磁化介质相互作用时偏振状态的变化来区别存储的信息是0还是1。

#### 2. 相变光盘读写原理

相变型光盘的存储介质通常由硫族（S、Se、Te）化合物制成，写入前全部是结晶状态。写1时，利用短激光脉冲使结晶态的存储介质局部熔化，骤冷后变成非结晶态。擦去时，则用光波较长、强度较弱的光脉冲使它复原为结晶态。读出时，根据结晶态和非结晶态对激光束反射率的不同，区别存储的是0还是1。

磁光盘比相变光盘访问速度稍慢，但擦写次数可达一百万次以上，相变光盘只有一千次左右。

### 2.5.3 光盘规格

数字光盘诞生以来，出现了多种厂商标准和国际标准。其中主要的标准有以下几种。

#### 1. CD-DA（Compact Disc-Digital Audio）——红皮书规范及格式

最初的CD光盘是索尼（Sony）和飞利浦（Philips）合作开发的结果。它们于1980年宣布了一个技术标准，对表示数据的凹坑分布的物理特性进行了描述。该标准出版时采用了红色封面，因而被称为红皮书（Red Book）规范。在Red Book中，音频信号通过44.1kHz的抽样转换成数字信号进行录制。这些抽样被转换成二进制代码，并且作为位串按螺旋的方式存于CD之上。这就是大家熟悉的激光CD唱片标准。引入这个标准的目的是保证任何CD唱片都能在CD-DA唱机上播放，它是关于CD格式的第一个规格文件。CD家族的所有产品都是基于CD-DA的。

帧是CD-DA存储声音数据的基本单位。立体声有两个通道，每次采样左、右通道分别构成两个字节，6次采样共取得2×12B构成一帧。此外每帧还有2×4B的错误校正码。帧格式如图2.49所示。

应当注意，光盘的光道与磁盘的磁道不同：磁道呈同心圆状，各物理磁道是不连续的；而光道呈螺旋状，物理光道是连续的。一般说来，一首乐曲或歌曲就是一条光道。显然，一

| 同步信号<br>3B | 控制信号<br>1B | 声音数据<br>(左通道)<br>12B(6个样本) | Q检验码<br>(4B) | 声音数据<br>(右通道)<br>12B(6个样本) | P检验码<br>(4B) |
|---|---|---|---|---|---|

图 2.49 CD-DA 帧格式

张磁盘上各磁道所含扇区数固定相同，而一张光盘上各光道所含扇区数不固定。

### 2. CD-ROM——黄皮书规范及格式

1988 年正式公布(1985 年开始制定)的国际标准 ISO 9600 全面制定了 CD-ROM(Compact Disc-Read Only Memory，只读微缩光盘)的物理格式和逻辑格式，称为黄皮书(Yellow Book)规范，CD 工业从此进入了第二个阶段。Yellow Book 在 Red Book 的基础上增加了两种类型的光道，加上 Red Book 的 CD-DA 光道之后，CD-ROM 共有 3 种类型的光道：

(1) CD-DA 光道，用于存储声音数据。

(2) CD-ROM Model 1 用于存储计算机数据(格式见图 2.50(a))。

(3) CD-ROM Model 2 用于存储经压缩的声音、静态图像数据和电视图像数据(格式见图 2.50(b))。

| 同步信号<br>(12B) | 扇区头<br>(4B) | 用户数据<br>(2048B) | EDC<br>错误检测<br>(4B) | 留用<br>(8B) | ECC<br>错误校正码<br>(276B) |
|---|---|---|---|---|---|

(a) CD-ROM Model 1光道数据格式

| 同步信号<br>(12B) | 扇区头<br>(4B) | 用户数据<br>(2336B) |
|---|---|---|

(b) CD-ROM Model 2光道数据格式

图 2.50 CD-ROM 光道数据格式

Yellow Book 和 Red Book 的主要差别是：Red Book 中 2352B 的用户数据作了重新定义，解决了把 CD 用作计算机存储器时的两个问题，一个是计算机的寻址问题，另一个是误码率的问题，CD-ROM 标准使用了一部分用户数据当作错误校正码，也就是增加了一层错误检测和错误校正，使 CD 盘的误码率下降到 $10^{-12}$ 以下。

CD-ROM 与计算机的接口规格有 IDE 接口、SCSI 接口和 AT 接口。

### 3. CD-I——绿皮书规范

CD-I(Compact Disc-Interactive)是 1987 年以 Yellow Book 为基础进行扩充而制定的 Green Book(绿皮书)规范。它定义了一个完整的硬件和软件系统，包括 CPU、操作系统、内存、显示控制器、音频输出以及一系列特殊视听数据压缩方法，是一种“交互式光盘系统”。其介质是直径为 12cm 的光盘，将高质量的声音以及文字、计算机程序、图形、动画、静止图像等都以数字的形式存放在光盘上，用户可通过电视、计算机鼠标、操纵杆等和该系统连接，实现人和光盘的交互操作。CD-I 最大的特点是有一个中央处理器，以形成一个可以同时处理各种不同类型信息的计算机系统。

由于普通的CD-ROM驱动器与CD-I光盘的物理格式有差异，因而不能读CD-I格式的光盘。

### 4. 可录CD-R——橙皮书规范和CD-Audio——蓝皮书规范

可录CD-R(Compact Disc Recordable)是1989年制定的橙皮书(Orange Book)规范，它允许用户把自己创作的影视节目或者多媒体文件分次写到盘上，也称多段式(multi-session)写入格式。

加强型CD-Audio于1995年以蓝皮书(Blue Book)的形式发布，它利用多段式方法将数据轨置于音频轨之后，常用于计算机游戏光盘。

### 5. VCD规范及格式

VCD(Video Compact Disc)是针对影视市场而发展的。一般一张光盘只能存储5分钟的高品质数字音像信号，但经过MPEG压缩技术，按照200∶1的压缩比压缩后，便可将一部电影录像存储在两片VCD光盘上了。VCD可用专门的播放机播放，也可用CD-I播放机播放，计算机的CD-ROM驱动器在配置一块MPEG解压缩卡后也可播放。

VCD的标准是1993年由JVC和Philips公司宣布的，称为白皮书(White Book)。它定义的光道格式由长均为2324B的两种信息包组成：

- MPEG-Video包，用于存储图像信号，格式见图2.51(a)。
- MPEG-Audio包，用于存储声音信号，格式见图2.51(b)。

这两种信息包也称两种扇区，它们是交替地排列在光道上的。

| 信息包<br>起始信号<br>(4B) | SCR<br>(系统参考时钟)<br>(5B) | MUX<br>速率<br>(3B) | 信息包数据<br>(2312B) |
|---|---|---|---|

(a) MPEG-Video包格式

| 信息包<br>起始信号<br>(4B) | CR<br>(系统参考时钟)<br>(5B) | MUX<br>速率<br>(3B) | 信息包数据<br>(2292B) | 00<br>(20B) |
|---|---|---|---|---|

(b) MPEG-Audio包格式

图2.51　VCD信息包格式

### 6. DVD协议及格式

DVD(Digital Video Disc，数字影视盘)是在各大公司的共同努力下于1995年12月达成的一项协议。简单地说，DVD是一种超级致密高存储容量光盘。现有的一张VCD盘可存储650MB数据(最多只能播放74min的按MPEG-1标准压缩的图像数据)，而一张单面单层DVD盘为4.7GB(可以保存133min按MPEG-2标准压缩的电影)，双面单层DVD盘为9.4GB，双面双层DVD盘为17GB，是同样尺寸的CD-ROM容量的7～26倍。它的传输速率为1350KB/s，相当于9倍速CD-ROM，快得足以放送高质量的全屏幕(640×480像素)电影数字视频的信号。表2.9为CD光盘与DVD光盘的规格比较。

表 2.9 CD 光盘与 DVD 光盘的规格比较

| 类型 | 光盘直径/mm | 光盘厚度/mm | 激光波长/nm | 数值孔径/nm | 光道间距/μm | 盘片旋转速度/m/sCLV | 数据层数 | 存储容量 | 用户数据传输率 |
|---|---|---|---|---|---|---|---|---|---|
| CD | 120 | 1.2 | 780 | 0.45 | 1.6 | 1.2 | 1 | 680MB | 153.5KB/s 或 176.4KB/s |
| DVD | 120/80 | 1.2 | 650/635 | 0.60 | 0.74 | 4.0 | 1 或 2 | 4.7GB(单层)<br>8.5GB(双层)<br>9.4GB(单层双面)<br>17GB(双层双面)<br>5.2GB(单层双面) | 11.08GB/s |

DVD 具有高密度、高像质(DVD 的视频图像质量将超过标准的高质量的 VHS 磁带,但它却不会磨损)、高音质、高兼容性(向后兼容性: DVD 机可播放 DVD 和现有的 CD,CD-ROM 和 VCD 等多种光盘)、高可靠性和低成本的特点。其产品由音频到视频,从只读到可重写,全面奠定了作为下一代光盘产品的基础。DVD 光盘包括如下 5 种产品:

- DVD-ROM(作计算机外部存储器用)。
- DVD-RAM(即 DVD-RW,可重写型)。
- DVD-Video(影视娱乐、家电用)。
- DVD-Audio(高密度激光唱片)。
- DVD-R(即 DVD-WO,一次写入型)。

**7. 蓝光光盘、HD-DVD 和 HVD**

针对下一代 DVD 标准,目前有两大阵营分别推出了蓝光光盘(blu-ray disc)与 HD-DVD(High Density Digital Versatile Disc)两种标准。

蓝光光盘标准是由索尼、松下等业界巨头组成的蓝光光碟联盟(Blu-ray Disc Association)研发的。这种光盘的直径为 12cm,与普通光盘(CD)和数码光盘(DVD)一样,不过其采用了目前最为先进的、激光波长为 405nm 的蓝光激光技术。这样,单面单层的光盘可从 4.7GB 提高到 27GB 容量,最高传输速率是 36Mb/s。

HD DVD 是 DVD 联盟开发的下一代 DVD 标准,它得到了全球超过 230 家消费电子类、信息技术类公司和内容提供商的支持。HD DVD 的单盘容量为 15GB。

就在蓝光光盘和 HD-DVD 打得难解难分之时,伦敦帝国学院的科学家发明了一种光学存储技术,使得光盘存储容量达到了 1TB,这种全新的技术称为全息通用光盘(holographic versatile disk),是继蓝光技术或 HD-DVD 格式后的又一个新的技术标准。

## 2.6 闪速存储器

闪速存储器(flash memory)是 20 世纪 80 年代中期研制出的一种新型的电可擦除、非易失性记忆器件。它兼有 EPROM 的价格便宜、集成密度高和 EEPROM 的电可擦除、可重写性,而且擦除、重写比一般标准的 EEPROM 要快得多。闪存接口可以采用 RS-232、USB、SCSI、IEEE 1394、E-SATA 等多种,其中采用 USB 接口的闪存盘也被称为 U 盘。

与磁盘相比,闪速存储器具有抗震、节能、体积小、容量大、价格便宜,几乎不会让水或灰尘渗入，也不会被刮伤，主要作为便携式存储设备使用。根据不同的生产厂商和不同的应用，闪存卡主要有 SM 卡（Smart Media）、CF 卡（Compact Flash）、MMC 卡（MultiMedia Card）、SD 卡（Secure Digital）、记忆棒（memory stick）、XD 卡（XD-picture card）和微硬盘（micro drive）。

## 2.6.1 闪存原理

实际上，闪存是 EEPROM 的变种。其基本单元电路与 EEPROM 类似，也是由双层浮空栅 MOS 管组成。但是第一层栅介质很薄，作为隧道氧化层。写入方法与 EEPROM 相同，在第二层浮空栅加以正电压，使电子进入第一层浮空栅。读出方法与 EPROM 相同。擦除方法是在源极加正电压利用第一层浮空栅与源极之间的隧道效应，把注入至浮空栅的负电荷吸引到源极。由于利用源极加正电压擦除，因此各单元的源极联在一起，这样，快擦存储器不能按字节擦除，而是全片或分块擦除。到后来，随着半导体技术的改进，闪存也实现了单晶体管的设计，主要就是在原有的晶体管上加入了浮空栅和选择栅。

图 2.52 为闪存原理示意图。简单地说：

- 控制栅加正电压，浮空栅存储许多负电子，定义为状态 0。
- 控制栅不加正电压，浮空栅存储很少负电子，定义为状态 1。

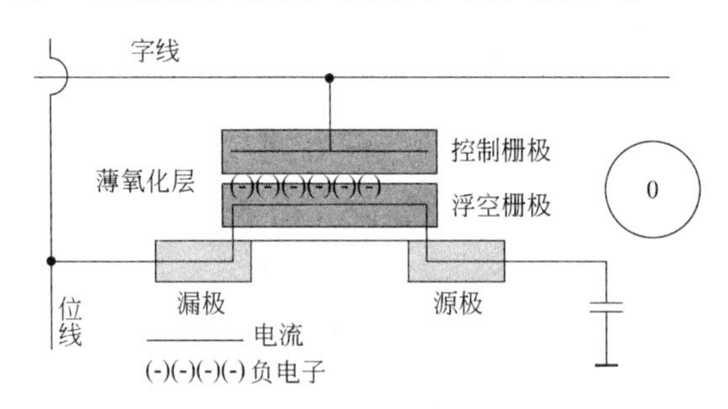


图 2.52 闪存原理：存 0 的状态

闪存每次不是擦除一个字节，而是每次擦除一个块或整个芯片，然后再进行重写，因此比传统 EEPROM 速度更快。

通常闪存使用两种类型的器件：NOR 和 NAND。NOR 价格昂贵，多用于手机内存。大量使用的 SD 卡、固态盘都采用 NAND 型。NAND 型闪存分为表 2.10 所示的 3 种类型。

表 2.10 3 种 NAND 型闪存

| 类　型 | 单元状态数 | 存储密度 | 写入时电压变化区间 | 读写速度 | 读写寿命/次 | 价格 |
|---|---|---|---|---|---|---|
| SLC(单层单元) | 2 | 低 | 小 | 高 | 100 000 | 较高 |
| MLC(多层单元) | 4 | 较高 | 较大 | 中 | 3000～10 000 | 中 |
| TLC(三层单元) | 8 | 高 | 大 | 低 | 500～1000 | 较低 |

## 2.6.2 固态硬盘

固态硬盘(Solid State Disk 或 Solid State Drive，SSD)，又称固态驱动器，简称固盘，是一种基于永久性存储器（如闪存）或非永久性存储器（如同步动态随机存取存储器

(SDRAM))的计算机外部存储设备。固态硬盘用来在便携式计算机中代替常规硬盘,虽然在固态硬盘中已经没有可以旋转的盘状结构,但是依照人们的命名习惯,这类存储器仍然被称为“硬盘”。图 2.53 为固态硬盘与普通机械硬盘的外观对比。

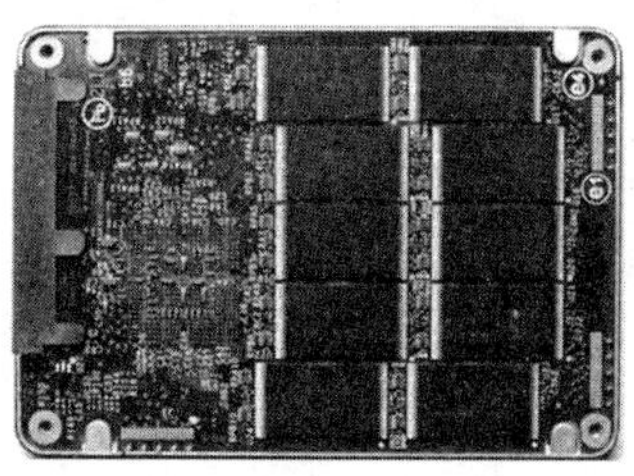

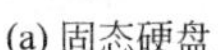

(a) 固态硬盘

(b) 普通机械硬盘

图 2.53　固态硬盘与普通机械硬盘的外观

### 1. 固盘存储介质

目前固态硬盘的存储介质有两种:闪存(Flash 芯片)介质和 DRAM 介质。

1) 基于闪存的固态硬盘(IDE Flash Disk、Serial ATA Flash Disk)

采用 Flash 芯片作为存储介质,通常所说的 SSD 就是这种固盘。它的外观可以被制作成多种样式,例如笔记本硬盘、微硬盘、存储卡、优盘等。这种 SSD 固态硬盘最大的优点就是可以移动,而且数据保护不受电源控制,能适应各种环境,但是使用年限不高,适合个人用户使用。

NAND 闪存又分为 SLC 和 MLC 两种:

(1) SLC (Single Level Cell,单层单元)。这类闪存结构简单,在写入数据时电压变化的区间小,所以寿命较长,传统的 SLC NAND 闪存可以经受 10 万次的读写。而且因为一组电压即可驱动,所以其速度表现更好,目前很多高端固态硬盘都采用该类型的闪存芯片。

(2) MLC(Multi Level Cell,多层单元)。这类闪存采用较高的电压驱动,通过不同级别的电压在一个块中记录两组位信息,目的是将原本 SLC 的记录密度提升一倍。所以其容量大,成本低。但是它速度慢,写入寿命较短,读写方面的能力也比 SLC 低,官方给出的可擦写次数仅为 1 万次。

2) 基于 DRAM 的固态硬盘

采用 DRAM 作为存储介质,目前应用范围较窄。它仿效传统硬盘的设计,可被绝大部分操作系统的文件系统工具进行卷设置和管理,并提供工业标准的 PCI 和 FC 接口用于连接主机或者服务器。应用方式可分为 SSD 硬盘和 SSD 硬盘阵列两种。它是一种高性能的存储器,而且使用寿命很长,美中不足的是需要独立电源来保护数据安全。

### 2. 固盘内部架构

基于闪存的固态硬盘是固态硬盘的主要类别,其内部构造十分简单,固态硬盘内的主体其实就是一块 PCB,而这块 PCB 上最基本的配件就是控制芯片,缓存芯片(部分低端硬盘无缓存芯片)和用于存储数据的闪存芯片。

主控芯片是固态硬盘的大脑，其作用一是合理调配数据在各个闪存芯片上的负荷，二是承担了整个数据中转，连接闪存芯片和外部 SATA 接口。不同的主控芯片之间能力相差非常大，在数据处理能力和算法上，以及对闪存芯片的读取写入控制上会有非常大的不同，直接导致固态硬盘产品在性能上产生很大的差距。

固态硬盘和传统硬盘一样需要高速的缓存芯片辅助主控芯片进行数据处理。但是，有一些廉价固态硬盘为节省成本，省去了缓存芯片，这对于固盘的性能会有一定的影响。

除了主控芯片和缓存芯片以外，PCB 上的大部分位置都是 NAND 闪存芯片。

**3. 固态硬盘的优点**

（1）读写速度高。采用闪存作为存储介质，读取速度相对机械硬盘更快。固态硬盘不用磁头，寻道时间几乎为 0。最常见的 7200 转机械硬盘的寻道时间一般为 12～14ms，而固态硬盘可以轻易达到 0.1ms 甚至更低。这个优势在持续写入时更为突出，许多固盘厂商称自家的固态硬盘持续读写速度超过了 500MB/s。基于 DRAM 的固态硬盘写入速度更快。

（2）物理特性好，无噪音，抗震动，低热量，体积小，工作温度范围大。固态硬盘没有机械马达和风扇，工作时噪音值为 0dB。基于闪存的固态硬盘在工作状态下能耗和发热量较低（但高端或大容量产品能耗较高）。固盘内部不存在任何机械活动部件，不会发生机械故障，也不怕碰撞、冲击、震动。典型的硬盘驱动器只能在 5～55℃范围内工作，而大多数固态硬盘可在-10～70℃工作。固态硬盘比同容量机械硬盘体积小、重量轻。

**4. 固态硬盘的缺点**

与传统硬盘比较，固态硬盘有以下缺点。

（1）成本高。每单位容量价格是传统硬盘的 5～10 倍（基于闪存），甚至 200～300 倍（基于 DRAM）。

（2）容量低。目前固态硬盘最大容量远低于传统硬盘。固态硬盘的容量仍在迅速增长，据称 IBM 公司已测试过 4TB 的固态硬盘。

（3）由于不像传统硬盘那样屏蔽于法拉第笼中，固态硬盘更易受到某些外界因素的不良影响。如断电（基于 DRAM 的固态硬盘尤甚）、磁场干扰、静电等。

（4）写入寿命有限（基于闪存）。一般闪存写入寿命为 1 万到 10 万次，特制的可达 100 万到 500 万次，然而整台计算机寿命期内文件系统的某些部分（如文件分配表）的写入次数仍将超过这一极限。特制的文件系统或者固件可以分担写入的位置，使固态硬盘的整体寿命达到 20 年以上。

（5）数据损坏后难以恢复。传统的磁盘或者磁带存储方式，如果硬件发生损坏，通过目前的数据恢复技术也许还能挽救一部分数据。但如果固态硬盘发生损坏，几乎不可能通过目前的数据恢复技术在失效（尤其是基于 DRAM 的）、破碎或者被击穿的芯片中找回数据。

（6）功耗较高。根据实际测试，使用固态硬盘的笔记本电脑在空闲或低负荷运行下，电池航程短于使用 7200RPM 的 3.5 英寸传统硬盘。基于 DRAM 的固态硬盘在任何时候的能耗都高于传统硬盘，尤其是关闭时仍需供电，否则数据丢失。

# 2.7 存储体系

## 2.7.1 多级存储体系的建立

### 1. 多级存储体系是成本、容量和速度折中的结果

计算机应用对存储器的容量和速度的要求几乎是无止境的，理想的存储系统应当具有充足的容量和与CPU相匹配的速度。但是实际的存储器都是非理想化的，其制约因素是价格(每位成本)、容量和速度。这3个基本指标是矛盾的。由图2.54(a)可以看出，存取速度越高，每位价格就越高；由图2.54(b)可以看出，随着存储容量需求的增大，就得使用速度较低的器件。

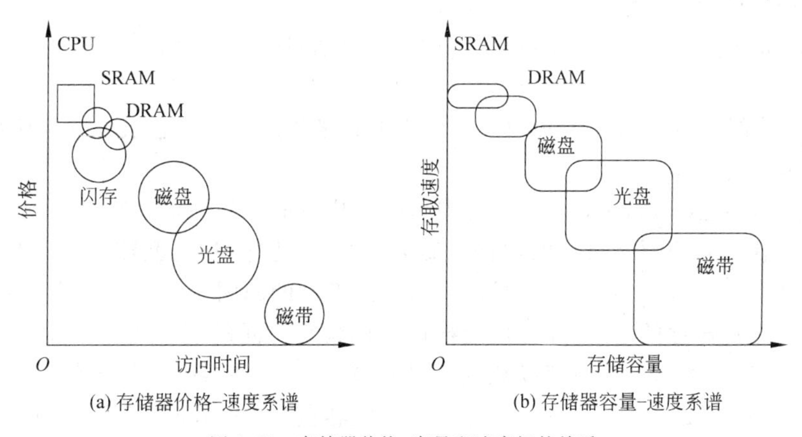


图2.54 存储器价格、容量和速度间的关系

合理地分配容量、速度和价格的有效措施是实现分级存储。这是把几种存储技术结合起来，互相补充的折中方案。图2.55是典型的存储系统层次结构示意图。

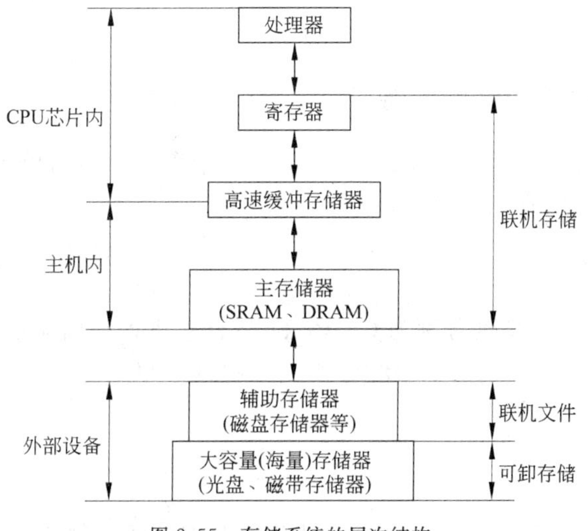


图2.55 存储系统的层次结构

这个层次结构有如下规律(从上到下):

- 价格依次降低。
- 容量依次增加。
- 访问时间依次增长。
- CPU 访问频度依次减小。

使用这样的存储体系,存储速度接近最上层,而容量及成本接近最下层,大大提高了系统的性能价格比。

**2. 程序访问的局部性原理**

程序访问的局部性原理(principle of locality)是建立多级存储体系的可行性基础。它告诉人们,CPU 访问存储器时,无论是存取指令还是存取数据,所访问的存储单元都趋于聚集在一个局部。这个局部包含了 3 个方面的意义:

(1) 时间局部性(temporal locality)。如果一个信息项正在被访问,那么在近期它很可能还会被再次访问。程序循环、堆栈等是产生时间局部性的原因。

(2) 空间局部性(spatial locality)。在最近的将来将用到的信息很可能与现在正在使用的信息在空间地址上是邻近的。

(3) 顺序局部性(order locality)。在典型程序中,除转移类指令外,大部分指令是顺序进行的。顺序执行和非顺序执行的比例大致是 5∶1。此外,对大型数组访问也是顺序的。指令的顺序执行、数组的连续存放等是产生顺序局部性的原因。

由于这 3 个局部性的存在,才有可能把计算机频繁访问的信息放在速度较高的存储器中,而将不频繁访问的信息放在速度较低、价格也较低的存储器中。假设有一个两级的存储系统,第一级容量为 1KB,访问时间为 1μs,第二级容量为 1MB,访问时间为 10μs。CPU 访问存储系统时,先访问第一级,如果信息不在第一级,则由存储系统先把第二级的信息送到第一级,然后再由 CPU 从第一级中读取。如果 100%的信息都可以从第一级中取到,则整个存储系统的平均访问时间就等于第一级存储器的访问时间 1μs。如果在第一级中能得到信息的百分比下降,则平均访问时间就要加长。利用访问的局部性,可以使访问第一级存储器的百分比很高,整个层次存储系统的平均访问时间可以接近第一级的访问时间。

## 2.7.2 多级存储体系的性能参数

一个多级存储体系的性能可以用如下 3 个参数来衡量。为简单起见,下面仅考虑一个由 $M_1$ 和 $M_2$ 组成的二级存储体系。

**1. 平均单位价格**

设 $M_1$ 和 $M_2$ 的容量、单价分别为 $C_1$、$P_1$ 和 $C_2$、$P_2$,则该存储体系的平均单位价格为

$$C=(C_1 \cdot P_1+C_2 \cdot P_2)/(C_1+C_2)$$

显然,当 $C_1 \ll C_2$ 时,$C \approx C_2$。

**2. 命中率**

在层次结构的存储系统中,某一级的命中率是指对该级存储器来说,要访问的信息正好

在这一级中的概率，用命中的访问次数与总访问次数之比计算。其中，最主要的是指 CPU 产生的逻辑地址能在最高级的存储器中访问到的概率。它同传送信息块的大小、这一级存储器的容量、存储管理策略等因素有关。在基于访问的局部性而实现的存储器层次体系中，如果存储器的容量足够大，系统调度得当，可以获得较高的命中率 $H$。

设在执行或模拟一段有代表性的程序后，在 $M_1$ 和 $M_2$ 中访问的次数分别为 $N_1$ 和 $N_2$，则 $M_1$ 的命中率为

$$H=\frac{N_1}{N_1+N_2}$$

有时，也使用不命中率或失效率 $F$ 作为评价多级存储体系的参数。显然：

$$F=1-H$$

### 3. 平均访问周期

平均访问周期 $T_A$ 是与命中率关系密切的最基本的存储体系评价指标。设 $M_1$ 和 $M_2$ 的访问周期分别为 $T_{A1}$ 和 $T_{A2}$，则 CPU 对整个存储系统的平均访问周期为

$$T_A=H \cdot T_{A1}+F \cdot T_{A2}$$

如果规定存储层次中相邻两级的访问周期比值 $r=T_{A2}/T_{A1}$，又规定存储层次的访问效率 $e=T_{A1}/T_A$，可以得出

$$e=T_{A1}/T_A=T_{A1}/(H \cdot T_{A1}+(1-H)T_{A2})=1/(H+(1-H)r)=1/(r+(1-r)H)$$

层次结构存储系统所追求的目标应是 $e$ 越接近 1 越好，也就是说，系统的平均访问周期越接近较快的一级存储器的访问周期（$T_{A1}$）越好。$e$ 是 $r$ 和 $H$ 的函数，提高 $e$ 可以从 $r$ 和 $H$ 两个方面入手。

（1）提高 $H$ 的值，即扩充最高一级存储器的容量。但是这要付出很高的代价。

（2）降低 $r$。如图 2.56 所示，当 $r=100$ 时，为使 $e>0.9$，必须使 $H>0.998$；而当 $r=2$ 时，要得到同样的 $e$，只要求 $H>0.889$。可见在层次结构存储系统中，相邻两级存储器间的速度差异不可太大。通常 Cache-主存层次中 $r$ 为 5～10 是比较合理的。实际应用的主存-磁盘（辅存）层次中，$r$ 高达 $10^4$，这是很不理想的。从图 2.56 中可以看到，在半导体主存和磁盘间有一个很大的空当。从 $r$ 不能太大的角度看，最好有一种速度、容量和价格介于其间的存储器作为中间的层次。这一需求促进了固态硬盘技术的快速发展和产业崛起。

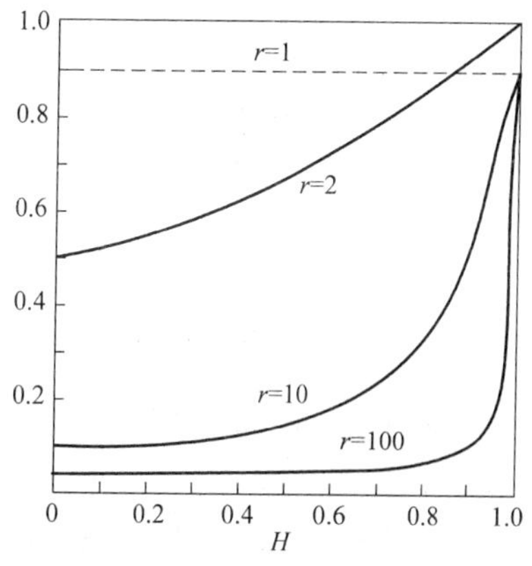

图 2.56　对应不同 $r$ 值时 $e$ 与 $H$ 的函数关系

## 2.7.3　Cache-主存机制

### 1. Cache-主存机制及其结构

在计算机的发展过程中，主存器件速度的提高赶不上 CPU 逻辑电路速度的提高，它们

的相对差距越拉越大。统计表明,CPU 的速度每 8～24 个月就能提高一倍,而组成主存的 DRAM 芯片的速度每年只能提高几个百分点。1955 年,在 IBM 704 中,处理机周期与主存周期相同;而到了 20 世纪 80 年代,主存周期已是处理机的周期的 10 倍。再如,100MHz 的 Pentium 处理器平均每 10ns 就能执行一条指令,而 DRAM 的典型访问速度是 60～120ns。显然,这样的主存是 CPU 难以忍受的。为解决主存储器与 CPU 速度不匹配的日益严重的问题,不仅大、中型计算机,连小型、微型计算机也开始注意采用 Cache-主存体系结构,即在 CPU 与主存之间再增加一级或多级能与 CPU 速度匹配的高速缓冲存储器(Cache)来提高主存储系统的性能价格比。

Cache 一般用存取速度高的 SRAM 元件组成,其速度与 CPU 相当,但价格较贵。为了保持最佳的性能价格比,Cache 的容量应尽量小,但太小会影响命中率,所以 Cache 的容量是性能价格比和命中率的折中。

图 2.57 为 Cache 的基本结构。可以看出,Cache-主存机制的工作要在如下 4 个部件支持下进行:

- 主存储体。
- Cache 存储体。
- 主存-Cache 地址映像变换机构。
- Cache 替换机构。

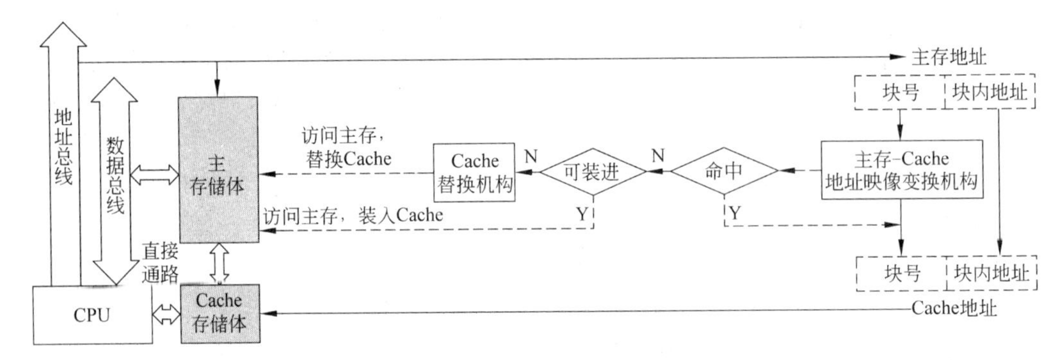


图 2.57 Cache 的基本结构

### 2. Cache-主存机制的基本原理

下面分析 CPU 读写时 Cache-主存机制的工作原理。CPU 读 Cache-主存时的流程如图 2.58 所示。

(1) CPU 向地址总线上送出一个访问地址。

(2) 地址映像变换机构的功能是把 CPU 发来的主存地址转换成 Cache 地址,并判定 Cache 中有无这个地址:若有,称为命中,即从 Cache 中读数据字到 CPU,结束;若未命中,则执行(3)。

(3) 访问主存,并取出数据到 CPU。同时判断 Cache 是否已满:若未满,则将该数据字所在块调入到 Cache——程序局部性原理,以备后面的操作使用,结束;若已满,则执行(4)。

(4) 由 Cache 替换机构按某种原则,将 Cache 中的块放回主存,覆盖主存对应的块,并

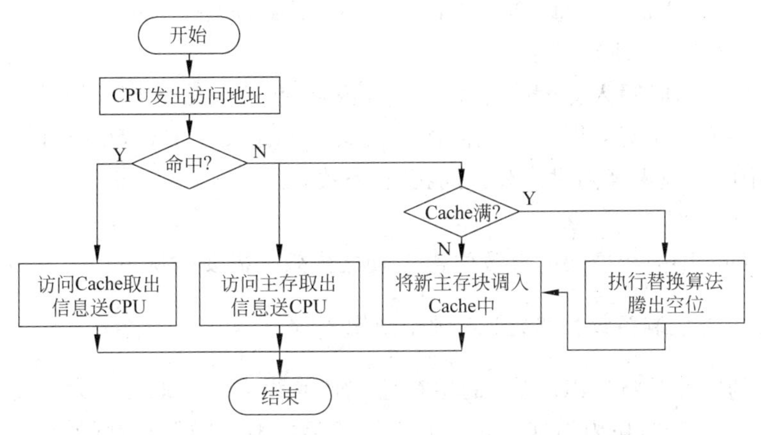


图 2.58 Cache 的读操作流程

将要读取的数据字所在的块调入 Cache。在此之后结束。

**注意**：CPU 与 Cache 以字为单位交换数据，而 Cache 与主存之间以块为单位交换数据。

### 3. Cache-主存机制关键技术之一：Cache 读技术

前面粗略地介绍了 Cache 的读过程。实际上 Cache 的读过程因所用技术而有所不同。常用的 Cache 读技术有如下两种。

1）贯穿读出式(look through)

在这种方式下，Cache 位于 CPU 与主存之间，CPU 对主存的所有数据请求都首先送到 Cache，由 Cache 在自身查找。如果命中，则切断 CPU 对主存的请求，并将数据送出；如果未命中，则将数据请求传给主存。

该方法的优点是降低了 CPU 对主存的请求次数，缺点是延迟了 CPU 对主存的访问时间。

2）旁路读出式(look aside)

在这种方式中，CPU 发出数据请求，并不是单通道地穿过 Cache，而是向 Cache 和主存同时发出请求。由于 Cache 速度更快，如果命中，则 Cache 在将数据回送给 CPU 的同时，还来得及中断 CPU 对主存的请求；若未命中，则 Cache 不做任何动作，由 CPU 直接访问主存。

该方法的优点是没有时间延迟，缺点是每次 CPU 都要访问主存，这样就占用了部分总线时间。

### 4. Cache-主存机制关键技术之二：Cache 写技术

Cache 中保存的是主存中的某些信息的副本。写操作时必须保持 Cache 与主存内容一致。解决一致性问题的方法因写操作的过程而异，目前主要采用以下几种方法。

1）全写法

全写法又叫通过式写(write-through)或通过式存(store-through)，它要求写 Cache 命中时，Cache 与主存同时发生写修改，较好地保证了主存与 Cache 的数据始终一致。但有可能会增加访存次数，这是因为每次向 Cache 写入时，都需向主存写入。

2）写回法(write-back)

写回法是每次暂时写入 Cache，不立即写入内存，仅用标志将该块加以注明，等需要将该块从 Cache 替换出来时，才写入主存，故此法又叫标志交换法(flag-swap)。写回法速度快，但因主存中的字块未经随时修改，可能引起失效。

3）只写主存法

这时将 Cache 中的相应块的有效位置 0，使之失效。需要时从主存调入，方可使用。

### 5. Cache-主存机制关键技术之三：地址映像

地址映像的功能是将 CPU 送来的主存地址转换为 Cache 地址。为便于替换，主存与 Cache 中块的大小相同，块内地址都是相对于块的起始地址的偏移量(低位地址)。所以地址映像主要是主存块号(高位地址)与 Cache 块号间的转换。地址映像是决定命中率的一个重要因素。

地址映像的方法有多种，选择时应考虑的因素较多，下面是主要考虑的因素。

- 硬件实现的容易性。
- 速度与价格因素。
- 主存利用率。
- 块(页)冲突(一个主存块要进入已被占用的 Cache 槽)概率。

主要的算法有直接映像(固定的映像关系)、全相联映像(灵活性大的映像关系)和组相联映像(上述两种的折中)。图 2.59 为上述 3 种映像方式的示意图。

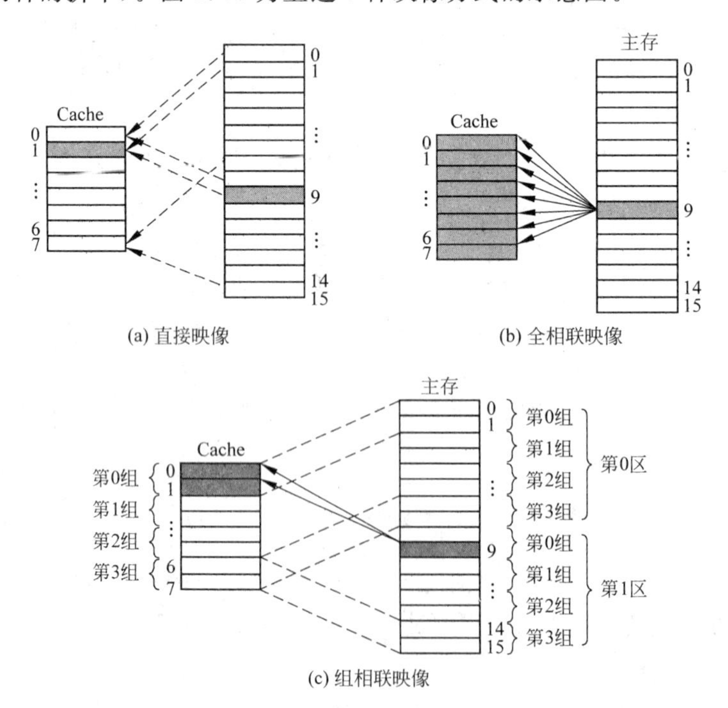


图 2.59 常用的 3 种 Cache 映像技术

1）直接映像 Cache

使用直接映像 Cache，要把主存分成若干区，每区与 Cache 大小相同。区内再分块，并使主存每个区中块的大小和 Cache 中块的大小相等，即主存中每个区包含的块的个数与 Cache 中块的个数相等。所以，主存地址分为 3 部分：区号、块号和块内地址；Cache 地址分为块号和块内地址两部分。

通常，Cache 被分为 $2N$ 块，主存被分为同样大小的 $2M$ 块，主存与 Cache 中块的对应关系可用如下映像函数表示：$j=i \bmod 2N$。式中，$j$ 是 Cache 中的块号，$i$ 是主存中的块号。这样，一个主存块只能映像到 Cache 中唯一指定的块中，即相同块号的位置，所以不存在替换算法的问题，地址仅需比较一次。

这是一种最简单的地址映像方式，成本低，地址变换快，但灵活性差，Cache 的块冲突率高，空间利用率低，当主存储器的组之间做频繁调用时，Cache 控制器必须做多次转换。

2）全相联 Cache

采用全相联映像，要将主存地址和 Cache 地址都分为块号和块内地址两部分，但是 Cache 块号和主存块号不相同，Cache 块号要根据主存块号从块表中查找。块表中保存着每个 Cache 块的使用情况。当主存中的某一块需调入 Cache 时，可根据当时 Cache 的块占用或分配情况，选择一个块给主存块存储，所选的 Cache 块可以是 Cache 中的任意一个块。所以主存中任何一个块都可以映像装入到 Cache 中的任何一个块的位置。

这种 Cache 结构的主要优点是，比较灵活，Cache 的块冲突概率最低，命中率高，空间利用率最高；缺点是每一次请求数据同 Cache 中的地址进行比较需要相当的时间，速度较慢，而且成本高，实现起来比较困难。

3）组相联映像 Cache

组相联映像是将 Cache 空间分成大小相同的组，每一组再分成大小相同的块；主存按照 Cache 的大小分成若干区，每个区内也按 Cache 的组、块进行划分。当主存有一个块要装入 Cache 时，先按照直接映像算法确定装入一个确定的组，再在组内按照全相联映像算法确定装在该组内的哪个块中。所以，这是前两种方式的折中。其优缺点也介于全相联映像和直接映像之间。

### 6. Cache-主存机制关键技术之四：替换算法

替换算法发生在有冲突发生，即新的主存块需要调入 cache，而它的可用位置已被占用时。这时替换机构应根据某种算法指出应移去的块，再把新块调入。替换机构是根据替换算法设计的。替换算法很多，要选定一个算法主要看其访问 cache 的命中率如何，其次要看其是否容易实现。

1）随机法（RAND 法）

随机法是随机地确定替换的存储块。设置一个随机数产生器，依据所产生的随机数确定替换块。这种方法简单，易于实现，但命中率比较低。

2）先进先出法（FIFO 法）

先进先出法是选择最先调入的那个块进行替换。最先调入并被多次命中的块很可能被优先替换，因而不符合局部性规律。这种方法的命中率比随机法好些，但还不满足要求。先进先出方法易于实现，例如 Solar-16/65 机 Cache 采用组相联方式，每组 4 块，每块都设定一个两位的计数器，当某块被装入或被替换时该块的计数器清零，而同组的其他各块的计数器均加 1，当需要替换时就选择计数值最大的块替换。

3）最近最少使用法（LRU 法）

LRU 法是依据各块使用的情况，总是选择那个最近最少使用的块被替换。这种方法比较好地反映了程序局部性规律。

#### 7. 多层次 Cache

加速比、命中率和成本是决定 Cache 性能的 3 项基本因素。为了进一步提高 Cache 的性价比，多数计算机采用了两级甚至三级 Cache。

两级 Cache 把 Cache 分为 L1（内部）和 L2（外部）两级。L1 Cache 比较小，容量在 KB 级，但速度极高，一般包括一个小的指令 Cache 和一个小的数据 Cache，被作为 CPU 的一部分制作。L2 Cache 多采用 SRAM，容量一般在 MB 级，早期被安装在主板上，现在多与 CPU 一起集成在一块芯片上，通过高速通道与 CPU 连接。这样，当 L1 Cache 未命中时，可到 L2 Cache 中搜索。由于 L2 Cache 容量很大，命中率会很高。

三级 Cache 则把 Cache 分为 L1、L2 和 L3，L3 位于主板上。这 3 级 Cache 中的信息是逐级包含的，即 L3 Cache 一定包含了 L2 Cache 中的全部信息，L2 Cache 一定包含了 L1 Cache 中的全部信息。

### 2.7.4 虚拟存储器

Cache-主存通过地址映像，使 CPU 能把较低的主存当作速度较高的 Cache 使用。而虚拟存储器（virtual memory，虚拟内存）则是通过地址映像，将容量大的在线辅存当作速度较高的主存使用。或者说，虚拟存储器也是基于程序访问的局部性，通过某种策略，把辅存中的信息一部分一部分地调入主存，以给用户提供一个比实际主存容量大得多的地址空间来访问主存。这样，用户程序就可以不受实际主存容量的限制，不必考虑主存是否装得下程序。

通常把能访问虚拟空间的指令地址码称为虚拟地址或逻辑地址，而把实际主存的地址称物理地址或实存地址。物理地址对应的存储容量称为主存容量或实存容量。

程序运行时，CPU 以虚地址访问主存，由硬件配合操作系统进行虚地址和实地址之间的映射，并判断这个虚地址指示的存储单元是否已经装入内存。如果已经装入内存，则通过地址变换，让 CPU 直接访问主存的实际单元；如果不在主存中，则把包含这个字的块调入内存后再进行访问。因此，虚拟存储器技术的关键是虚地址与实地址之间的转换。目前已经形成页式、段式、段页式 3 种不同的虚实地址转换方式。

#### 1. 页式虚拟存储器

页式虚拟存储器是将存储器分成大小相同的一些块，并称它们为页。如图 2.60 所示，在页式虚拟存储系统中，虚地址和实地址都由两个字段组成：虚地址的高位字段为逻辑页号，低位字段为页内地址；实地址的高位字段为物理页号，低位字段为页内地址。逻辑页号顺序排列。由于实地址中的页内地址与虚地址中的页内地址相同,因此虚地址到实地址的转换就是从虚页号到实页号的转换。

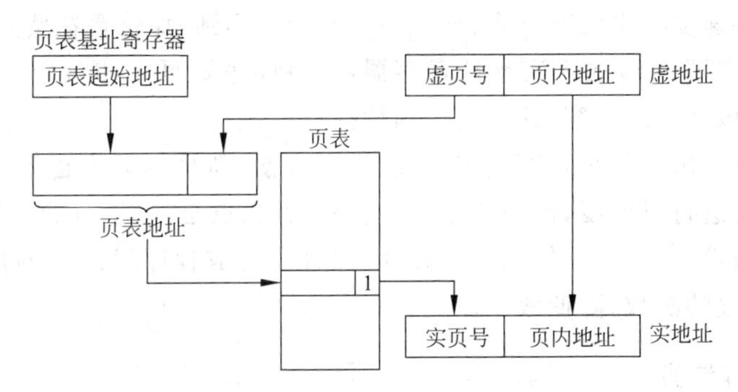


图 2.60 页式虚拟存储器的地址映像

由虚页号得到实页号,主要依靠页表。在页表中,对应每一个虚存逻辑页号有一个表项,其中含有该逻辑页所在的主存页面地址(物理页号),用它作为实地址的高字段,与虚地址的页内地址字段相拼接,产生完整的实地址,据此来访问主存。因此,虚页号到实页号的映像就成为虚页号到页表地址的映像。

页表地址也由两部分组成:高位字段是页表起始地址,低位字段是虚页号。页表的首地址存放在页表基址寄存器中。这个地址值与虚地址中的逻辑页号拼接,就成为页表中每个表项的地址。也就是说,根据逻辑页号就可以从页表中得到对应的物理页号。

页表中的表项除包含虚页号对应的实页号之外,还包括装入位、修改位、替换控制位等控制字段。若装入位为1,表示该页面已在主存中,将对应的实页号与虚地址中的页内地址拼接就得到了完整的实地址;若装入位为0,表示该页面不在主存中,于是要启动I/O系统,把该页从外存中调入主存后再供CPU使用。修改位指出主存页面中的内容是否被修改过,替换时是否要写回外存。替换控制位指出需替换的页,与替换策略有关。

CPU访存时首先要查页表,为此需要访问一次主存,若不命中,还要进行页面替换和页表修改,则访问主存的次数就更多了。为了将访问页表的时间降到最低限度,许多计算机将页表分为快表和慢表两种。慢表存储所有页表信息,快表作为部分内容的副本存放当前最常用的页表信息。图2.61为使用快表与慢表进行地址变换的示意图。

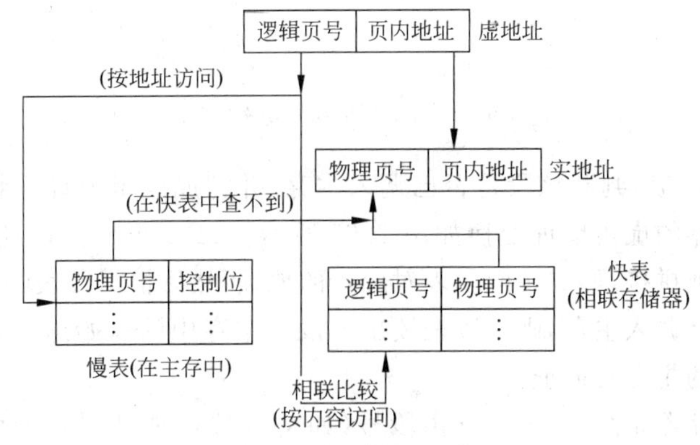


图 2.61 快表与慢表的使用

快表由硬件组成，比页表小得多，查表时，由逻辑页号同时去查快表和慢表。当在快表中有此逻辑页号时，就能很快地找到对应的物理页号送入实地址寄存器，从而做到虽采用虚拟存储器但访主存速度几乎没有下降；如果在快表中查不到，那就要花费一个访主存时间去查慢表，从中查到物理页号送入实地址寄存器，并将此逻辑页号和对应的物理页号送入快表，替换快表中应该移掉的内容，这也要用到替换算法。

页式虚拟存储器由于每页长度固定，页表设置方便，新页的调入也容易实现，程序运行时只要有空页就能进行页调度，操作简单，开销小。其缺点是，由于页的一端固定，程序不可能正好是页的整数倍，有一些不好利用的碎片，并且会造成程序段跨页的现象，给查页表造成困难，增加查页表的次数，降低效率。

**2. 段式虚拟存储器**

段式虚拟存储器是与模块化程序相适应的一种虚拟存储器，它将程序的各模块称为段。当计算机执行一个大型程序时，以段为单位装入内存。为此，要在内存中建立该程序的段表。段表中的每一行由下列数据组成：

- 段号。程序分段的代号，也是程序功能名称的代号。
- 装入位。为 1 时表示该段已调入主存，为 0 时表示该段不在主存中。
- 段起始地址。该段装入内存的起始。
- 段长。由于各段长度不等，所以需要指出该段长度。
- 属性。该段的其他属性特征，如可读写、只读、只写等。

图 2.62 为一个程序的段划分及其简化的段表示意图。

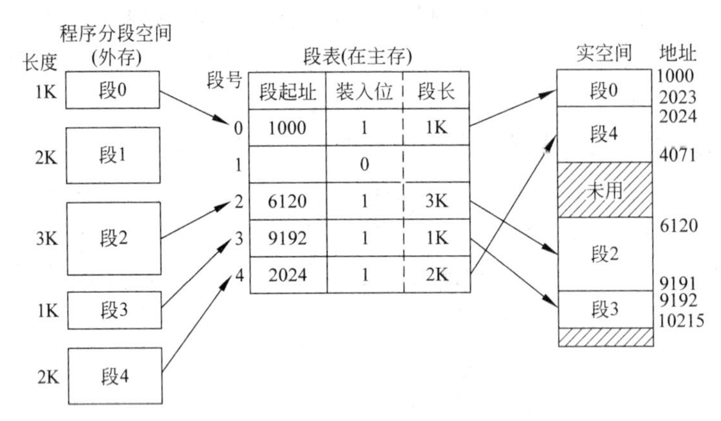


图 2.62　一个程序的段划分及其段表

CPU 通过访问段表，判断该段是否已调入主存，并完成逻辑地址与物理地址之间的转换。段式虚拟存储器的虚实地址变换如图 2.63 所示。CPU 根据虚地址访存时，首先将段号与段表的起始地址拼接，形成访问段表对应行的地址，然后根据段表的装入位判断该段是否已调入主存。若已调入主存，则从段表读出该段在主存中的起始地址，与段内地址（偏移量）相加，得到对应的主存实地址。

在段式虚拟存储器系统中，虚地址由段号（如 $s$）和段内地址（如 $w$）两部分组成。在进

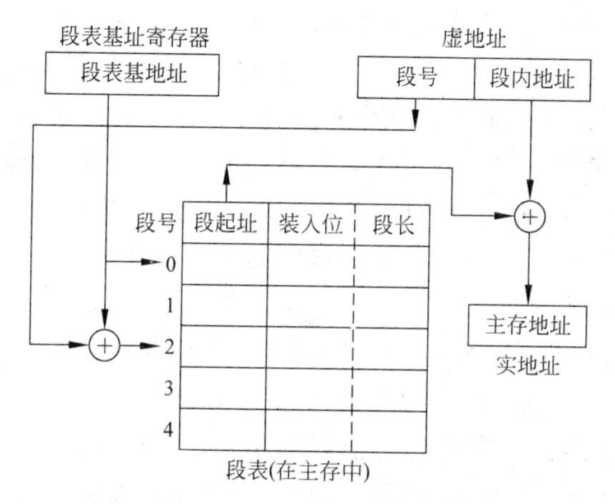


图 2.63　段页式虚拟存储器的地址转换

行地址转换时，操作系统用段号检索段表，得到该 $s$ 段装入主存时的起始地址（如 $b$）。该 $b$ 与段内地址 $w$ 拼接，就得到对应的物理地址。

由于段的分界与程序的自然分界相对应，各段之间相对独立，互不干扰；程序按逻辑功能分段，各有段名，易于实现程序的编译、管理、修改和保护，可以提高命中率，也便于多道程序共享。但是，因为段的长度参差不齐，起点和终点不定，给主存空间分配带来了麻烦，容易在段间留下不能利用的零碎空间，造成浪费。

**3. 段页式虚拟存储器**

段页式虚拟存储器是对段式、页式虚拟存储器的综合，它先将程序按其逻辑结构分段，再将每段划分为若干大小相等的页，同时将主存空间划分为同样大小的块。

作业将要执行其中的某个语句时，根据其地址计算出段号、页号和页内地址。首先根据段号查找段表，得到该段的页表的起始地址，然后查找页表，得到该页对应的块号，最后根据块的大小和页内地址计算出该语句的内存地址。

因为段页式存储管理对逻辑地址进行了两次划分，第一次将逻辑地址划分为若干段，第二次将每个段划分为若干页，所以每个段都需要一个页表，又要设置一个段表来记录每个段所对应的页表。

段页存储管理方式综合了段式管理和页式管理的优点，但需要经过两级查表才能完成地址转换，消耗时间多。

## 2.8　未来记忆元件

### 2.8.1　磁随机存取存储器

MRAM(Magnetic RAM，磁随机存取存储器)是一种利用磁化特性进行数据存取的内存技术，或者说是一种用电子的自旋方向代表数字 0、1 的技术，是在 1984 年由霍尼韦尔(Honeywell)公司的两名博士 Arthur Pohm 与 Jim Daughton 提出的。它可以让内存像硬盘那样用磁性材料而不是用电子元件存储数据。用磁性材料存储的好处是显而易见的，那就是它是非易失性的，而且不需要刷新、回写（传统的 DRAM 的读取是破坏性的）。在性能方面，MRAM 从诞生之初就开始逼近 SRAM 的水平，寻址延迟降到了 5ns。

MRAM 的主要技术特点就是使用 TMR（隧道型磁电阻）磁性体单元来存储数据；利用电阻随磁化方向而变化的原理记录数据，并通过隧道效应扩大电阻值的差别；耗电量低，且可高速写入和读取；擦写次数无限制。需要指出的是，TMR 技术也有可能用在未来硬盘的磁头中。

图 2.64(a)为 MRAM 的结构模型。图中 BL 为位元线(bit line)，MTJ 为磁隧道结，WWL 为写字线，GND 为地线，RWL 为读字线。MRAM 中每个存储元件采用一个 MTJ 存储 1b 数据。MTJ 由固定磁层、薄绝缘隧道隔离层和自由磁层组成。向 MTJ 施加偏压时，被磁层极化的电子会通过一个称为穿隧的过程穿透绝缘隔离层。当自由层的磁矩与固定层的磁矩平行且方向相同时，MTJ 具有低磁阻；当自由层的磁矩方向与固定层的磁矩反向平行时，则具有高磁阻。

图 2.64(b)为 MRAM 的存取单元的工作原理示意图。其读写过程与 DRAM 相似，但有如下优点：

- 不像 DRAM 那样需要动态刷新，是一种非易失件的存储元件。
- 磁化过程非常短暂，存取速度已经达到目前 CPU 高速缓存的水平。
- 存储密度也已经达到目前 DRAM 的水平。
- 芯片材料以铁、铝为主，制造成本较低。
- 具有几乎无限的读写寿命和极高的可靠性。

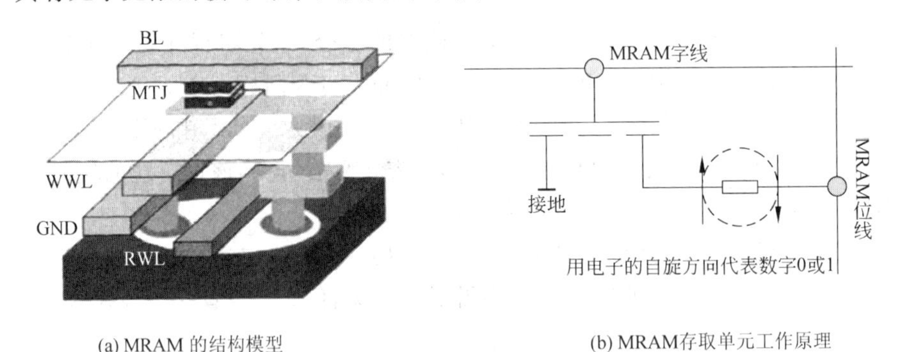


(a) MRAM 的结构模型　　(b) MRAM存取单元工作原理

图 2.64　MRAM 的结构模型和存取单元工作原理

所以，MRAM 几乎称得上是完美的存储技术。也正是由于这个原因，业界对 MRAM 倾注了巨大的希望，普遍认为它一旦发展成熟，便可以取代 DRAM 内存甚至闪存，市场潜力不可限量。而在商业化上，各家技术联盟都有自己的特长。

### 2.8.2 铁电随机存取存储器

FRAM(Ferroelectric RAM，也缩写为 FeRAM)是采用 $PbZrO_3/PbTiO_3$（锆钛酸铅，简写为 PZT）的一种铁电薄膜材料。如图 2.65 所示，当一个电场被施加到铁晶体管时，位于晶胞中心的 Ti(或 Zr)原子会在外电场作用下，顺着电场的方向停在一个低能量状态位置

(如图中的左下角所示);当电场反转时,中心原子顺着电场的方向在晶体里移动并停在另一低能量状态(如图中的右下角所示)。大量中心原子在晶体单胞中移动耦合形成铁电畴(如图中的上部所示),铁电畴在电场作用下形成极化电荷。铁电畴在电场下反转形成高极化电荷,在电场下无反转形成低极化电荷。当移去电场后,中心原子处于低能量状态保持不动,存储器的状态也得以保存,不会消失,因此可利用铁电畴在电场下反转形成高极化电荷,或无反转形成低极化电荷来判别存储单元是在 1 或 0 状态。这种铁电材料的二元稳定状态使得铁电可以作为存储器。

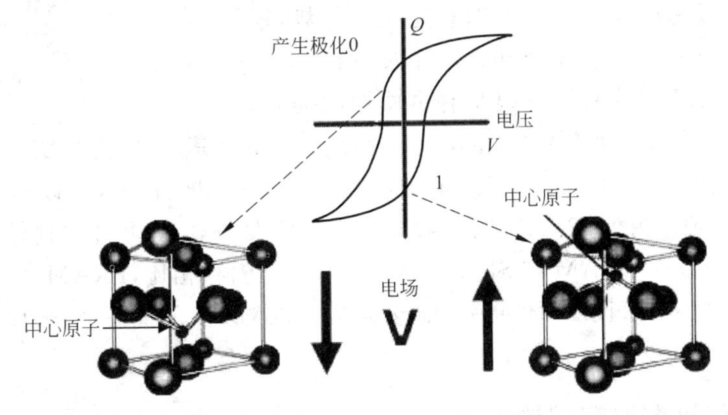


图 2.65 铁电薄膜材料的晶体微结构

FRAM 的速度很快,晶体原子状态的切换时间小于 1ns,读操作的时间小于 70ns,加上“预充”时间 60ns,一个完整的读操作时间约为 130ns。与一般串口 EEPROM 器件相比,写入速度高近 500 倍,重写次数是 EEPROM 的 10 000 倍以上,而功耗仅为 1/3000 以下,还有出色的抗干扰能力(包括抗伽马射线)、极高的可靠性和几乎无限的工作寿命($10^{14}$ 个周期)。这让它可以用在许多低功耗的特殊场合。不过,目前 FRAM 的存储密度较低,无法做到较大的容量,因此 FRAM 暂时还无法用于消费领域。

### 2.8.3 相变随机存取存储器

相(phase)是物理化学上的一个概念,它指的是物体的化学性质完全相同,而物理性质的不同状态。物质从一种相变成另外一种相的过程叫作相变,例如水从液态转化为固态。有些材料在一定条件下可以在晶态和非晶态之间相互转化,也是一种相变。晶态是有序态,具有极低的电阻;非晶态是无序态,具有极高的电阻。相变存储器 PRAM(Phase Change RAM,也缩写为 PCM 或 PCRAM)就是利用特殊材料的这种特性来存放数据。

目前发现,极小的硫族合金颗粒具有这种特性,其中最有应用前景的是 GST(锗、锑和碲),其熔点范围为 500~600℃。在非晶态下,GST 材料具有短距离的原子能级和较低的自由电子密度,使得其具有较高的电阻率。由于这种状态通常出现在 RESET 操作之后,一般称其为 RESET 状态,在 RESET 操作中 DUT 的温度上升到略高于熔点温度,然后突然对 GST 淬火将其冷却。冷却的速度对于非晶层的形成至关重要。非晶层的电阻通常可超过 1MΩ。

在晶态下,GST 材料具有长距离的原子能级和较高的自由电子密度,从而具有较低的电阻率。由于这种状态通常出现在 SET 操作之后，一般称其为 SET 状态。在 SET 操作中，材料的温度上升高于再结晶温度，但是低于熔点温度，然后缓慢冷却使得晶粒形成整层。晶态的电阻范围通常从 1～10kΩ。晶态是一种低能态，因此，当对非晶态下的材料加热，温度接近结晶温度时，它就会自然地转变为晶态。图 2.66 为 PRAM 单元结构。

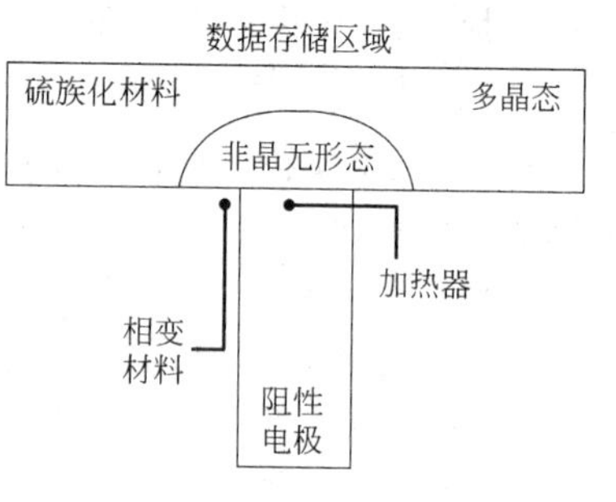


图 2.66 PRAM 单元结构

与 FRAM(铁电存储器)和 MRAM(磁性存储器)相比，PRAM 在容量和商业化生产方面有先天的优势，很容易利用半导体工艺进行大规模生产。不过，由于受限于相变材料，PRAM 的读写性能很难有本质性的提升，目前 PRAM 的最快写入速度为 120ns，读出速度为 60ns。其次，因为相变材料都有使用寿命，经过一定次数写入擦除操作之后，相变材料就会失去相变特征，所以可靠性不高也是 PRAM 的一大弱项。另外，PRAM 写入数据时需要较大的电流，芯片功耗较高。因此在性能方面 PRAM 难以同 DRAM 和 SRAM 媲美。但是与闪存相比，PRAMD 速度快得多，更容易缩小到较小尺寸，而且复原性更好，能够实现一亿次以上的擦写，将来代替闪存还很有希望。

## 2.8.4 阻变随机存取存储器

1971 年，非线性电路理论先驱、美国加州大学伯克利分校的华裔科学家蔡少堂从理论上预言，除电容、电感和电阻之外，电子电路还应该存在第 4 种基本元件——记忆电阻(memory resistors，简称忆阻)。忆阻是一种具有记忆功能的非线性电阻，可通过电流的变化控制其阻值的变化。

2000 年之后，研究人员在多种二元金属氧化物和钙钛矿结构的薄膜中发现了电场作用下的电阻变化，并应用到了下一代非挥发性存储器中，称之为阻变式随机存取存储器(Resistive RAM，RRAM)。图 2.67 为 RRAM 存储器矩阵的单元电路图，通过控制电压和脉冲宽度，可以模拟性地改变阻变元件的电阻值。因此 RRAM 也适合多值化(multi level cell)。如果将忆阻的高阻值和低阻值分别定义为 1 和 0，就可以通过二进制的方式来存储数据。

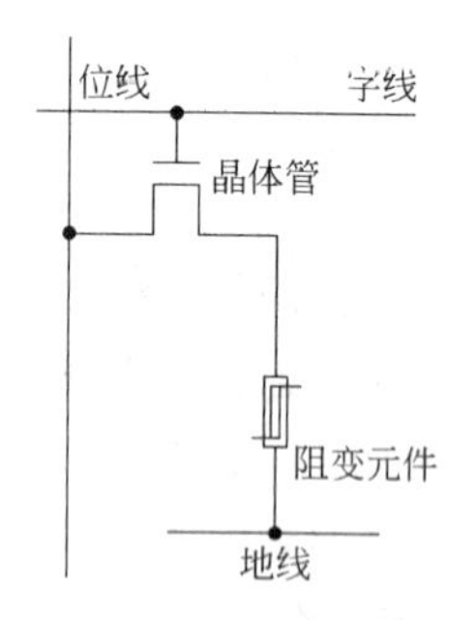


图 2.67 RRAM 存储器矩阵的单元电路

由于 RRAM 为电压驱动型，因此可以大幅度减少存储单元写入时的耗电量。在制造工艺相当于 0.5μm 的存储单元(大小为 0.8μm×0.8μm)中进行写入操作时，电流约为 200μA。而且，随着存储单元面积的缩小，所需的写入电流也会减小。

科学家指出，只有在纳米尺度上，忆阻的工作状态才可以被察觉到。他们希望这种新元件能够给计算机的制造和运行方式带来革命性变革。在实验室中，科学家已经制作出精细到 3nm 的元件。研究表明，这些元器件的切换和开关速度仅为 1ns，速度已经超越了 NAND 型闪存，性能直逼 DRAM。

# 习　题

2.1　存储器的带宽有何物理意义？某存储器总线宽度为 32 位，存取周期为 250ns，这个存储器带宽是多少？

2.2　设计一个用 64K×1b 的芯片构成 256K×16b 的存储器，画出组织结构图。

2.3　若 2114 是排列成 64×64 阵列的六管存储芯片，试问组成 4K×16b 的存储器共需多少片 2114？画出逻辑框图。

2.4　在 2.3 题中，如果存储器以字节编址，CPU 用一根控制线指明所寻址的是字还是字节，试设计这根控制线的连接方法。

2.5　若采用 1K×4b 动态 RAM 芯片（片内是 64×64 结构）组成 16K×8b 的存储器。

(1) 设计该存储器共需几片 RAM 芯片？

(2) 画出存储体组成框图。

2.6　已知某 8 位机的主存采用半导体存储器，其地址码为 18 位。使用 4K×4b 的静态 RAM 芯片组成该机所允许的最大主存空间，并选用模板块结构。

(1) 若每个模板块为 32K×8b，共需几个模板块？

(2) 每个模板内共有多少片 RAM 芯片？

(3) 主存共需多少 RAM 芯片？CPU 如何选择各模板？

2.7　下面是关于存储器的描述，请选出正确的叙述（正确用 T(True)表示，不正确用 F(False)表示）。

(1) CPU 访问存储器的时间是由存储体的容量决定的，存储容量越大，访问存储器所需的时间就越长。

(2) 因为动态存储器是破坏性读出，必须不断地刷新。

(3) 随机半导体存储器(RAM)中的任何一个单元都可以随时访问。

(4) 只读存储器(ROM)中的任何一个单元都不能随机访问。

(5) 一般情况下，ROM 和 RAM 在存储体中是统一编址的。

(6) 由于半导体存储器加电后才能存储数据，断电后数据就丢失了，因此用 EPROM 作为存储器，加电后必须重写原来的内容。

2.8　某计算机的存储容量是 64KB，若按字节寻址，则寻址的范围为__(1)__，需要地址线为__(2)__根，数据线为__(3)__根；若字长为 32 位，按字编址，寻址的范围为__(4)__。

(1) A. 64K　　B. 32K　　C. 16K　　D. 8K

(2) A. 64　　B. 16　　C. 8　　D. 6

(3) A. 32　　B. 16　　C. 8　　D. 4

(4) A. 64K　　B. 32K　　C. 16K　　D. 8K

2.9　某存储器容量为 4KB，其中，ROM 容量为 2KB，选用 2K×8b 的 EPROM；RAM 容量为 2KB，选用 IK×8b 的RAM；地址线 $A_{15}$～$A_0$。写出全部片选信号的逻辑式。

2.10　请画出八体交叉主存系统中的编址方式。

2.11　在 8 体交叉主存系统中，若每体并行读出两个字，每字为 2B，主存周期为 $T$，求该存储器的最大带宽。

2.12　欲将 10011101 写入磁表面存储器中。

(1) 分别画出归零制、不归零制、调相制、调频制的写入电流波形。

(2) 改进不归零制(NRZI)的记录原则是见 1 就翻，即当记录 1 时写电流要改变方向，记录 0 时不改变方向。画出它的电流波形。

(3) 改进调频制(MFM)与调频制(FM)的区别在于：FM在信息元交界处写电流总要改变一次方向；而MFM仅当连续记录两个0时，在信息元交界处翻转一次，其他情况不翻转。画出MFM的写电流波形。

2.13 磁盘上的磁道是__(1)__，在磁盘存储器中查找时间是__(2)__，活动头磁盘存储器的平均存取时间是指__(3)__，磁道长短不同，其所存储的数据量__(4)__。

(1) A. 记录密度不同的同心圆　　B. 记录密度相同的同心圆
　　C. 阿基米德螺线

(2) A. 磁头移动到要找的磁道的时间　　B. 在磁道上找到扇区的时间
　　C. 在扇区中找到数据块的时间

(3) A. 平均找道时间　　B. 平均找道时间＋平均等待时间
　　C. 平均等待时间

(4) A. 相同　　B. 长的容量大
　　C. 短的容量大

2.14 某磁盘组有4个盘片，5个记录面。每个记录面的内磁道直径为22cm，外磁道直径为33cm，最大位密度为1600位/cm，道密度为80道/cm，转速为3600r/min。

(1) 磁盘组的总存储容量是多少位(非格式化容量)?

(2) 最大数据传输率是每秒多少字节?

(3) 请提供一个表示磁盘信息地址的方案。

2.15 某磁盘存储器转速为3000rpm，共有4个记录面，道密度为5道/mm，每道记录信息为12 288B，最小磁道直径为230mm，共有275道。

(1) 该磁盘存储器的容量是多少?

(2) 磁盘数据传输率是多少?

(3) 平均等待时间是多少?

2.16 某磁盘存储器的转速为3000r/min，共4个盘面，道密度5道/mm，每道记录信息为12 288B，最小磁道直径为230mm，共有275道。

(1) 该磁盘存储器的容量是多少?

(2) 最高位密度和最低位密度是多少?

(3) 磁盘的数据传输率是多少?

2.17 选择填空。

(1) Cache的内容应与主存储器的相应单元的内容________。
　　A. 保持一致　　B. 可以不一致　　C. 无关

(2) 从Cache取数据的速度与从主存储器取数据的速度相比________。
　　A. 前者快　　B. 前者稍快　　C. 两者相等　　D. 前者慢

(3) Cache的内容是由________调入的。
　　A. 操作系统　　B. 执行程序时逐步　　C. 指令系统设置的专用指令

(4) 虚拟存储器的逻辑地址位数比物理地址________。
　　A. 多　　B. 相等　　C. 少

2.18 能不能把Cache的容量扩大，然后取代现在的主存?

2.19 存储系统的层次结构可以解决什么问题? 实现存储系统层次结构的先决条件是什么? 用什么度量?

2.20 试比较在多级存储系统中Cache-主存与虚拟存储器之间的异同。

2.21　设主存储器容量为 4MB，虚拟存储器容量为 1GB，则虚拟地址和物理地址各为多少位？根据寻址方式计算出来的有效地址是虚拟地址还是物理地址？

2.22　假设可供用户程序使用的主存容量为 100KB，而某用户的程序和数据所占的主存容量超过 100KB，但小于逻辑地址所表示的范围，请问具有虚拟存储器与不具有虚拟存储器对用户有何影响？

2.23　在 2.22 题中，如果页大小为 4KB，页表长度为多少？

2.24　在虚拟存储器中，术语“物理空间”和“逻辑空间”有何联系和区别？

2.25　在页式虚拟存储器中，若页很小或很大，各会对操作速度产生什么影响？

2.26　某计算机主存的地址空间大小为 512MB，按字节编码；虚拟地址空间为 4GB，采用页式存储管理，页大小为 4KB，TLB(块表)采用全相联映射，有 4 个页表，如表 2.11 所示。

**表 2.11　题 2.26 全相联映射对应的页表项**

| 有效位 | 标记 | 页框号 | … |
|---|---|---|---|
| 0 | FF180H | 0002H | … |
| 1 | 3FFF1H | 0035H | … |
| 2 | 02FF3H | 0351H | … |
| 3 | 03FFFH | 0153H | … |

则对虚地址 03FFF180H 进行虚实地址变换的结果是________。

A. 0153180H　　B. 0035180H　　C. TLB 缺失　　D. 缺页

2.27　从下列有关存储器的描述中选出正确的答案。

(1) 多体交叉存储器主要解决扩充容量问题。

(2) 在计算机中，存储器是数据传送的中心，但访问存储器的请求是由 CPU 或 I/O 设备发出的。

(3) 在 CPU 中通常都设置若干个寄存器，这些寄存器与主存统一编址。访问这些寄存器的指令格式与访问存储器是相同的。

(4) Cache 与主存统一编址，即主存空间的某一部分属于 Cache。

(5) 机器刚加电时，Cache 无内容，在程序运行过程中 CPU 初次访问存储器某单元时，信息由存储器向 CPU 传送的同时传送到 Cache；当再次访问该单元时即可从 Cache 取得信息(假设没有被替换)。

(6) 在虚拟存储器中，辅助存储器与主存储器以相同的方式工作，因此允许程序员用比主存空间大得多的辅存空间编程。

(7) Cache 的功能全由硬件实现。

(8) 在虚拟存储器中，逻辑地址转换成物理地址是由硬件实现的，仅在页面失效时才由操作系统将被访问页面从辅存调到主存，必要时还要先把被淘汰的页面内容写入辅存。

(9) 内存与外存都能直接向 CPU 提供数据。

# 第3章　总线与主板

总线(bus)是能由多个部件分时共享的公共信息传送线路,一个系统的总线结构决定了该计算机系统的数据通路及系统结构。它能简化系统设计,便于组织多家专业化大规模生产,降低产品成本,提高产品的性能和质量,便于产品的更新换代,满足不同用户需求以及提高可维修性等,因而得以迅速发展。自 1970 年美国 DEC 公司在其 PDP-11/20 小型计算机上采用 Unibus 以来,各种标准的、非标准的总线纷纷面世。今天几乎所有的计算机系统中都采用了总线结构。

在微型计算机中,总线以及所连接的部件都安放在主板(mainboard)上。计算机在运行中对于系统内的部件和外部设备的控制都通过主板实现,主板的组成与布局也影响着系统的运行速度、稳定性和可扩展性。

## 3.1　总线的概念

### 3.1.1　总线及其规范

总线是由导线组成的传输线束,用来作为在计算机各种功能部件之间传送信息的公共通信干线。

共享、分时和规范是总线的 3 个基本特点。所谓共享,是指多个部件连接在同一组总线上,各部件之间相互交换的信息都可以通过这组总线传送。分时是指同一时刻总线只能在一对部件之间传送信息。

总线是计算机系统模块化的产物,相同的指令系统,相同的功能,不同厂家生产的各功能部件在实现方法上不尽相同,但希望相同的功能部件可以互换使用,这要求各厂家的产品必须遵循一定的规范。这些规范包括如下 4 个方面。

#### 1. 机械规范

机械规范又称物理规范,指总线在机械上的连接方式,如插头与插座所使用的标准,包括接插件尺寸、形状、引脚根数及排列顺序等,以便能正确无误地连接。图 3.1 为计算机中

(a) 外部总线接插件

(b) 内部总线接插件

图 3.1　计算机中常用的一些总线接插件

常用的一些总线接插件。

#### 2. 电气规范

电气规范指总线的每一根线上信号的传递方向及有效电平范围、动态转换时间、负载能力等。一般规定送入 CPU 的信号叫输入信号(IN),从 CPU 发出的信号叫输出信号(OUT)。例如,地址总线是输出线,数据总线是双向传送线,这两类信号线都是高电平有效;控制总线一般是单向的,有输出的,也有输入的,有高电平有效的,也有低电平有效的。总线的电平都符合 TTL 电平的定义。例如 RS-232C 的电气规范规定,用低电平表示逻辑 1,并且要求电平低于-3V;用高电平表示逻辑 0,并且要求电平高于+4V,通常额定信号电平为-10V 和+10V 左右。

#### 3. 功能规范

总线按功能可分为地址总线、数据总线和控制总线。在控制总线中,各条线的功能也不相同,有 CPU 发出的各种控制命令(如存储器读写、I/O 读写等),也有外设与主机的同步匹配信号,还有中断信号、DMA 控制信号等。

#### 4. 时间规范

时间规范又称为逻辑规范,指在总线操作过程中每一根信号线上信号什么时候有效,通过这种信号有效的时序关系约定,确保总线操作的正确进行。

### 3.1.2 总线分类

总线应用很广,形态多样,从不同的角度可以有不同的分类方法。下面列举几种。

#### 1. 按照总线传递的信号性质分类

按照总线传递的信号性质,可将其分为以下几类:

- 地址总线(Address Bus,AB),用来传递地址信息。
- 数据总线(Data Bus,DB),用来传递数据信息。
- 控制总线(Control Bus,CB),用来传递各种控制信号。

#### 2. 按照总线所处的位置分类

总线按所处的位置分为机内总线和机外总线。

机内总线分为片内总线和片外总线。片内总线指 CPU 芯片内部用于在寄存器、ALU 以及控制部件之间传输信号的总线;片外总线指 CPU 芯片之外用于连接 CPU、内存以及 I/O 设备的总线。

机外总线指外部设备接口总线,实际上是外设的一种接口标准。目前在微型计算机上流行的接口标准有 IDE、SCSI、USB 和 IEEE 1394 等。

**3. 按照总线在系统中连接的主要部件分类**

按照总线在系统中连接的主要部件，可以将总线分为以下几类：

(1) 存储总线，连接存储器。

(2) DMA 总线，连接 DMA 控制器。

(3) 系统总线，连接 I/O 通道总线以及各扩展槽。

(4) I/O(设备)总线，连接外部设备控制芯片。

(5) 局部总线，通常是一种实现高速数据传送的高性能总线，用来在高度集成的外设控制器器件、扩展板和处理器/存储器系统之间提供一种内部连接机制。

**4. 按照总线传输的数据单位分类**

按照总线传输的数据单位分为串行总线和并行总线。图 3.2 为二者示意图。

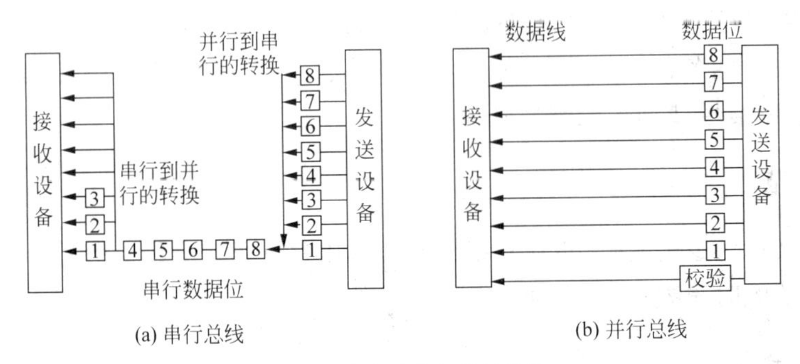


图 3.2　串行总线与并行总线

(1) 串行总线按位进行传输，每次传输一个位的数据。串行总线按照所传输数据的方向性又可分为 3 种：单工、半双工和双工。

- 单工传输只支持数据在一个方向上传输，除控制信号和电源之外，一般只用一根数据线就够了。
- 半双工数据传输允许数据在两个方向上传输，但两个方向的传输不可同时进行，故除控制信号和电源之外，一般也只用一根数据线就够了。
- 双工数据传输允许数据同时在两个方向上传输，因此全双工通信是两个单工通信方式的结合。

(2) 并行数据每次传输多位，通常有 8b、16b、32b 和 64b 等几种。所以，并行传输除了控制信号、电源等之外，要传输多少位数据，就需要多少根数据线。

**5. 按照发送端与接收端有无共同的时钟分类**

按照发送端与接收端有无共同的时钟，总线可以分为同步总线与异步总线等类型。具体将在第 3.2 节中深入讨论。

**6. 按照系统中使用的总线数量分类**

大多数总线都是以相同方式构成的，其不同之处仅在于总线中数据线和地址线的数目以及控制线的多少及功能。按照系统中使用的总线的条数可以分为单总线结构、双总线结构和多总线结构。

单总线结构使用一组单一的系统总线来连接 CPU、主存和 I/O 设备。在这类系统中，同一类信息在不同部件间传递时通过同一组总线，或者说，所有的模块都挂在同一组总线上。这种总线结构连接灵活，易于扩充。单总线结构容易扩展成多 CPU 系统，这只要在总线上挂接多个 CPU 即可。因所有信息都在一组系统总线上传送，故信息传输的吞吐量受到限制。

双总线结构保持了单总线结构简单、易于扩充的优点，又在 CPU 和主存之间有一组专门的高速总线，使 CPU 可与主存迅速交换信息，而主存不必经过 CPU 仍可通过总线与外设之间实现 DMA 操作。这样，缓解了系统总线和 CPU 的压力，提高了系统的效率。

由于各种设备对于总线的要求不同，在设备不断增加的形势下，总线趋向于分级的总线结构。图 3.3 是一种三级总线结构。

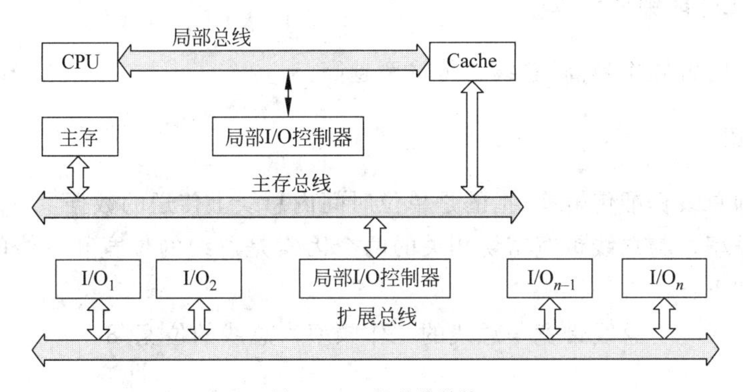


图 3.3　三级总线结构

这种三级总线结构一般用于 I/O 设备性能相差不大的情况。在高速的视频设备、网络、硬盘等大量涌现的情况下，将它们与低速设备(如打印机、低速串口设备)接在同一条总线上，非常影响系统的效率。进一步的改进是为这些高速设备设立一条单独的高速总线，如图 3.4 所示。

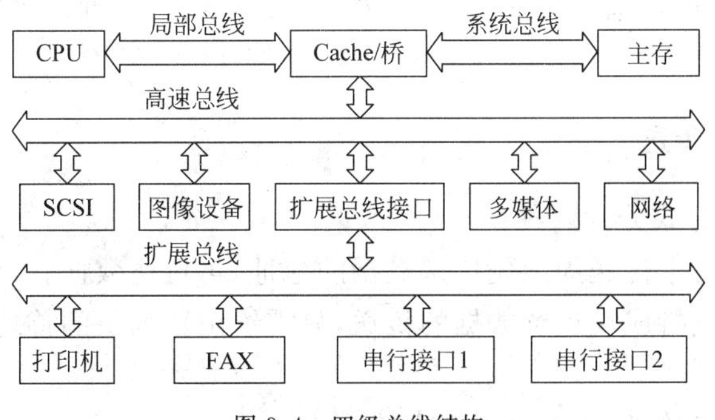


图 3.4　四级总线结构

计算机总线是计算机模块间传递信息的通路。计算机总线技术包括通路控制性能、使用方法、仲裁方法和传输方式等。总线技术在整个计算机系统中占有十分重要的位置。任何系统的研制和外围模块的开发都必须服从一定的总线规范。总线的结构不同，性能差别很大。由于计算机总线的主要职能是负责计算机各模块间的信息传输，因此，对总线性能的衡量也是围绕着这一职能而定义、测试和比较的。

### 3.1.3 总线的性能指标

总线的主要性能指标有如下几方面。

#### 1. 总线位宽

总线位宽也称传送宽度，指总线能同时传送的二进制数据的位数，主要指数据总线的位数，如总线宽度有 8 位、16 位、32 位、64 位之分。总线的位宽越大，每秒数据传输率越大，总线的带宽越大。

#### 2. 总线的工作时钟频率

总线的工作时钟频率越高，总线的传输率越高。

#### 3. 总线带宽

总线带宽即总线标准传输率，指的是单位时间内总线上传送的数据量，即每秒传送的最大稳态数据传输率。与总线带宽密切相关的两个因素是总线的位宽和总线的工作频率，它们之间的关系如下：

$$总线带宽 = 总线的工作频率 \times 总线的位宽/8$$

或者

$$总线的带宽 = (总线的位宽/8)/总线周期$$

例如，总线工作频率为 33MHz，总线宽度为 32 位，则最大传输率为

$$Dr = 32/8 \times 33 \times 10^6 = 132MB/s$$

#### 4. 寻址能力

寻址能力取决于地址总线的根数。例如，PCI 总线的地址总线为 32 位，寻址能力达 4GB。

#### 5. 是否支持突发传送

总线上数据传送方式分为两种：

(1) 正常传送。每个传送周期先传送数据的地址，再传送数据。

(2) 突发传送。支持成块连续数据的传送，只需给出数据块的首地址，后续数据地址自动生成。

PCI 总线支持突发传送，ISA 总线不支持。

#### 6. 负载能力

总线负载能力即总线上能够连接的设备数。

### 7. 总线控制方式

总线控制含有突发传输、并发工作、自动配置、仲裁方式、逻辑方式、计数方式等项内容。

### 8. PnP 能力

PnP(Plug-and-Play,即插即用,也称热插拔)是由 Microsoft 公司提出的,意思是系统自动检测周边设备和板卡并自动安装设备驱动程序,做到插上就能用,无须人工干预,是 Windows 自带的一项技术。所谓即插即用是指将符合 PnP 标准的 PC 插卡等外部设备安装到计算机时,操作系统自动设定系统结构的技术。当用户安装新的硬件时,不必再设置任何跳线器开关,也不必用软件配置中断请求(IRQ)、内存地址或直接存储器存取(DMA)通道,Windows 会向应用程序通知硬件设备的新变化,并会自动协调 IRQ、内存地址和 DMA 通道之间的冲突。

### 9. 其他指标

除了以上几项外,还有如下一些指标:

- 传输距离(这一点对 I/O 总线很重要)。
- 传输差错率(这一点对 I/O 总线很重要)。
- 抗干扰力。
- 确定性延迟。
- 同步方式。
- 信号线数。
- 是否支持多路复用。
- 电源电压高低。
- 能否扩展 64 位宽度等。

## 3.1.4 标准总线

表 3.1 为在微型计算机发展过程中形成的一些主要标准系统总线。

**表 3.1 在微型计算机发展过程中形成的一些主要标准系统总线**

| 总线名称 | 开发者 | 推出年份 | 总线位宽/b | 工作频率 | 带宽 | 负载能力 |
|---|---|---|---|---|---|---|
| PC-XT | IBM | 1981 | 8 | 4MHz | 4MB/s | 8 |
| ISA | IBM | 1984 | 16 | 8MHz | 16MB/s | 8 |
| MCA | IBM | 1987 | 32 | 10MHz | 40MB/s | 无限制 |
| EISA | Compaq 等 | 1988 | 32 | 8.33MHz | 33MB/s | 6 |
| PCI | Intel、IBM 等 | 1991 | 32 | 20～33.3MHz | 133/528MB/s | 3 |
| VESA | VESA | 1992 | 32 | 66MHz | 266MB/s | 6 |
| AGP | Intel | 1996 | 32 | 66.7/133MHz | 266MB/s/2.133GB/s | |
| PCI-E | Intel、IBM 等 | 2002 | 串行 | 2.5/5/10GHz | 点对点:4/16GB/s<br>双向:8/32GB/s | |

上述这些标准中有些已经被淘汰，有些正在被应用，有些即将被应用。其中对于现在和今后有重大影响的总线标准将在3.3节介绍。

## 3.2 总线工作原理

### 3.2.1 总线的组成与基本传输过程

#### 1. 总线的组成

总线基本上都包括如下3个部分。

1) 传输线

总线是信号线的集合，这些信号线可分为以下几种类型：

- 地址线，决定直接寻址范围。
- 数据线，决定同时并行传输的数据宽度。
- 控制、时序和中断信号线，决定总线功能的强弱、适应性好坏。
- 电源线，决定电源电压种类、地线分布以及它们的用法。
- 备用线，留给用户进行性能扩充以满足特殊需要。

2) 接口逻辑

总线与各部件并不是直接相连的，通常需要一些三态门(控制双向传送)和缓冲寄存器等作为它们之间的接口。

3) 总线控制器

总线要为多个部件共享。为了正确地实现它们之间的通信，必须有一个总线控制机构，对总线的使用进行合理的分配和管理。

#### 2. 总线中信号的基本传输过程

作为数据传输通道，总线连接着多个部件，传递着多种信号。每一个信号的传送都是主方(发送端)发出数据，从方(接收端)接收数据。

总线中信号的传输过程一般包含如下一些环节。

1) 请求总线

由利用总线进行信息传送的主控模块申请总线，以便取得总线控制权。

2) 总线仲裁

多个主控模块同时申请总线时，系统做出裁定，按规则把总线的控制权赋予某个主控模块。

3) 目的寻址

某主控模块取得总线控制权后，由其进行寻址，通知被访问的模块进行信息传输。

4) 信息传输

主控模块与被访问模块之间进行数据传输，根据读写方式确定信息流向。分两种情形：

(1) 单周期方式。在获得一次总线使用权后只能传输一个数据，如果需要传输多个数据，就要多次申请使用总线。

(2) 突发式。获得一次总线使用权可以连续进行多个数据的传输，在寻址过程中，主控模块发送数据块的首地址，后续的数据在首地址的基础上按一定的规则寻址。例如，PCI 总线支持突发数据传输方式，这种方式下总线利用率高。

5）错误检测

最常用、最简单的错误检测方法是奇偶检验。错误检测结束后，主控模块的有关信息均从系统总线上撤销，让出总线。

### 3.2.2 总线的争用与仲裁

按对总线有无控制功能，连接在总线上的设备可以分为主模块和从模块两种。前者具有对总线的控制权，后者没有。总线上信息的传输由总线主模块启动。即总线上的一个主模块要与另一个模块进行通信时，首先应该由主模块发出总线请求信号。总线同一时刻只允许在一对模块之间进行通信。当多个主模块同时要求使用总线时，可以采用两种方法解决冲突：静态方法和动态方法。静态方法是时间片划分方法，好像一周上 6 门课，而每门课只能按照课程表在规定的时间段内上。动态方法是总线控制机构中的判优和仲裁逻辑按一定的判优原则来决定由哪个模块使用总线。只有获得了总线使用权的模块才能开始传送数据。动态判优分为集中控制和分布式控制两种。前者将控制逻辑集中在一起（如在 CPU 中），后者将控制逻辑分散在与总线连接的各个部件或设备上。下面进一步介绍。

#### 1. 多路复用法

多路复用是将一条物理通道划分成多条逻辑通道，在计算机内多采用时间片划分方法，即将时间分片，按照事先的规定，在不同的时间片中传送不同模块的通信信号。图 3.5 为把一条物理总线用分时传送的方法当作 3 条逻辑总线使用的情形。

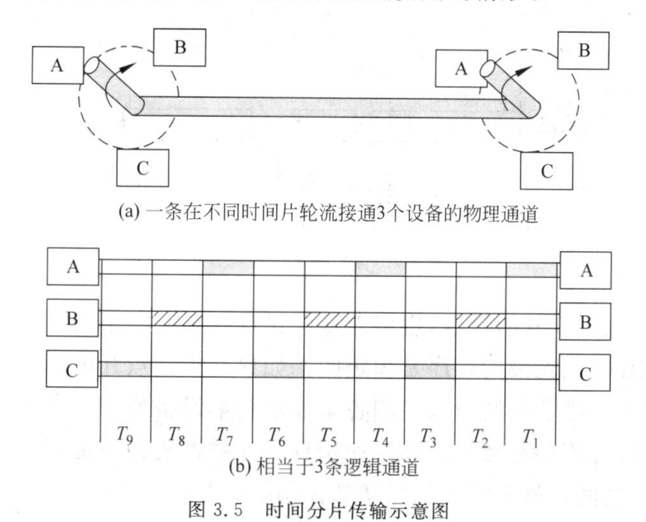


图 3.5 时间分片传输示意图

#### 2. 集中控制的优先权仲裁

集中控制的优先权仲裁方式有 3 种：链式查询、定时查询和独立请求。下面介绍这 3 种方式。

1）链式查询方式

链式查询方式如图 3.6 所示。它靠 3 条控制线进行控制：BS（忙）、BR（总线请求）和 BG（总线同意）。它的主要特征是将总线允许信号 BG 串行地从一个部件（I/O 接口）送到下一个部件，若 BG 到达的部件无总线请求，则继续下传，直到到达有总线请求的部件为止，这意味着该部件获得了总线使用权。

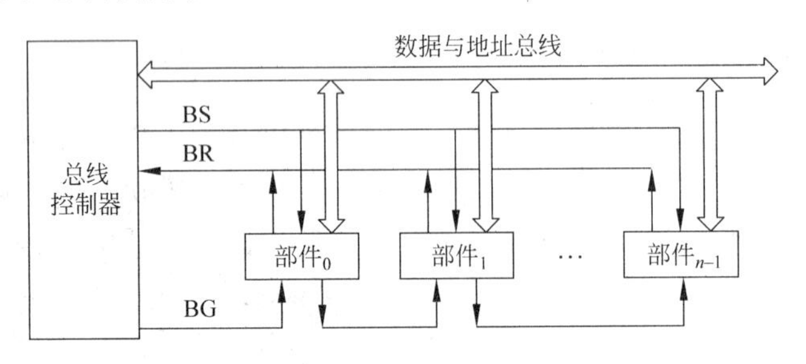


图 3.6　链式查询方式

显然，在查询链中离总线控制器最近的部件具有最高优先级，离总线控制器越远，优先级越低。链式查询通过接口的优先级排队电路实现。

2）计数器定时查询方式

该方式采用一个计数器控制总线的使用权，其工作原理如图 3.7 所示。它仍用一根请求线，当总线控制器接到总线请求信号以后，若总线不忙（BS 线为 0），则计数器开始计数，并把计数值通过一组地址线发向各部件。当地址线上的计数值与请求使用总线设备的地址一致时，该设备获得总线使用权，置忙线 BS 为 1，同时中止计数器的计数及查询工作。

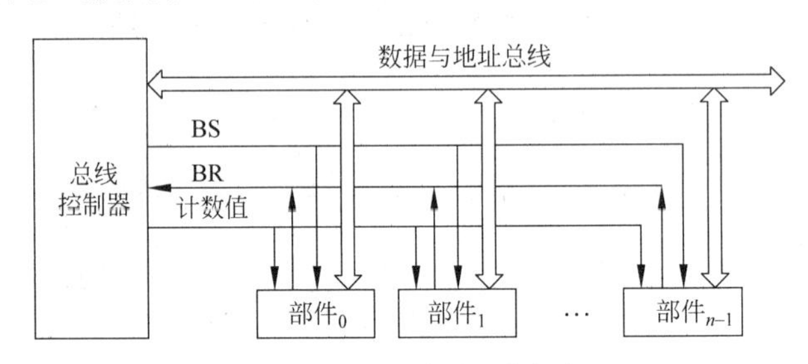


图 3.7　计数器定时查询方式

计数器每次可以从 0 开始计数，也可以从中止点开始。如果从 0 开始，各部件的优先次序与链式查询法相同，优先级的顺序是固定的。如果从中止点开始，则每个设备使用总线的优先级相等，这对于用终端控制器来控制各个显示终端设备是非常合适的，这是因为终端显示属于同一类设备，应该具有相等的总线使用权。计数器的初值也可以用程序设置，以方便地改变优先次序。当然这种灵活性是以增加控制线数为代价的。

3）独立请求方式

独立请求方式的原理如图 3.8 所示。在独立请求方式中，每一个共享总线的部件均有一对总线请求线 $BR_i$ 和总线允许线 $BG_i$。当该部件要使用总线时，便发出请求信号，在总线控制器中排队。总线控制器可根据一定的优先次序决定首先响应哪个部件的总线请求，以便向该部件发出总线的响应信号 $BG_i$。该部件接到此信号就获得了总线的使用权，开始传送数据。

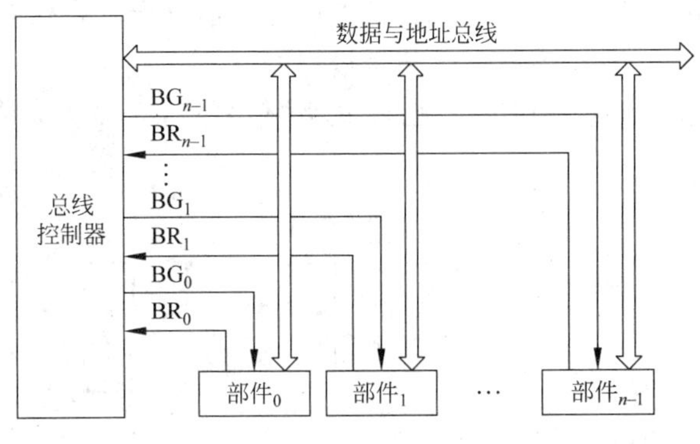


图 3.8 独立请求方式

独立请求方式的优点是响应快，不用一个部件接一个部件地查询，然而这是以增加控制线数为代价的。在链式查询中仅用两根线确定总线使用权属于哪个部件；在计数查询中大致用 $\log_2 n$ 根线，其中 $n$ 是允许接纳的最大部件数；而独立请求方式需要采用 $2n$ 根线。

独立请求方式对优先次序的控制相当灵活，需要采用特定的裁决算法。常用的算法有如下 4 种。

(1) 静态优先级算法。预先固定优先级别。例如，让 $BR_0$ 优先级最高，$BR_1$ 次之……$BR_n$ 最低。有使用冲突时，优先级高者得。

(2) 平等算法。以轮转方式使各设备都获得较为均等的总线使用机会。

(3) 动态优先算法。根据使用情况，动态地改变优先次序，如让近期最少使用者或使用时间短者优先。

(4) 先来先服务法：即按申请到达的顺序进行裁决。

#### 3. 分布控制的优先权仲裁

分布式优先权仲裁有如下特点。

(1) 所有设备都具有预先分配的仲裁号。

(2) 仲裁器分布在各设备上。

(3) 在任何时刻，每个设备都可以发出总线使用请求。

(4) 同时有两个以上设备发出总线使用请求时，高优先级别的设备赢得裁决。

(5) 一个设备使用总线时，要通过总线忙信号阻止其他设备请求。

### 3.2.3 总线通信中主从之间的时序控制

在总线中，主方的数据发送和从方的数据接收必须协调。实现主从协调操作的基本方法是有一个时序控制规则——协议。这些规则大致有 4 种方式：同步通信、异步通信、半同步通信和分离式通信，其中最基本的是同步通信和异步通信。

#### 1. 同步通信中的定时控制

同步通信中的定时控制简称同步定时，主从方有共同的时钟，它们的操作完全依据协议规定的时间，在规定的时刻开始，并在规定的时刻结束，是一种“以时定序”的控制方式。

图 3.9 表示数据由输入设备向 CPU 传送的同步通信过程。总线周期从 $t_0$ 开始到 $t_4$ 结束。在总线时钟的控制下，整个数据同步传送过程如下。

(1) 当在 $t_0$ 时刻，CPU 检测到设备“已经就绪”信号后，立即将欲读设备的地址放在地址总线上。

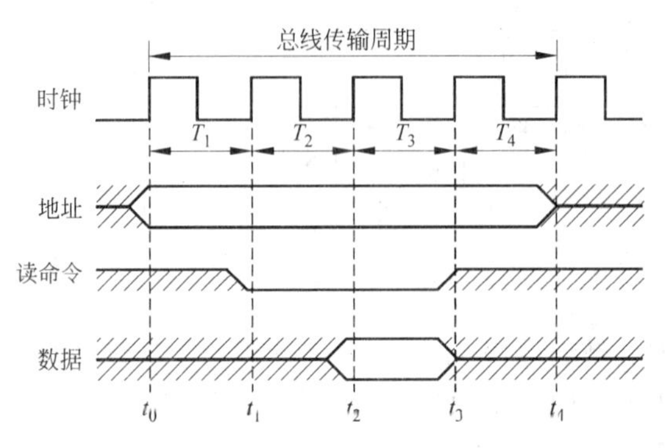


图 3.9 同步通信中读数据过程的时序关系

(2) 经过一个周期，在 $t_1$ 时刻，CPU 发出读命令(低电平)。

(3) 经过一个周期，在 $t_2$ 时刻，设备把数据放到数据总线上。CPU 在时钟周期 $T_2$ 中进行数据选通，将数据接收到自己的寄存器。

(4) 在数据已经读入寄存器的 $t_3$ 时刻，读命令信号和设备数据信号撤销。

(5) 在 $t_4$ 时刻，地址信号撤销，总线传输周期结束，可以开始另一个新的数据传送。

同步传输的基本特点是模块之间的配合简单一致，并且由于采用了公共时钟，每个部件什么时候发送或接收信息都由统一的时钟规定，因此同步通信具有较高的传输效率。缺点是所有模块都强求一致的同一时限，使设计缺乏灵活性。例如，一个读周期仅需要 2.1 个时钟周期，但也要拉到 3 个时钟周期。

**2. 异步通信**

异步通信也称异步应答通信。在异步通信方式中，双方的操作不依赖基于共同时钟的时间标准，而是一方的操作依赖于另一方的操作，形成一种“请求-应答”方式，或称为握手方式，所采用的通信协议称为握手协议(handshaking protocol)。

握手协议由一系列的握手操作的顺序规定。例如，存储器读周期可以描述为如下过程：

(1) CPU 先发送状态信号和地址信号到总线上。

(2) 状态信号和地址信号稳定后，CPU 发出读命令，用来向存储器“请求”数据。

(3) 存储器收到“请求”后，经过地址译码，将数据放到数据线上。

(4) 等数据信号稳定后，存储器向控制线上发送“确认”信号，通知 CPU 数据总线上有数据可用。

(5) CPU 收到“确认”信号后，从数据总线上读取数据，立即撤销状态信号。

(6) 状态信号的撤销，引起存储器撤销数据和确认信号。

(7) 存储器确认信号的撤销引起 CPU 撤销地址信号，一次读过程结束。

这个过程如图 3.10 所示。

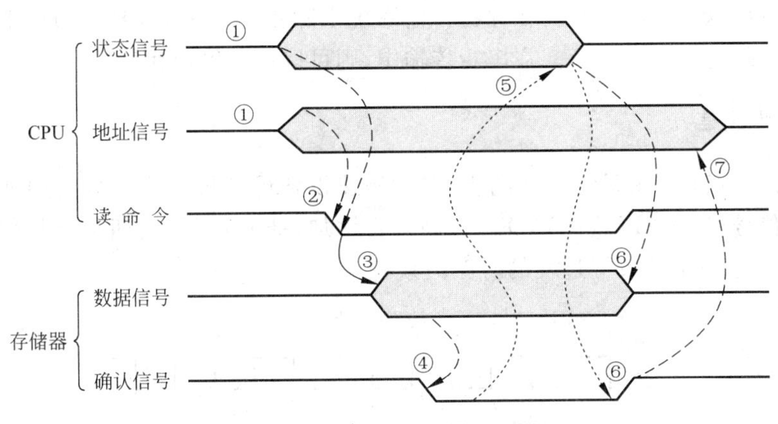

图 3.10 读数据周期中的异步控制

显然，异步传输是基于请求(request)和应答(acknowledge)两种信号之间的依赖关系的，并且根据这两种信号之间交互的次数，可以形成如图 3.11 所示的全互锁(三次握手)、不互锁(一次握手)和半互锁(二次握手)3 种典型握手类型。

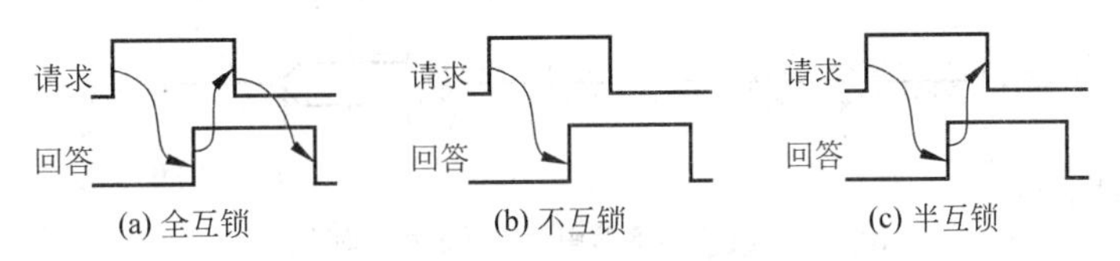

图 3.11 异步通信中请求与应答的互锁关系

1）全互锁

全互锁过程如下：

(1) 主模块发出请求信号，等待从模块的应答信号。

(2) 从模块接到请求信号后，发出应答信号(一次握手)。

(3) 主模块接到从模块的应答信号，就撤销其请求信号(二次握手)。

(4) 从模块在获知主模块已撤销请求信号后，随即撤销其应答信号(三次握手)。

这样，经过三次握手在通信双方建立了完全的互锁关系。

2）不互锁

不互锁规则如下：

请求和应答信号都有一定的时间宽度，主模块发出请求信号，不等待接到从模块的应答信号，而是经过一段时间后，撤销其请求信号。从模块接到请求信号后，在条件允许时发出应答信号，并且经过一段时间，自动撤销其应答信号。这样，请求信号的结束和应答信号的结束不互锁。

3）半互锁

半互锁规则如下：

主模块的请求信号撤销取决于是否收到从模块的应答信号。收到从模块的应答信号，立即撤销主模块的请求信号；而从模块应答信号的撤销与否完全由从模块自主决定。

不管哪种握手方式，都是要主模块先向从模块发出请求信号，等收到从模块的应答信号后，才认为可以开始通信。为此，在并行传输系统中除数据线之外，要增加请求和应答两条应答线（或称握手交互信号线）。在串行传输中，则可以用起停位代替。

### 3. 半同步通信

半同步的特点是：用系统时钟同步，但对慢速设备可延长传输数据的周期。方法是采用增加一条信号线（$\overline{\text{WAIT}}$或$\overline{\text{READY}}$）控制是否增加（插入）等待周期来延长传输周期。图 3.12 为半同步通信中读数据过程的时序关系。

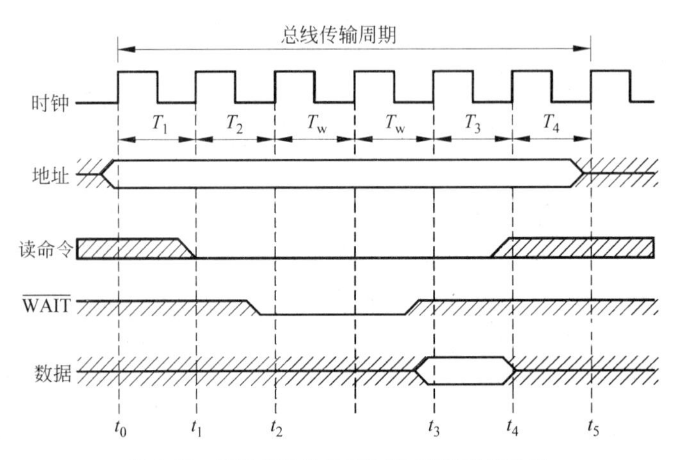


图 3.12　半同步通信中读数据过程的时序关系

下面对照图 3.10 分析 CPU 的读过程。

(1) 在 $t_0$ 时刻，CPU 产生欲读设备的地址放在地址总线上，同时经控制线指出操作的性质（读/写内存或读/写 I/O 设备）。经过一个周期，当地址信号稳定后，于 $T_1$ 周期的 $t_1$ 时刻，CPU 发出读命令（低电平）。这一点与图 3.9 相同。

(2) 由于设备慢，当读命令稳定后，如果没有数据信号到达，就要在 $t_2$ 时刻在控制线$\overline{\text{WAIT}}$上发出等待命令，即开始插入一些等待周期 $T_W$。

(3) 在 $t_3$ 时刻，数据信号到达，控制线$\overline{\text{WAIT}}$上的等待信号撤销，CPU 在时钟周期 $T_2$ 中进行数据选通，将数据接收到自己的寄存器。

(4) 经过一个时钟周期，在 $t_4$ 时刻，数据已经读入，读信号撤销。

(5) 经过一个周期，在 $t_5$ 时刻，地址信号撤销，总线传输周期结束，可以开始另一个新的数据传送。

半同步通信适用于系统工作速度不高，但又包含了许多工作速度差异较大的各类设备的简单系统。半同步通信控制方式比异步通信简单，在全系统内各模块又在统一的系统时钟控制下同步工作，可靠性较高，同步结构较方便。其缺点是对系统时钟频率不能要求太高，故从整体上来看，系统工作的速度不会很高。

### 4. 分离式通信

同步通信、异步通信和半同步通信都是从主模块发出地址和读写命令开始，直到数据传输结束。在整个传输周期中，系统总线完全由拥有使用权的主模块和由它选中的从模块占据。进一步分析读命令传输周期，发现除了申请总线这一阶段外，其余时间主要花费在如下3个方面：

(1) 主模块通过传输总线向从模块发送地址和命令。

(2) 从模块按照命令进行读数据的必要准备。

(3) 从模块经数据线向主模块提供数据。

可见，对系统总线而言，在模块内部进行读数据的准备过程中并无实质性的信息传输，总线纯属空闲等待。尤其在大型计算机系统中，总线的负载已经处于饱和状态。为了减少和利用这种消极等待时间，充分挖掘系统总线每个瞬间的潜力，对提高系统性能起到极大作用。为此提出了"分离式"的通信方式，其基本思想是：将一个传输周期(或总线周期)分解为两个子周期。在第一个子周期中，主模块A在获得总线使用权后将命令、地址以及其他有关信息，包括主模块编号(当有多个主模块时，此编号尤为重要)发到系统总线上；经过总线传输后，由有关的从模块B接收下来。主模块A向系统总线发布这些信息只占用总线很短的时间，一旦发送完成，A立即放弃总线使用权，以便其他模块使用。在第二个子周期中，当从模块B接收到模块A发来的有关命令信号后，经过选择、译码、读取等一系列内部操作，将A模块所需的数据准备好，便由B模块申请总线使用权；一旦获准，B模块便将A模块的编号、B模块的地址、A模块所需的数据等一系列信息送到总线上，供A模块接收。很显然，上述两个子周期都只有单方向的信息流，每个模块都能充当一次主模块。

这种通信方式的特点如下：

(1) 每个模块占用总线使用权都必须提出申请。

(2) 在得到总线使用权后，主模块在限定的时间内向对方发送信息，采用同步方式传送，不再等待对方的回答信号。

(3) 各模块在准备数据的过程中都不占用总线，使总线可以接受其他模块的请求。

(4) 总线被占用时都在做有效工作，或者通过它发送命令，或者通过它传送数据，不存在空闲等待时间，充分地利用了总线的占用时间，从而实现了在多个主、从模块间进行交叉重叠并行式传送，这对大型计算机是极为重要的。

这种方式控制比较复杂，一般在普通微型计算机系统中很少采用。

需要指出的是，解决不同速率设备之间通信的同步问题都少不了缓冲技术。

## 3.3 几种标准系统总线分析

下面重点介绍一些较有影响的标准系统总线。

### 3.3.1 ISA总线

#### 1. ISA-8

ISA(Industry Standard Architecture，工业标准体系结构)由美国IBM公司于1981年

制定，最初是作为微型计算机制定的 8 位总线标准，主要用于 IBM-PC/XT、AT 及其兼容机上，后来被 IEEE 采纳作为微机总线标准。它的 62 针分成 A、B 两排，每排 31 针。其中：

- 数据线 8 针（$D_7 \sim D_0$）。
- 地址线 20 针（$A_{19} \sim A_0$，最大寻址空间 1MB）。
- 控制线 21 针，可接受 6 路中断请求，3 路 DMA 请求，还包括时钟、电源线和地线等。

## 2. ISA-16

1984 年，IBM 公司推出 PC/AT 系统，并把 ISA 从 8 位扩充到 16 位，地址线从 20 条扩充到 24 条，以适用于 CPU 为 Intel 80286 的 IBM PC/AT 系统。其主要性能指标如下：

- I/O 地址空间范围为 64KB。
- 24 位地址线，可直接寻址的内存容量为 16MB。
- 总线宽度 8 位或 16 位，最高时钟频率为 8MHz，最大稳态传输率分别为 8MB/s 和 16MB/s。
- 支持 15 级中断，并允许中断共享功能。
- 8 个 DMA 通道。
- 开放式总线结构，允许多个 CPU 共享系统资源。

图 3.13 为 ISA-16 芯片的信号线分布情况。它是在原 ISA-8 的 62 线基础上，扩充了一个 36 线的芯片。

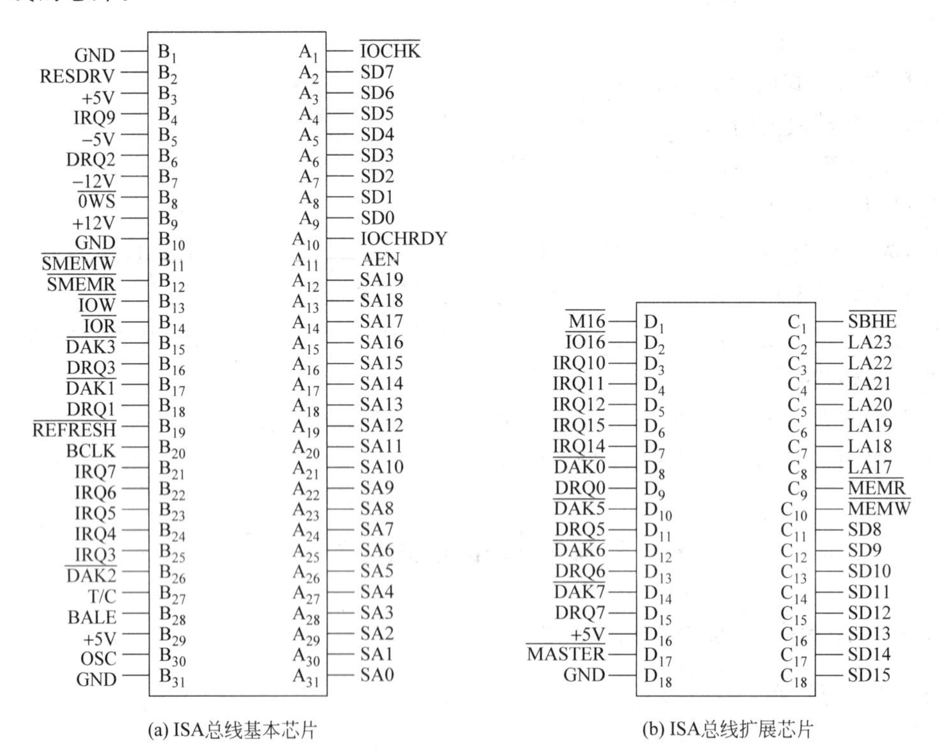


(a) ISA总线基本芯片　　(b) ISA总线扩展芯片

图 3.13　ISA-16 总线信号线分布

相应地其插槽被设计成图 3.14 所示的两部分，一部分是原 ISA-8 总线的 62 线插头、插槽（分 A、B 两面，每面 31 线），另一部分是新增的 36 线插头、插槽（分 C、D 两面，每面 18 线），新增的 36 线与原有的 62 线之间以一个凹槽隔开。

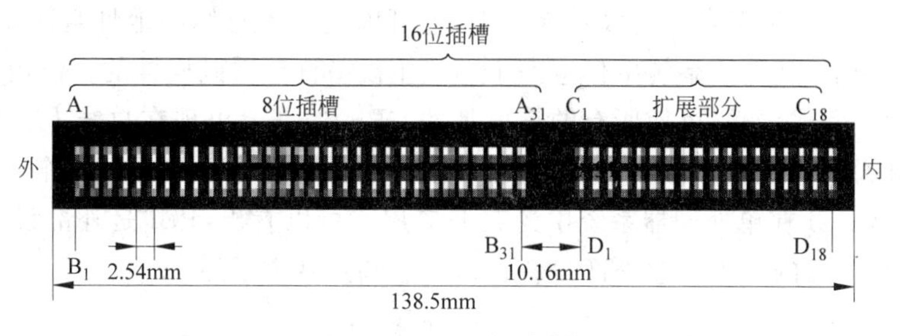


图 3.14　ISA-16 插槽结构

**3. EISA**

1988 年，康柏、HP、NEC 等 9 个厂商协同把 ISA 扩展到 32 位，即 EISA 总线（Extended ISA）。

### 3.3.2　PCI 总线

PCI（Peripheral Component Interconnect，外部设备互连）总线是由 Intel 公司提出的一种独立于处理器的局部总线标准，于 1992 年 6 月和 1995 年 6 月颁布了 V1.0（支持 32 位）和 V2.1（支持 64 位）规范。

**1. PCI 总线的性能特点**

PCI 总线的性能特点如下：

（1）适应性强，不依附于某个具体处理器，它既可应用于 Intel 处理器系统中，也可以应用于其他公司的处理器系统中，并且与处理器频率无关，与处理器更新换代无关。

（2）高速，低延迟。PCI 总线宽度为 32/64 位，总线时钟频率为 33MHz/66MHz，最大数据传输速率为 528MB/s，并支持一次读写多个数据的突发传输方式。

（3）能自动识别外设，全自动配置与资源申请/分配（即插即用）。

（4）具有与处理器和存储器子系统完全并行操作的能力。

（5）具有隐含的集中式中央仲裁系统和完全的多总线主控能力。

（6）采用地址线和数据线复用技术，减少了引线数量。

（7）提供地址和数据的奇偶校验，使系统更可靠。

（8）同步传输方式。

（9）从结构上看，PCI 是在 CPU 和原来的系统总线之间插入的另一级总线，具体由一个桥接电路实现对这一层的管理，并实现上下层之间的接口以协调数据的传送。桥接电路提供了信号缓冲，使之能支持多种外设，并能在高时钟频率下保持高性能。PCI 总线也支持总线主控技术，允许智能设备在需要时取得总线控制权，以加速数据传送。

## 2. PCI 总线的应用

桥在 PCI 总线体系结构中起着重要作用，它连接两条总线，使彼此间相互通信。桥也可以看作是一个总线适配器或总线转换部件，它可以把一条总线的地址空间映射到另一条总线的地址空间上，从而使系统中任意一个总线主设备都能看到同样的一份地址表；还可以实现总线间的突发式传送，可使所有的存取都按 CPU 的需要出现在总线上。所以，以桥连接实现的 PCI 总线结构具有很好的扩充性和兼容性，允许多条总线并行工作。

图 3.15 是 PCI 在单处理器系统中的典型应用。可以看出，PCI 是外部设备与 CPU 之间的一个中间层，目的是为高速外部设备提供一个高速数据通道。

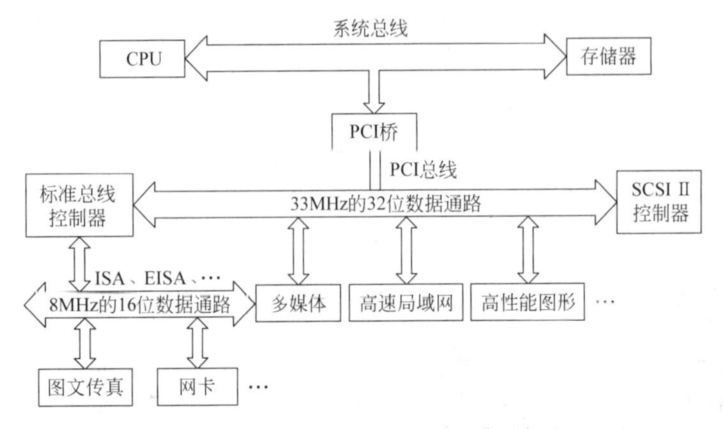


图 3.15 PCI 在单处理器系统中的典型应用

在这个结构中，有两种桥：PCI 桥和标准总线桥。PCI 桥用于在 CPU 总线与 PCI 总线之间进行适配与耦合。它在与 CPU 总线的接口中引入了 FIFO 缓冲器，使 PCI 总线与 CPU 总线的操作各自独立，消除了相互影响，且可以并行工作，提高了系统的吞吐能力。标准总线桥可以实现 PCI 总线信号与 ISA、EISA、MCA 等系统总线信号之间的转换，提高了 PCI 总线的兼容性，使得系统可以继续使用已有的设备，也可以有更多的选择。

当总线的驱动能力不足时，可以采用多层结构，在图 3.16 所示的结构中，采用了 4 级 PCI 桥路，形成可以并发工作的 5 组 PCI 总线和 2 组标准总线。

在这个 PCI 总线结构中有三种桥：即 HOST 桥、PCI/LEGACY 总线桥、PCI/PCI 桥。HOST 桥用于在 HOST 总线与 PCI 总线之间耦合；PCI/PCI 桥用于 PCI 总线扩展，以连接更多的 PCI 设备；PCI/LEGACY 总线桥用于 PCI 总线与传统（legacy）总线之间的耦合，以连接多个 LEGACY 设备。

## 3. PCI 总线信号

扩展槽的引脚定义如下：

- 必要引脚 50 条，对主控设备使用 49 条，对目标设备使用 47 条。
- 可选引脚 51 条（主要用于 64 位扩展、中断请求、高速缓存支持等）。
- 总引脚数 120 条，包括电源、地线和保留引脚。

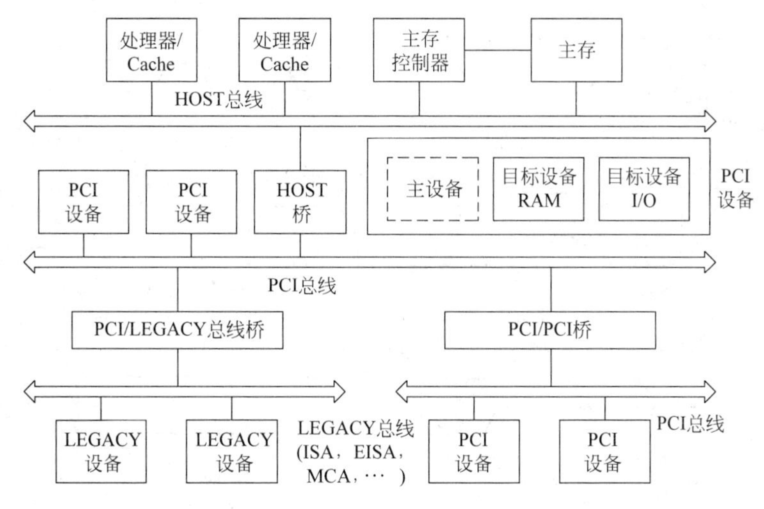


图 3.16　多层结构的 PCI 局部总线

图 3.17 为 PCI 总线的引脚分布图。

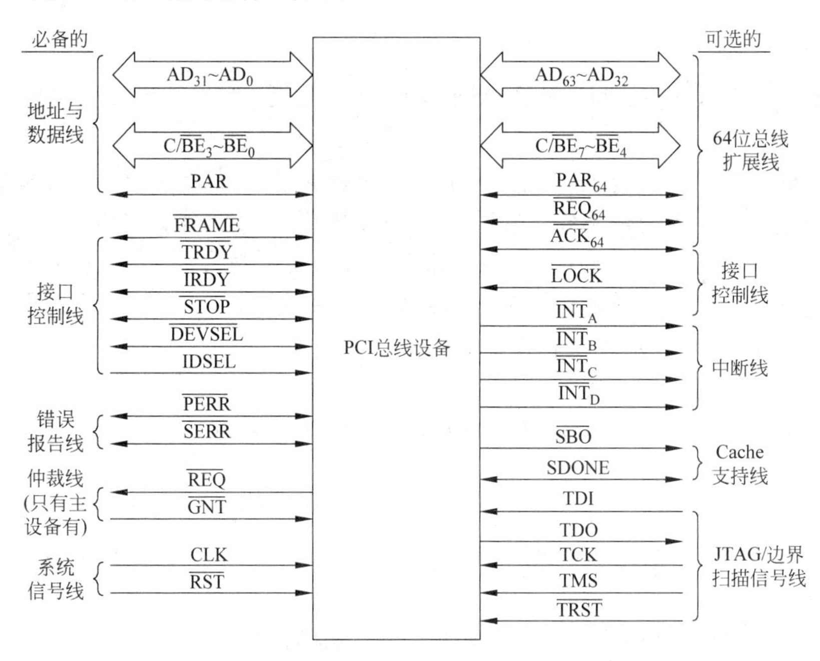


图 3.17　PCI 总线的引脚分布图

#### 4. PCI 总线周期

PCI 总线的数据传输由启动方(主控)和目标方(从控)共同完成，所有事件在时钟下降沿同步，在时钟上升沿对信号线采样。图 3.18 为读操作总线周期的时序示例。

图 3.18 中①～⑩的具体内容如下：

① 总线周期由获得总线控制权的主控设备启动，启动由$\overline{\text{FRAME}}$(总线周期信号)变为

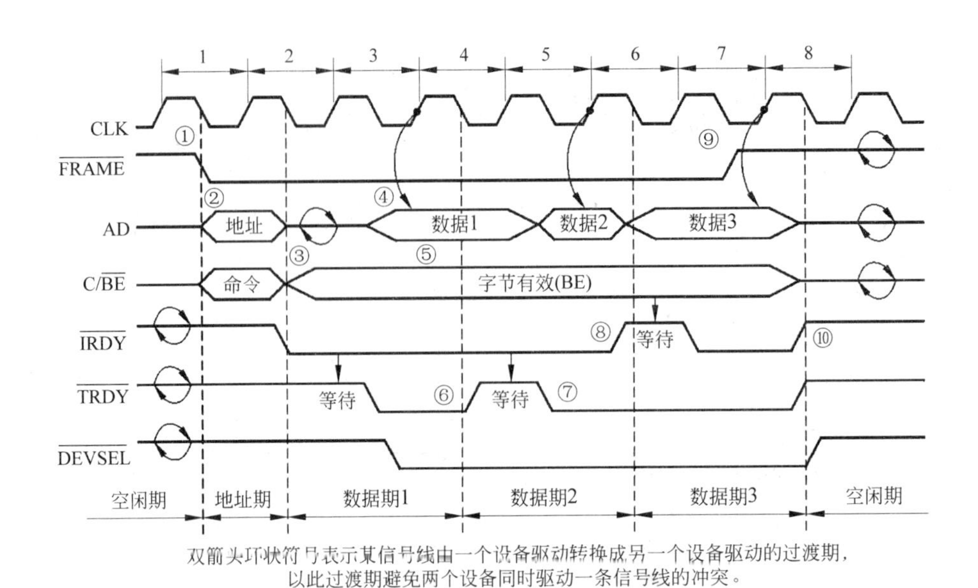


图 3.18　读操作的 CPI 总线周期时序示例

有效电平开始。

② 启动方将目标设备的地址放在 AD(地址/数据总线)上，命令放在 C/$\overline{\text{BE}}$(总线命令/字节允许信号线)上。

③ 经一个时钟周期，从地址总线上识别出目标设备，启动方停止 AD 总线和 C/$\overline{\text{BE}}$线上的信号，并驱动$\overline{\text{IRDY}}$(主设备准备好信号线)为有效电平，表示已作好接收数据的准备。

④ 经一个时钟周期，目标设备驱动$\overline{\text{DEVSEL}}$(设备选择信号线)为有效电平，通知主设备，从设备已被选中。同时将被请求的数据放在 AD 总线上，并将驱动从$\overline{\text{TRDY}}$(设备准备好信号线)为有效电平，表示总线上的数据有效。

⑤ 启动方读数据。

⑥ 经一个时钟周期，目标设备还未准备好传送第二个数据块，AD 上还是数据 1，故将$\overline{\text{TRDY}}$驱动至无效电平，处于等待。

⑦ 目标设备准备好传送第二个数据块，$\overline{\text{TRDY}}$变为有效电平，启动方再读数据。

⑧ 目标方将第三个数据块放到数据总线上，但启动方未准备好，故因此将$\overline{\text{IRDY}}$驱动至无效电平，等待。

⑨ 启动方准备好，但知道第三个数据块是要传输的最后一个，故将 FRAME 驱动至无效电平，准备结束总线周期，同时将$\overline{\text{IRDY}}$驱动至有效电平，进行读数据操作。

⑩ 启动方读完第三个数据块，将$\overline{\text{IRDY}}$驱动为无效电平，总线回到空闲状态。

### 3.3.3　AGP 总线

随着多媒体计算机的普及，三维技术的应用也越来越广。处理三维数据不仅要求有惊人的数据量，而且要求有更宽广的数据传输带宽。例如进行图像处理时，存储在显示卡上显示内存中不仅有影像数据，还有纹理数据、Z 轴的距离数据以及 alpha 数据等，特别是纹理数据的数据量非常大，要描绘 3D 图形，不仅需要大容量的显存，而且需要高速的传输速度。

表 3.2 为在不同分辨率的显示器进行 3D 绘图的数据量。

**表 3.2 不同分辨率的显示器进行 3D 绘图的数据量** 单位：MB/s

| 分辨率/像素 | 显示器输出 | 显示器内存刷新 | Z 轴缓冲存取 | 纹理存取 | 其 他 | 合 计 |
|---|---|---|---|---|---|---|
| 640×480 | 50 | 100 | 100 | 100 | 20 | 370 |
| 800×600 | 100 | 150 | 150 | 150 | 30 | 580 |
| 1024×768 | 150 | 200 | 200 | 200 | 40 | 840 |

可以看出，显示 1024×768×16 位真彩色的 3D 图形，纹理数据的传输速度需要 200MB/s，而当时的 PCI 总线的数据传输率只有 133MB/s。

为了解决此问题，Intel 公司于 1996 年 7 月推出了 AGP(Accelerated Graphics Port，加速图形端口)。这是一种显示卡专用的局部总线，是为了提高视频带宽而设计的总线规范。AGP 的基本特点如下。

(1) 采用带边信号传输技术，在总线上调制使地址信号与数据信号分离，来提高随机内存访问速度。

(2) AGP 还定义了一种“双重驱动术”，能在一个时钟的上、下沿双向传输数据，形成表 3.3 所示的 4 种运行模式。

**表 3.3 AGP 的 4 种运行模式**

| 版本号 | 位宽/b | 有效时钟频率/MHz | 传输带宽/MB/s | 信号电压/V |
|---|---|---|---|---|
| AGP 1.0 | 32 | 66 | 266 | 3.3 |
| AGP 1.0 | 32 | 66×2(双泵) | 533 | 3.3 |
| AGP 2.0 | 32 | 66×4(四泵) | 1066(1GB/s) | 1.5 |
| AGP 3.0 | 32 | 66×8(八泵) | 2133(2GB/s) | 0.8 |

(3) 数据读写采用流水线操作，减少了内存等待时间，有助于提高数据传输速率。

(4) AGP 总线将视频处理器与系统主存直接相连，避免了经过 PCI 总线造成的系统瓶颈，提高了数据传输速度。其连接方式如图 3.19 所示。

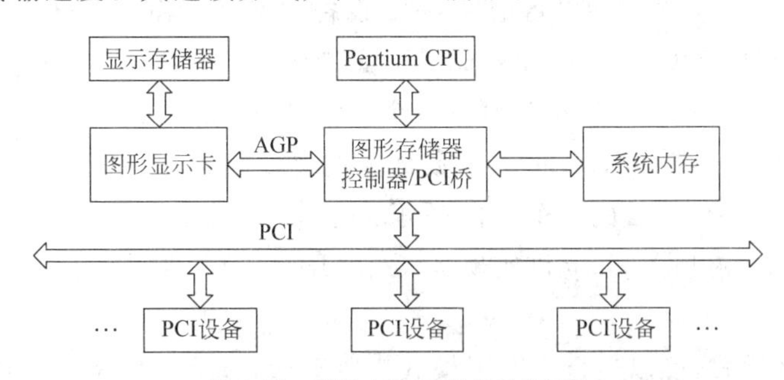


图 3.19 采用 AGP 总线的系统结构

由于主存可以与视频芯片共享，在显存不足的情形下，可以调用系统主存用于存储 3D 纹理数据。

(5) CPU 访问系统主存与 AGP 访问显存可以并行进行，显示带宽也不与其他设备共享，进一步提高了系统性能。

### 3.3.4 PCI-Express 总线

PCI 总线从 20 世纪 90 年代初开始，就在微型计算机系统总线领域中独领风骚，除了 3D 显示卡以外，网卡、声卡、RAID 卡等几乎所有的计算机配件都毫无例外地遵循 PCI 规范。但是，计算机应用技术的快速发展越来越让 PCI 总线显得力不从心，尤其是千兆网络与视频等技术的应用，使 PCI 可怜的 133MB/s 带宽难以承受，当几个类似外设同时满负荷运转时，PCI 总线常常几近瘫痪。非但如此，随着技术的不断进步，PCI 电压难以降低的缺陷越来越突出，突破 PCI 规范已经成为 PC 领域的普遍呼声。

面对这种局面，Intel 公司于 2001 年春季提出了用新一代的技术取代 PCI 总线和多种芯片的设想，并称之为 3GIO(3rd Generation I/O，第三代 I/O 总线)。随后在 2001 年底，Intel、AMD、DELL、IBM 等 20 多家业界主导公司开始起草该新技术的规范，并在 2002 年 4 月完成，将之正式命名为 PCI Express。2003 年春季，Intel 公司正式公布了 PCI Express 的产品开发计划，PCI Express 最终走向应用。

PCI Express 总线是一种完全不同于过去 PCI 总线的一种总线规范。它有如下一些特点。

(1) 采用电压差式传输工作模式。电压差式传输使用两条铜线，通过相互间的电压差来表示逻辑符号 0 和 1。以这种方式进行数据传输，可以支持极高的运行频率。所以在速度达到 10Gb/s 后，只需换用光纤(fibre channel)就可以使之效能倍增。

(2) 采用串行数据包方式传输数据。PCI-E1.0 和 PCI-E2.0 规范(2007 年公布)采用 8b/10b 编码机制，即将 8b 数据进行 10b 编码；PCI-E3.0 规范(2010 年公布)特别增加了 128b/130b 编码机制，传输效率得到极大提高。同时，串行数据包方式使每个针脚可以获得比传统 I/O 标准更多的带宽，这样就可以降低 PCI-E 设备的生产成本和体积。

(3) 采用点对点的设备连接方式。PCI 总线共享并行架构只允许总线上有一对设备进行通信，一旦 PCI 总线上挂接的设备增多，每个设备的实际传输速率就会下降，性能得不到保证。而点对点意味着每一个 PCI Express 设备在要求传输数据的时候各自建立自己的传输通道，对于其他设备这个通道是封闭的，各个设备之间并发的数据传输互不影响。这样就不需要向整个总线请求带宽，而且可以把数据传输率提高到一个很高的频率，达到 PCI 所不能提供的高带宽，并使连接的每个装置都可以使用最大带宽。因此，PCI Express 的接口根据总线位宽不同而有所差异，允许实现 X1(250MB/s)、X2、X4、X8、X12、X16 和 X32 传输通道规格。

(4) 双向传输模式，可以运行全双工模式。PCI Express 总线支持双向传输模式，还可以运行全双工模式。双单工连接能使传输速率提高一倍，也保证了传输质量。

表 3.4 为 PCI Express 与 PCI、AGP 的传输特性比较。表中，PCI-X(PCI Extended)为 PCI 扩展规范。

PCI 2.0 规范采用单向 5MHz 的工作频率，PCI 3.0 规范采用单向 8MHz(预想为 10MHz)的工作频率。

表 3.4 PCI Express 与 PCI、AGP 的传输特性比较

| 类型/版本 | 规格 | 总线位宽 | 工作频率 | 传输速率 |
| --- | --- | --- | --- | --- |
| PCI 2.3 | 2.3 | 32 | 33/66MHz | 133/266MB/s |
| PCI-X | 1.0 | 32/64 | 66/100/133MHz | 533/800/1066MB/s |
|  | 2.0(DDR) | 32/64 | 133MHz | 2.1GB/s |
|  | 2.0(QDR) | 32/64 | 133MHz | 4.2GB/s |
| AGP | 2X | 32 | 66MHz | 532MB/s |
|  | 4X | 32 | 66MHz | 1.0GB/s |
|  | 8X | 32 | 66MHz | 2.1GB/s |
| PCI-E 1.0 | 1X | 8 | 2.5GHz | 512MB/s(双工) |
|  | 2X | 8 | 2.5GHz | 1.0GB/s(双工) |
|  | 4X | 8 | 2.5GHz | 2.0GB/s(双工) |
|  | 8X | 8 | 2.5GHz | 4.0GB/s(双工) |
|  | 16X | 8 | 2.5GHz | 8.0GB/s(双工) |

(5) PCI Express 设备能够支持热拔插以及热交换特性，支持的 3 种电压分别为 +3.3V、3.3V aux 以及+12V。考虑到现在显卡功耗的日益增大，PCI Express 在规范中改善了直接从插槽中取电的功率限制，16X 的最大提供功率达到了 70W，比 AGP 8X 接口有了很大的提高，基本可以满足未来中高端显卡的需求。

(6) PCI Express 在软件层面上兼容目前的 PCI 技术和设备，支持 PCI 设备和内存模组的初始化，也就是说目前的驱动程序、操作系统无须推倒重来，就可以支持 PCI Express 设备。

## 3.4 几种标准 I/O 总线分析

### 3.4.1 ATA 与 SATA 总线

#### 1. ATA/IDE 规范及其发展

1984 年 IBM 公司在其开发的 IBM PC(IBM Personal Computer)的基础上，推出了 IBM AT(Advanced Technology，高级技术)。在这个系统的磁盘中使用了一种磁盘接口技术，将之称为 ATA(AT Attachment，AT 嵌入式接口)。其基本技术是将以前硬盘控制器与“盘体”分离改为直接结合，以减少硬盘接口的电缆数目与长度，使数据传输的可靠性得以增强，也使硬盘制造起来变得更容易，因为硬盘生产厂商不需要再担心自己的硬盘是否与其他厂商生产的控制器兼容。对用户而言，硬盘安装起来也更为方便。在电子学界，把这种技术称为 IDE(Integrated Drive Electronics，集成驱动电子电路)。后来人们把这种技术规范称为 ATA 或 IDE。

ATA 发展至今经过多次修改和升级，每个新一代的接口都建立在前一代标准之上，并保持着向后兼容性。到目前为止，一共推出 7 个版本：ATA-1、ATA-2、ATA-3、ATA-4、

ATA-5、ATA-6、ATA-7。每个版本都对以前的版本兼容。它们的技术参数如表 3.5 所示。

**表 3.5　各种版本的 ATA 总线的技术参数**

| 版本 | 使用时间 | 引脚数 | 缆芯数 | PIO 模式 | DMA 模式 | UDMA 模式 | 支持容量 | 最高速率/MB/s |
|---|---|---|---|---|---|---|---|---|
| ATA-1 | 1986—1994 | 40/44 | 40 | 0-2 | 0 | — | 136.9GB | 3.33 |
| ATA-2 | 1996 | 40/44 | 40 | 0-4 | 0-2 | — | 8.4GB | 16.6 |
| ATA-3 | 1997 | 40/44 | 40 | 0-4 | 0-2 | — | | 16.6 |
| ATA-4 | 1998 | 40/44 | 40 | 0-4 | 0-2 | 0-2 | | 33 |
| ATA-5 | 1999 至今 | 40 | 80 | 0-4 | 0-2 | 0-4 | 136.9GB | 66 |
| ATA-6 | 2000 至今 | 40 | 80 | 0-4 | 0-2 | 0-5 | 144.12PB | 100 |
| ATA-7 | | 40 | 80 | 0-4 | 0-2 | 0-5 | | 133 |

**说明：**

(1) 采用在 44pin 方案，额外多出的 4 个引脚用来向那些没有单独电源接口的设备提供电力支持。

(2) 对 ATA 66 以及以上的 IDE 接口传输标准而言，必须使用专门的 80 芯 IDE 排线，其与普通的 40 芯 IDE 排线相比，增加了 40 条地线以提高信号的稳定性。

图 3.20 为 ATA 总线的连接示意图。

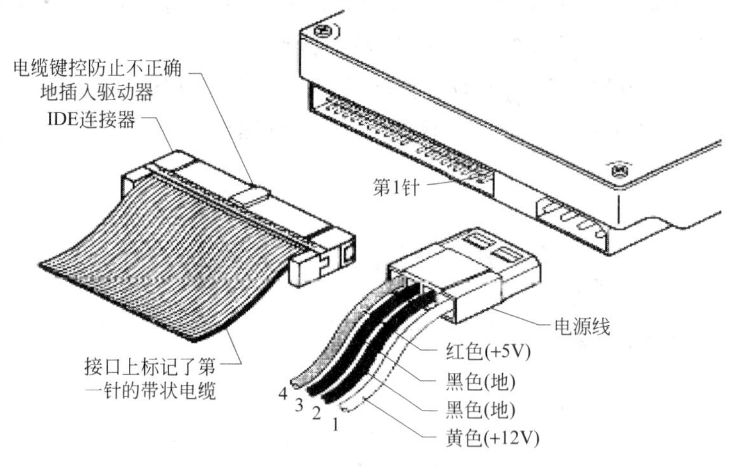


图 3.20　ATA 总线的连接示意图

### 2. Ultra DMA

Ultra DMA 也叫 ATA DMA 是一种内存与磁盘直接传送的 ATA 技术，有 Ultra DMA/33、Ultra DMA/66 和 Ultra DMA/100 等多种规格。关于 DMA 的概念将在第 4 章专门介绍。

### 3. SATA 总线

ATA 总线在传输数据时采用的是并行方式，总线位宽为 16b，所以也称 PATA

(Parallel ATA)。随着 CPU 技术的高速发展,对外部总线带宽的要求也越来越高,想要提高总线的带宽,有两种方法:增加数据线的根数或提高时钟频率。增加数据线的根数,势必会增加系统硬件的复杂度,使系统的可靠性下降,此方法不可行。那么,就提高总线的时钟频率,但是,随着时钟频率的提高,并行总线的串扰和同步问题表现得越来越突出,使总线不能正常工作。所以 PATA 总线的终极速率止步在 133MB/s。各厂商不得不放弃 PATA,去开发新的技术。

在此背景下,Intel、IBM、DELL、ADT、Maxtor 和 Seagate 等几家公司组成了 Serial ATA Working Group,于 2000 年 11 月推出新的硬盘接口总线 SATA (Serial ATA ,串行 ATA )。它将 PATA 总线的并行传输方式改为串行传输方式,规避了并行总线在高速下的串扰和同步问题。

SATA 具有如下优势:

(1) SATA 有两个标准,分别为 SATA 和 SATA Ⅱ。SATA 的有效带宽为 150MB/s,数据速率为 1.5Gb/s(传输的数据经过了 8b/10b 变换,150MB/s×10=1.5Gb/s);SATA Ⅱ的有效带宽为 300MB/s,数据速率为 3Gb/s。

(2) SATA 只有 4 根线,分别为发送数据线、接收数据线、电源线、地线,这使接口非常小巧,排线也很细,有利于机箱内部空气流动,从而加强散热效果,也使机箱内部显得不太凌乱。图 3.21 为 SATA 接口实体外观。

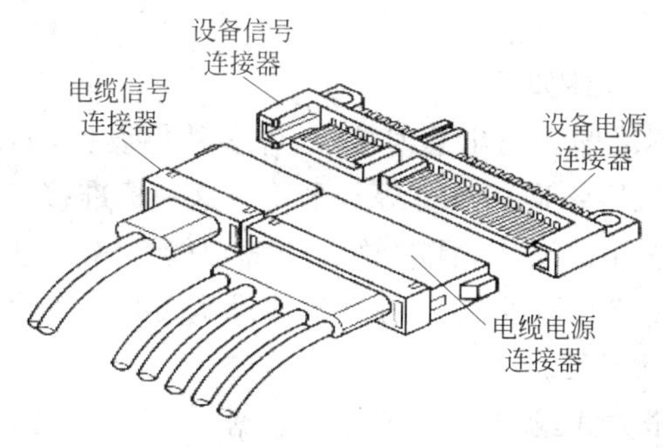


图 3.21 SATA 接口实体外观

(3) 与并行 ATA 相比,SATA 还有一大优点就是支持热插拔。

### 3.4.2 SCSI 与 SAS 总线

#### 1. SCSI 总线概述

1986 年美国国家标准局(ANSI)在原 SASI(美国 Shugart 公司的 Shugart Associates System Interface)接口基础上,经过功能扩充和协议标准化,制定出 SCSI(Small Computer System Interface,小型计算机系统接口)标准。它最初主要为管理磁盘而设计,但很快就应用于 CD-ROM 驱动器、扫描仪和打印机等的连接,在服务器和图形工作站中被广泛采用。

图 3.22 是 SCSI 系统结构示意图。图中多个适配器(接口)与设备控制器通过 SCSI 总线实现数据信息通信。这些连接在 SCSI 总线上的适配器和设备控制器称为 SCSI 设备。应当注意,SCSI 具有与设备和主机无关的高级命令系统;SCSI 设备都是有智能的总线成员,它们之间无主次之分,只有启动设备和目标设备之分,这是它与外设的区别。控制器与

外设之间的总线是设备级总线。

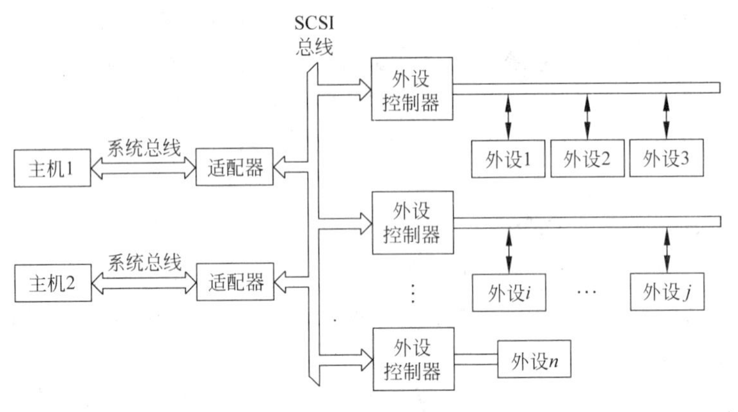


图 3.22　SCSI 系统结构

SCSI 总线包括并行数据总线和控制总线。数据总线传输命令、信息、状态、数据等。控制总线传输总线的阶段变化、时序变化等总线活动。

SCSI 于 1986 年成为 ANSI 标准 SCSI-1，1990 年初推出了 SCSI-2 标准。从 20 世纪 90 年代开始，ANSI SCSI 委员会开始制定 SCSI-3 标准，并在 20 世纪 90 年代中期推出了 Ultra SCSI 作为过渡性方案。

SCSI 接口标准的主要特性如下：

(1) SCSI 是系统级标准输入输出总线接口，许多外部设备，如硬盘驱动器、光盘、磁带、扫描仪、打印机以及计算机网络通信设备等都采用了这一标准接口。

(2) SCSI 支持多任务并行操作，具有总线仲裁功能。SCSI 上的适配器和控制器可以并行工作，在同一个 SCSI 控制器控制下的多台外设也可以并行工作。总线上的主机适配器和 SCSI 外设的总数最大为 8。

(3) SCSI 可以按同步方式或异步方式传输数据。SCSI-1 在同步方式下的数据传输速率为 4Mb/s，在异步方式下为 1.5Mb/s，最多可以支持 32 个硬盘；SCSI-2 将 SCSI-1 的 8 位数据总线电缆称为 A 电缆，增加了一条 B 电缆——进行 16 位和 32 位的数据传送，使同步传输速度达到了 20Mb/s；1998 年推出的 Ultra2 SCSI 采用 16 位数据总线，最高数据传输率达到 80Mb/s；1998 年 9 月推出的基于 Ultra3 SCSI 的 Ultra160/m 进一步将数据传输率提高到 160Mb/s。

(4) SCSI 有两种输出方式：单端输出方式下的连接长度限制为 6m；差分输出方式下的连接长度限制为 25m。

(5) SCSI 总线上的设备没有主从之分，双方平等。驱动设备和目标设备之间采用高级命令进行通信，不涉及外部设备的物理特性。因此使用方便，适应性强，便于集成。

**2. 内置型 SCSI 总线和外置型 SCSI 总线接口**

SCSI 连接器分为内置和外置两种。内置 SCSI 连接器分为 50 针、68 针和 80 针，但外形基本相同。

外置 SCSI 连接器有 7 种：分别为 Apple SCSI、Centronics、SCSI-2、Sun Microsystem、

SCSI-3、Wide SCSI-2、SCA。它们的特点如表 3.6 所示。

表 3.6 外置 SCSI 连接器的特点

| 名称 | 外形 | 描述 |
|---|---|---|
| Apple SCSI | 13 1 25 14 | 25 针,分为两排,8 位 |
| Centronics | 17 1 33 18 50 34 | 50 针,分为两排,8 位 |
| SCSI-2 | 25 1 50 26 | 50 针,分为两排 |
| Sun Microsystem 的 DD-50SA | 25 1 50 26 | 50 针,分为三排 |
| SCSI-3 和 Wide SCSI-2 | 34 1 68 35 | 68 针,分为两排,16 位 |
| SCA | Pin2 Pin1 Pin80 | 80 针,分为两排 |

### 3. SCSI 总线规格

SCSI 有多种规格,分别如表 3.7 所示。

表 3.7 SCSI 规格

| | SCSI 类别 | 主频/MHz | 总线宽度/b | 最大支持设备数目 | 电缆长度限制/m | 最大总线速度/MB/s |
|---|---|---|---|---|---|---|
| SCSI-1 | SCSI-1 | 5 | 8 | 7 | 6 | 5 |
| SCSI-2 | Fast SCSI | 10 | 8 | 7 | 3 | 10 |
| | Wide SCSI | 5 | 16 | 15 | 6 | 10 |
| | Fast Wide SCSI | 10 | 16 | 15 | 3 | 20 |
| SCSI-3 | Ultra SCSI | 20 | 8 | 7 | 1.5 | 20 |
| | Ultra Wide SCSI | 20 | 16 | 15 | 1.5 | 40 |
| | Ultra LVD SCSI | 20 | 16 | 15 | 25 | 40 |
| | Ultra2 LVD SCSI | 40 | 16 | 15 | 12 | 80 |
| | Ultra 160 SCSI | 80 | 16 | 15 | 12 | 160 |
| | Ultra 320 SCSI | 80 | 16 | 15 | 12 | 320 |

#### 4. SAS 接口

SAS(Serial Attached SCSI,串行连接 SCSI)具有如下优点：

(1) SAS 的接口技术可以向下兼容 SATA。

(2) SAS 系统的背板(backplane) 既可以连接具有双端口、高性能的 SAS 驱动器,也可以连接高容量、低成本的 SATA 驱动器。所以 SAS 驱动器和 SATA 驱动器可以同时存在于一个存储系统之中。

(3) SAS 依靠 SAS 扩展器来连接更多的设备,目前的扩展器以 12 端口居多,不过根据板卡厂商产品研发计划显示,未来会有 28、36 端口的扩展器引入,来连接 SAS 设备、主机设备或者其他的 SAS 扩展器。

(4) SAS 采取直接的点到点的串行传输方式,传输的速率高达 3Gb/s,估计以后会有 6Gb/s 乃至 12Gb/s 的高速接口出现。

(5) SAS 的接口也做了较大的改进,它同时提供了 3.5 英寸和 2.5 英寸的接口,因此能够适合不同服务器环境的需求。

(6) 由于采用了串行线缆,在实现更长的连接距离的同时还能够提高抗干扰能力,这种细细的线缆还可以显著改善机箱内部的散热情况。

### 3.4.3 USB 总线

通用串行总线(Universal Serial Bus, USB)是由 Compaq、Digital、IBM、Intel、Microsoft、NEC 和 Nothern Telecom 7 家公司共同开发的,1995 年 11 月,USB 0.9 规范正式提出,1998 年发布 USB 1.1,2004 年 4 月推出 USB 2.0,2008 年 11 月推出 USB 3.0。表 3.8 为 USB 1.1、USB 2.0 以及 USB 3.0、USB 3.1 的主要特性比较。

表 3.8 USB 1.1、USB 2.0 以及 USB 3.0 的主要性能

| USB 版本 | 推出时间 | 信号线数 | 最大传输速率 | 速率称号 | 电力支持 |
|---|---|---|---|---|---|
| USB1.0 | 1996.1 | 4 | 1.5Mb/s(192KB/s) | 低速(Low-Speed) | 5V/500mA |
| USB1.1 | 1998.9 | 4 | 12Mb/s(1.5MB/s) | 全速(Full-Speed) | 5V/500mA |
| USB2.0 | 2000.4 | 4 | 480Mb/s(60MB/s) | 高速(High-Speed) | 5V/500mA |
| USB3.0 | 2008.11 | 9 | 5Gb/s(640MB/s) | 超速(Super-Speed) | 5V/900mA |
| USB3.1 | 2013.12 | 9 | 10Gb/s(1280MB/s) | 暂未定义(Super-speed+) | 20V/5A |

#### 1. USB 的特点

USB 具有以下特点：

(1) 使用方便。在硬件方面,使用 USB 接口可以连接多个不同的设备,并支持热插拔;在软件方面,USB 设计的驱动程序和应用软件可以自动启动,无须用户做更多的操作。这些都为用户带来极大的方便。

(2) 连接灵活。USB 总线支持热插拔,它有自动的设备检测能力,设备插入之后,操作系统软件会自动地检测、安装和配置该设备,免除了增减设备时必须关闭 PC 的麻烦。并且

一个 USB 口可以连接的 USB 设备理论上多达 127 个。

(3) 独立供电。USB 电源能向低压设备提供 5V 的电源,因此新的设备就不需要专门的交流电源了,从而降低了这些设备的成本并提高了性价比。

(4) 支持多媒体。USB 提供了对电话的两路数据支持。USB 可支持异步以及等时数据传输,使电话可与 PC 集成,共享语音邮件及其他特性。

(5) 通信速率的自适应性。USB 设备可以根据主板的设定自动在如下 3 种模式中选择一种:

- HS(High-Speed,高速,480Mb/s)。
- FS(Full-Speed,全速,12Mb/s)。
- LS(Low-Speed,低速,1.5Mb/s)的一种。

(6) USB 采用差分方式传输,具有较好的抗干扰性。这一特点来自它摒弃了常规的单端信号传输方式,采用了差分信号(differential signal)传输技术:如图 3.23 所示,它使用了相互缠绕的两根数据线,并且在两条信号线上传输幅值相等、相位相反的电信号,接收端对接收的两条线上的信号作减法运算,这样获得幅值翻倍的信号,而干扰信号是同相、等幅、同波形的,会被完全被减掉。

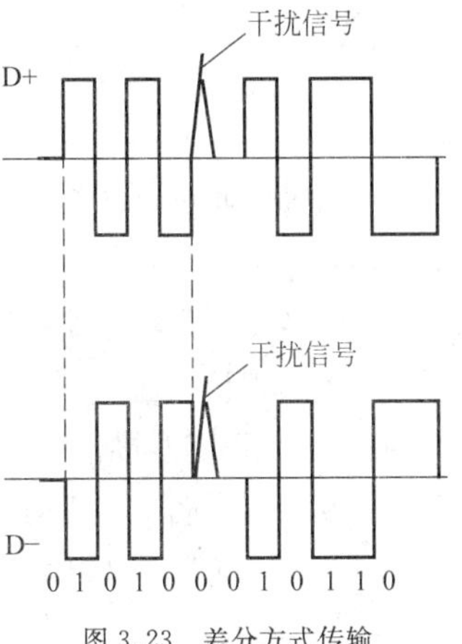

图 3.23 差分方式传输

(7) 速度足够快。由于采用了差分信号传输,具有极好的抗干扰性,所以可以采用极高的传输频率,使传输速率极大提高:USB 1.1 的最高传输率可达 12Mb/s,是 RS-232 串口的 100 倍,比并口也快了十多倍。USB 2.0 的最高传输率提高到 480Mb/s 以上,USB 3.0 的最高传输率提高到 5Gb/s 以上。

(8) 低功耗。USB 所采用的是低电压差分信号(Low Voltage Differential Signal,LVDS)。LVDS 器件可采用经济的 CMOS 工艺制造,并且采用低成本的 3 类电缆线及连接件即可达到很高的速率。同时,由于 LVDS 可以采用较低的信号电压,并且驱动器采用恒流源模式,其功率几乎不会随频率而变化,从而使提高数据传输率和降低功耗成为可能。

(9) 适合近距离传输。采用 LVDS 方式传输数据时,假定负载电阻为 100Ω,当双绞线长度为 10m 时,传输速率可达 400Mb/s;当电缆长度增加到 20m 时,速率降为 100Mb/s;而当电缆长度为 100m 时,速率只能达到 10Mb/s 左右。所以,标准规定最长传输距离为 5m。但是,它允许串行连接,这样,5 级串接就可以达到 30m。

### 2. USB 接口连接件

USB 技术在广泛应用中不断升级,并派生出适合各种设备的不同连接件。

1) USB 2.0

USB 2.0 支持 4 种不同类型的数据传输:

(1) 控制传输方式。在设备插入时对其进行配置,并能用于其他的设备特定用途,诸如对设备上的其他通道进行控制等。

(2) 批量传输方式。在数据的产生和使用量相对较大时采用批量传输方式。

(3) 中断传输方式。用于及时且可靠的数据传送，例如具有人类可感知反应或反馈响应特征的字符或坐标等。

(4) 同步传输方式。在预先约定的传输延迟时间占用预定的 USB 带宽，也称为流实时传输。

USB 2.0 的连接件类型极为丰富。按照针数，有 4 针和 5 针两种。表 3.9 列出了 USB 2.0 接口中引脚的信号功能。

**表 3.9　USB 2.0 接口的各引脚功能**

<table>
<tr><th rowspan="2">引脚名</th><th rowspan="2">引线颜色</th><th rowspan="2">功能说明</th><th colspan="2">使用引脚号</th></tr>
<tr><th>标准 USB</th><th>MiniUSB</th></tr>
<tr><td>VBUS</td><td>红</td><td>+5V 电压</td><td>1</td><td>1</td></tr>
<tr><td>D-</td><td>白</td><td>数据线负极</td><td>2</td><td>2</td></tr>
<tr><td>D+</td><td>绿</td><td>数据线正极</td><td>3</td><td>3</td></tr>
<tr><td>GND</td><td>黑</td><td>接地</td><td>4</td><td>5</td></tr>
<tr><td colspan="3">说 明</td><td>无 5 号</td><td>A 型 4 号与地相连，B 型 4 号空</td></tr>
</table>

按照形状和尺寸，USB 2.0 有标准型、Mini 型和 Micro 三大类型，并且每一类型又分为 A、B 两种：

- A 型 USB 连接器专用于数据下行传输，即数据从设备传输到主机。所以，A 型连接器位于设备上。
- B 型 USB 连接器专用于数据上行传输，即数据从 USB 主机传输到设备或从集线器传输到设备。B 型连接器位于主机和集线器上。

并且每一种类型又分为阳口(plug，即插头)和阴口(receptacle，即插座)。

表 3.10 为 USB 2.0 常用接插头之间的配对情况。

**表 3.10　USB 2.0 常用接插头之间的配对情况**

<table>
<tr><td>插头</td><td>4 3 2 1</td><td>1 2<br>4 3</td><td>54321<br>Mini-B</td><td>54321<br>Micro-A</td><td>54321<br>Micro-B</td></tr>
<tr><td>插座</td><td>1234</td><td>2 1<br>3 4</td><td>Type B<br>Mini-B</td><td colspan="2">12345<br>Micro-AB</td></tr>
</table>

2) USB 3.0

USB 3.0 中定义的连接器包括如下几种：

- USB 30　A 型插头和插座。
- USB 30　B 型插头和插座。
- USB 30　Powered-B 型插头和插座。
- USB 30　Micro-B 型插头和插座。
- USB 30　Micro-A 型插头。
- USB 30　Micro-AB 型插座。

表 3.11 为 USB 3.0 标准型插座引脚定义。

表 3.11　USB 3.0 标准型插座引脚定义

| 引脚名 | 说明 | 标准 A 型中编号 | 标准 B 型中编号 | 加强 B 型中编号 |
|---|---|---|---|---|
| VBUS | +5V 电源 | 1 | 1 | 1 |
| D- | USB 2.0 数据 | 2 | 2 | 2 |
| D+ | | 3 | 3 | 3 |
| GND | 电源地 | 4 | 4 | 4 |
| StdA_SSRX- | 超高速接收 | 5 | 8 | 8 |
| StdA_SSRX+ | | 6 | 9 | 9 |
| GND_DRAIN | 信号地 | 7 | 7 | 7 |
| StdA_SSTX- | 超高速发射 | 8 | 5 | 5 |
| StdA_SSTX+ | | 9 | 6 | 6 |
| DPWR | 提供电源 | | | 10 |
| DGND | 提供电源地 | | | 11 |

可以看出，USB 3.0 比 USB 2.0 多了两对(4 根)数据传输线(StdA_SSRX-、StdA_SSRX+、StdA_SSTX-、StdA_SSTX+)，它们为 USB 3.0 提供了 SuperSpeed USB 所需带宽的支持带宽，使 USB 3.0 实现了高达 5Gb/s 的全双工，而 USB 2.0 则为 480Mb/s 的半双工数据传输。

此外，Powered-B 接口又额外增加了两条线，提供了高达 1000mA 的电力支持，使依靠 USB 充电的设备能够更快地完成充电。

图 3.24 为 USB 3.0 的 3 种标准型和 Micro B 的外形。

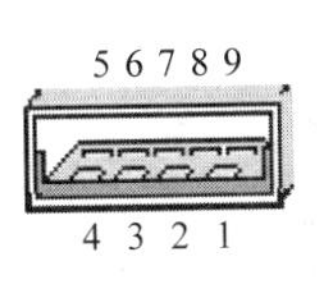

(a) 9针标准A型

(b) 9针标准B型

(c) 11针标准B型

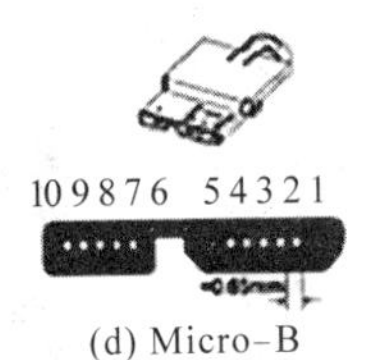

(d) Micro-B

图 3.24　USB 3.0 的 3 种标准型接口外形

此外，USB 3.0 还定义了 3 种 Mini 型接口，这里不再介绍。

### 3. USB-C

2013 年 12 月，USB 3.0 推广团队公布了下一代 USB-C 连接器的渲染图。

1) USB-C 的外观特点

USB-C 的外观如图 3.25 所示。它有如下设计特点：

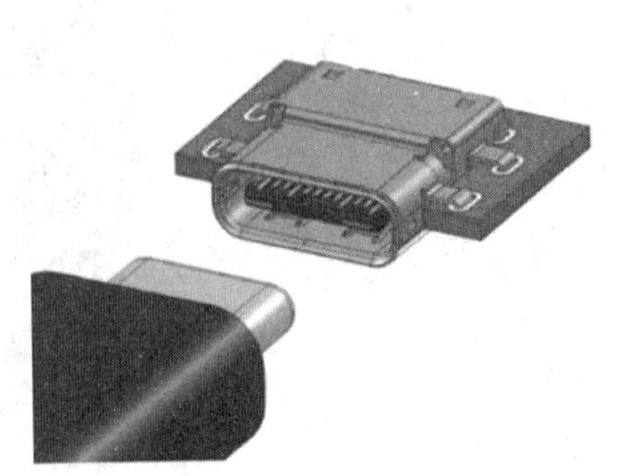

图 3.25　USB-C 的外形设计

(1) 更加纤薄的设计。老式 USB 端口的尺寸是 14mm×6.5mm，而 USB-C 接口插座端的尺寸约为 8.3mm×2.5mm。

(2) 无正反。支持从正反两面均可插入的“正反插”功能，可承受1万次反复插拔。

2) USB-C的功能特点

(1) 更快的传输速度(最高10Gb/s)以及更强悍的电力传输(最高100W)。

(2) 双向传输功率。老款USB端口只能单向传输功率，而USB-C型端口的功率传输是双向的。

(3) 后向兼容。USB-C可以与老的USB标准兼容，但用户需要额外购买适配器才能完成兼容。

### 3.4.4 光纤总线

FC(Fiber Channel，光纤通道)是由美国标准化委员会(ANSI)的X3T11小组于1988年提出的高速串行传输总线，以解决并行总线SCSI遇到的技术瓶颈。光纤总线有以下特点：

(1) 高带宽，2Gb/s或4Gb/s。

(2) 低延迟，微秒级端到端延迟。

(3) 低误码率，小于$10^{-12}$。

(4) 抗干扰能力强，对电磁干扰有天然的免疫力。

(5) 传输距离远，为150m～50km。

### 3.4.5 AMR和CNR

AMR(Audio and Modem Riser)是一种支持主板集成的声效、Modem等的新技术，CNR(Communication and Networking Riser)是一种支持主板集成的通信和网络等的新技术，目前的主板都有一个AMR或CNR插槽，如图3.26所示，它们为主板整合的声效、Modem和网络功能提供了一个安装升级卡的插槽。

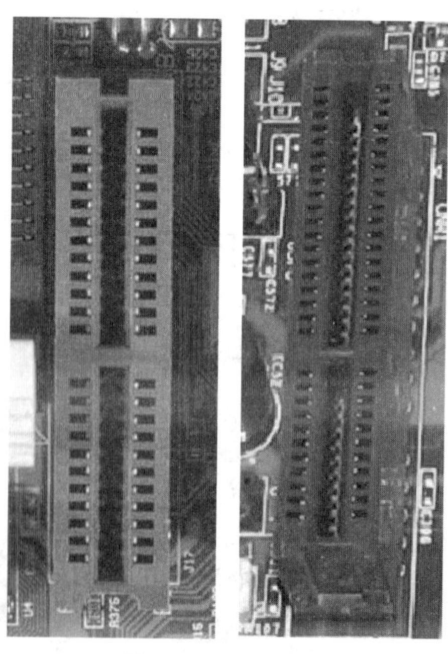

图3.26 AMR和CNR

# 3.5 微型计算机主板

## 3.5.1 主板的概念

主板又叫主机板(mainboard)、系统板(systemboard)和母板(motherboard),是安装在微型计算机机箱内的一块电路板,通常为矩形,上面安装了组成计算机的主要电路系统和集成电路,一般有 BIOS 芯片、I/O 控制芯片、键盘和面板控制的开关接口、指示灯插接件、扩充插槽、主板及插卡的直流电源供电接插件等元件。

主板的组成和布局决定了计算机的体系结构,直接影响到计算机的性能。所以主板是微型计算机最基本的也是最重要的部件之一。此外,主板提供的扩展槽(大都有 6~8 个),体现了开放式结构的理念,可以供外部设备控制卡(适配器)插接以及更换,为计算机相应子系统的局部升级提供了很大的灵活性。

图 3.27 为一个典型的微型计算机主板简化逻辑结构图。可以看出,主板的关键组成部分是北桥(north bridge)芯片和南桥(south bridge)芯片。南北桥的划分体现了主板的管理思想:将高速设备与中低速设备分别管理。

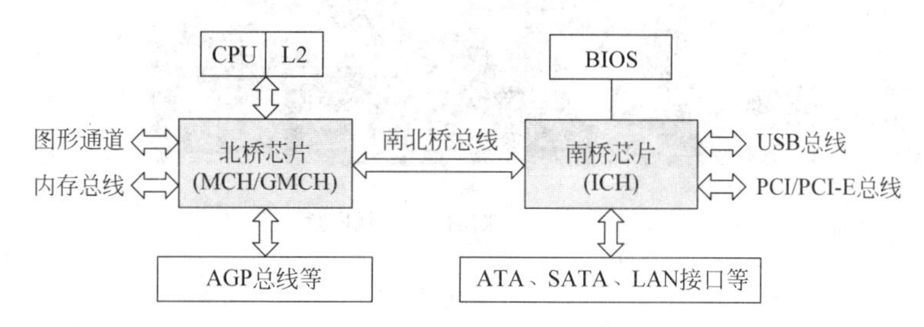


图 3.27　一个典型的微型计算机主板简化逻辑结构

北桥芯片主要负责高速通道的控制,是主板最重要的芯片,主要连接了 CPU、高速总线和内存通道,人们习惯称之为主桥(host bridge),也被简称为 MCH(Memory Controller Hub,内存控制中枢)。此外还连接图形通道,所以也简称 GMCH(Graphics and Memory Controller Hub,图形与内存控制中枢)。它集成了高速总线控制器,包括:

- 系统前端总线(北桥到处理器之间的总线)控制器。
- 存储器总线(北桥到内存之间的总线)控制器。
- AGP 总线(北桥到 AGP 之间的总线)控制器。
- PCI 总线接口控制器。
- 加速中心(AHA)总线控制器。

此外,北桥芯片还集成了高端电源管理控制器、Cache(缓存)控制器,所以北桥又称系统控制器芯片。如果北桥内集成显卡,其又称图形内存控制中枢(GMCH)。

北桥芯片决定了主板的规格,即可以决定主板支持哪种 CPU,支持哪种频率的内存条,支持哪种显示器。由于北桥芯片具有较高的工作频率,所以发热量较高,需要一个散热器。目前的北桥芯片都支持双核甚至 4 核等性能较高的处理器。

南桥芯片简称 ICH(I/O Controller Hub,I/O 控制中枢),负责中慢速通道的控制,主要是对 I/O 通道的控制，包括 USB 总线、串行 ATA 接口（连接硬盘、光盘）、PCI-E 总线（连接声卡、RAID 卡、网卡等）和键盘控制器、实时时钟控制器和高级电源管理等。

南北桥之间用高带宽的南北桥总线连接，以便随时进行数据传输。

## 3.5.2 主板的组成

主板是一块 PCB（Printed Circuit Board，印刷电路板），在上面布置着一组芯片、一些扩展槽、一些对外接口。只要插上有关部件，就可以组成一台微型计算机。图 3.28 为一张实际的主板图片，上面标出了有关部件的布置安插情况。下面分别介绍。

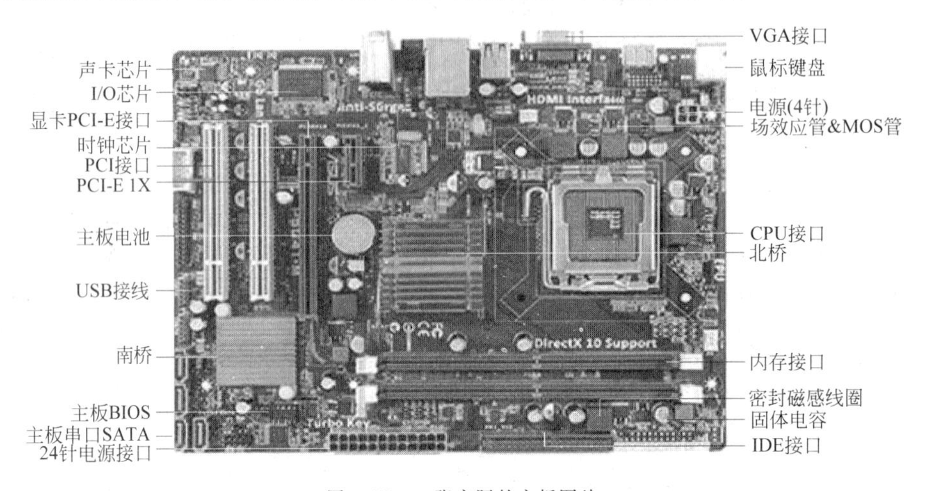


图 3.28 一张实际的主板图片

### 1. PCB

PCB 可分为单层、双层、4 层乃至更多层，所谓层，顾名思义，就是指印刷有电路部分的层面数量。一般双层 PCB 就是 PCB 正反两面都印刷有电路，而 4 层则是在正反两面之间还夹有另外两层电路。更多的有 6 层或者 8 层。

由于计算机系统的电路繁多，要在有限面积的 PCB 上印刷大量的电路并且避免电磁的串扰，起码要使信号层和电源层分离，所以必须使用多层 PCB 设计。低档主板多为 4 层，好的主板采用 6 层甚至 8 层。如图 3.29 所示，4 层 PCB 分为主信号层、接地层、电源层、辅助信号层。将两个信号层放在电源层和接地层的两侧，不但可以防止相互之间的干扰，又便于对信号线做出修正。6 层 PCB 比 4 层 PCB 多了一个电源层和一个内部信号层。层次越多，制作工艺越复杂，成本越高。

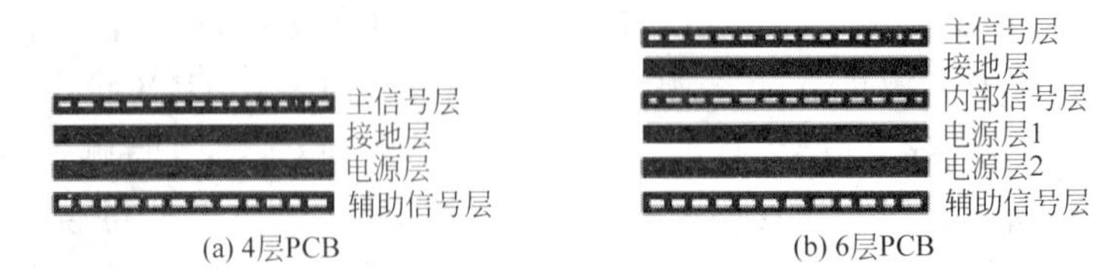


图 3.29 PCB 的层次结构

**2. 插槽**

插槽包括 CPU 插槽、内存插槽、总线插槽等。

(1) CPU 插槽。图 3.30 为主板上的 3 款主流 CPU 插槽。

图 3.30　3 款主流 CPU 插槽

(2) 内存插槽。目前流行的内存条有 DDR SDRAM、DDR2 SDRAM 和 DDR3 SDRAM,相应的内存插槽也有 3 种,如图 3.31 所示。

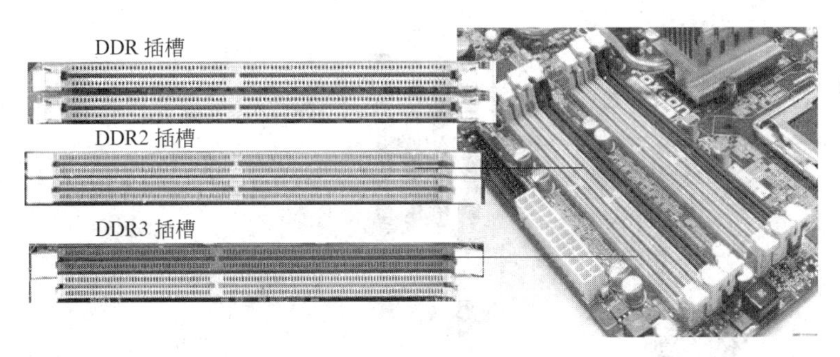


图 3.31　主板上的内存插槽实例

(3) 总线插槽。主要有 AGP 插槽、PCI Express 插槽、PCI 插槽、CNR 插槽等,如图 3.32 所示。

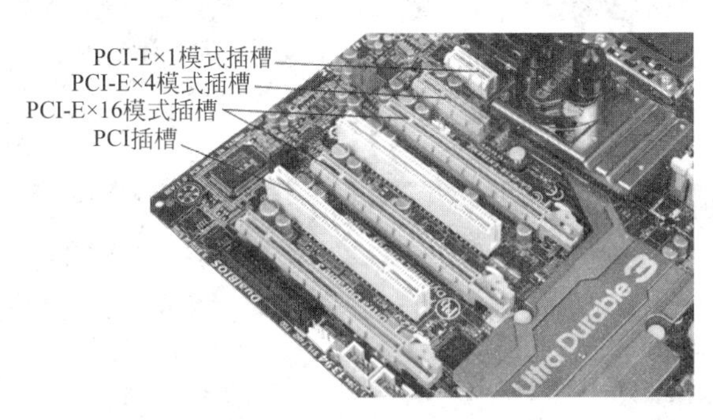


图 3.32　主板上的总线插槽实例

FSB(Front Side Bus,前端总线)是系统的重要局部总线,位于对系统速度影响最大的 CPU 和内存、CPU 和 AGP 图形接口之间。FSB 的出现将主板的 CPU 外部总线和内存总线从 33MHz 提高到目前的 100MHz 和 133MHz。

FSB 负责中央处理器和北桥晶片间的数据传递。某些带有 L2 和 L3Cache 的计算机,通过 BSB(Back Side Bus, 后端总线)实现这些缓存和中央处理器的连接,此总线的数据传输速率总是高于前端总线。

**3. 芯片组**

芯片是计算机的基本支持元件。图 3.33 为典型的主板芯片组规划结构。其中,主体芯片组是北桥和南桥。此外,主板上还有下列一些重要芯片。

BIOS(Basic Input/Output System,基本输入输出系统)芯片是一块方块状的存储器,里面存有与该主板搭配的基本输入输出系统程序。能够让主板识别各种硬件,还可以设置引导系统的设备,调整 CPU 外频等。如图 3.34 所示,BIOS 芯片一般与纽扣电池紧靠。

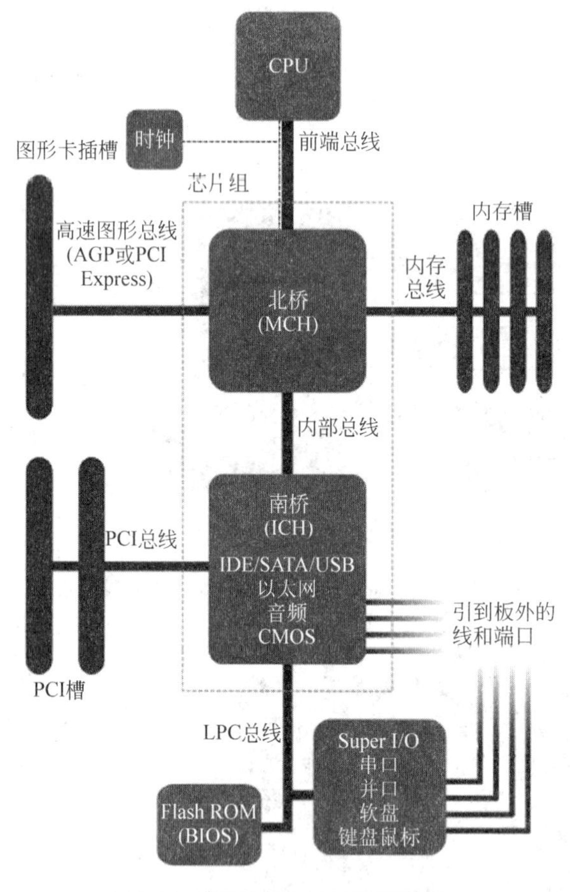


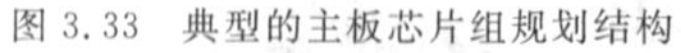
图 3.33 典型的主板芯片组规划结构

图 3.34 BIOS 芯片与纽扣电池

RAID 控制芯片相当于一块 RAID 卡的作用,可支持多个硬盘组成各种 RAID 模式。目前主板上集成的 RAID 控制芯片主要有两种:HPT372 RAID 控制芯片和 Promise RAID 控制芯片。

此外,主板上还有音效芯片、网络芯片(集成网卡)、I/O 及硬件监控芯片(CPU 风扇运转监控及机箱风扇监控等)、IEEE 1394 控制芯片、时钟发生器等。图 3.35 为音效芯片、网卡控制芯片及 I/O 及硬件监控芯片实例。

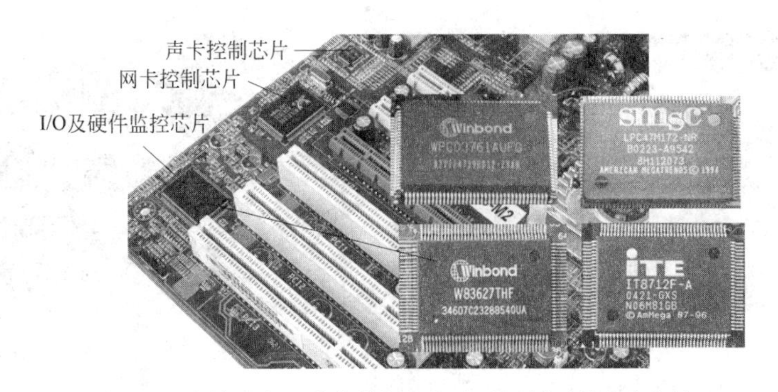


图 3.35　音效芯片、网卡控制芯片及 I/O 及硬件监控芯片实例

### 4. 设备接口

主板上一般有如下一些设备接口：硬盘接口、软驱接口、COM 接口（串口）、PS/2 接口（用于连接键盘和鼠标。一般情况下，鼠标的接口为绿色，键盘的接口为紫色）、USB 接口、LPT 接口（并口，一般用来连接打印机或扫描仪）、MIDI 接口、SATA 接口、电源接口等。图 3.36 为主板上的 SATA 接口插座实例。

图 3.36　主板上的 SATA 接口插座实例

### 5. 供电模块

供电模块就是为主板各个接口、部件供电的元器件的集合，其作用就是为硬件提供稳定的电流，它和主板的稳定性息息相关。主板中南北桥芯片组需要的电压主要有 3～5 种，包括 3.3V 电压、2.5V 电压、1.8V 电压、1.5V 电压等。由于芯片组需要的工作电压较多，因此主板一般都设计有专门的供电电路，包括北桥供电、南桥供电、CPU 供电、内存供电、显卡供电等。3.3V 由开关电源直接提供，其他电压需要转换后提供。

供电模块需要解决的一个重要问题是频率、容量与发热之间的矛盾。为此，南北桥供电都有散热装置。散热的好坏直接影响主板的使用效果和寿命。各个制造商也在散热器的设计上各显神通。图 3.37 给出了 4 款不同的散热器设计。

图 3.37(a)为 Intel 945 GTP 的一款大面积散热片，由于采用被动方式散热，杜绝了噪音。图 3.37(b)为华硕 P5W DH 热管式散热器。图 3.37(c)为微星 P35 主板上的过山车式北桥散热器。整个散热系统采用纯铜材质，由南桥芯片、北桥芯片和供电模块 3 部分组成，中间通过热管相连。过山车外形使散热器与空气的接触面积更大，散热性能也更好。

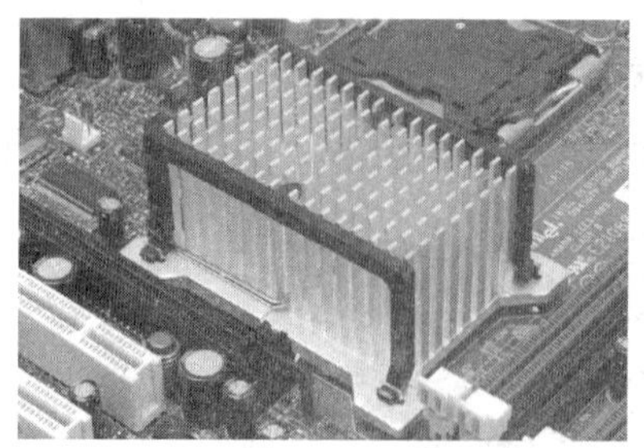

(a) 大面积散热片

(b) 管式散热器

(c) 过山车式北桥散热器

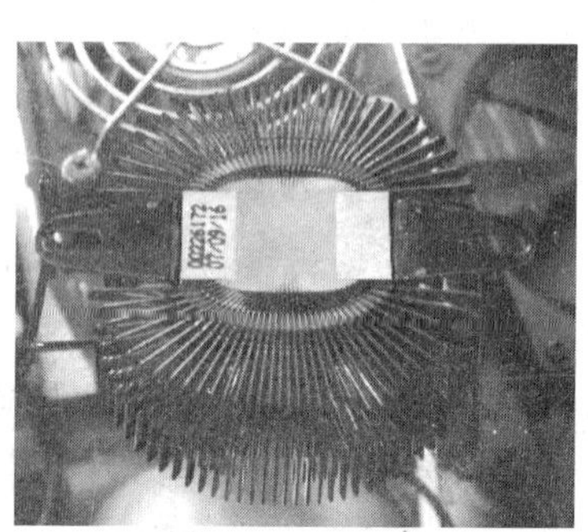

(d) 放射性小鱼儿北桥散热器

图 3.37　4 款不同的散热器

图 3.37(d)为超频三 NB-400CU 的放射性小鱼儿北桥散热器。它采用了分离式的风扇，能更加有效地排出散热片所产生的热量。

**6. 电气元件**

电气元件是电路上不可或缺的部分，包括各种电阻、电容、电位器、晶振等。这些电气元件分布在主板的各个位置。

**7. 主板驱动**

主板驱动是指使计算机识别主板上硬件的驱动程序。主板驱动主要包括芯片组驱动、集成显卡驱动、集成网卡驱动、集成声卡驱动、USB2.0 驱动(Windows XP 系统已包含)。

主板驱动有的是集成在系统安装盘上的，放入光驱即可安装。

**8. 跳线与 DIP**

跳线(jumper)是一种两端(通常)带有插头的电缆附件，用它可以调整设备上不同电信号端之间的连接，达到改变设备的工作方式的目的。例如，硬盘在出厂时的默认设置是作为主盘，当只安装一个硬盘时是不需要改动的；但当安装多个硬盘时，就需要对硬盘跳线重新设置了。

跳线通常有两种，一种是固定在主板、硬盘等设备上的，由两根或两根以上金属跳针组成，如图 3.38 所示；另一种是跳线帽，这是一个可以活动的部件，如图 3.39 所示，外层是绝缘塑料，内层是导电材料，可以插在跳线针上面，将两根跳线针连接起来。

图 3.38 位于主板上的金属跳针

主板上最常见的跳线主要有两种，一种是只有两根针。这种两针的跳线最简单，只有两种状态，ON 或 OFF。另一种是 3 根针，这种 3 针的跳线可以有 3 种状态：1 和 2 之间短接、2 和 3 之间短接和全部开路。主板上的一组针，如 2 针、3 针或多针为一组，控制线路板上电流流动的小开关。跳线插上短路片表示 Close 或 ON，不插短路片表示 Open 或 OFF。

DIP 开关也称拨码开关、拨动开关、超频开关、地址开关、拨拉开关、数码开关、指拨开关等。如图 3.40 所示，它是 4 个、6 个或 8 个一组的微型开关，可以拨动设置为 ON 或 OFF 状态。功能与跳线相同，常用于选择 CPU 的类型、电源、外频和倍频等特性。

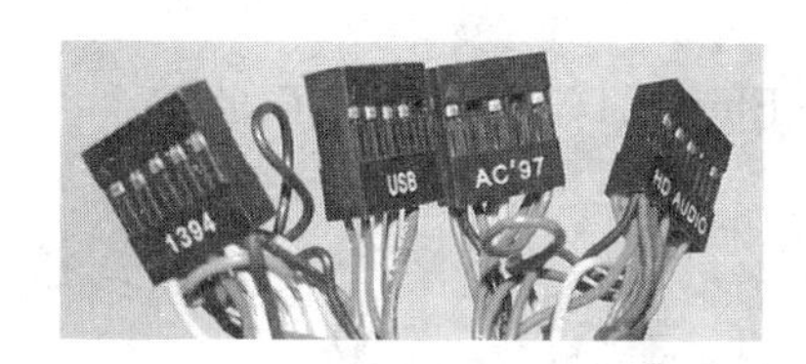


图 3.39 用于不同设备的跳线帽

图 3.40 DIP 开关

## 3.5.3 主板架构及其进展

主板在应用中不断发展，形成了一系列主板架构。

### 1. AT 主板和 Baby 主板

AT 主板如图 3.41 所示。随着大规模集成电路的工艺改进，人们发现 AT 构架太大了，实现同样功能的主板不需要如此大的尺寸(AT 主板的尺寸为 13in×12in)，IBM 公司对 AT 的构架进行了一番修正，在 1990 年推出了 Baby/Mini AT 主板规范，简称 Baby AT 主板。Baby AT 主板的尺寸为 15in×8.5in，比 AT 主板略长，但是宽度比 AT 小。布局比 AT 构架更为合理，减小了 PCB 的面积。

图 3.41 AT 主板

**2. ATX 主板**

1995 年 1 月，Intel 公司对 Baby AT 和 AT 再一次进行了修正，推出了扩展 AT 主板结构 ATX(AT eXtended)主板标准。

ATX 结构对 AT 做了许多改进：

(1) 布局改进。ATA 对各个关键元器件的位置做了合理的调整和规定。将集成在主板上的串并接口、USB 接口和 PS/2 键盘鼠标接口都直接固定安装在主板的后缘，增加了从主板上直接引出信号接口的空间，使得主板上可以集成更多的功能，提高了系统的规模和可靠性，并将主板尺寸缩减为 12in×9.6in。

(2) 增强电源管理。ATA 用一个电路模块检测各种开机命令，如 Modem 呼叫信号、遥控开机信号等。实现自动开关机和睡眠等功能，不仅实现了绿色节能，还为收发传真、应答电话、家电智能控制等提供了支持。

(3) 采用日趋完善的系统温度等监测和控制，在抗干扰等方面提出了进一步改进，提高了系统效率及可靠性。

(4) ATX 的 PC99 规范还从省材、方便、易用方面进行了改进，取消了 ISA 总线插槽，采用小型的 AMR 和 CNR 升级插槽。要求接口插座使用彩色。使用免跳线技术。直接在主板上安装蜂鸣器代替 PC 喇叭。

ATX 延伸版有 Micro ATX、Mini ATX 和 Flex ATX，适用于不同的用途。

ATX 主板的外形如图 3.42 所示。

图 3.42　ATX 主板

### 3. NLX 主板

NLX(New Low Profile Extension)主板是 Intel 公司提出的一种低侧面主板,标注尺寸为 32.5cm×22.5cm,采用专用机箱。

NLX 主板最大的特点在于它被分为两大部分:基板(如图 3.43 中水平部分所示)和扩展板(如图 3.43 中垂直部分所示)。基板布有逻辑控制芯片和基本输入输出端口;扩展板即 Add-in 卡,位于基板一侧边缘上,通过一个带定位隔板的长插槽与基板连接,其上有 PCI 和 ISA 的扩充插槽、移动存储和硬盘(IDE1、IDE2)接口,以及为整个主板供电的电源插座。正常情况下,Add-in 卡固定在机箱上,而主板像一块附加卡一样插到 Add-in 卡上。

这种架构将强电、系统扩插展槽和设备接口等一些容易损坏的部分与系统基板分开,单独设置在一块竖立的扩展板上,不仅提高了主板的可靠性,降低了生产和维护成本,还由于扩展板和系统基板相对独立,也为 OEM 厂商提供了更多的灵活性。此外,由于主板上集成了各种外部设备的接口电路,可不再使用接口插卡。从而避免了在 I/O 槽上插显示卡、声卡带来的连线问题,降低了线缆电磁干扰,提高了系统集成度和可靠性,系统性能也因而得以提高。

### 4. BTX 主板

BTX 主板是 Intel 公司于 2004 年推出的主板架构 Balanced Technology Extended 的简称,具有如下特点:

(1) 系统结构更加紧凑,能够在不牺牲性能的前提下做到最小的体积。目前已经有数种 BTX 的派生版本推出,根据板型宽度的不同分为标准 BTX (325.12mm),microBTX (264.16mm)、picoBTX (203.20mm)以及未来针对服务器的 Extended BTX。

(2) 针对散热和气流的运动,对主板的线路布局进行了优化设计。BTX 是在主板的散热问题日渐严重的时候提出的一个新型主板结构,它通过预装的 SRM(支持及保持)模块优化散热系统。从如图 3.44 中可以看到,CPU 的散热部分变成了一个模块,风从机箱前部进入 CPU 散热模块,经过显卡部分,兼顾内存部分,然后在机箱后部排出,不再像 ATX 那样由于显卡和 CPU 距离太远而无法兼顾。目前已经开发的热模块有两种类型,即 full-size 及 low-profile。

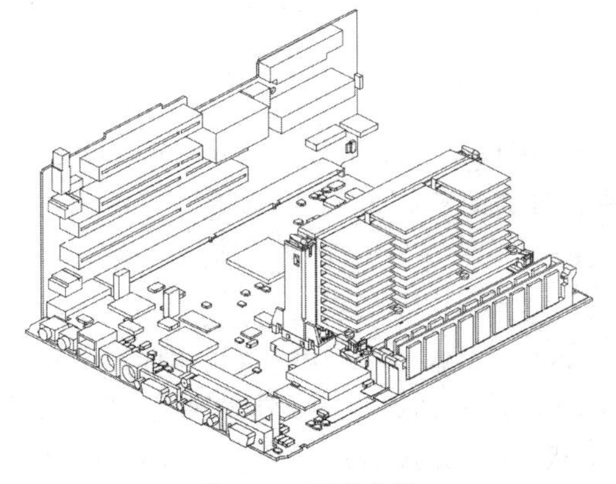

图 3.43　NLX 主板

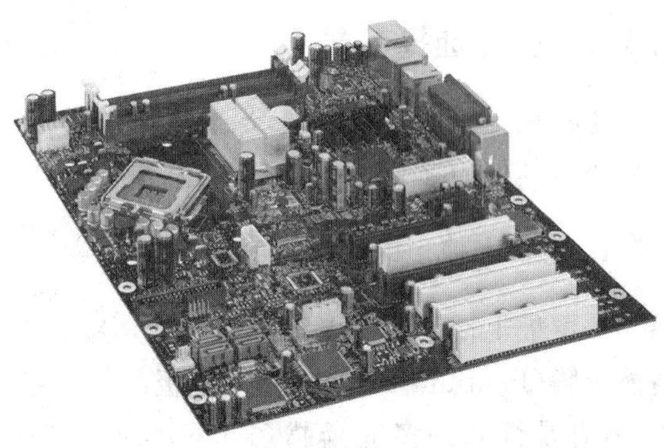

图 3.44　BTX 主板

(3) 提供了很好的兼容性。目前流行的新总线和接口，如 PCI Express 和串行 ATA 等，也在 BTX 架构主板中得到很好的支持。

(4) 主板的安装更加简便，机械性能也经过了最优化设计。

此外，BTX 架构对接口、总线、设备有新的要求。得益于新技术的不断应用，将来的 BTX 主板还将完全取消传统的串口、并口、PS/2 等接口。

显然，BTX 的推广意味着机箱、散热器、电源、主板厂商要对现行产品进行调整。这些改变给其他相关行业带来的冲击是巨大的，以前所有的设计都无法兼容 BTX 构架，所以 Intel 公司推出 BTX 构架后，应者寥寥，只有一些一线大厂商才象征性地推出相关产品，静待形势的发展。

#### 5. DTX 主板

面对 BTX 的惨淡局面，2007 年 1 月，AMD 公司趁机推出了一款自己的主板标准——DXT 主板架构。DTX 标准利用了 ATX 基础架构的优点，并分为 DTX 和 Mini-DTX 两种标准。其主要特点如下：

(1) DTX 布局紧凑，缩小了尺寸。原本一块标准 PCB 能够切割两块标准 ATX 主板(俗称的 ATX 大板)，换成 DTX 就可以切割 4 块，如果是 mini-DTX 更是可以达到 6 块。图 3.45 为一款 DTX 主板的外形。

(2) AMD 公司聪明地避开 Intel 公司的锋芒，将 DTX 定位在低端机市场。其 DTX 针对功耗为 65W 以下的处理器和 25W 功耗的图形芯片上，Mini-DTX 则定位在功耗最大为 35W 的处理器上。这样，机箱内部发热量较小，甚至可以不用散热装置。这样就可以将计算机噪音降低到 20dB，而目前普通计算机的噪音在 50～60dB。

(3) DTX 标准具有与 ATX 基础架构的向后兼容性，DTX 主板可以使用在标准的 ATX 机箱中，供应商能够以很低的开发成本获得 DTX 产品，而不必像升级到 BTX 主板那样必须更换 BTX 机箱，可以降低升级换代的成本。

(4) 更重要的是，它是一款开放性的业界标准，允许任何主板生产商免费应用这个标准生产产品，厂商自由度高。

由于这些优势，著名的主板厂商华硕和微星都对 DTX 标准持欢迎态度。

### 3.5.4 主板选择参数

主板在应用中不断发展，形成不同的类型。选择主板首先要考虑框架结构上进行选择，然后考虑其他的参数。下面举例介绍一些影响主板分类的参数。

#### 1. 主板上使用的 CPU 种类

按主板上使用的 CPU，主板可以分为 386 主板、486 主板、奔腾(Pentium，即 586)主板、高能奔腾(Pentium Pro，即 686)主板。同一级的 CPU 往往也还有进一步的划分，如奔腾主板，就有是否支持多能奔腾(P55C，MMX 要求主板内建双电压)，是否支持 Cyrix 6x86、AMD 5k86 (都是奔腾级的 CPU，要求主板有更好的散热性)等区别。

图 3.45　DTX 主板

**2. 主板上的 I/O 总线种类**

主板上的 I/O 总线主要类型如下：

- ISA(Industry Standard Architecture,工业标准体系结构总线)。
- EISA(Extension Industry Standard Architecture,扩展标准体系结构总线)。
- MCA(Micro Channel Architecture,微通道总线)。
- VESA(Video Electronic Standards Association,视频电子标准协会局部总线,简称 VL 总线)。
- PCI(Peripheral Component Interconnect,外围部件互连局部总线,简称 PCI 总线)。
- USB(Universal Serial Bus,通用串行总线)。
- IEEE 1394(美国电气及电子工程师协会 1394 标准,俗称火线(fireware))。

**3. 逻辑控制芯片组种类**

逻辑控制芯片组主要类型如下：

- LX，早期用于 Pentium 60MHz 和 66MHz CPU 的芯片组。
- FX，在 Intel 430 和 440 两个系列中均有该芯片组，前者用于 Pentium，后者用于 Pentium Pro。
- HX，Intel 430 系列，用于可靠性要求较高的商用微机。
- TX，Intel 430 系列的最新芯片组，专门针对 Pentium MMX 技术进行了优化。
- GX、KX，Intel 450 系列，用于 Pentium Pro，GX 用于服务器，KX 用于工作站和高性能桌面 PC。
- MX，Intel 430 系列，专门用于笔记本电脑的奔腾级芯片组。

#### 4. 主板大小

最常见的主板尺寸如下：

- Mini-ITX，170mm×170mm（小板）。
- Mini-DTX，200mm×170mm（中小板）。
- DTX，244mm×210mm（中板）。
- M-ATX，24.5mm×24.5mm。

常见主板的尺寸如下：

- XT，216mm×279mm。
- AT，或 305mm×279mm～305mm×330mm。
- Baby-AT，216mm×254mm～216mm×330mm。
- ATX（Intel 1996），305mm×244mm。
- EATX，305mm×330mm。
- Mini-ATX，284mm×208mm。
- LPX，229mm×279mm～229mm×330mm。
- picoBTX，主板最长 203.20mm，最多一个扩充卡插槽。
- microBTX，主板最长 264.16mm，最多 4 个扩充卡插槽。
- BTX，主板最长 325.12mm，最多 7 个扩充卡插槽。
- DTX，主板尺寸为 203mm×244mm，最多两个扩充卡插槽。

#### 5. 应用环境

例如，主板可分为台式机主板、服务器/工作站主板和笔记本主板等。

#### 6. 印制电路板的工艺

印制电路板的层数有双层结构板、四层结构板、六层结构板等，目前以四层结构板的产品为主。

#### 7. 元件安装及焊接工艺

元件安装及焊接工艺可以分为表面安装焊接工艺和 DIP 传统工艺。

### 3.5.5 主板整合技术

**1. All in One 或 Some in One**

All in One 或 Some in One 都是主板的整合技术，即主板的多功能集成技术。比如把声卡芯片或显示卡芯片集成到主板上，免去安装声卡和显示卡。典型的整合芯片组是 Intel 810，它将 AGP 显示、音效 Codec 控制器和 Modem Codec 控制器等都集成到主板上，形成一体化主板，能为用户节省几百元。

**2. AC'97**

AC'97(Area Codec 97)即区域编解码器技术，对于声卡和 Modem，它要求在电路结构上把它们的数字部分和模拟部分分开，以降低电磁串扰和提高性能。Intel 810 和 VIA 694 等芯片组的南桥芯片中加入了声效功能，通过软件模拟声卡，完成一般声卡上主芯片的功能，而其音频输出交给一块很小的 AC'97 芯片完成，所以在这类主板上看不到有较大的声卡主芯片。

### 3.5.6 智慧型主板技术

随着主板的广泛应用和发展，智慧型主板的概念出现了。虽然目前还没有关于智慧型主板的标准以及定义，但它应当包含下列内容。

**1. PnP 功能**

PnP(Plug and Play)是即插即用的意思，此项技术的目的是实现硬件安装的自动化，免去用户安装新硬件过程中进行配置的麻烦。目前的主板都具有 PnP 功能，即采用的芯片组、系统 BIOS 程序都支持 PnP。目前的硬件扩展卡也都具备 PnP 功能。再配合以支持 PnP 的操作系统，就使得用户安装新硬件变得非常容易。

**2. STR**

STR(Suspend To RAM)的意思是"悬挂到内存"，它是一种瞬间开机(On Now)技术。当使系统进入"挂起"状态时，系统的当前状态信息会保存到内存中。再次开机时，立即从内存读取数据恢复到系统挂起前的状态，因此使开机速度只有几秒钟。

STR 功能是高级配置电源接口(Advanced Config Power Interface，ACPI)的一部分，它的实现要求外围芯片组和 BIOS 都支持 ACPI，各个扩展卡都支持 STR，还要求采用 ATX 电源。STR 要求采用支持 ACPI 的操作系统，还要求各个硬件的驱动程序和各个应用软件都支持 ACPI。

**3. 网络和 Modem 唤醒**

具备这种功能的主板在组装并安装相应的软件后，可以用网络或 Modem 从远方对计算机进行遥控唤醒开机操作，前提是此计算机正处于关机但不断电的"睡眠"状态。

#### 4. 系统监控与安全

智慧型主板的系统监控与安全主要包括以下几类技术：

(1) 断电自动重置(Power Failure Resume)，即指事先在BIOS Setup中设置断电再来电时的某种状态。只有主板具有断电自动重置功能，并设置成断电再来电时重新开机，以便来电时自动恢复计算机断电前的正常状态。

(2) 安全监测。可以监测系统温度、CPU温度、CPU风扇转速、机箱风扇转速、CPU的核心电压、I/O电压、电源供电电压和CMOS电池电压等，还有系统温度报警等功能。

(3) 新颖的故障检测和显示技术。一些主板在PCI插槽前缘处安装了4只红绿双色故障指示灯，能编码表示16种故障，主板说明书中介绍了相应的故障说明。

(4) BIOS抗病毒技术。目前的许多主板都采取了BIOS抗病毒技术，如增加防止写EEPROM芯片的设置跳线，在CMOS Setup中加入了BIOS写保护设置，在BIOS程序中加入抵御CIH病毒的功能，采用双BIOS芯片技术等。

#### 5. 超频性能

所谓“超频”，是指在主板上将CPU的外频或倍率设置为高于规定的标称值，使得CPU工作在更高的主频上，以这种方法来提高系统的运行速度。CPU超频使用会使CPU过热和工作不稳定，甚至烧毁。因此需要设置超频的安全保护，此外还要支持超频恢复键功能，即当用户超频失败，关机后再次启动系统时，按键盘的Insert或F10键就可以恢复到超频失败前的状态。可以使用CMOS Setup超频的主板也都支持恢复键。

#### 6. 防电磁辐射技术

随着主板总线频率增高到133MHz甚至400MHz，电磁辐射越来越严重了。有些主板采用展开频谱技术(spread spectrum)以降低电磁辐射对系统的干扰。有些主板采用了DIMM和PCI插槽的自动检测技术，当发现有的DIMM内存插槽和PCI插槽为空闲时，就将其时钟关闭，以减少电磁辐射源。

#### 7. 无跳线设计

使用跳线的主要好处是可以在同一主板上使用多种品牌型号的CPU，缺点是存在跳线错误，轻则机器不能启动，重则烧毁CPU。奔腾时代到来后，部分主板开始使用DIP开关取代跳线来控制CPU的工作状态。一般情况下，安装不同的CPU只需对照说明书拨动DIP跳线开关即可，这比装跳线器方便得多。

随着CPU的种类和型号不断增多，设置DIP开关也变得越来越复杂，于是无跳线的主板应运而生。第一块这样的主板是联想公司生产的，随后联想公司又推出了430TX、40LX系列主板，这类主板的共同特点就是通过BIOS来设置CPU的类型、主频、总线频率和内外电压。一般情况下，用户只须插好CPU，开机启动，主板BIOS即可自动识别CPU种类、型号，并自动根据识别的CPU设置工作电压，用户根本不用关心是单电压还是双电压。

**8. 符合绿色环保 EPA 标准**

在计算机使用过程中，很多时候计算机设备是空闲的，若仍全功率运行，既耗电也加快了系统的老化。绿色环保计算机增强了计算机的电源管理功能，使其在没有人使用或无程序运行时自动减少各部件的功耗，达到节省能源和保护计算机的目的。

目前绿色环保计算机一般遵循 EPA(Environment Protection Agency，美国环境保护署)标准，符合该标准的计算机在开机启动时会有一个黄色或绿色的 EPA 或 Energy Star(能源之星)标志出现在屏幕上。EPA 计算机在省电模式下系统耗电量低于 30W，其各部件的定义如下：

(1) CPU (如 Pentium)正常耗电约 5W，进入休眠状态后只耗 0.4W。

(2) 显示器(一般符合 DPMS 规范)在开机后处于等待(Standby)状态时耗电小于 15W，处于休眠(Suspend)状态时耗电小于 15W，关闭后耗电小于 5W。

(3) 硬盘正常耗电 3～10W，休眠时马达停转，耗电小于 1W。

绿色环保计算机由绿色主板、绿色 CPU、绿色显示器和绿色硬盘等部件组成，其中主板是关键部件，控制着各外部设备及 CPU 的绿色功能和对节能参数的设置。当某个外部设备不支持绿色环保功能时，只影响到该子系统的省电模式不能实施，而若主板不支持绿色功能，则会使所有的外设节能功能失效。通常，省电模式有如下 3 种：

(1) Doze(打盹)。CPU 时钟频率降低，程序运行变慢。

(2) Stand by(等待)。CPU 时钟频进一步降低，显示器黑屏。

(3) Suspend(休眠)。CPU 停止运行，所有程序处于停顿状态，显示器进入关闭模式。

在上述任何一种省电模式下，只要接收到系统认可的启动信号，如鼠标移动、按键、Modem 呼叫等，均会激活计算机使其进入正常工作状态。

有的主板将硬盘停转时间单独设置，也有的将其归入 Suspend 状态。一些新型的主板还支持 Suspend 状态下 CPU 风扇的停转等，还有一些支持软件控制开关机，达到完全意义上的绿色环保。

# 习　题

3.1 下列关于总线的说法中正确的是________。

① 采用总线结构可以减少信息的传输量。

② 总线可以让数据信号与地址信号同时传输。

③ 使用总线结构可以提高传输速率。

④ 使用总线结构可以减少传输线的条数。

⑤ 使用总线有利于系统的扩展。

⑥ 使用总线有利于系统维护。

A. ①②③④　　B. ②③④　　C. ③④⑤　　D. ④⑤⑥

3.2 下面关于控制总线的说法中正确的是________。

① 控制总线可以传送存储器和 I/O 设备的地址信息。

② 控制总线可以传送存储器和 I/O 设备的所有时序信号。

③ 控制总线可以传送存储器和 I/O 设备的所有响应信号。

④ 控制总线可以传送对存储器和 I/O 设备的所有命令。

A. ①②③　　B. ②③④　　C. ①③④　　D. ③④

3.3　在总线中地址总线的功能是________。

A. 用于选择存储器单元

B. 用于选择存储器单元和各个通用寄存器

C. 用于选择进行信息传输的设备

D. 用于指定存储器单元和选择 I/O 设备接口电路的地址

3.4　总线宽度决定于________。

A. 控制线的位宽　　B. 地址线的位宽

C. 数据线的位宽　　D. 以上位宽之和

3.5　"数据总线进行双向传输"这句话描述了总线的________。

A. 物理规范　　B. 电气规范　　C. 功能规范　　D. 时间规范

3.6　在系统总线中，地址总线的位数与________有关。

A. 机器字长　　B. 存储单元个数　　C. 存储字长　　D. 存储器带宽

3.7　同步通信比异步通信具有较高的传输率，这是因为________。

A. 同步通信不需应答信号

B. 同步通信方式的总线长度较短

C. 同步通信按一个公共时钟信号进行同步

D. 同步通信中各部件存取时间较短

3.8　试说明总线结构对计算机性能的影响。

3.9　某总线共有 88 根信号线，其中数据总线 32 根，地址总线 20 根，控制总线 36 根，总线的工作频率为 66MHz，则总线宽度为________位，传输速率为________ MB/s。

A. 32　254　　B. 20　254　　C. 32　264　　D. 20　264

3.10　某 64 位总线 10 个时钟周期传输 25 个字的数据块。试计算：

(1) 当时钟频率为 100MHz 时总线的数据传输率。

(2) 当时钟频率减半后的数据传输率。

3.11　什么是总线的主模块？什么是总线的从模块？

3.12　在 3 种集中式总线控制中，________方式响应时间最快，________方式对电路故障最敏感。

A. 链式查询　　B. 计数器定时查询　　C. 独立请求

3.13　从性能指标上对 AGP 和 PCI 的最新标准进行比较。

3.14　什么是 SCSI 设备？

3.15　USB 由哪儿部分组成？各有什么功能？

# 第4章 输入输出系统

输入输出系统是计算机主机与外界交换信息时需要的硬件和软件设备的总称，简称I/O系统。一般说来，I/O系统的工作原理涉及如下几个方面：

(1) 外部设备。围绕主机而设置的各种信息媒体转换和传递的设备。

(2) 设备控制器与接口。控制主机与外部设备之间的信息格式转换、交换过程以及外部设备运行状态的硬、软件，也称设备适配器，它与外部设备的特性有关。

(3) 主机与I/O设备之间进行数据交换时的控制方式。

(4) 如何管理I/O过程。

## 4.1 外围设备

外部设备也称I/O设备，是指计算机系统中除主机以外，直接或间接与计算机交换数据、改变媒体或载体形式的装置。

### 4.1.1 外部设备及其发展

#### 1. 外部设备及其分类

对外部设备进行严格分类是很困难的。因为各种设备由于现代技术的集成性特点形成了“你中有我，我中有你”的局面，使人无法用一种规则就能描述出某种设备与其他设备相区别的明显轮廓。比如：

(1) 按器件性质，可以分为机电设备、电子机械设备、光电设备、磁电设备等。但实际上又很难完全区分得清楚，因为磁、光、机械都离不开电，现代任何设备又都离不开电子。

(2) 按照设备与主机之间的关系，可以分为输入设备和输出设备，可是有些设备既有输入功能又有输出功能，如触摸屏、网卡等。

(3) 按照服务对象，可以分为人机交互设备(如显示器、打印机、数码相机等)、机-机通信设备(如网卡、A/D与D/A转换器等)和计算机信息驻在设备(如磁盘、光盘和闪存等)，但是有些设备，如条码阅读器到底是哪种类型，还不能说清楚。

(4) 按照处理的对象，可以分为字符设备、图形图像设备、声音设备、影视设备、虚拟现实设备等，但不少设备集成了多种功能。

(5) 按数据传输速率，可分为低速设备、中速设备和高速设备。

低速设备是指传输速率为每秒几个字节至几百个字节的设备，如键盘、鼠标、语音的输入输出设备等。

中速设备是指传输速率为每秒几千字节至几万字节之间的设备，如激光打印机等。

高速设备是指传输速率为每秒几十万字节至几兆字节之间的设备，如磁带机、磁盘机等。

(6) 按照I/O设备与计算机系统传输的字符数量，可以分成块设备和字符型设备两大类。

块设备是指每次传送一个数据块(512B或1024B等)，如磁带机、磁盘机等，块设备可与系统进行大量、快速的信息交换，常用于辅助存储器(外存)。

字符型设备是指每次传送一个字符，如显示器、键盘、打印机等。字符型设备常用于把外界的信息输入到计算机系统或把计算机系统的运算结果输出，传输速率较低。

(7) 从资源分配和使用的角度来看，可分为独占设备、共享设备和虚拟设备3类。

独占设备是指在一段时间内，只能让一个作业独自占用的设备，即多个作业对某一设备的访问应是互斥的，一旦系统将这类设备分配给某个作业，便由该作业独占，直至释放该资源，例如，输入机、磁带机和打印机等。

共享设备是指在一段时间内可以同时让几个作业使用的设备，当然，在某一时刻，该设备只能为一个作业服务，例如磁盘。

虚拟设备是指用独占设备模拟共享设备的工作，即通过虚拟技术将独占设备改造成可共享的设备，以提高独占设备的利用率。

### 2. 人机界面技术的进步

计算机作为扩展与延伸人的大脑的智力工具，主要由人直接使用。现在，人们越来越意识到，人机界面是除硬件和软件之外组成计算机系统的第三大要素。迄今为止，计算机人机界面技术已经形成符号界面技术、图形界面技术、多媒体界面技术、虚拟现实界面技术等多层次的系列技术。

1) 符号界面技术

在计算机刚刚出现时，人们只能使用机器语言，利用纸带、卡片穿孔机和光电输入机，实现0、1码的输入。它用一系列特定位置处有孔和无孔的组合表示不同的字符，进而再用字符组成命令。不管问题难易，都要先在纸带上穿孔；出现问题便要细细辨认哪个位置上的孔被穿错。这种基于机器端的人机界面的全手工操作方式与计算机处理的先进性极不适应，严重地消耗着技术人员的精力。于是人们开始开发直接的符号式人机界面技术。先是汇编语言，接着是高级语言应运而生，同时研制出与之相适应的面向符号处理的人机交互设备——打印机、键盘和显示器。

2) 图形界面技术

对打印和显示来说，符号处理实际上就是简单的图形处理。所以，图形设备几乎与字符设备同步发展。1950年，美国麻省理工学院用一个类似于示波器的阴极射线管(CRT)显示计算机处理的简单图形，是最早的计算机图形设备，也是计算机图形学研究的开始。

由于CAD、CAM、CAI以及艺术、商业、科研等方面的需要，20世纪60年代起计算机图形学进入了蓬勃发展的时期，图形外部设备也得到了迅速发展。到20世纪70年代中期，廉价的固体电路随机存储器出现，基于电视技术的光栅扫描图形显示器出现，计算机图形技术与电视技术衔接，使图形更加形象、逼真。与此同时，先后出现了光笔、图形输入板、操纵杆、跟踪球、鼠标器、拇指轮等定位/拾取设备，以及坐标数字化仪、绘图仪、扫描仪等。

3）多媒体界面技术

图形比语言所含的信息量要大得多。用图形比用语言描述要形象直观。从信息论的角度，信息是再现的差异，它能消除人在特定方面的不确定性。人通过感觉获得信息，感觉过程是外部对人的感官的刺激过程，刺激的强度取决于信息的强度以及人的感官与信息的连接性，即人与接收的信息的匹配状况。除人的兴趣因素外，不同的感官具有不同的信息接收效率。据统计，人类通过感觉器官收集到的全部信息中，视觉约占65%，听觉约占20%，触觉约占10%，味觉约占2%，即大部分信息要靠视觉和听觉接收。一般而论，在诸感官中，视觉由于与大脑中枢最靠近，神经最发达，所以接收信息的效率最高，其次是听觉。研究证实，在其他条件相同的情况下，让视觉和另一个感官分别接收不同的信息，当两个信息矛盾时，大部分人实际接收到的是视觉信息；而当人的几个不同的感官，尤其是视觉和听觉协同接收相关信息时，人与该信息的连接性要比单独用一个感官要高许多。根据这一原理，进入20世纪80年代后，人们开始致力于将文本、声音、图形和图像进行综合处理，建立多种信息媒体的逻辑连接，使之具有人机交互性，并将之称为多媒体计算机技术（multimedia computing）。图4.1为常见的计算机媒体及其分类图。

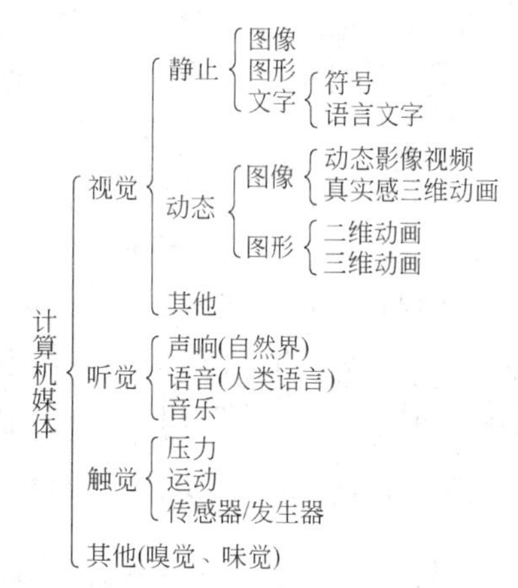

图4.1　常见的计算机媒体及其分类

多媒体技术的核心包括以下几个方面。

（1）开发具有视觉、听觉和说话能力的外部设备，如全屏幕及全运动的视频图像、高清晰全电视信号及高速真彩色图形的显示设备和摄像设备，高保真度的音响，以及语音识别器、语音合成器等。

（2）高速、大容量的计算机系统。

（3）视频和音频数据压缩和解压缩技术。多媒体计算机的关键问题是计算机实时地综合处理声、图、文信息，数字化的图像和声音信号的数据量是非常大的。一幅640×480中等分辨率的彩色图像（24位/像素）的数据量约为每帧7.37Mb；如果是运动图像，要以每秒30帧或25帧的速度播放，视频信号传输速率为220Mb/s，将其存在600MB的光盘中，只能播放20s。对于音频信号，以激光唱盘CD-DA声音数据为例，如果采样频率为45.1kHz，量化为16位两通道立体声，600MB的光盘只能存放1小时的数据，其传输速率为150KB/s。在一般微机上，没有200倍以上的数据压缩比，上述功能是难于实现的。

（4）人工智能和交互式技术。图像和声音的认识和理解都属于约束不充分（under constrained）问题。它们不能提供充分的约束以求得唯一解，还必须有知识导引（涉及人工智能）和人机交互作为补充。

4）虚拟现实技术

虚拟现实（Virtual Reality，VR）又称灵境（或幻境）技术，它是以某些直接感觉为引导，借助人脑的联想，激发其他非直接感觉神经活动而产生的一种幻觉。例如望梅止渴，是通过“视觉”来激发“味觉”，产生一种吃梅子的幻觉。虚拟现实的目标是要人“信”，或者是“出神”

"着迷""上瘾"，产生一种"情不自禁"的沉浸感。通常作为引导（或导入）感觉的是视觉（如上述"望梅"）、听觉（如听小说）和触觉等。

通常，把虚拟现实技术概括为3个基本特征，即"3I"：

(1) Interaction（交互性）。参与者可以通过专门设备，用人的自然技能对模拟环境进行考察与操作。

(2) Imagination（幻觉性）。VR并非真实的存在，而是计算机技术形成的幻觉。

(3) Immersion（沉浸感）。VR用一套全新的电子刺激代替真实世界的各种感觉，使人在计算机产生的仿真中有一种"身临其境"的感觉。例如，在一个虚拟手术室中，实习医生可以对一个"病人"的任何部位进行手术；在一个虚拟驾驶室中，见习司机可以用任何速度在复杂的"道路"上驾"车"行驶，若发生"事故"，只能让司机心惊胆战，而皮肉丝毫不损。

#### 3. 绿色计算机设备

目前，计算机世界正酝酿着另一场革命，是绿色计算机浪潮。绿色是人类生存和健康的象征，绿色计算机是科技与环保相结合的经典之作。对它的具体要求大致有如下几个方面：

(1) 节能。据估计，节能型计算机是普通计算机耗电的1/5至1/20。美国政府期望，如果现在的个人计算机有2/3符合能源的新要求，则美国整个计算机的耗电量可节约37%左右。

(2) 低污染。实现生产过程的绿色化，可用再生的材料代替聚酯类材料，不再使用CFC清洗剂等含氟氯碳化物的材料，包装材料也不能含有害的化学物质；打印机的噪声将降到最小限度；绿色计算机的电磁辐射也要符合环保标准。

(3) 易回收。这包括系统本身的材料、包装材料、激光打印机的硒鼓以及大量的纸张等。机器的结构设计将相当合理，拆装十分容易，同时采用可再生材料，使机器的回收或销毁不再令人头痛。

(4) 符合人体工程学。绿色计算机与人类将更加友好，主机、显示器、键盘等的造型将设计得更加舒适美观，加上多媒体技术，使人们不仅工作效率大大提高，而且能从中得到美的享受。

### 4.1.2 键盘

#### 1. 普通键盘及其原理

字符输入设备的实质是将要输入的字符转换成相应的0,1码。目前，键盘是最重要的字符输入设备。

键盘按照工作的物理性质一般可分为如下3种：

(1) 触点式键盘。借助于金属把两个触点接通或断开以输入信号。

(2) 无触点式键盘。借助于霍尔效应开关（利用磁场变化）和电容开关（利用电流和电压变化）产生输入信号。

(3) 虚拟激光键盘。在任意平面上投影出全尺寸的键盘，当手指按投影到平面上的键盘时，会阻断该位置的红外线，造成反射，通过感知器就接收到反射的坐标，由此得知按下的是什么键。

键盘的基本组成元件是按键开关。如图 4.2 所示，这些开关在线路板上排成行、列矩阵格式，用硬件或软件对行、列分别扫描，就可以确定被按下的键的位置。

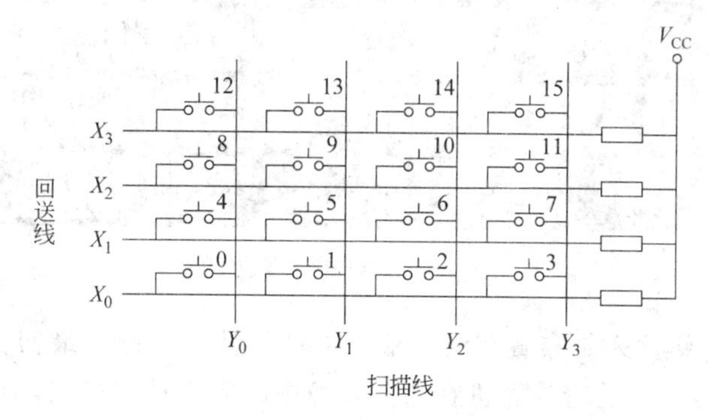


图 4.2 键盘组成的开关矩阵

在对键盘位置进行扫描的过程中所产生的用以确定按键位置的码称为键盘的扫描码。有了键盘扫描码后，键盘处理器用其与只读存储器(ROM)内的字符映射表进行比对，就可以得到相应的内码。例如，字符映射表会告诉处理器单独按下 a 键得到的扫描码对应小写字母“a”，而同时按下 Shift 键和 a 键得到的扫描码对应大写字母“A”。

可以使用不同的字符映射表取代键盘中原来使用的映射表。不同的语言输入法有不同的字符映射表。

当按下一个键时，键盘内的处理器会对键的开关矩阵进行分析，并将确定的字符保存在自己的缓冲区内，然后才发送这些数据。

因此，一个键盘要由下列部件组成：

- 开关矩阵。
- 键盘处理器。
- 字符映射表(ROM)。
- 键盘缓冲区。

因按键时会使键产生机械抖动，为防止因此造成的错误判断，在键盘控制电路中都含有消除抖动影响的硬件或软件机制。

**2. 键盘上的按键类型**

键盘是在打字机(typewriter)的基础上发展而来的，其按键数曾出现过 83 键、87 键、93 键、96 键、101 键、102 键、104 键、107 键等。104 键的键盘是在 101 键键盘的基础上为 Windows 9X 平台提供了 3 个快捷键(有两个是重复的)，所以也被称为 Windows 9X 键盘。

不管键盘形式如何变化，基本的按键排列保持基本不变，可以分为主键盘区、数字辅助(Num)键盘区、键功能(F1～F12)键盘区、控制键区，对于多功能键盘还增添了快捷键区。

主键盘区包括字母表的各个字母键，通常与打字机的键盘布局相同，采用如图 4.3 所示的 QWERTY 顺序排列。除此之外，其他键盘布局还包括 ABCDE、XPERT、QWERTZ 和 AZERTY。每种布局都是由键盘的前几个字母来命名的。其中，QWERTZ 和 AZERTY 键盘排列方式在欧洲应用广泛。

图 4.3　QWERTY 键盘

打字机上的数字键原来是布置在键盘最上方的。计算机键盘最初也是这样一种布局。后来，随着计算机在商务环境中的应用日益增加，为了能快速录入数字并进行简单计算，将这些数字键组织成一个相对独立的区间或制成一个独立小键盘。现在，数字小键盘上的键数一般为图 4.4 所示的 17 个键，是在 10 个数字键上添加了四则运算符以及 Enter、Del 和 NumLock 而成，并采用加法机和计算器上的布置。

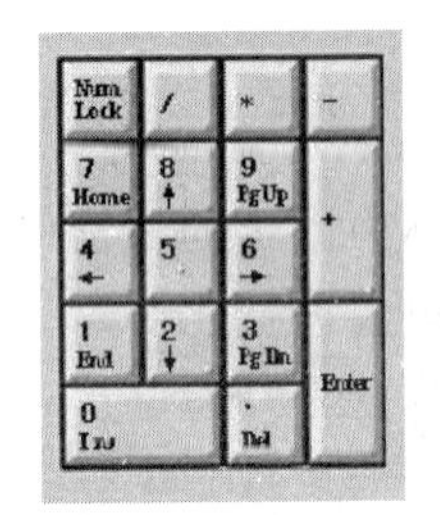


图 4.4　数字小键盘

1986 年，IBM 公司对基本键盘进行了扩展，增加了功能键和控制键。应用程序和操作系统可以向功能键指定特定的命令，控制键还可以提供光标和屏幕控制。4 个箭头键呈倒 T 型分布在输入键和数字小键盘的中间，可用来在屏幕上小幅移动光标。

常规键盘还具有 CapsLock（字母大小写锁定）、NumLock（数字小键盘锁定）、ScrollLock（滚动锁定键），还有 3 个指示灯（部分无线键盘已经省略这 3 个指示灯），标志键盘的当前状态。

其他常用控制键包括 Home、End、Insert、Delete、Page Up、Page Down、Ctrl、Alt、Esc。

### 3. 软键盘

所谓软键盘（soft keyboard）并不是物理的键盘，而是通过软件显示在屏幕上的模拟键盘。这种键盘只能用鼠标单击输入字符。

软键盘盘面有固定和随机两种布局形式。固定布局一般用于便携智能设备，如手机、平板电脑，可以省去携带物理键盘的麻烦。随机布局软键盘常用于银行的客户端上要求输入账号和密码的地方。如图 4.5 所示，软键盘是随机生成的，每次键盘上数字的顺序都不同，除非使用快速截取屏幕或者监听网络数据包的方法，否则很难记录输入的字符，可以防止木马记录键盘输入的密码。

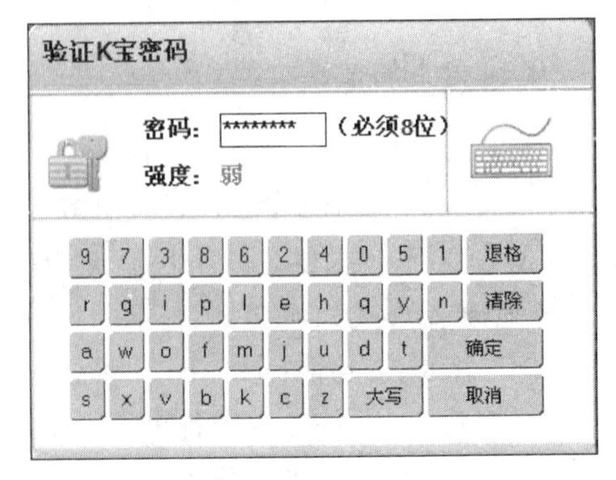


图 4.5　某银行的客户端登录软键盘

#### 4. 虚拟激光键盘

VLK(Virtual Laser Keyboard,虚拟激光键盘)也称虚拟投影键盘,简称激光键盘或虚拟键盘,它是由光投照所形成的影像键盘。几乎能在任意平面上投影出全尺寸的影像键盘,并且在不使用时会完全消失。图 4.6(a)是一个正在操作 VLK 键盘时的情形。

如图 4.6(b)所示,激光投影键盘系统主要由 3 个部分组成:

(1) 投影器模块 A:该模块由经过特殊设计的高效全息光学元件照明产生,元件带有红色二极管激光器。

(2) 传感器模块 B:内含定制的硬件,能够实时确定反射光的位置。

(3) 微照明模块 C:可以产生与界面表面平行的红外线光照平面。光线照在表面上几毫米处,用户是无法看到的。

(a) 正在操作的激光投影键盘

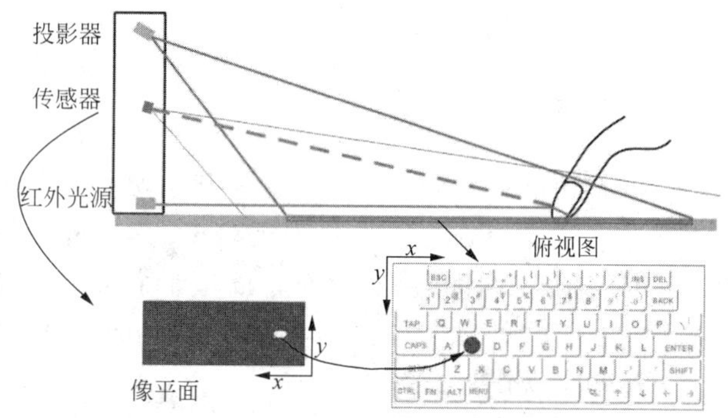


(b) 激光投影键盘工作原理

图 4.6 激光投影键盘

虚拟键盘技术对用户手指运动加以研究,对键盘击打动作进行解码和记录。当手指敲击时,按键边上就会对 C 所发出的红外线产生反射,传到传感器模块 B 上。传感器芯片可以精确感知手指的动作和所敲击的位置。

### 4.1.3 鼠标

鼠标、跟踪球(也称轨迹球)、操纵杆(也称跟踪点)和触摸板,是用于操作屏幕上光标位置的输入设备。1968 年恩格巴特(1925—2013,也是多窗口用户界面的发明者)发出了一个木制外壳的“显示系统 *X-Y* 坐标位置指示器”,用两个互相垂直的滚轮来收集两个坐标轴上的运动数据,这就是公认的首款鼠标。以后,各种各样的鼠标相继问世。其中主要有如下几种:

- 轨迹球鼠标。这是 1968 年在德国亮相的首个轨迹球鼠标,鼠标底部有一个轨迹球,正面只有一个按钮,它最初是用来画矢量图的。
- 光电鼠标。机械鼠标的使用有些时候并不可靠,20 世纪 70 年代末期,施乐公司对普通轨迹球鼠标进行了升级,推出了 Alto 光电鼠标。
- 商用鼠标。1981 年,施乐公司对其 Alto 鼠标进行了升级,推出了 8081 系统控制器 Star,它是首个推向商用市场的鼠标,单是一个初级 8081 系统的售价就高达 7.5 万美元。

- 消费级鼠标。苹果公司在1983年推出了首款将图形用户界面和鼠标结合起来的个人计算机Lisa,售价高达1万美元。苹果公司在鼠标中使用了轨迹球技术,该鼠标只有一个按钮,但是底部却设置了一个又大又沉的钢铁轨迹球。
- 激光鼠标。罗技公司在2004年推出了首款消费级激光鼠标MX1000,目前为止,光学鼠标还是使用发光二极管进行表面照明并追踪,激光替换发光二极管后可以使得鼠标响应更快,适用于多种物体表面。
- 3D鼠标。Axsotic公司设计的3D鼠标可以提供6种自由度,它不但可以在三维坐标轴中移动,还可以在3D空间中旋转。
- 意念控制鼠标。鼠标的未来是意念控制。尽管目前的消费级头戴式意念控制设备仍然不够实用,但总有一天它能够走进每个家庭。

### 4.1.4 打印设备

#### 1. 打印设备及其分类

打印机(printer)是计算机的输出设备之一,用于将计算机处理结果打印在相关介质上,产生永久性记录。打印设备种类繁多,有多种分类方法。衡量打印机好坏的指标有3项:打印分辨率、打印速度和噪声。按打印字符结构,分全形字打印机和点阵字符打印机。按一行字在纸上形成的方式,分串式打印机与行式打印机。

1)按印字动作分类

打印机按印字动作分为击打式和非击打式。

- 击打式:在打印过程打印头要撞击纸。击打式打印机又分为活字式打印和点阵式打印。
- 非击打式:采用电、磁、光、喷墨等物理、化学方法印刷字符,打印过程中纸不被撞击。如激光打印机(其技术来自复印机)、喷墨打印机等。

2)按工作方式分类

打印机按工作方式分为串行打印机和行式打印机。

- 串行打印机:逐字打印。
- 行式打印机:一次输出一行。

3)按输出形式分类

打印机按输出形式分为字符打印机和图形打印机。

4)按输出的色彩分类

打印机按输出的色彩分为黑白打印机和彩色打印机。

5)按所采用的技术

打印机按所采用的技术分柱形、球形、喷墨式、热敏式、激光式、静电式、磁式、发光二极管式等打印机。

#### 2. 喷墨打印机

喷墨打印机的实质是喷色。所喷之色可以是固体形式,也可以是液体形式。目前大量使用的是液体喷色——液体喷墨。

喷墨打印机在打印图像时，打印机喷头在快速扫过打印纸的过程中，其上面的大量(一般都有 48 个或 48 个以上)喷嘴就会喷出大量小墨滴，组成图像中的像素。由于除了墨滴的大小以外，墨滴的形状、浓度的一致性都会对图像质量产生重大影响，因此墨滴的喷射控制是喷墨打印机的关键技术环节。目前广泛采用的液体喷墨技术有气泡技术与液体压电式技术。

气泡技术也称热发泡技术或热喷墨打印技术，其基本原理是通过墨水在短时间内的加热、膨胀、压缩，将墨水喷射到打印纸上形成墨点，增加墨滴色彩的稳定性，实现高速度、高质量打印。图 4.7 表明热喷墨打印机中墨滴的生成过程：

① 气泡技术利用薄膜电阻器，在墨水喷出区中将小于 5 微升的墨水瞬间加热至 300℃以上，形成无数微小气泡。

② 气泡以极快的速度(小于 10$\mu$s)聚为大气泡。

③ 气泡扩展，迫使墨滴从喷嘴喷出。

④ 气泡再继续成长数微秒便消逝，回到电阻器上，使喷嘴中的墨水缩回。

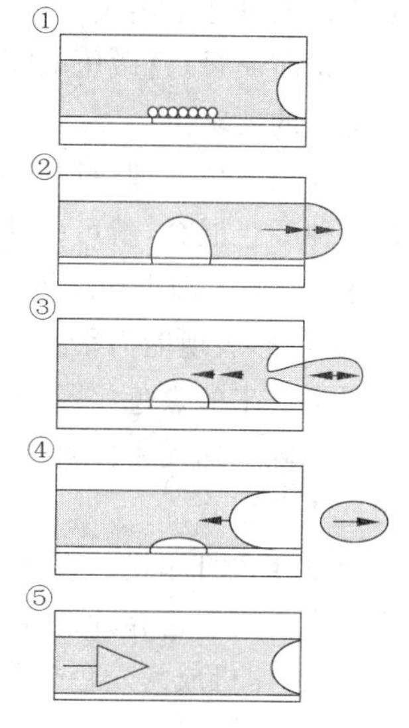

图 4.7 热喷墨打印技术工作原理

⑤ 表面张力产生吸力，拉引新的墨水补充到墨水喷出区，准备下一次的循环喷印。

由于接近喷嘴部分的墨水被不断加热，积累的温度不断上升(至 30～50℃)，因而需要利用墨盒上部的墨水循环冷却，但在长时间打印中，整个墨盒里的墨水仍然会保持在 40～50℃。由于热气泡喷印是在较高的温度条件下进行的，所以其喷墨必须设计为低粘度(约小于 1.5mPa·s)高张力(约大于 40mN/m)，以保证长时间持续高速打印。

压电喷墨技术也称微压电技术，属于常温常压打印技术。如图 4.8 所示，微压电技术把喷墨过程中的墨滴控制分为 3 个阶段：

(1) 在喷墨操作前，压电元件首先在信号的控制下微微收缩。

(2) 元件产生一次较大的延伸，把墨滴推出喷嘴。

(3) 在墨滴马上就要飞离喷嘴的瞬间，元件又会进行收缩，干净利索地把墨水液面从喷嘴处收缩回来。

(a) 吸：产生稳定大小的墨滴

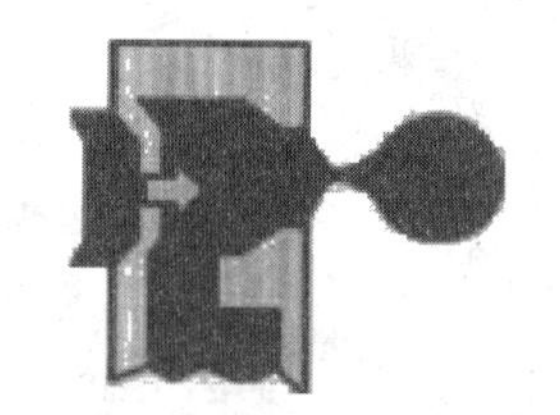
(b) 推：形成喷射

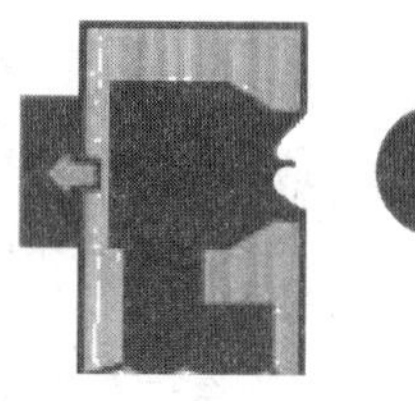
(c) 吸：停止喷射

图 4.8 微压电技术工作原理

这样，墨滴液面得到了精确控制，每次喷出的墨滴都有完美的形状和正确的飞行方向。在这个过程中，起关键作用的是放置在打印头喷嘴附近的许多微小的压电陶瓷，压电陶瓷在两端电压变化作用下具有弯曲形变的特性，当图像信息电压加到压电陶瓷上时，压电陶瓷的伸缩振动变形将随着图像信息电压的变化而变化，并使墨头中的墨水在常温常压的稳定状态下均匀准确地喷出墨水。这种技术有着对墨滴控制能力强的特点，容易实现 1440dpi 的高精度打印质量，且微压电喷墨时无须加热，墨水就不会因受热而发生化学变化，大大降低了对墨水的要求。

根据三原色原理，只要装上性质比较稳定的青色、红紫色、黄色 3 色墨盒，按照不同的比例将 3 种颜色混合，就可以让每一个喷头喷出任何颜色。所以，早期的彩色喷墨打印机采用 3 色墨盒。但人们很快就发现，只有这 3 种颜色是不够的，它们虽然可以混合出大部分颜色，但其色彩表现能力很差，其色域的宽广度和人眼的要求更是相差甚远。例如，用这 3 种颜色混合出来的黑色实际上只是一种比较深的色彩，并不是纯正的黑色，于是人们又在 3 色墨盒的基础上加入了黑色墨盒，这样一来就成为了 4 色墨盒，现在市场上的四色打印机就是使用这 4 色墨盒。

但是四色打印机的表现色彩还不够丰富，其色彩还原能力还是无法和冲印的相片相比，达不到人们对彩色相片的要求。于是人们又在 4 色墨盒的基础上增加了淡品红和淡青色的墨盒，使打印机成为六色打印机。

### 3. 激光打印机

功能结构上看，激光打印机可分为打印控制器和打印引擎两大部分。前者就是打印机的控制电路，负责接收来自计算机终端或网络的打印命令及相关数据，并指挥打印引擎进行相关动作，属于常规性部件。而打印引擎则根据来自打印控制器的命令进行实际的图像打印工作，激光打印机的实际性能更多取决于打印引擎。如图 4.9 所示，打印引擎主要包括感光鼓（drum，也称硒鼓）、激光发生器、反射棱镜、碳粉盒、走纸机构、加热辊，此外还有两个元件在图 4.9 中没有画出：充电装置和放电装置。

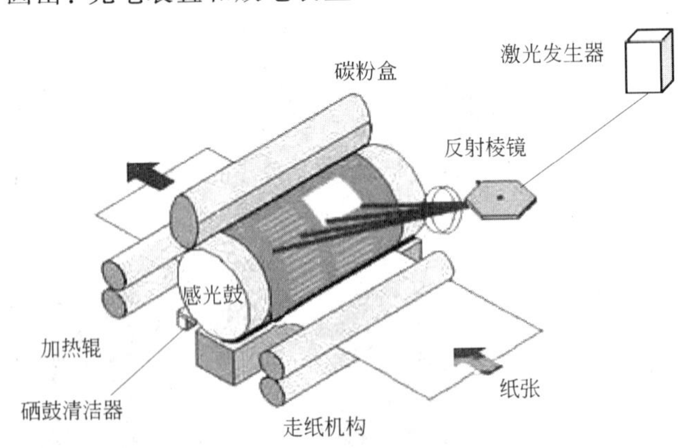


图 4.9　激光打印机打印引擎的组成与工作原理

在激光打印机的打印引擎中，最核心的部件是硒鼓，它是一个表面涂有硒-碲（Se-Te）无机光敏半导体材料的铝圆筒。下面结合图 4.9 和图 4.10 介绍硒鼓的工作过程。

(1) 硒鼓开始工作，充电装置形成的电场使硒鼓表面充有正电荷，碳粉带有负电荷。

(2) 打印机的控制器用要打印的图案控制激光信号，有图案处不产生激光，无图案处产

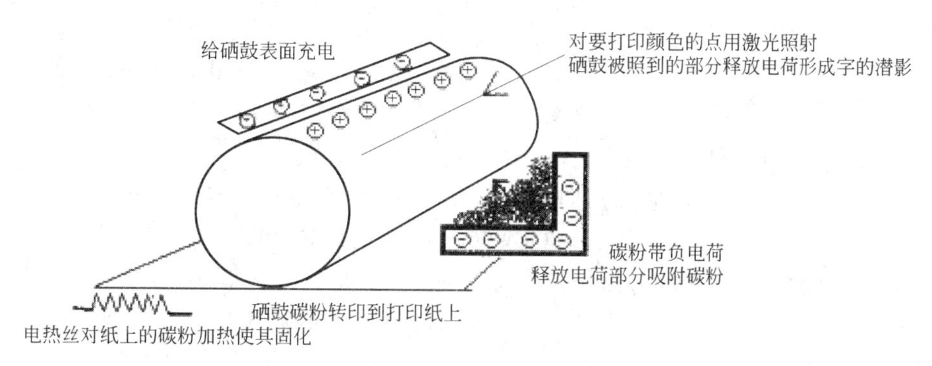

图 4.10　激光打印机硒鼓的工作状况

生激光。这些带有图案信息的激光束照射在硒鼓上，被照射到的区域的光导层内载流子密度迅速增加，电导率急速上升，形成光导电压，电荷迅速消失，没有照射到的地方保留正电荷，形成由正电荷形成的潜影。这个过程称为"曝光"。

(3) 带负电荷的碳粉在周围电压作用下吸附在硒鼓有正电荷的区域。这个过程称为"显影"。

(4) 当带负电的碳粉随着硒鼓转到打印纸附近时，纸的后面放置的电极放正电，由于电压高达 500～1000V，静电吸引力便使纸紧贴在光导板上，带负电荷的碳粉即被吸附到纸的表面上。这一过程称为"转印"。

(5) 转印之后，需要尽快将纸张与硒鼓相分离。为此，硒鼓要同纸的接触很小。为做到这一点，可以采用曲率分离方式。对于较薄的纸张，由于其刚性较差，可能不好分离，因此在转印辊之后又增加了一个"消电装置"(消电极或消电齿，也称为分离齿或分离爪)。它的作用是把打印纸和吸附碳粉上的电荷中和，消除极性，使其显中性，增加可分离性。

(6) 加热辊(或红外线)熔化碳粉，将碳粉固化在纸上。这一过程称为"定影"。

(7) 清洁器清理该部分硒鼓上的碳粉，消电器将感光鼓表面已经使用区均匀地充上一层负电荷来消除其表面残留的正电荷，移除和清洁残余潜影，为下一个周期的显影做好准备。

彩色激光打印机的基本原理与彩色喷墨打印机相似，如图 4.11 所示，它使用了青(Cyan，C)、品红(Magenta，M)、黄(Yellow，Y)、黑(blacK，K)4 种不同颜色的墨粉组成的 CMYK 配色系统，并经过 4 个同样的打印循环将墨粉转印到打印纸上。由于彩色激光打印相当于重复 4 次黑白激光打印的打印过程，它的打印速度理论上只有黑白激光打印的四分之一。

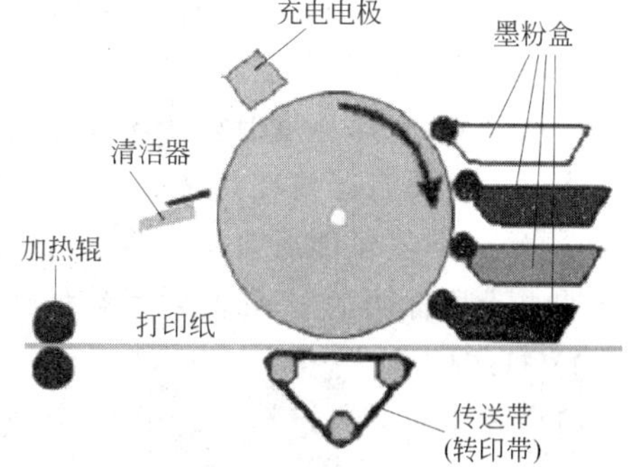

图 4.11　彩色激光打印机结构

**4. 打印机的性能指标**

下面讨论打印机所共有的主要性能指标。

1）打印分辨率

打印分辨率用 dpi(dot per inch，每英寸点数)度量，是衡量打印机输出质量的重要参考标准，如点阵打印机常见的打印分辨率为每英寸 180 个点或 300 个点，记作 180 dpi(dot per inch)或 300 dpi。打印分辨率越高，图像输出效果就越逼真。

打印分辨率一般包括纵向和横向两个方向。一般情况下激光打印机在纵向和横向两个方向上的输出分辨率几乎是相同的，如有 600×600dpi、1200×1200dpi 等规格。

喷墨打印机在纵向和横向两个方向上的输出分辨率相差很大，如有 600×1200dpi、1200×1200dpi、2400×1200dpi 等规格。一般情况下所说的喷墨打印机分辨率就是指横向喷墨表现力。

2）打印幅面

不同用途的打印机所能处理的打印幅面是不相同的。通常，打印机可以处理的打印幅面包括 A4 幅面以及 A3 幅面两种。对于使用频繁或者需要处理大幅面的办公用户或者单位用户来说，可以考虑选择使用 A3 幅面的打印机，甚至使用更大的幅面。有些有专业输出要求的打印用户，例如工程晒图、广告设计等，需要考虑使用 A2 或者更大幅面的打印机。

3）打印速度

点阵打印机速度用 cps(character per second)衡量，它指每秒打印的字符数，一般为每秒 300 个字符左右，记作 300cps。

激光打印机以 ppm(page per minute)衡量，它指用 A4 幅面打印各色碳粉覆盖率为 5%的情况下每秒的打印页数。由于每页的打印量并不完全一样，因此 ppi 只是一个平均打印速度指标。

在目前的激光打印机市场上，普通产品的打印速度可以达到 35ppm，而那些高价格、好品牌的激光打印机打印速度可以超过 80ppm 以上。不过，激光打印机的最终打印速度还可能受到其他一些因素的影响，例如激光打印机的数据传输方式、激光打印机的内存大小、激光打印机驱动程序和计算机 CPU 性能，都可能影响到激光打印机的打印速度。

对于喷墨打印机来说，ppm 值通常表示的是该打印机在处理不同打印内容时可以达到的最大处理速度。影响喷墨打印速度的最主要因素就是喷头配置，特别是喷头上的喷嘴数目，喷头的数量越多，喷墨打印机完成打印任务需要的时间就越短。

应当注意，打印速度有两个不同的含义：一个含义是打印机可以达到的最高打印速度，另一个含义就是打印机在持续工作时的平均输出速度。不同款式的打印机在打印说明书上所标明的 ppm 值可能所表示的含义不一样，所以在挑选打印机时，一定要向销售商确认产品说明书上所标明的 ppm 值到底是什么含义。

4）打印成本

打印成本主要考虑打印所用的纸张价格、墨盒或者墨水的价格，以及打印机自身的购买价格等。

5）打印可操作性

打印可操作性指标对于普通用户来说非常重要，因为在打印过程中，经常会涉及如何更换打印耗材，如何让打印机按照指定要求进行工作，以及打印机在出现各种故障时该如何处理等问题。面对这些可能出现的问题，普通用户就必须考虑到打印机的可操作性是不是很强。

6）打印噪音

和激光打印机相比，喷墨打印机“天生”就有一种缺陷，那就是打印机在工作时会发出噪音，如果不希望自己在工作时受到喷墨打印机噪音干扰，就必须考虑该指标的大小。该指标的大小通常用分贝来表示。

7）打印内存容量

打印机内存是表示打印机能存储要打印的数据的量，如果内存不足，则每次传输到打印机的数据就很少。一页一页打印或分批打印少量文档均可正常打印，如果打印文档容量较大，客户在打印过程中往往能够正常打印前几页，随后的打印作业有可能出现数据丢失等现象。如果想提高打印速度，提升打印质量，就需要增加打印机内存。目前主流打印机的内存为2～32MB，高档打印机可达到128MB内存。相信随着打印产品的发展，打印机的内存也会逐步提高，以适应不同环境的打印需求。

**5. 3D打印机**

1）3D打印与快速成型

3D打印(3D printing)实际上是属于快速成型(Rapid Prototyping，RP)的一个分支。快速成型技术是一种依靠CAD模型数据，在计算机控制与管理下，采用材料精确堆积的方式，即由点堆积成面，由面层叠堆积成三维实体的技术，也属于一种增量制造(Additive Manufacturing，AM)技术。关于它的研究始于20世纪70年代，但是直到20世纪80年代末才逐渐出现了成熟的制造设备。

目前国内传媒界不太关注3D打印、RP和AM之间的区别，一律称之为“3D打印”。这样，便于从喷墨打印机引申出RP的层叠堆积概念。

一般说来，3D打印需要如下4个步骤。

(1) 3D建模。3D建模有两种方法：一是用3D扫描仪扫描实际物体的外表形状，以采集到的点云数据重建3D物体的数字模型；二是采用3D软件，如Pro-E、UG、SolidWorks、Inventor、SolidEdge、3ds Max等，都可以用于建立3D模型。

无论使用哪种方法生成的3D模型(如3D软件生成的.skp、.dae、.3ds或其他格式)都需要转换成.STL或.OBJ这类打印机可以读取的格式。STL(STereo Lithography)是美国3D Systems公司于1988年制定的一个接口协议，目前已经成为3D模型的标准文件格式。

(2) 对采用3D扫描获得的STL格式文件进行修正，即对其进行“流形错误”检查。常见的流形错误包括各表面没有相互连接，模型上存在空隙等。Netfabb、Meshmixer、Cura和Slic3r都是常见的修正软件。

(3) 将3D模型转换为一系列薄层切片数据，同时生成G代码文件，其中包括针对某种3D打印机(FDM打印机)的定制指令代码。这个过程可以通过一种基于STL格式的快速分层软件(如Skeinforge、Slic3r和Cura，不开放源代码的切片机程序则有Simplify3D和KISSlicer。3D打印客户端软件则有Repetier-Host、ReplicatorG和Printrun/Pronterface)自动完成。

(4) 3D打印。3D打印机读取切片文件中的代码信息，然后通过数控系统指挥打印机逐层打印。打印之后，还需要进行必要的善后处理。有些物体（如悬臂梁之类）在打印的过程中还需要附加打印支撑物，打印输出后必须去除这些支撑物。

2）快速成型工艺类型

20 世纪 80 年代末，RP 或 3D 打印技术取得突破后，立即进入快速发展中。目前已有十余种不同类型，如光固化立体造型（SLA）、层片叠加制造（LOM）、选择性激光烧结（SLS）、熔融沉积造型（FDM）、掩模固化法（SGC）、三维印刷法（3DP）、喷粒法（BPM）等。其中 SLA 是使用最早和最广泛的技术，约占全部快速成型设备的 70%。下面举例介绍其中的几种。RP 实际上是机器人技术，每一种类型往往适合某些材料和工艺。

（1）分层实体制造（LOM）工艺。适合薄片材料，如纸、塑料薄膜等的成型。如图 4.12 所示，片材表面事先涂覆上一层热熔胶。加工时，热压辊热压片材，使之与下面已成形的工件黏接；用 $CO_2$ 激光器在刚黏接的新层上切割出零件截面轮廓和工件外框，并在截面轮廓与外框之间多余的区域内切割出上下对齐的网格；激光切割完成后，工作台带动已成形的工件下降，与带状片材（料带）分离；供料机构转动收料轴和供料轴，带动料带移动，使新层移到加工区域；工作台上升到加工平面；热压辊热压，工件的层数增加一层，高度增加一个料厚；再在新层上切割截面轮廓。如此反复，直至零件的所有截面粘接、切割完，得到分层制造的实体零件。

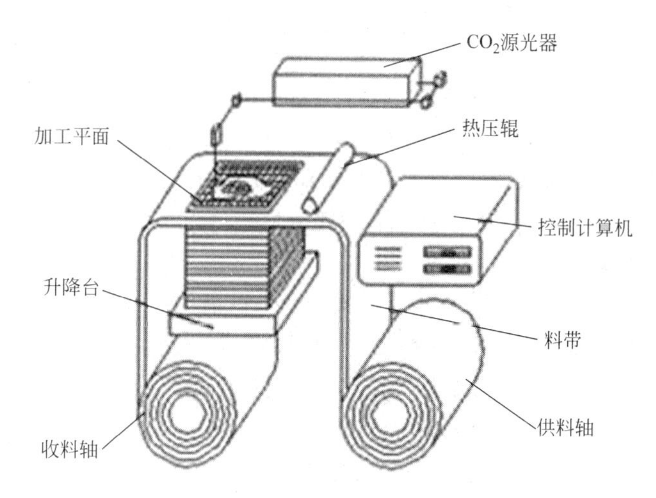


图 4.12　分层实体制造原理图

（2）光固化成型（SLA 或 AURO）工艺。适合液态光敏树脂的成型。这种液态材料在一定波长（$x$=325nm）和强度（$w$=30mW）的紫外光的照射下能迅速发生光聚合反应，分子量急剧增大，材料也就从液态转变成固态。如图 4.13 所示，这种工艺环境是一个盛有液态光敏树脂的容器。加工开始时，升降台面与液面平，以后每下降一个层厚，控制激光照射属于产品截面的部分使之固化，直至加工完成。一般层厚为 0.1～0.15mm，成形的零件精度较高。多年的研究改进了截面扫描方式和树脂成形性能，使该工艺的加工精度能达到 0.1mm，现在最高精度已能达到 0.05mm。

（3）熔融挤出成型（FDM）工艺。适合以丝状供料的热塑性材料，如蜡、ABS、PC、尼龙

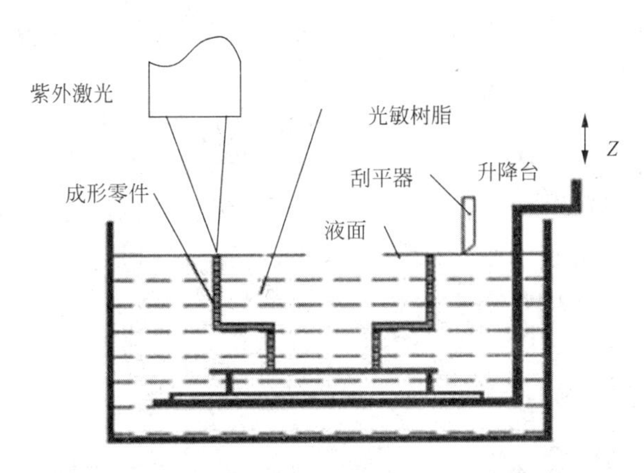


图 4.13　光固化成型(SLA 或 AURO)原理图

等的成型。如图 4.14 所示,材料在喷头内被加热熔化。喷头沿零件截面轮廓和填充轨迹运动,同时将熔化的材料挤出,材料迅速固化,并与周围的材料粘结。每一个层片都是在上一层上堆积而成,上一层对当前层起到定位和支撑的作用。随着高度的增加,层片轮廓的面积和形状都会发生变化,当形状发生较大的变化时,上层轮廓就不能给当前层提供充分的定位和支撑作用,这就需要设计一些辅助结构-"支撑",对后续层提供定位和支撑,以保证成形过程的顺利实现。

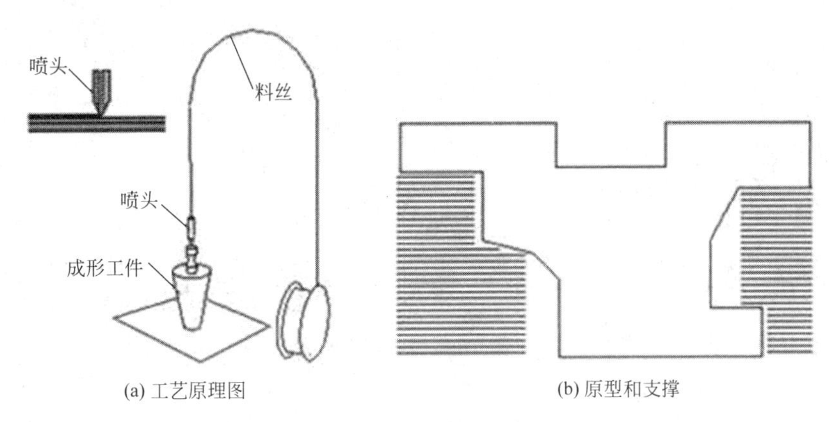


(a) 工艺原理图　　(b) 原型和支撑

图 4.14　熔融挤出成型原理图

(4) 选择性激光烧结(SLS)。适合粉末状材料的成型。如图 4.15 所示,加工时,将材料粉末铺洒在已成形零件的上表面,并刮平;用高强度 $CO_2$ 激光器在刚铺的新层上扫描出零件截面;材料粉末在高强度的激光照射下被烧结在一起,得到零件的截面,并与下面已成形的部分粘接;当一层截面烧结完后,铺上新的一层材料粉末,选择地烧结下层截面。

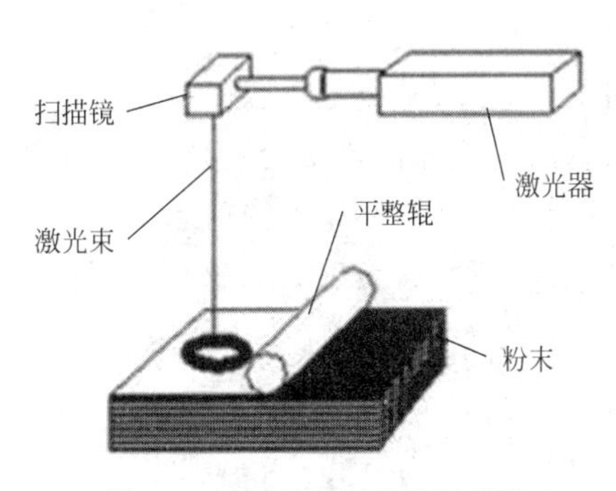


图 4.15　选择性激光烧结原理图

(5) 三维印刷(3DP)。这是一种高速多彩的快速成型工艺,与 SLS 工艺类似,适合粉末材料成形,如陶瓷粉末、金属粉末。所不同的是，材料粉末不是通过烧结连接起来的，而是通过喷头用黏接剂（如硅胶）将零件的截面“印刷”在材料粉末上面。用黏接剂粘接的零件强度较低，还须后处理。具体工艺过程如图 4.16 所示：上一层黏结完毕后，成型缸下降一个距离（等于层厚：0.013～0.1mm），供粉缸上升一定高度，推出若干粉末，并被铺粉辊推到成型缸，铺平并被压实。喷头在计算机控制下，按下一建造截面的成形数据有选择地喷射黏结剂建造层面。铺粉辊铺粉时，多余的粉末被集粉装置收集。如此周而复始地送粉、铺粉和喷射黏结剂，最终完成一个三维粉体的黏结。未喷射黏结剂的地方为干粉，在成形过程中起支撑作用，且成形结束后比较容易去除。

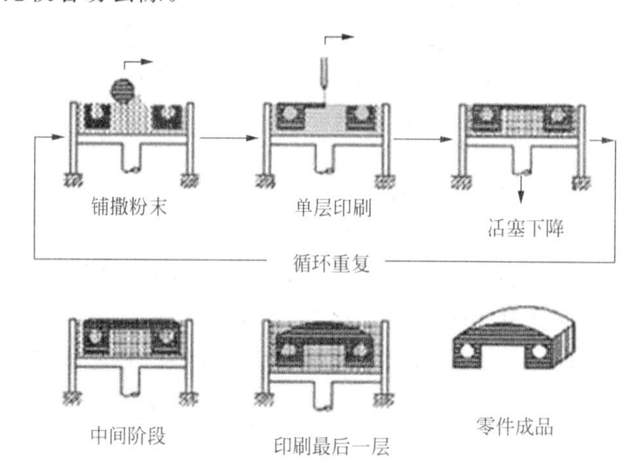


图 4.16　三维印刷原理图

### 4.1.5　显示器

显示设备可以将电信号变为视觉信号，是目前计算机给人传递视觉信息的主要有效设备。计算机系统中的显示设备种类很多。早先显示器主要采用阴极射线管（Cathode Ray Tube，CRT）。这种显示器是用一个电子束密集地对荧光屏高速逐行扫描，通过对电子束的扼制，控制荧光屏上的各点的隐或现，在荧光屏上显示字符或图形。CRT 显示器具有清晰度高、实时性好、可进行动态显示等优点；缺点是体积大，笨重，耗电多，需要高压供电，还对人有一定辐射，现在已经被等离子显示器（Plasma Display Panel，PDP）、液晶显示器（Liquid Crystal Display，LCD）和发光二极管（Light Emitting Diode，LED）显示器等平板型显示器（显示屏的对角线长度与显示器整体的厚度比例大于 4∶1 的显示器）所取代。按照显示屏的工作原理，平板型显示器可以分为受光型和自发光型两大类。所谓自发光，是指形成视频信息的关键元件自己会发光，例如 PDP 中的等离子管和 LED 中的发光二极管是发光元件。所谓受光，是指形成视频信息的关键元件自己不发光，仅起控制光的作用，例如 LCD 中的液晶自己不会发光，仅起光控制的作用。下面进一步介绍几种平面显示器的基本工作原理。

#### 1. 等离子显示器

1）等离子管和等离子显示屏

等离子态是物质的一种普遍存在的状态，是物质除了固体、液体和气体之外的另一种状态，也称物质的第四态。高温、高压和强电场都有可能使气体转变为等离子态。这时，电子由于获得很高能量而从原子中脱离出来，形成以原子核的正电离子、中性离子和电子为单位，具有与气态不同的物理性质的物质状态。所以有时也称其为电浆。

等离子显示器就是基于这种原理的自发光平面显示器，其发光单元是如图 4.17 所示的等离子管，也称 cell。每个等离子管都是一个由相距几百微米的前后两块玻璃面板以及四周由隔壁围起的真空玻璃管，并涂有红绿蓝三基色之一的荧光粉，管内充入 He(氦)、Ne(氖)、Xe(氙)等混合惰性气体作为工作媒质。加高电压后，气体产生等离子效应；撤掉电压或施以反向电压，多余的能量便会以光的形式释放，放出紫外线，激励荧光粉发出红绿蓝(RGB)三原色之一的可见光，形成一个像素点。当每一原色单元实现 256 级灰度后再进行混色，便可实现彩色显示。

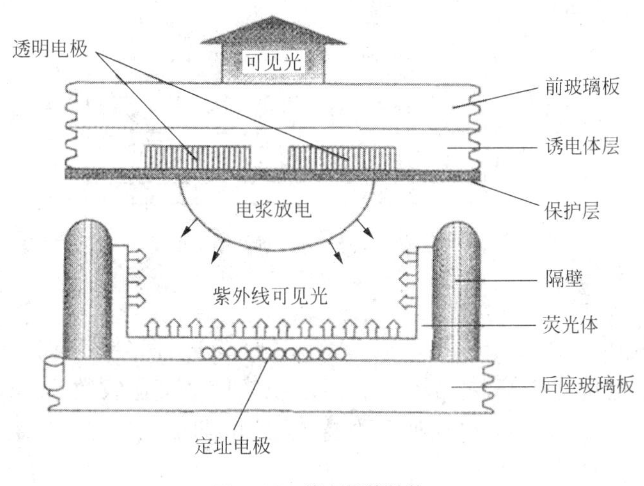


图 4.17　等离子管结构

一个等离子显示屏由许许多多的等离子管并按红绿蓝为一组相间组成。如图 4.18 所示，它是一种三层玻璃结构：顶层玻璃板内表面涂有垂直隔栅的导电材料，底层内玻璃板内

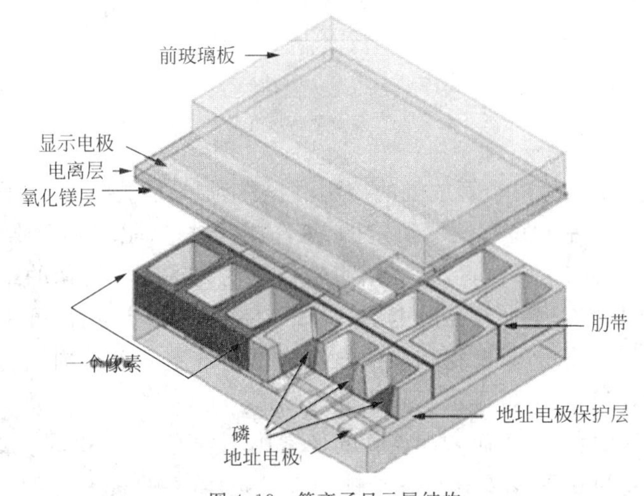


图 4.18　等离子显示屏结构

表面为涂有水平隔栅的导电材料，中间层是气室阵列。

这样的等离子屏就形成图 4.19 所示的等离子管阵列。在这个阵列中，有 3 个电极：在维持和扫描电极的表面都涂覆有一层电解质，以在放电的同时使产生的电荷聚集在上面，形成“壁垒电荷”，控制壁垒电荷数量起到维持放电和熄灭放电的作用。地址电极用以控制维持电极、扫描电极放电的产生，达到控制像素点发光亮度的目的。

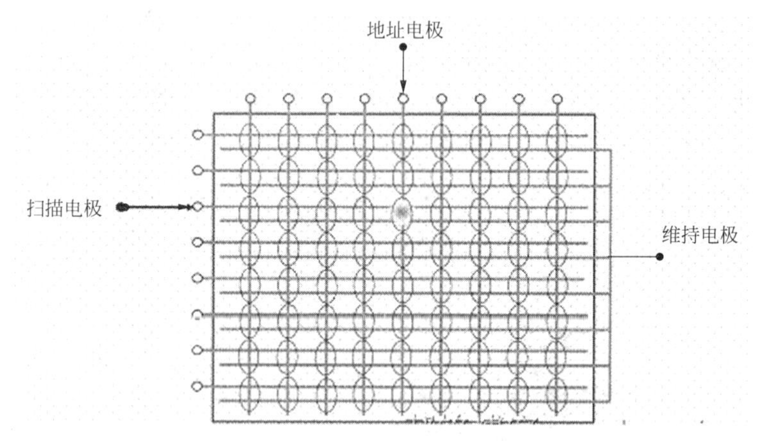


图 4.19 等离子显示屏抽象结构

2）等离子放电过程

PDP 显示器采用子帧（场）驱动技术，它将一帧（场）图像分成若干子帧，子帧的数目决定于标志视频信号量化的比特数。图 4.20 所示视频信号量化级数为 8b，共有 8 个子帧，每个子帧分为两个阶段，分别称为寻址期和维持期（放电期或点亮期）。每个子帧寻址期的时间都相等，寻址期间全屏均不发光。

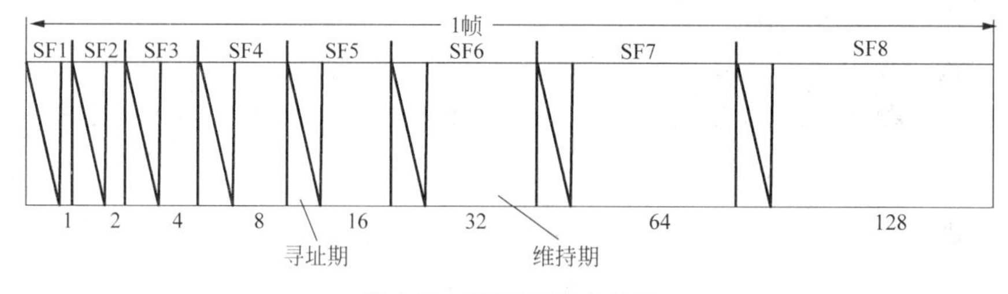


图 4.20 等离子管放电过程

等离子屏上决定某个等离子管放电的控制过程称为“寻址”。这个过程是由扫描电极的上下位移和地址电极的左右位移共同决定的：扫描电极扫描驱动决定放电的垂直位置，地址电极水平移动决定放电水平位置，最终以明暗变化的亮点完成图像的组合。要点亮某个地址的气室，首先在相应行上加较高的电压，待该气室被激发点亮后，可用低电压维持氖气室的亮度。要关掉某个单元，只要将相应的电压降低。气室开关的周期时间是 15ms，通过改变控制电压，可以使等离子板显示不同灰度的图形。

点亮期被激活的像素发光，而未被点亮的像素则不发光。对 8b 量化级数的视频信号，某帧中某像素的灰度为 0，则该像素在各子帧均不发光；若某像素的灰度为 255，则像素在各子帧都点亮。例如，灰度为178，则对应128、32、16、2共4个子帧点亮，其他子帧不点亮，于是实现了不同灰度的重显。这样一来，其发光亮度就与点亮时间成正比。

3）等离子显示器分类

PDP按工作方式的不同主要可以分为电极与气体直接接触的直流型（DC-PDP）和电极覆盖介质层使电极与气体相隔离的交流型（AC-PDP）两大类。而交流型又根据电极结构的不同，可分为对向放电型和表面放电型两种。它们的基本结构如图4.21所示。还有一种交直流混合型PDP，但仍处于实验室阶段。

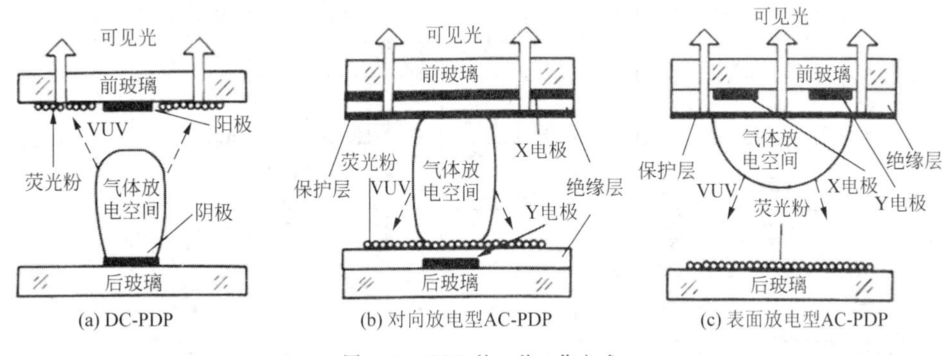


图4.21　PDP的3种工作方式

## 2. LED显示器

1）发光二极管

LED显示器也是一种自发光平面显示器，其发光元件是发光二极管（LED）。发光二极管是用Ⅲ-Ⅳ族化合物，如GaAs（砷化镓）、GaP（磷化镓）、GaAsP（磷砷化镓）等制作的半导体器件。其P-N结加以正向电压时，电子由N区注入P区，空穴由P区注入N区，进入对方区域的少数载流子（少子）与多数载流子（多子）进行复合，多余的能量便以光的形式释放出来。光的强弱与电流有关。

LED管发光颜色与光的波长有关，而发光的波长又取决于制造发光二极管所用的半导体材料，例如，磷砷化镓二极管发红光，磷化镓二极管发绿光，碳化硅二极管发黄光。全彩LED灯一般是红、绿、蓝单色管集成的彩色管，集成的方式通常有两种：一种是3个RGB单色管设计到同一块铝基板上，另一种是3个RGB单色管绑定到一个LED封装中。全彩LED灯工作时，按三色加法合成所需要的色彩，红和绿合成黄色，红和蓝合成洋红，绿和蓝合成青色，红绿蓝合成白色。合成的颜色还取决于基色的发光灰度，单色的发光灰度不同，合成的颜色也有所不同。如果每种颜色产生256级灰度等级，单独控制三种颜色的灰度，则可组合出256×256×256（16 777 216）种颜色，即使用RGB三基色就可以合成一千六百万种颜色。此外，各种颜色的发光二极管还可分成有色透明、无色透明、有色散射和无色散射4种类型。散射型发光二极管适合做指示灯用。

LED灰度控制一般采用PWM方式，即以人眼分辨不出的高频率控制LED快速亮灭，实现灰度级别的控制。市场上常见的渠道芯片都有3种灰度级别：8位（256），10位（1024）和13位（8192）。在实际的产品设计中，若使用多种单元，再在软件的控制下，就能显示出更加细腻生动的图案和动画效果。

2）LED 显示屏

如图 4.22 所示，LED 显示屏（LED display）由 LED 点阵组成，通过红色、蓝色、白色、绿色 LED 灯的亮灭来显示文字、图片、动画、视频。

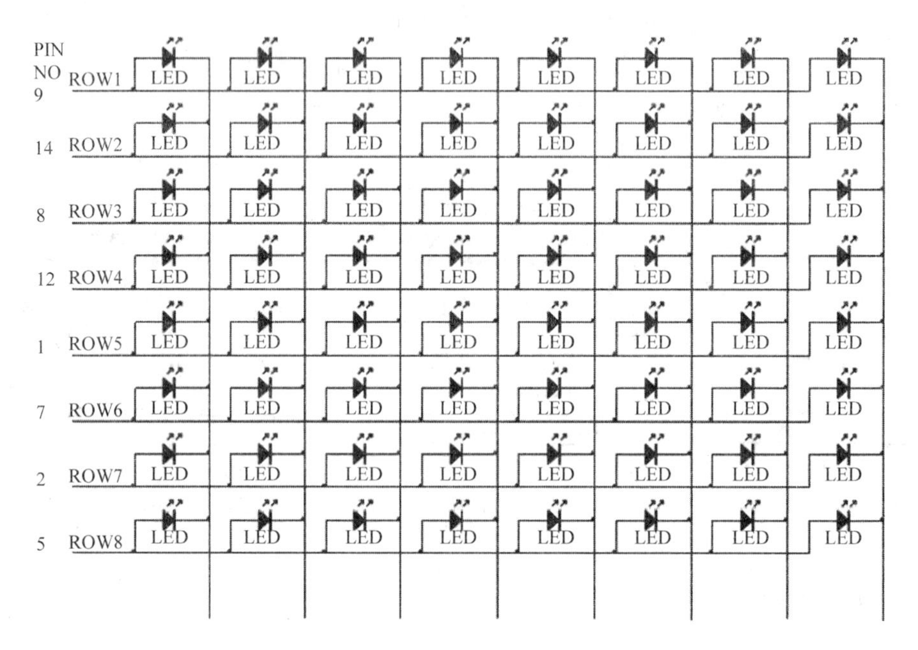


图 4.22　点阵结构的 LED 显示屏

图 4.23 为一个 LED 显示系统结构，它包括计算机视频采集电路、控制电路、驱动电路及电源。

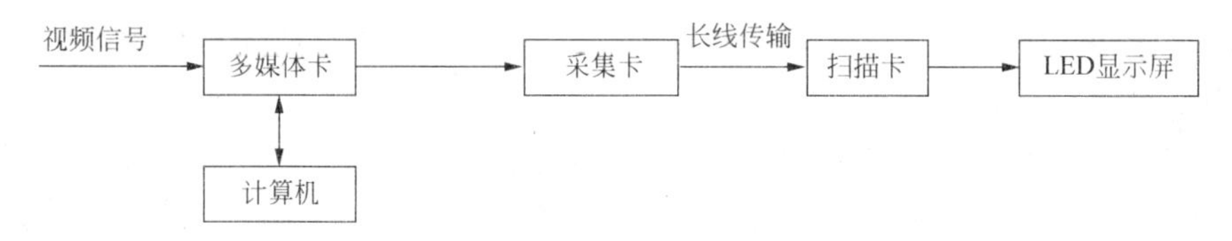


图 4.23　LED 显示系统的基本组成

3）LED 显示屏分类

（1）按显示性能分为以下 4 类：

- 视频显示屏，一般为全彩色显示屏。
- 文本显示屏，一般为单基色显示屏。
- 图文显示屏，一般为双基色显示屏。
- 行情显示屏，一般为数码管或单基色显示屏。

（2）按使用环境分为户内屏、户外屏和半户外屏。

户内屏面积一般从不到 1 平方米到十几平方米，点密度较高，在非阳光直射或灯光照明环境使用，观看距离在几米以外，屏体不具备密封防水能力。

户外屏面积一般从几平方米到几十甚至上百平方米，点密度较稀(多为1000～4000点/平方米)，发光亮度在3000～6000cd/$m^2$(朝向不同，亮度要求不同)，可在阳光直射条件下使用，观看距离在几十米以外，屏体具有良好的防风抗雨及防雷能力。

半户外屏介于户外屏及户内屏两者之间，具有较高的发光亮度，可在非阳光直射的户外使用，屏体有一定的密封性，一般在屋檐下或橱窗内。

(3) 按发光材料的几何尺寸分类。

室内屏一般按发光点直径分类，可分为ϕ3.0mm、ϕ3.75mm、ϕ4.8mm、ϕ5.0mm等；也可以按照每平方米像素数分类，或按照二者结合的标准分类，如ϕ3.0mm 60000像素/平方米、ϕ3.75mm 44000像素/平方米、ϕ5.0mm 17000像素/平方米等。

室外屏一般按点间距分类，如PH8mm、PH10mm、PH16mm、PH20mm等；也可以按每平方米像素数分类，如1024点、1600点、2000点、2500点、4096点等。

数码管常按尺寸分类，如1.2英寸、1.5英寸、1.8英寸、2.3英寸、3.0英寸、4.0英寸等。

(4) 按显示颜色分为单色屏、双基色屏和三基色屏。

单色是指显示屏只有一种颜色的发光材料，多为单红色，在某些特殊场合也可用黄绿色(例如殡仪馆)。

双基色屏一般由红色和黄绿色发光材料构成。

三基色屏分为两种全彩色(full color)，由红色、黄绿色(波长570nm)、蓝色构成；真彩色(nature color)，由红色、纯绿色(波长525nm)，蓝色构成。

(5) 按控制或使用方式分为同步方式和异步方式。

同步方式是指LED显示屏的工作方式基本等同于计算机的监视器，它以至少30场/秒的更新速率点点对应地实时映射计算机监视器上的图像，通常具有多灰度的颜色显示能力，可达到多媒体的宣传广告效果。

异步方式是指LED屏具有存储及自动播放的能力，在PC上编辑好的文字及无灰度图片通过串口或其他网络接口传入LED屏，然后由LED屏脱机自动播放，一般没有多灰度显示能力，主要用于显示文字信息，可以多屏联网。

### 3. LCD显示器

1) 偏振光与偏光板

光是由光子组成的动电磁波。电磁波是横波，其传播时波在在垂直于其前进方向的平面上振动。这个平面称为振动面。按照振动方向在振动面中的分布，可以将光分为两大类：偏振光(polarized light)和未偏振光。若所有的光子均沿着某一个特定的方向振动，则称为偏振光；若光子的振动方向是任意的，则称为未偏振光。灯光和太阳光等自然光是一种未偏振光。偏振性是横波的一种特性，它表明了电磁波可以在振动面内呈各向不对称状态。

人的肉眼没有偏振光辨别能力，但是人可以制造出一种装置对散射光进行过滤，只允许一种方向的光通过。这种装置称为偏光板(或称为偏振片、极化滤光器)。可以想象，在一个灯光后放置两个偏光板，开始时，使它们的投射轴平行，则会使亮光穿过；若逐渐旋转其中一块偏光板，则透过的光线就会减弱；当两个偏光板的投射轴呈90°时，就会没有光线透过。

2）液晶及其旋光性

液晶（liquid crystal）于1888年由奥地利植物学者Reinitzer发现，它既可以像液体那样流动，又可以像晶体那样有规则地排列；它是一种几乎完全透明的有机化合物，其分子呈细长条，具有旋光性质；它还柔软易变，受电场、磁场、温度、应力等外部条件作用时，分子就会扭曲，各分子会重新精确地有序排列，通过双折射形成不同角度的旋光性。这样，当这种液晶位于两块投射轴呈90°的偏光板之间时，通过改变电场，将通过了起偏板（polarizer，第一片偏光板）的偏振光旋转一定角度，来控制检偏板（analyzer，第二片偏光板）的透光率。

图4.24所示为液晶显示器的基本模型，它有两块正交的偏光板，中间是液晶旋光器。如图4.24(a)所示，当液晶将第一片偏光板产生的$z$方向的偏振光旋转为$y$方向，光线可以通过第二片偏光板；如图4.24(b)所示，当液晶不进行旋光时，便没有光线通过第二片偏光板。

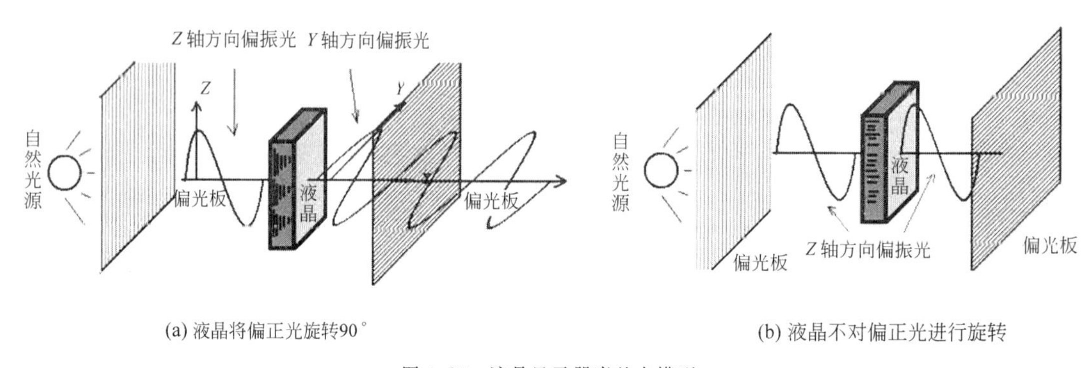


图4.24 液晶显示器当基本模型

液晶显示器的主要元件是液晶，而液晶不是发光元件，仅仅用来控制偏正光的传播特性。所以液晶显示器不是自发光型显示器，而是受光型显示器。

3）液晶显示器

图4.25是液晶显示屏的基本结构，它是两块无钠玻璃夹着两个滤光作用相互垂直（相

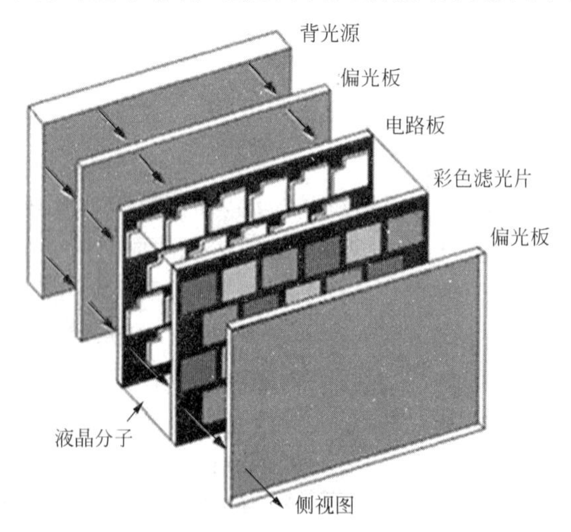


图4.25 液晶显示器的基本组成

交成 90°)的偏光板,后面是产生均匀光的背光源,中间夹着一层厚 5μm 的均匀液晶和一块彩色滤光片;液晶层被分隔成许多微液晶微单元格,组成一个液晶微单元格阵列,电路板通过行、列寻址可对每个液晶单元格产生独立对控制电场;每个液晶微单元前方都分别有一个红色、绿色或蓝色的过滤膜;每个像素都由 3 个液晶单元格构成,进行 RGB 微组合调色。这样,通过不同单元格的光线就可以在屏幕上显示出不同的颜色。

液晶本身是不会显色和发光的,需要的光线由背光源产生。目前,绝大部分液晶显示器的背光源都是 CCFL(即冷阴极射线管),它近似于日光灯管。而 LED 背光则是用于替代 CCFL 的一个新型背光源。背光源后面有一个反光膜,以产生均匀的背光光线。

4) 液晶显示器分类

上述液晶显示器原理仅仅是一个大概。实际上,液晶显示屏中使用的液晶至少有如下 8 种,并还在继续发展与改进中。

(1) TN(Twisted Nematic,扭曲向列型)。

(2) STN(Super TN,超扭曲向列型)。

(3) DSTN(Dual-Scan Twisted Nematic,双扫描交错型)。

(4) TFT(Thin Film Transistor,薄膜晶体管型)。

(5) PDLC(Polymer Dispersed Liquid Crystal,高分子散布型液晶)。

(6) IPS(In-Plane Switching,平面转换型)。

(7) PVA(Professional Video Assistant,专业便携视频)。

(8) MVA(Multi-domain Vertical Alignment,多象限垂直配向技术)。

表 4.1 为市面上几种常见液晶显示技术的比较。关于它们的技术细节不再介绍。

**表 4.1 市面上几种常见液晶显示技术对比**

| 液晶面板特性对比 | | | | | |
|---|---|---|---|---|---|
| 种类 | 响应时间 | 对比度 | 亮度 | 可视角度 | 价格 |
| TN | 短 | 普通 | 普通或高 | 小 | 便宜 |
| IPS | 普通 | 普通 | 高 | 大 | 昂贵 |
| 经济型 IPS | 普通 | 普通 | 普通 | 较大 | 一般 |
| S-PVA | 较长 | 高 | 高 | 较大 | 昂贵 |
| C-PVA | 较长 | 高 | 普通 | 较大 | 一般 |
| PLS | 普通 | 普通 | 高 | 较大 | 一般 |

### 4. 平板显示屏的技术参数

1) 屏幕与宽高比

屏幕尺寸指屏幕对角线的长度,一般用英寸(1in=2.54cm)来表示。屏幕宽高比是指屏幕画面纵向和横向的比例,目前标准的屏幕比例是 4∶3(1.33)和 16∶9(1.78),笔记本计算机的屏幕比例多为 15∶9、16∶10。

2) 点距与分辨率

屏幕上相邻两个像素中心点之间的距离称为显示器的点距(dot pitch),也称像素点的直径。点距越小，图像的清晰度越高。目前市场上显示器的点距有 0.21mm、0.25mm、0.28mm、0.31mm 和 0.39mm 等几种，其中以 0.28mm 的较多。

分辨率是定义显示画面解析度的标准，表示了显示器的相对清晰度。分辨率具体描述为可以显示出的水平和垂直像素的组数，例如分辨率为 1366×768，就是指在显示屏幕的横向上划分了 1366 个像素点，竖向上划分了 768 个像素点。分辨率越高，则可接受的分辨率的范围越大。

分辨率是与点距和屏幕大小都有关的一项指标，同样的屏幕，点距越小，分辨率越高。如对 0.31mm 像素来说，每英寸有 80 个像素，则 12 英寸屏幕的空间分辨率为 640×480，14 英寸屏幕的空间分辨率为 800×600，16 英寸屏幕的空间分辨率为 1024×768。

点距和分辨率决定了一个屏幕的显示面积。例如，15 英寸液晶显示器，当点距为 0.279mm、分辨率为 1024×768 时，可视尺寸为 285.7mm×214.3mm。

一个显示屏的分辨率可以用软的或硬的方法在一定范围内进行设置。在最高分辨率下，一个发光点对应一个像素。如果设置低于最高分辨率，则一个像素可能覆盖多个发光点。

3）色彩数、灰度与显示模式

灰度即色阶或灰阶，是指亮度的明暗程度。对于数字化的显示技术而言，灰度是显示色彩数的决定因素。一般而言，灰度越高，显示的色彩越丰富，画面也越细腻，更易表现丰富的细节。每个像素可以有不同的灰度和颜色。

灰度等级主要取决于系统的 A/D 转换位数。当然系统的视频处理芯片、存储器以及传输系统都要提供相应位数的支持才行。目前国内 LED 显示屏主要采用 8 位处理系统，即 256($2^8$)级灰度。简单理解就是从黑到白共有 256 种亮度变化。采用 RGB 三原色即可构成 256×256×256=16 777 216 种颜色。即通常所说的 16 兆色。国际品牌显示屏主要采用 10 位处理系统，即 1024 级灰度，RGB 三原色可构成 10.7 亿色。

为了表达显示器的空间分辨率和颜色分辨率，就要求有一定的显示存储量。如理论上对 1024×768 的空间分辨率用 3 位二进制码表示颜色等级，需要的显示存储器大小为 1024×768×3=2 359 296b=288KB。

灰度虽然是决定色彩数的决定因素，但并不是说无限制地越大越好。因为首先人眼的分辨率是有限的，其次系统处理位数的提高会牵涉到系统视频处理、存储、传输、扫描等各个环节的变化，成本剧增，性价比反而下降。一般来说民用或商用级产品可以采用 8 位系统，广播级产品可以采用 10 位系统。

显示模式指所符合或采用的视屏显示标准，这些标准给出了显示器的最大颜色数和最大分辨率。

4）亮度和对比度

亮度是人眼所感觉到的颜色的明暗程度，单位是 cd/$m^2$（坎德拉/平方米，坎德拉是发光强度单位）。一般说来，显示屏的灰度等级有的很高，可以达到 256 级甚至 1024 级。人眼能分辨的亮度等级越多，意味着显示屏的色空间越大，显示丰富色彩的潜力也就越大。亮度鉴别等级可以用专用的软件来测试，一般显示屏能够达 20 级以上就算是比较好的等级了。例如，通常 LCD 显示器的亮度为 300cd/$m^2$。

对比度是屏幕上最亮处与最暗处亮度的比值，是黑与白的比值，也就是从黑到白的渐变层次。对比度对视觉效果的影响非常关键。人眼可分辨的对比度约为 100∶1，当显示器的对比度超过 120∶1 时，才可以给人以生动、丰富的感觉。目前液晶显示器的对比度已经可以超过 80 000∶1。

5）可视角度

可视角度是指站在屏幕侧面某个角度时仍可清晰看见屏幕影像时所构成的最大角度。可视角度都是左右水平对称的，但在垂直方向上就不一定了，而且常常是上下可视角度要小于左右可视角度。等离子可视角度大多为左右 160°，视野开阔，能提供格外亮丽、均匀平滑的画面和前所未有的更大观赏角度。目前，LCD 显示器的可视角度可以达到 170°，但要区分水平可视角度和垂直可视角度，其水平可视角度左右对称，垂直可视角度则上下不对称。CRT 显示器的可视角度为 180°，其上下、左右对称。

6）响应时间与带宽

响应时间用来表示显示器个像素点对输入信号的反应速度，即由暗转亮（上升）到由亮转暗（下降）所需的时间，单位是 ms。响应时间是上升时间和下降时间之和。响应时间超过 40ms，就会出现拖尾现象。现在大多数 LCD 显示器的响应时间在 2～8ms 之间。

带宽是代表显示器显示能力的一个综合指标，指每秒所扫描的图素个数，即单位时间内每条扫描线上显示的频点数总和，以 MHz 为单位。带宽越大表明显示控制能力越强，显示效果越佳。

7）接口标准

液晶显示器的接口可以分为模拟接口和数字接口两大类。液晶显示器的数字接口标准有 D-Sub（VGA）、LVDS、TDMS、GVIF、P&D、DVI 和 DFP 等。其中 DVI（Digital Visual Interface）既可以传输数字信号，也可以传输模拟信号。

8）像素失控率

像素失控率是指显示屏的最小成像单元（像素）工作不正常（失控）所占的比例。每个像素点都由 3 个单元组成，分别负责红、绿和蓝色的显示。一个单元被破坏，就会形成一个坏点，分为“红点”“蓝点”“绿点”3 种坏点，若 3 个单元都被破坏，则称其为“亮点”。依显示器坏点和亮点的数量，可以将显示器分为如下等级：

- AA 级。没有坏点。
- A 级。坏点在 3 个以下，亮点不超过 1 个且不在屏幕中部。
- B 级。坏点在 3 个以下，亮点不超过 2 个且不在屏幕中部。
- C 级。坏点在 5 个以下，亮点不超过 3 个且不在屏幕中部。

9）环保指标与便用性

环保指标也称绿色指标，主要包括对人的伤害与耗电量。

对人体的伤害则主要包括电磁波辐射和闪烁所造成的眼睛疲劳。液晶显示器根本没有辐射可言，而且只有来自驱动电路的少量电磁波，只要将外壳严格密封即可排除电磁波外泄。所以液晶显示器又称为冷显示器或环保显示器。液晶显示器不存在屏幕闪烁现象，不易造成视觉疲劳。

目前，便用性主要指便携性。

### 5. 图像显示关键技术

图像显示器除了能存储从计算机输入的图像并在屏幕上进行显示外，还具有灰度变换、窗口技术、真彩色和伪彩色显示等图像增强技术功能。

(1) 灰度变换。可使原始图像的对比度增强或改变的技术方法。

(2) 窗口技术。在图像存储器中，每个像素有 2048 级灰度值(11 位)，而人的肉眼一般只能分辨 40 级。如果从 2048 级中开一个小窗口，并把这一窗口范围内的灰度取出，变换为 64 级显示灰度，可以使原来被掩盖的灰度细节充分地显示出来。

(3) 真彩色和伪彩色。真彩色指真实图像色彩显示，是一种色还原技术，电视即属这一类。肉眼对黑白的分辨只有几十级，但可以分辨出上千种颜色。利用伪彩色处理技术可以人为地对黑白图像进行染色，如把水的灰度染为蓝色、把植被灰度染为绿色，把土地灰度染为黄色等等，使图像显示效果增强。

图像显示器除了具有上述图像增强功能外，还具有图像的几何处理功能，例如：

- 图像放大。对图像可进行 2、4、8 倍放大。
- 图像分割或重叠。可在 CRT 的局部范围显示一幅图像的部分或全部，或进行图像重叠。
- 图像滚动。使图像显示的顺序发生变化，可进行水平和垂直两个方向滚动。

(4) 渲染(render)。在画国画时，渲染是指用水墨或淡色涂抹以加强艺术效果。在计算机图形学中，渲染就是将三维物体或三维场景的描述转化为一幅二维图像，生成的二维图像能很好地反映三维物体或三维场景，包括顶点(决定 3D 图形空间位置的点)渲染、像素渲染(pixel shader)等。

(5) 光栅化。在计算机图形学中，三维图像骨架都被描述成一系列的三角形或多边形。为了进行图形显示，需要把每个矢量图形转换为一系列像素点，这个过程称为光栅化。例如，一条数学表示的斜线段，最终被转化成阶梯状的连续像素点。

(6) 光照计算。包括顶点光照计算和逐像素光照计算。

(7) 光线追踪技术(ray tracing)。又称为光迹追踪或光线追迹，是三维计算机图形学中的特殊渲染算法，跟踪从物体发出的光线而不是光源发出的光线，例如经由场景的反射光、透射(折射)光、漫射光等。由于从光源发出的光线有无穷多条，因此直接从光源出发对光线进行跟踪的计算工作量非常大，而难以完美表现。

## 4.1.6 触摸屏

触摸屏是一种能对物体的接触或靠近产生反应的定位设备。根据采用技术的不同，触摸屏分为电阻式、电容式、表面超声波式、扫描红外线式和压感式 5 类。

### 1. 单点触摸屏技术

单点触摸屏技术是最初的触摸屏技术。如图 4.26 所示，电阻式触摸屏的屏幕部分是一块多层复合薄膜——最内是一层玻璃(或有机玻璃)基层，最外是一层外表面经过硬化处理、防刮、光滑的塑料层；中间是用许多细小(小于 1/1000 英寸)的透明绝缘支点相隔的两层

ITO(氧化铟,透明的导电电阻)导电层。当手指或其他物体碰触触摸屏时,两层 ITO 连通,电阻改变,而控制器根据阻值的变化来计算检出点的坐标位置。

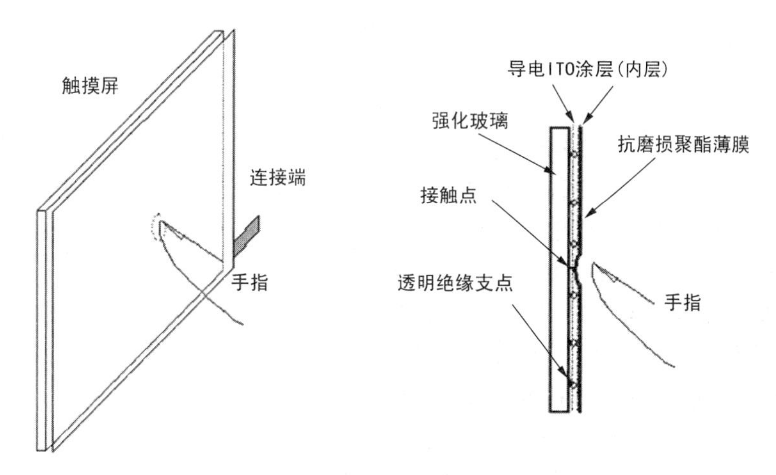


图 4.26　电阻式触摸屏原理

为了操作上的方便,人们用触摸屏来代替鼠标或键盘。工作时,必须首先用手指或其他物体触摸安装在 LCD 或显示器前端的触摸屏,然后系统根据手指触摸的图标或菜单位置来定位选择信息输入。触摸屏由触摸检测部件和触摸屏控制器组成。触摸检测部件安装在显示器屏幕前面,用于检测用户触摸位置,然后送触摸屏控制器;触摸屏控制器的主要作用是从触摸点检测装置上接收触摸信息,并将它转换成触点坐标,再送给 CPU,它同时能接收 CPU 发来的命令并加以执行。这种触摸屏利用压力感应进行控制。

电阻触摸屏的主要部分是一块与显示器表面非常贴合的电阻薄膜屏,这是一种多层的复合薄膜,它以一层玻璃或硬塑料平板作为基层,表面涂有一层透明氧化金属(透明的导电电阻)导电层,上面再盖有一层外表面硬化处理、光滑防擦的塑料层。它的内表面也有一层涂层。在内外层之间有许多细小的(小于 1/1000 英寸)的透明隔离点把两层导电层隔开以绝缘。当手指触摸屏幕时,两层导电层在触摸点位置就有了接触,电阻发生变化,在 $X$ 和 $Y$ 两个方向上产生信号,然后送触摸屏控制器。控制器检测到这一接触并计算出 $X$、$Y$ 的位置,再根据模拟鼠标的方式运作。这就是电阻技术触摸屏的基本原理。

电容式触摸屏是在显示器屏幕上加一个在里面涂有金属层的玻璃罩。当用户触摸表面时,与电场建立了电容耦合,在触摸点产生小的电流传到屏幕的 4 个角,根据 4 个电流的大小可计算出触摸点的位置。

表面超声波式触摸屏有一个透明的玻璃罩,在 $X$ 与 $Y$ 轴方向都有一个发射和接收压电转换器及一组反射器条。触摸屏控制器发送 5MHz 触发信号给发射转换器,它转换成表面超声波,超声波在屏幕表面传播。当用手指触摸屏幕时,在特定位置上超声波被吸收,使接收信号变化,经控制分析和数字转换得到 $X$ 和 $Y$ 坐标。

总之,任何一种触摸屏都是通过一种物理现象测试人手指触及的屏幕上点的位置,进而通知 CPU 对此作出反应。由于物理原理不同,而体现出不同的应用特点和适用环境。如电阻式触摸屏能防尘、防潮,并可戴手套触摸,适用于饭店、医院等;电容式触摸屏亮而清晰,也能防尘、防潮,但不可戴手套触摸,且易受温度、湿度变化的影响,适用于游戏机、公共信息查询;表面超声波式触摸屏透明、坚固、稳定,不受温度、湿度变化的影响,是一种抗恶劣环境设备。

**2. 多点触摸及其分类**

多点触摸(multi-touch)亦称多点触控、多重触控、多点感应、多重感应等,它实现了一个触摸屏(屏幕、桌面、墙壁等)或触控板同时接收来自屏幕上多个点的输入信息,即可以同时在同一显示界面上完成多点或多用户的交互操作,而且响应时间非常短——小于 0.1s。它摒弃了键盘、鼠标的单点操作方式。用户可通过双手进行单点触摸以及单击、双击、平移、按压、滚动以及旋转等不同手势,实现随心所欲的操控。

多点触摸可以通过不同的技术实现,大体有如下几种。

(1) 基于光学的技术。例如:

- 由 Jeff Han 教授开创的受抑全内反射多点触摸技术(FTIR)。
- 微软 Surface 采用的背面散射光多点触摸技术(Rear-DI)。
- 由 Alex Popovich 提出的激光平面多点触摸技术(LLP)。
- 由 Nima Motamedi 提出发光二极管平面多点触摸技术(LED-LP)。
- 由 Tim Roth 提出的散射光平面多点触摸技术(DSI)。

(2) 其他技术。包括声波器、电容、电阻、动作捕捉器、定位器、压力感应条等。

**3. 受抑全内反射技术原理**

FTIR(Frustrated Total Internal Reflection,受抑全内反射技术)是一种有代表性的多点触摸技术。如图 4.27 所示,由 LED 发出的光束从触摸屏截面照向屏幕的表面后,将产生反射。如果屏幕表层是空气,当入射光的角度满足一定条件时,光就会在屏幕表面完全反射。但是如果有一个折射率比较高的物质(例如手指)压住丙烯酸材料面板,屏幕表面全反射的条件就会被打破,部分光束透过表面,投射到手指表面。凹凸不平的手指表面导致光束产生散射(漫反射),散射光透过触摸屏后到达光电传感器,光电传感器将光信号转变为电信号,系统由此获得相应的触摸信息。

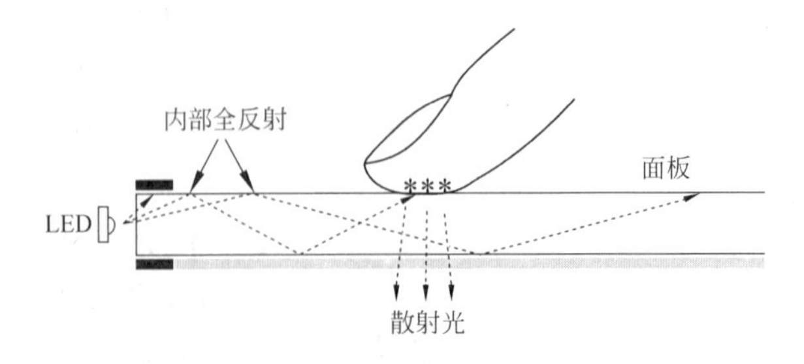


图 4.27 受抑全内反射技术原理

### 4.1.7 虚拟现实设备

一个计算机虚拟现实(VR, Virtual Reality)系统可以分解为 3 个独立但又相互联系的感觉引导子系统：视觉子系统、听觉子系统和触觉/动觉子系统。这 3 个子系统由虚拟环境产生器进行控制、协调，如图 4.28 所示。

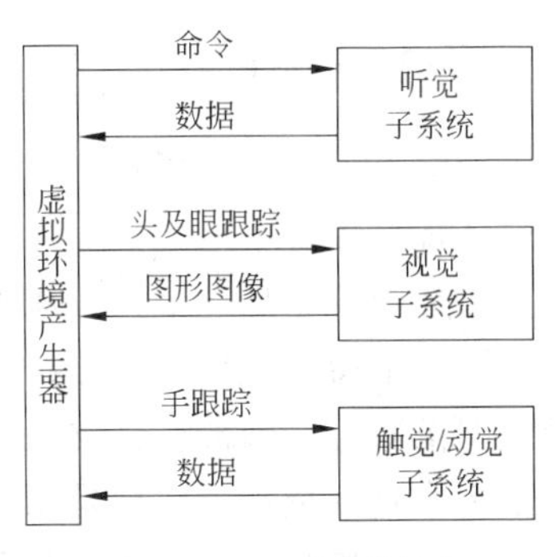


图 4.28 VR 系统的组成

#### 1. 虚拟环境产生器

虚拟环境产生器实质上是一个包括虚拟世界数据库的高性能计算机系统。该数据库包含了虚拟环境中对象的描述以及对象的运动、行为及碰撞作用等性质的描述。虚拟环境产生器的另一个作用是生成图像。这些图像的生成必须在最短的时间延迟内考虑参与者头部的位置和方向。虚拟环境产生器内的任何通信延迟都必将表现为视觉的滞后。如果这种滞后可以感知，在某种条件下就会使参与者产生眩晕的感觉。

#### 2. 触觉/动觉子系统

为了增强人在虚拟环境中身临其境的感觉，必须给参与者提供一些诸如触觉等方面的生理反馈。触觉反馈是指 VR 系统必须提供所能接触到的物体的触觉刺激，如物体表面纹理甚至包括触摸的感觉等。参与者感觉到物体的表面纹理等，同时也感觉到运动阻力。当然，VR 系统中的触觉/动觉反馈是很难实现的。而一旦实现，将极大地增强虚拟存在的感受。目前触觉/动觉系统中一个重要的部分是手跟踪和手势跟踪。它的一个已经实用化的设备是数据手套(data glove)，如图 4.29 所示。

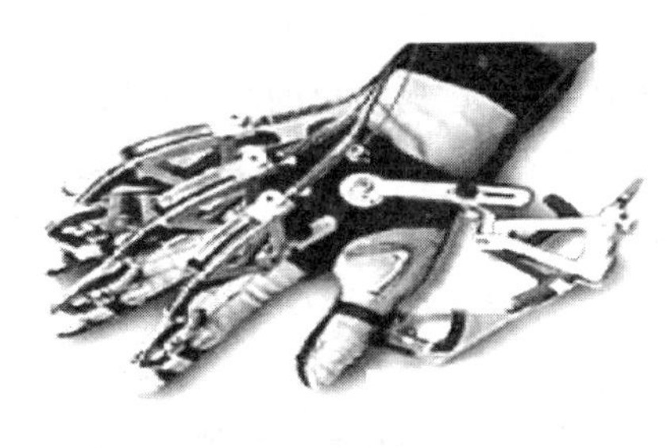

(a) 数据手套外形

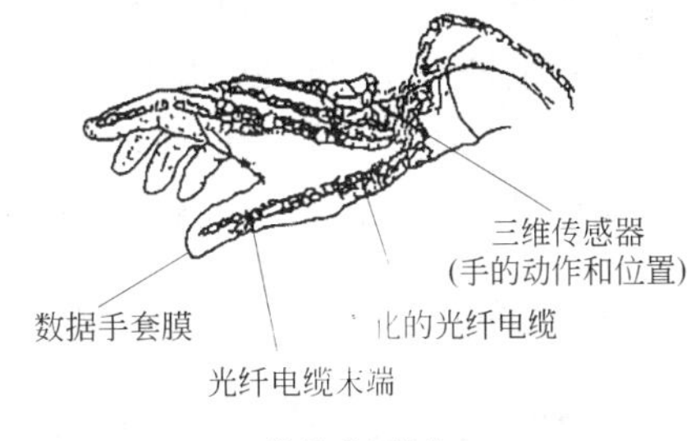


(b) 数据手套结构

图 4.29 数据手套

数据手套主要依靠纤细的光导纤维和光线的直线传播特性。它选用非常适合屈伸的材料制成。每一个指头都有一根光纤从手腕出发，经指尖绕回再到手腕处，一端装有光信号源(LED)，另一端装有测量光通量的光传感器件。在指关节处光纤表面切有微小的豁口，当手指弯曲时豁口裂开，有光通量漏掉。当人戴上手套后，手指伸直时，由于光线的直线传播，几乎能获得 100%的输出光量；一旦手指弯曲，则光量随弯曲程度而衰减。这种光量的变化在控制器里由模/数转换器转换成数字量，向主计算机传送，作计算、解释。

目前，数据手套暂时只能输入手势语言信息，当人情不自禁地去“触摸”或“抓放”一个物体时，数据手套便可以把这些手势信息转入（反馈）到虚拟环境产生器中。当然，为了反映手在“抓摸”时的用力情况，还应有压力反馈，这个问题目前正在解决。

**3. 视觉子系统**

视觉是人类用以接收信息的主要器官。目前，VR 技术中最重要的一项技术是大视场双眼体视显示技术。

人类的视觉是一个具有双眼坐标定位功能的自然序列：人的两只眼睛同时看到周围世界的同一个窗口，但由于两眼位置上的差别，在视网膜上分别生成略有差别的两个图像，这两个图像通过大脑被综合成一个含有景物深度的立体图像。VR 体视显示技术用以下两种方案解决这一问题：一种是用两套主机分别计算并驱动对应左右眼的两个显示器；另一种是用一套主机分时地为左右两眼产生相应的图像。目前，VR 显示装置的主流是头盔式显示器。图 4.30 为一种头盔式显示器原理的分解图。

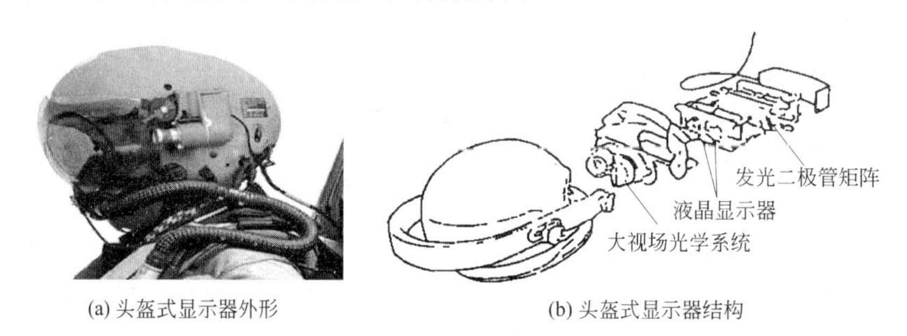


(a) 头盔式显示器外形　　(b) 头盔式显示器结构

图 4.30　头盔式显示器

对于 VR 显示系统有如下要求：

（1）要能在显示屏上产生清晰、逼真的图像。

（2）要求大视场。Kalawsky 指出，一个 VR 显示系统中，视场角的最小极限是：视场水平角不小于 110°，垂直角不小于 60°，重叠影像的体视角不小于 30°。

（3）要求能进行头和眼部的跟踪，以根据人的注意力（视线）调整图像。

**4. 听觉子系统**

通常听觉系统也安装在头盔式显示器上。听觉子系统主要由声音合成、3D 声音定域和语音识别等模块组成，以给虚拟环境中的用户一个真实的声音环境。

1）声音合成

尽管听觉系统以比视觉系统低得多的频带宽度工作，但人的听觉系统很善于在众多的声音中选取特定的声音，作为对视觉摄取信息的补充。因此，在 VR 系统中加入声音合成装置是十分必要的。当视觉系统处理某一事件时，听觉系统同时在后台工作。

2）3D 声音定域

为造成逼真的声音环境，就要使参与者能通过两耳因位置不同或所接收的声波的时差等分辨出声源与自己的相对位置；即使参与者头部在运动，也能感觉这种声音保持在原处不变。为了达到这种效果，声音定域系统必须考虑参与者两个“耳郭”的高频滤波特性。参与者头部的方向对于正确地空间化声音信号是很重要的。因此，虚拟环境产生器要为声音定域装置提供头部的位置和方向信号。

3）语音识别

语音识别在输入大量数据时是非常有效的。

## 4.2 I/O过程的程序直接控制

I/O过程的程序直接控制的特点是I/O过程完全处于CPU指令控制下，即外部设备的有关操作（如启、停、传送开始等）都要由CPU指令直接指定。在典型情况下，I/O操作在CPU寄存器与外部设备（或接口）的数据缓冲寄存器间进行，I/O设备不直接访问主存。

采用程序直接控制，外部设备与CPU的数据传送有程序无条件传送和程序控制两种方式。

### 4.2.1 I/O过程的程序无条件传送控制方式

采用I/O过程的程序无条件传送控制时，CPU像对存储器读写一样，完全不管外设的状态如何。具体操作步骤大致如下：

（1）CPU把一个地址送到地址总线上，经译码选择一台特定的外部设备。

（2）输出时CPU向数据总线送出数据，输入时CPU等待数据总线上出现数据。

（3）输出时CPU发出写命令将数据总线上的数据写入外部设备的数据缓冲寄存器；输入时CPU发出读命令，从数据总线上将数据读入CPU的寄存器中。

这种传送方式一般适合于对采样点的定时采样或对控制点的定时控制等场合。为此，可以根据外设的定时，将I/O指令插入程序中，使程序的执行与外设同步。所以这种传送方式也称为程序定时传送方式或同步传送方式。

下面是一段8086程序，它的功能是测试状态寄存器（端口地址为27H）的第2位是否为1，若为1则转移到ERROR进行处理。

```
IN    AL,27H           ；输入
TEST  AL,00000100B
JNE   ERROR
```

无条件传送是所有传送方式中最简单的一种传送方式，它需要的硬件和软件数量极少。

### 4.2.2 I/O过程的程序查询传送方式

实际上，绝大多数外部设备要求计算机必须根据它的状态进行控制，才能正常工作。例如，要向打印机传送数据，而打印机还没有准备好（如没有通电或数据传输线没有连接好），传送了数据也没有用。但是，多数外部设备的工作状态是不可预测的。这时CPU必须先查询设备的工作状态。当计算机系统中只有一台外设时，CPU要定时地对这台设备的状态进行查询（这时CPU常常处于询问等待状态，或在执行主要功能的程序中穿插地进行询

问);当有多台外设时,CPU 一般是循环地逐一进行询问;有些系统将各个外设的状态标志位线“或”在一条公共检测线上,CPU 首先检测此线,有服务请求再去查询是哪台设备。

### 1. 程序查询控制接口

图 4.31 以输入数据为例说明程序查询控制接口的工作原理。

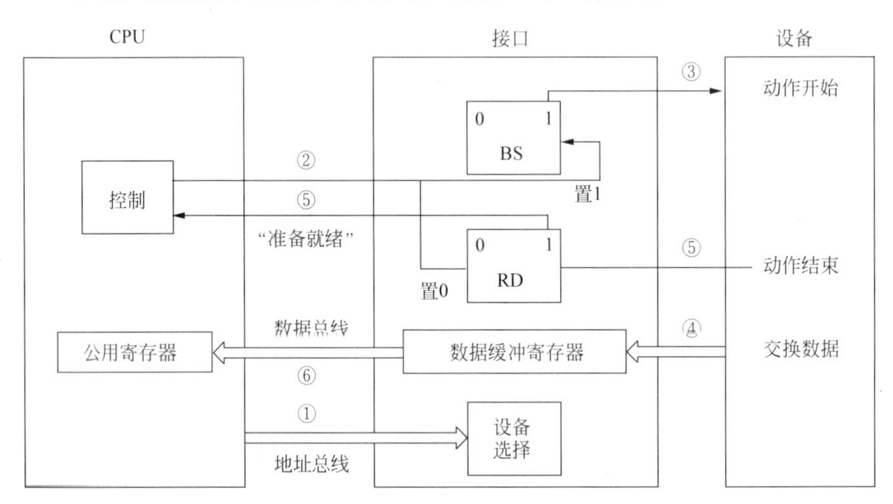

图 4.31　程序查询方控制接口输入数据时的工作状况

程序查询控制接口主要包括如下 3 个部件:

(1) 设备选择电路。该部件用以判别地址总线上送出的地址(或称为呼叫的设备)是否为被查询设备,它实际上是设备地址的译码比较电路。

(2) 数据缓冲寄存器。输入操作时,用数据缓冲寄存器存放从外部设备读出的数据,然后送往 CPU;输出操作时,用数据缓冲寄存器存放从 CPU 送来的数据,然后送给外部设备输出。

(3) 设备状态位(标志)。设备状态位是控制器中的标志触发器,如“忙”“准备就绪”“错误”等,用以表示设备的工作状态,以便接口对外设进行监视。一旦 CPU 用程序询问 I/O 设备时,则将状态位信息取至 CPU 进行分析。

### 2. 程序查询控制的基本过程

程序执行过程中的有关动作(以输入为例)如下:

(1) CPU 向地址总线上送出地址,选中设备控制器。

(2) CPU 看 RD 是否为 0,若为 0,则发出命令字,请求启动外设进行数据输入,置 BS 为 1,置 RD 为 0,然后不断检测“就绪”触发器何时变为 1。

(3) 接口接到 CPU 的命令字后,立即启动外设工作,开始输入数据。

(4) 外设启动后将输入数据送入数据缓冲寄存器。

(5) 外设完成数据输入后,置 RD 为 1,通知 CPU 已经 Ready(准备就绪)。

(6) CPU 从数据缓冲寄存器中读入输入数据,并将控制器状态标志复位。

### 3. 程序查询控制方式的不足

采用程序直接控制模式简单，控制接口硬设备较少。一般计算机都具有这种功能，但是，该方式明显地存在着如下缺点：

(1) CPU进行I/O控制的工作效率很低。当CPU执行主程序到了需要与外部设备交换数据时，就要先启动查询程序查询设备的状态。若查询到的设备已经准备好，就执行服务子程序，进行数据传送；若没有准备好，就需要重复查询，直到设备准备好。这样，CPU就把很多时间花费在了查询上，效率很低。特别是当设备出现故障时，将导致CPU不能再做其他任何工作，无穷地查询下去，形成死机。

(2) 这种控制方式只适合预知或预先估计到的I/O事件。但是在实际应用中，多数事件是非寻常或非预期的。这种查询方式很难做到事件发生时正好查到，因而常常会贻误时机，特别是不能发现和处理一些无法预估的事件和系统异常。

(3) 这种查询方式只能允许CPU与外设串行工作。这样，就会造成两种情况：一是外部设备工作时，CPU只能等待，宝贵的CPU资源不能被充分利用；二是在处理一个I/O事件时，CPU不能为其他事件服务，特别是当有更紧急的事件发生时，CPU不能及时处理。

## 4.3 I/O过程的程序中断控制

针对程序直接控制数据传输存在的不足，人们提出了程序中断(program interrupt，简称中断)控制的思想。

### 4.3.1 程序中断控制的核心概念

程序中断控制涉及两个核心概念：中断服务与中断源。

#### 1. 中断服务

下面以打印控制为例，介绍中断控制的基本过程。每台打印机(外设)都有自己的缓冲寄存器，CPU用访问指令启动打印机，并将要打印的数据传送到打印机的数据缓冲寄存器，然后CPU可以继续执行原来的其他程序，打印机开始打印这批数据。这批数据打印完成后，打印机向CPU发出中断请求，CPU接到中断请求后对打印机进行中断服务，如再送出一批打印数据等，然后又继续执行原来的程序。这一过程如图4.32所示。

显然，中断控制允许CPU与外设在大部分时间并行地工作，只有少部分时间用以互相交换信息(打印机打印一行字需几毫秒到几十毫秒，而中断处理是微秒级的)。从宏观上看，CPU与打印机主要是并行工作。当有多个中断源时，CPU可纵观全局，根据外部事件的轻重缓急进行权衡，安排一个优先队列，掌握I/O的主动权，使计算机的效率大大提高。随着计算机技术的发展，中断技术进而用于程序错误或硬设备故障的处理、人机联系、多道程序、分时操作、实时处理、目标程序与操作系统间的联系、多处理机系统中各处理机间的联系等。

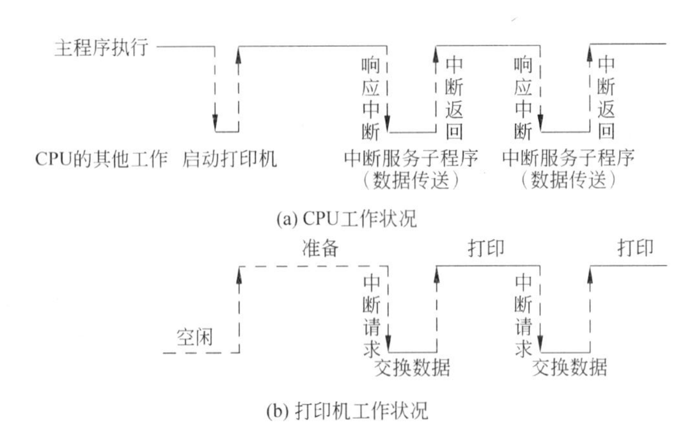


图 4.32　CPU 对打印机的中断服务

图 4.33 描述了中断的一般过程。在这个过程中，最核心的工作是让 CPU 从执行当前的程序转向执行相应的中断服务程序，中断服务程序执行完后，再接着执行原来被中断的程序。为了做到这一点，就需要进行如下 3 方面的工作。

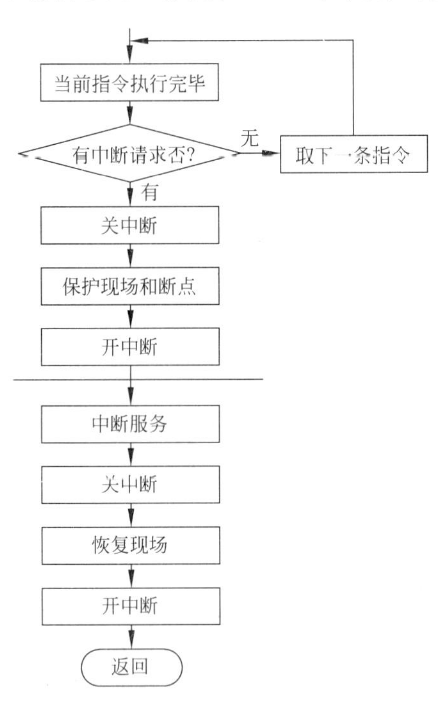


图 4.33　中断处理的一般流程

1）在 PC 中装入中断服务程序的入口地址

CPU 的 PC 中存放的是将要执行的指令的地址。要执行某个中断服务程序，第一步就要把这个中断服务程序的首地址——入口地址装入到 PC 中。而中断服务程序是在系统启动过程中被加载到内存的某些地方的。不同的中断服务程序有各自的入口地址。因此，关键的问题是如何获取所需要的中断服务程序的入口地址。

2）保存断点与保护现场

断点就是中断响应之前即将要执行的指令的地址，即程序计数器(PC)中的内容。保存断点就是要在往 PC(IP)中装入中断服务程序入口地址前先把断点内容转移到一个安全地方保存起来，以便中断服务程序执行结束时再将其装入 PC，接着执行原来的程序。

现场是指中断响应之时 CPU 所执行程序的当前状态和中间结果。这些状态和中间结果是包括 PSW(状态寄存器)在内的即将执行指令的执行环境。CPU 执行完中断服务程序，要返回原来的断点执行，还需要有一个当初的执行环境。为此，在保存断点时，也要保护现场；在返回断点之前，先恢复现场。

断点和现场状态的保存地点因机器而异，但一般有 3 处可以保存：

(1) 把现场状态存入存储器内固定的指定单元。

(2) 用堆栈进行保存，如 M6800 采取这种方式。用堆栈保存现场操作简单，允许多级中断。

(3) 在多组寄存器之间进行切换。例如,Z-80CPU 有两组寄存器,中断服务程序与主程序可以各用一组。这种方法执行速度快,但对多级中断无能为力。

对现场信息的处理有两种方式:一种是由硬件对现场信息进行保存和恢复,另一种是由软件(即中断服务程序)对现场信息保存和恢复。

3) 关中断与开中断

关中断(禁止中断)就是 CPU 拒绝任何中断。拒绝的原因是系统处于两个程序的转换过程或正在执行某些不允许打断的程序。例如,CPU 刚响应了一个中断或刚处理完一个中断过程,寄存器内容还没有来得及保存或恢复,或系统尚未稳定之时,立即响应新的中断会造成混乱。再如,一些用于过程定时控制的程序在执行过程中一般不允许被中断。过了这个特殊期间,为了能响应新的终端,要开放中断。

为了控制是否响应中断,CPU 设置了一个中断允许触发器 IFF。

- IFF=1 称中断开放,即 CPU 允许中断。
- IFF=0 称中断屏蔽,即 CPU 禁止中断。

开放中断和禁止中断常用两条指令 EI 和 DI 来完成。当 CPU 执行 DI 指令后,有中断请求时,CPU 不响应,只有等到发出开中断指令后才能响应,如图 4.34 所示。

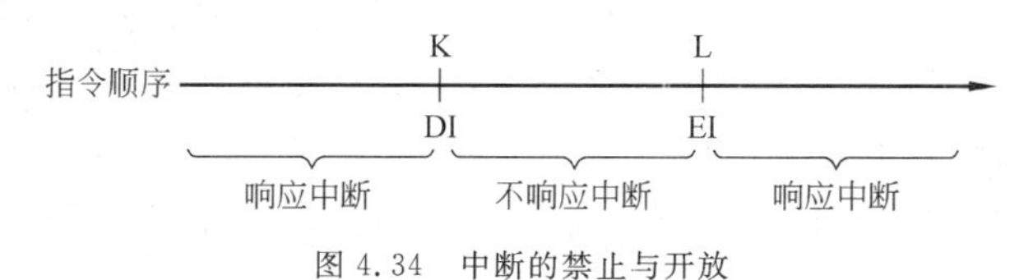


图 4.34 中断的禁止与开放

DI 称为关中断指令,EI 称为开中断指令。因此 CPU 响应中断的条件为

$$INT \cdot IFF=1$$

它可以用一个"与"门完成。

**2. 中断源**

中断由中断源发出。中断的复杂性主要表现在中断源的多样性上。常见中断源有以下几种:

(1) 输入、输出设备中断,如键盘、打印机等工作过程中向主机发出已做好接收或发送准备信息。

(2) 数据通道中断,如磁盘、磁带等要同主机进行数据交换等。

(3) 实时时钟中断。当外部时钟电路需要定时时,可由 CPU 发出命令,令时钟电路(这种电路的延迟时间往往是可编程的,即可以用程序确定和改变)开始工作。规定的时间到后,时钟电路发出中断请求,由 CPU 加以处理。若用无条件传送,要由 CPU 执行一段程序实现延迟,一方面,在这段时间内 CPU 不能干别的工作,降低了 CPU 的利用率,另一方面,时间也不十分精确。

(4) 故障中断,例如电源掉电、设备故障等要求 CPU 进行紧急处理等。

(5) 系统中断,如运算过程出现溢出、数据格式非法、数据传送过程出现校验错、控制器遇到非法指令等。

(6) 为了调试程序而设置的中断。一个新的程序编制好以后，必须经过反复调试才能正确可靠地工作。在程序调试时，为了检查中断结果，或为了寻找毛病所在，往往要求在程序中设置断点或让程序单步工作(一次只执行一条指令)。这也要由中断系统来实现。

通常，把由处理机外部引起的中断(如设备中断等)称为外中断，由内部引起的中断(如系统中断等)称为内中断；另外，把由于故障等引起的中断称为强迫中断，把程序安排的中断称为自愿中断。下面主要讨论外中断。

中断控制过程实质上是执行一段与中断源相应的中断服务子程序。对不同的中断源，应采取不同的处理措施，要有相应的中断服务子程序。计算机为了处理多种中断，要事先把处理这些中断的服务子程序分别放在存储器的不同的位置(存储区域)。因此中断系统的主要功能是在中断事件发生时将控制转向相应的服务子程序。

## 4.3.2 中断关键技术

### 1. 中断请求

中断过程是从中断源发出中断请求(interrupt request)开始的。为了让每个中断源都能发出中断请求信号，要为每一个中断源设一个中断请求触发器(IR)。当外部事件发生时，I/O 控制器应将相应的中断请求触发器置 1，并一直保留到 CPU 响应了这个中断，才可以将这个中断请求清除。

中断源向 CPU 提出中断请求的方法有两种：一种如图 4.35(a)所示，每一个中断请求触发器对应 CPU 中断寄存器 INT 中的一位；另一种如图 4.35(b)所示，所有中断请求信号"或"成一个中断信号，送入 CPU 的中断触发器中形成单线中断，CPU 再用中断响应信号 INTA 按一定的顺序(如图 4.35 中的 $INTR_1$、$INTR_2$…)查询是哪一个中断源发出了申请。中断寄存器的内容称为中断字或中断码。

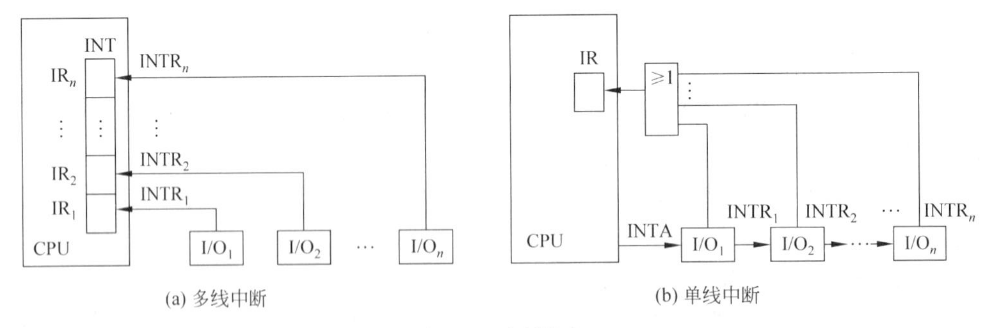

(a) 多线中断　　(b) 单线中断

图 4.35　中断请求

### 2. 中断识别与中断请求标记

为了判定中断请求是哪个中断源提出的，在中断系统中设置了中断请求标记触发器。当中断请求标记触发器的状态为 1 时，表示该中断源有中断请求。这些触发器可以分散在设备接口中，也可以集中设在 CPU 中组成一个中断请求标记寄存器(简称中断请求寄存器)。这些中断请求标记触发器将会为中断排队、辨认中断源、确定中断服务程序入口地址提供依据。

图 4.36 为中断请求标记寄存器的示例,它表明出现非法除引起的中断请求。

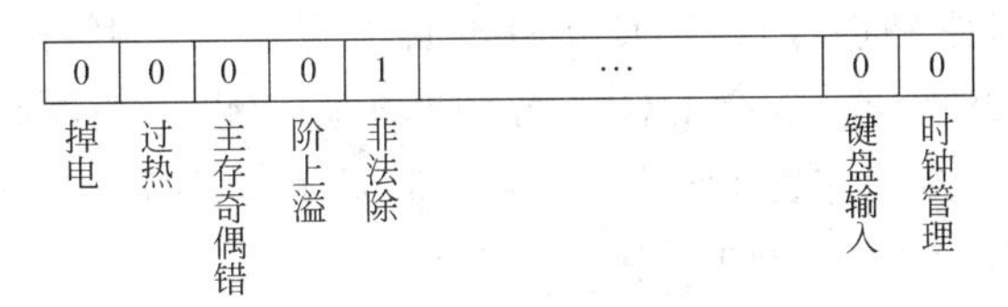


图 4.36　中断请求标记寄存器

**3. 中断排队与中断判优**

由于中断请求的随机性,有可能出现多个中断源同时(一个指令周期内)发出中断请求的情况。那么在这种情况下,CPU 究竟应该响应哪一个中断源的请求呢?这就需要根据中断源工作性质的重要性、紧迫性把中断源分成若干等级,以便排出一个处理顺序(称为中断排队),让更紧迫、更重要、处理速度更高的事件优先处理。CPU 处理中断排队,即中断判优的原则如下:

(1) 不同级的中断发生时,按级别高低依次处理。

(2) 高级别中断可以使低级别中断过程再中断,称为中断嵌套。但较低级中断不能使较高级中断过程再中断;一个中断过程也不能被另一个同级中断再中断。

(3) 同级中断源同时申请中断时,按事先约定的次序处理。

这些原则可以用硬件判优或软件判优方法实现。

硬件判优就是使用一定的电路,在优先级较高的设备提出中断请求后,就自动封锁优先级别较低的设备的中断请求。图 4.37 为图 4.35 两种线路的细化。图中假设优先级别按左高右低的顺序排列。并行优先排队电路适合 CPU 有多个中断请求触发器的情形,串行优先排队电路适合 CPU 中只有一个中断请求触发器的情形。它们的基本原理都是让高级别的中断屏蔽低级别的中断。

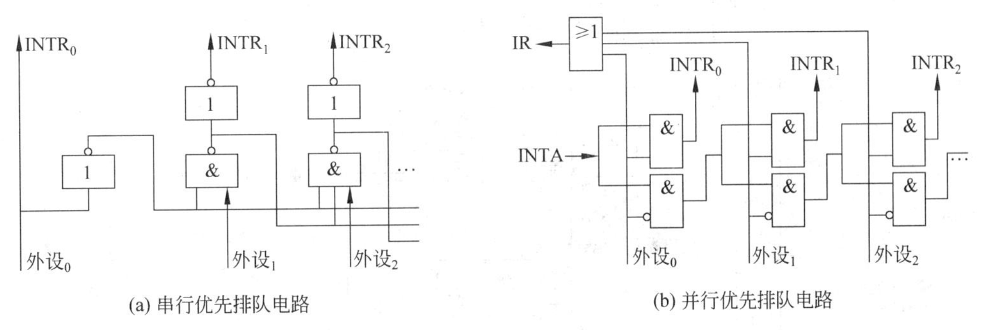


(a) 串行优先排队电路　　(b) 并行优先排队电路

图 4.37　两种中断排队电路

软件判优就是用程序按照优先级别顺序从高到低地检测每一个中断源,询问它是否发出了中断请求。CPU 只处理最先检测到的中断。采用这种方法,若是只有最低级别的中断源发出中断申请,也要从最高级别中断测试起,直到最后才能确认,所以效率较低。

#### 4. 中断屏蔽

中断屏蔽就是有选择地让中断系统不理睬某些中断源的中断请求，使这些中断信号暂不被 CPU“感觉到”，但信号仍保留，以便条件允许时再响应。中断屏蔽的具体方法如图 4.38 所示，是在 I/O 的各中断电路中设一个屏蔽触发器 IM，CPU 可用指令将它置 1 或置 0。置 0 时封闭该设备的中断请求触发器 INTR，使其不能发出中断请求。

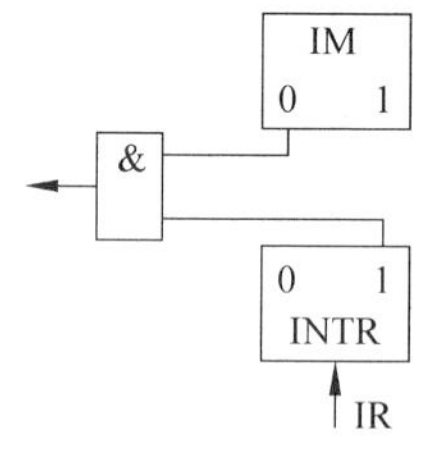

图 4.38 中断屏蔽电路

系统中所有的 IM 组成一个中断屏蔽寄存器。中断屏蔽寄存器的内容称为中断屏蔽字。不同屏蔽字中不同位上的 0、1 码不同，只允许为 1 的中断请求进入中断寄存器中。这样，向中断屏蔽寄存器写不同的内容，就可以屏蔽某些中断请求。

利用中断屏蔽字也可以实现中断优先级管理。例如，某一计算机配备的全部 I/O 设备分为 8 级，对应每一级都有一个预定义的屏蔽字，如表 4.2 所示。将这些存于存储器内，需要时，可以用一条专门的屏蔽指令取出来送到屏蔽寄存器中。这样就能使同一级及低一级中断不能中断同一级及高一级的中断服务子程序。起电路如图 4.39 所示。

**表 4.2 用中断屏蔽字实现中断优先级管理的示例**

| 中断源名称 | 优先级别 | 中断屏蔽字 | 中断源名称 | 优先级别 | 中断屏蔽字 |
|---|---|---|---|---|---|
| 10H | 1 | 11111111 | 17H | 5 | 00001111 |
| 13H | 2 | 01111111 | 1DH | 6 | 00000111 |
| 14H | 3 | 00111111 | 1EH | 7 | 00000011 |
| 16H | 4 | 00011111 | 1FH | 8 | 00000001 |

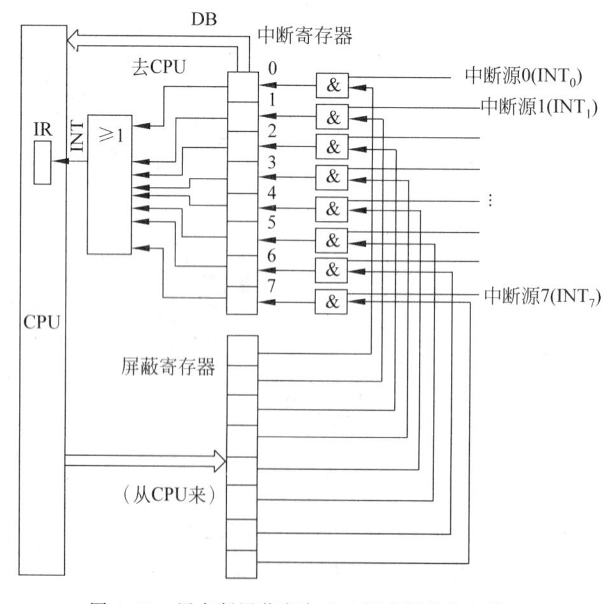

图 4.39 用中断屏蔽字实现 8 级中断优先级管理

**5. 中断响应**

1) 中断响应的条件

CPU 的正常工作是取指令—分析指令—执行指令—取指令—分析指令—执行指令……但是，每当一个指令周期结束后，如果遇到下列条件满足的情况，CPU 便响应中断请求，进入中断周期：

- 中断源有中断请求，即中断请求标记 INTR =1。
- CPU 允许接收中断请求(处于开中断)，即允许中断触发器 EINT =1。

也就是说一条指令执行过程不能响应中断，只有特殊的长指令才允许被中断。

2) 中断响应的基本操作

进入中断周期，CPU 会首先执行一条中断隐指令(不向程序员开放的指令)，启动硬件，自动完成如下 3 项工作。

(1) 保存程序断点。

(2) 关中断。

(3) 将一个可以找到对应的中断服务程序入口的地址送进 PC。

关于前面两个操作的意义和方法，前面已经作了介绍，下面主要介绍中断隐指令把什么地址送进了 PC。

3) 形成中断服务程序入口地址

把什么地址送进 PC，取决于采用什么方法获得中断服务子程序入口地址。获得中断服务程序入口地址的方法很多，最常用的是中断引导程序查询和中断向量表两种方法。

采用中断引导程序查询法时，送进 PC 的是中断识别程序的入口地址。如图 4.40 所示，中断引导程序根据中断控制器提供的中断字来确定调用哪个中断服务程序。

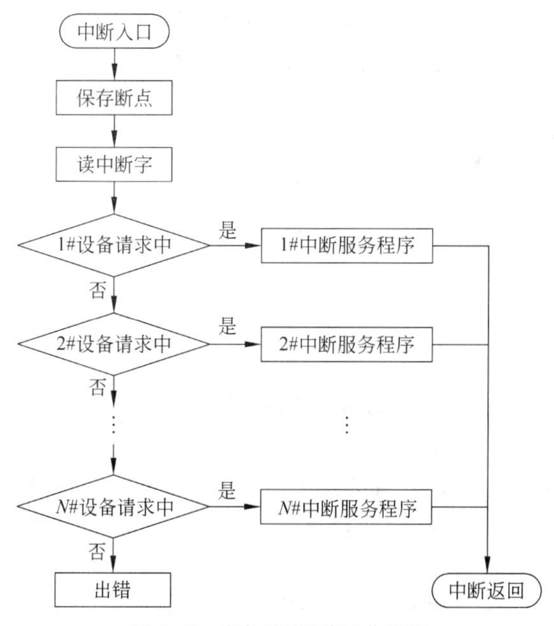


图 4.40 中断引导程序工作原理

中断引导程序一般兼有中断判优程序的功能，其效率较低。

采用中断向量表法时，送进PC的是中断向量表的入口地址。如图4.41所示，中断向量表就是由中断向量组成的表。每个中断向量就是一个中断服务程序的入口地址。中断响应时利用硬件（中断逻辑）自动地得到存放中断服务程序的入口单元地址（或包括状态字），即中断源自己引导CPU获取中断服务程序入口地址。这种中断过程称为向量中断。

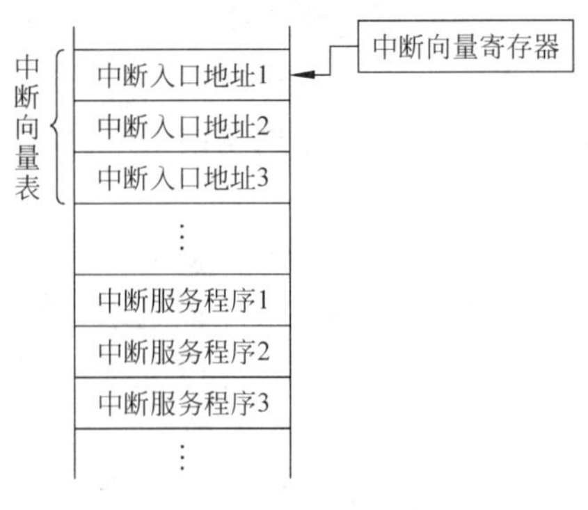

图4.41 中断向量法工作原理

值得提及的是，某些微机执行隐指令时，只保存断点的内容，标志寄存器的内容则由中断服务程序开始时通过安排几条指令执行保存。

## 4.3.3 中断接口

### 1. 中断接口逻辑

程序中断接口的一般组成如图4.42所示。与程序直接控制接口相比，它增加了4个触发器（标志）和1个寄存器。

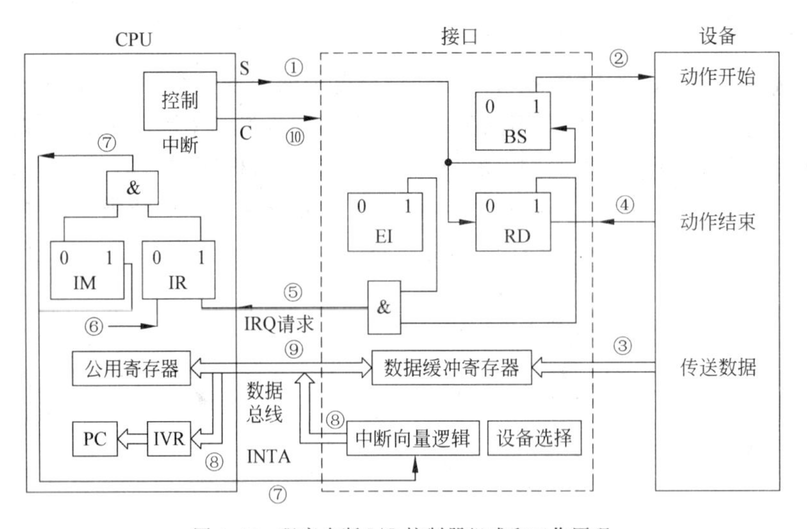

图4.42 程序中断I/O控制器组成和工作原理

1）准备就绪触发器（RD）

当CPU需与外设交换数据时，首先发出启动信号，然后CPU继续完成别的工作。一旦设备做好数据的接收或发送准备工作，便置RD标志为1，发出一个设备准备就绪（Ready）信号。在允许中断（EI=1）的条件下，该信号形成一个中断请求信号。所以该触发器也称作中断源触发器，简称中断触发器。

2）允许中断触发器（EI）

该触发器可以用程序指令来置位。当EI为1时，对应设备可以向CPU发出中断请求；EI为0时，不能向CPU发出中断请求，意味着该中断源的中断请求被禁止。设置EI标志的目的是通过程序可以控制是否允许某设备发出中断请求。

3）中断请求触发器(IR)

该触发器暂存中断请求线上由设备发出的中断请求信号。当IR标志为1时，表示设备发出了中断请求。

4）中断屏蔽触发器(IM)

该触发器是CPU是否受理中断的标志。IM标志为0时，CPU可以受理与该位对应的外界中断请求；IM标志为1时，CPU不受理外界中断请求。

5）中断向量寄存器(IVR)

该寄存器用来存放对应中断请求的中断服务程序入口地址。

**2. 中断接口工作过程**

程序中断过程由设备接口和CPU共同控制。在图4.36中，标号①～⑩表示由某一外设输入数据的控制过程，具体如下：

① 程序向接口发出启动外部指令：将准备就绪标志RD清零，将设备忙标志BS置1。之后，CPU继续原来的工作。

② 接口向外部设备发出启动信号，设备开始与CPU并行工作。

③ 外部设备将数据送入接口中的数据缓冲寄存器。

④ 当设备动作结束或缓冲寄存器数据填满时，外设向接口送出控制信号，将数据准备就绪标志RD置1，"忙"标志BS清零。

⑤ 当允许中断标志EI为1时，接口向CPU发出中断请求信号IRQ。

⑥ CPU在一条指令执行结束后检查中断请求线上有无中断请求，若有，则将该中断请求线上的请求信号IRQ接收到中断请求触发器IR中。

⑦ 当中断屏蔽标志IM为0时，CPU在一条指令结束后受理外设的中断请求，向外设发出响应中断信号并关闭中断。

⑧ 转向该设备的中断服务程序入口。

⑨ 中断服务程序通过输入指令把接口数据缓冲寄存器里的数据读至CPU中的寄存器组。

⑩ CPU发出控制信号C将接口中的BS和RD标志复位。

### 4.3.4 多重中断

多重中断处理是指在处理某一个中断过程中又发生了新的中断，即中断一个服务程序的执行，又转去执行新的中断处理。这种重叠处理中断的现象也称为中断嵌套。图4.43为一个4级中断嵌套的例子。4级中断的优先级由高到低为1→2→3→4的顺序。在CPU执行主程序期间同时出现了两处中断请求②和③时，因2级中断优先级高于3级中断，应首先去执行2级中断服务程序，若此时又出现了4级中断请求④，则CPU将不予理睬。2级中断服务程序执行完返回主程序后，再去执行3级中断服务程序，然后执行4级中断服务程序。若CPU执行2级中断服务程序过程中出现了1级中断请求①，因其优先级高于2级中断，CPU便暂停对2级中断服务程序的执行，转去执行1级中断服务程序，等1级中断服务程序执行完后，再去执行2级中断服务程序。

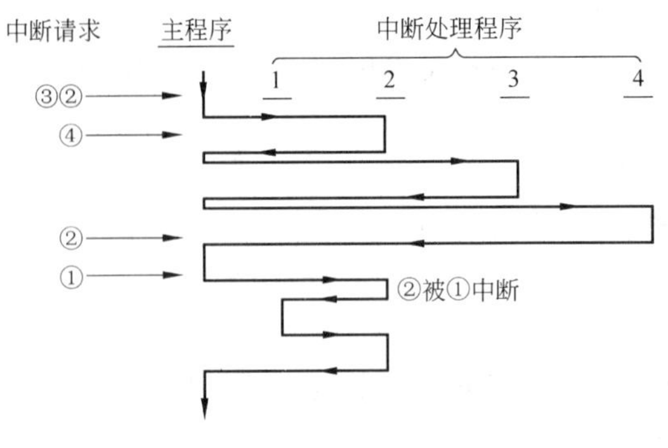


图4.43 多重中断处理示意图

中断级的响应次序可由软件来控制。在有优先级中断屏蔽时，系统软件可以根据需要改变多重中断的处理次序，使其和中断响应次序不同。由于中断屏蔽码由软件赋值，改变屏蔽位的信息就可以改变多重中断处理次序。这正好反映了中断系统软硬件结合带来的灵活性。

# 4.4 I/O数据传送的DMA控制

## 4.4.1 DMA的基本概念

采用程序中断控制，能使多台外设依次启动后，同时进行数据交换的准备工作；若在某一时刻有几台外部设备发中断请求信号，CPU可根据预先规定好的优先顺序，按轻重缓急处理几台外设的数据传送，从而实现了外部设备间的并行工作，提高了计算机系统的工作效率。但是，中断系统的保存与恢复现场需一定的时间，并且主机与外设之间的数据交换要由CPU直接控制。这对一些工作频率高、要成批交换数据且单位数据之间的时间间隔较短的外设，例如磁盘、磁带等来说，将引起CPU频繁干预，使CPU长时间为外设服务，降低了系统整体效率。特别是对于高速I/O设备，由于每次与主机交换数据，都要等待CPU中断响应后才可以进行，很可能因此丢失数据。

如图4.44所示，DMA (Direct Memory Access，直接存储器存取)是通过DMA控制器代替CPU控制I/O过程，实现I/O接口与内存之间直接传送数据的一种传送控制方式。

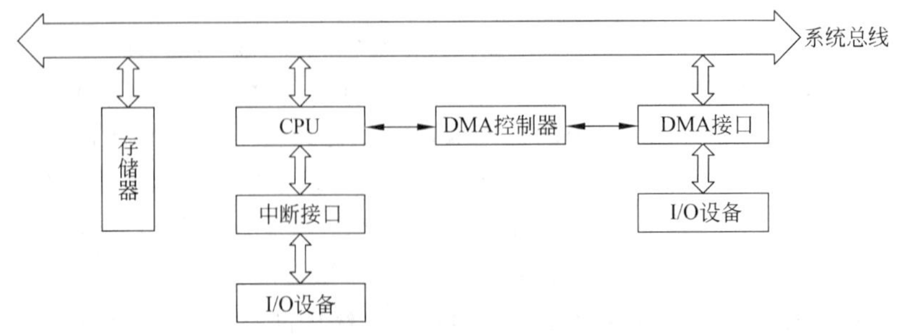


图4.44 程序中断控制与DMA控制两种数据通路

一般说来，DMA 控制传送需要 3 个阶段：

(1) CPU 执行几条指令，对 DMA 控制器进行初始化，测试设备状态，向 DMA 控制器输入设备号、起始地址、数据块长度等。

(2) 由 DMA 控制器控制 I/O 设备与内存之间的数据传送。

(3) CPU 执行中断服务程序对一次传输进行善后处理，如进行数据校验，决定传输是否继续等。

这种传送控制方式特别适合高速大批量数据传送，可以保证高速传输时不丢失数据。

### 4.4.2 DMA 与 CPU 共享存储器冲突的解决方案

如前所述，在 DMA 工作方式下，DMA 接口与 CPU 共享系统总线和存储器。尽管并非所有的指令都要访问内存，也并非访存指令的整个指令周期中一直在访问内存，但 CPU 与 DMA 同时访问内存的冲突还是不可避免，而且在一般情况下系统总线总是一直在 CPU 的控制下。因此，如何解决 DMA 控制器与 CPU 共享存储器的冲突以及 DMA 控制器如何从 CPU 的控制下获得总线的控制权的问题，就成为 DMA 的关键技术。下面介绍 3 种解决方案。

#### 1. CPU 暂停访问内存

对 CPU 来说，一般 DMA 的优先级高于中断。CPU 暂停访问内存就是用 DMA 信号迫使 CPU 暂时让出对总线的控制权。具体地说，当外部设备要求传送一批数据时，由 DMA 控制器发一个请求信号给 CPU，请求 CPU 暂时放弃对地址总线、数据总线和有关控制总线的控制权，由 DMA 控制器用以控制数据传送。一批数据传送完毕，DMA 控制器再把总线控制权归还给 CPU。图 4.45 是这种传送方式的时序图。

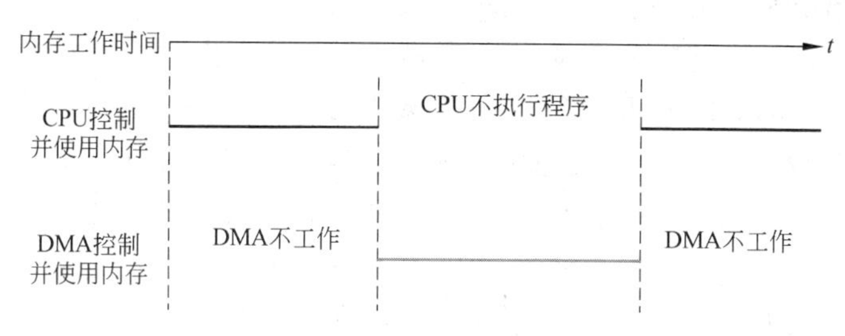


图 4.45 CPU 停止访问内存的 DMA 传送

这种传送方法的优点是控制简单，适应于数据传输速率很高的设备进行成组传送；缺点是在 DMA 控制器访问内存阶段，CPU 基本处于不工作状态或称保持状态，CPU 和内存的效能没有充分发挥，相当一部分内存工作周期是空闲的，因为外部设备传送两个数据之间的间隔一般总是大于内存存储周期，即使高速 I/O 设备也是如此。例如，光盘读出一个 8 位二进制数大约需要 32μs，而半导体内存的存储周期小于 1μs，因此许多空闲的存储周期不能被 CPU 利用。

#### 2. DMA 与 CPU 交替访问内存

这种方法是把一个存储周期分成两个时间片，假设 CPU 工作周期为 1.2μs，存取周期小于 0.6μs，那么一个存储周期可分为 C1 和 C2 两个分周期，其中 C1 供 DMA 控制器访问内存，C2 专供 CPU 访问内存。如果 CPU 工作周期比内存存取周期长很多，此时采用交替访内存的方法可以使 DMA 传送和 CPU 同时发挥最高的效率，其原理如图 4.46 所示。

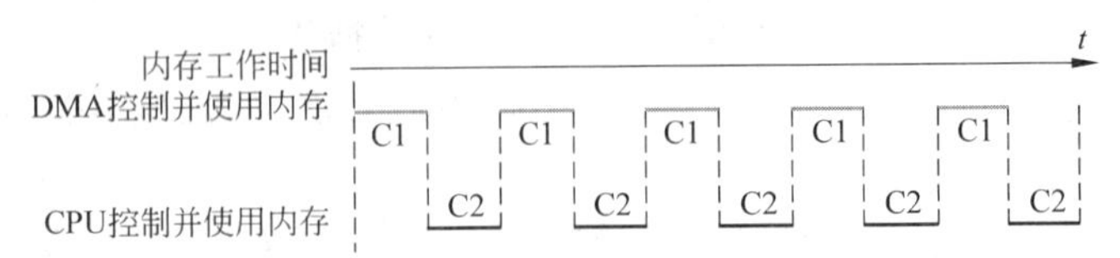


图 4.46 DMA 与 CPU 交替访问内存

这种方式不需要总线使用权的请求、建立和归还过程，总线使用权是通过 C1 和 C2 分时控制的，CPU 和 DMA 控制器各自有自己的访问内存地址寄存器、数据寄存器和读/写信号等控制寄存器。

实际上 C1、C2 控制着一个总线的多路转换器，使控制权的转移几乎不需要太多时间，CPU 既不停止主程序运行，也不进入等待状态，是一种高效率的工作方式。当然，这是以相应的硬件逻辑复杂性为代价的。

**3. 直接访问和周期挪用**

这种传送方式可以分为 3 种情况讨论。

(1) DMA 准备好了数据，需要与内存进行数据交换时，CPU 并没有访问内存，如 CPU 正在执行乘法指令。此时 DMA 访问内存与 CPU 访问内存没有冲突。这种情况也称为 DMA 的直接访存工作方式，是标准的 DMA 工作方式，DMA 也因此而得名。

(2) CPU 正在访问内存，这时 DMA 就需要等待。

(3) CPU 与 DMA 同时请求访问内存，这就产生了访问内存冲突。在这种情况下 DMA 优先。因为外部访问有时间要求，前一个外部数据必须在下一个访问内存请求到来之前存取完毕，否则会造成数据丢失。于是，CPU 就将总线使用权让给 DMA 使用，DMA 也就挪用一两个内存周期，完成其访问内存工作，然后进行下一次数据传送的准备，而 CPU 利用这段时间完成访问内存操作。这意味着 CPU 延缓了对指令的执行，即在 CPU 执行访问内存指令的过程中插入 DMA 请求，挪用了一两个内存周期。图 4.47 是周期挪用的 DMA 方式示意图。

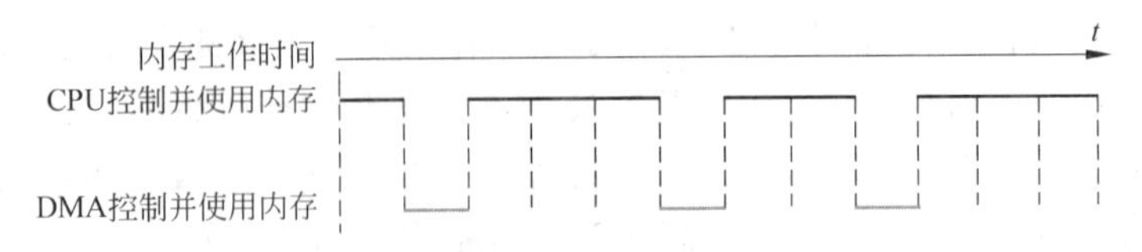


图 4.47 周期挪用的 DMA 传送方式

与暂停 CPU 访问内存的 DMA 方法比较，周期挪用的方法既实现了 I/O 传送，又较好地发挥了内存和 CPU 的效率，是一种广泛采用的方法。但是每一次周期挪用都需要申请总线控制权、建立总线控制权和归还总线控制权的过程。当传送一个字时，对内存来说只需要一个周期的时间，而对 DMA 控制器来说往往要 2～5 个内存周期（视逻辑线路的延迟而定)。通常,周期挪用的方法适用于外部设备读写周期大于内存存储周期的情况。

为了在主存与高速设备(如磁盘)之间进行高速数据传送,它们之间引入一个专门的DMA总线,如图4.48所示,从而实现内存与外存之间直接成批的信息交换。

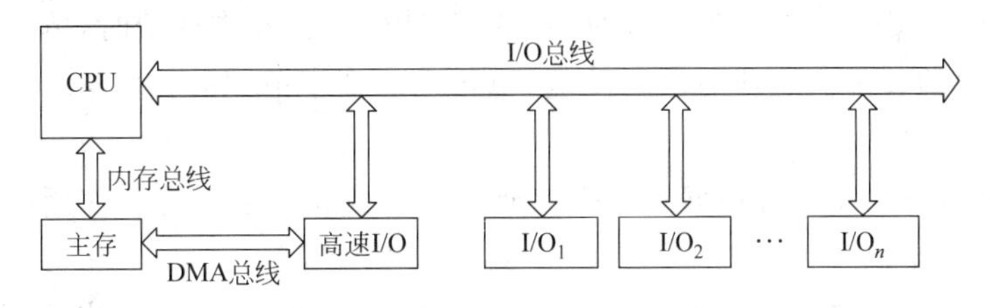


图4.48　带有DMA总线的系统结构

## 4.4.3　DMA控制器

### 1. DMA控制字

与控制器通过执行机器指令字进行运算一样,DMA的工作是通过执行控制字实现的。控制字存放在内存指定区域中,当某设备需要与内存交换一次数据时,就取出对应的控制字到DMA中的控制字寄存器中,由DMA控制器进行分析和执行。控制字的一般格式如图4.49所示。图中:

| CZ | *N* | *D* |
| --- | --- | --- |

图4.49　控制字的一般格式

- CZ表示操作的类型,例如外部设备的启停等控制动作。
- *N*表示交换代码的字长数。
- *D*表示正在交换代码的内存地址。

对于执行输入和输出的控制字来说,每交换一次应修改一下*D*和*N*的值,修改在DMA工作的某一节拍里进行。修改后的控制字仍放回内存的特定单元。

### 2. DMA控制器的组成

如图4.50所示,为了完成取控制字、分析控制字、执行控制字的过程,DMA控制器主要应由如下几部分组成。

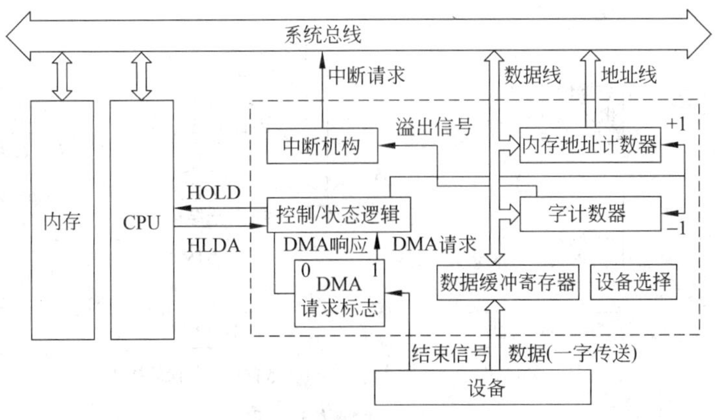


图4.50　简单的DMA系统框图

(1) 内存地址计数器 BA。它用来存放所需读写的数据的起始地址 $D$。操作开始时，存放所要读写的存储字段的首址，以后每传送一个字，其内容加 1(或减 1)，以给出下一个要传送的字的地址。

(2) 字计数器 BC。用来对要传送的字节数目计数。在操作开始时，填入要传送的字节的总数，即数据块的长度。它应有减 1 功能，每传送一个字节，其内容减 1，直到为 0，标志着传送结束。

(3) 状态寄存器或控制寄存器。用来存放控制字或状态字。有的使用两个寄存器分别存放控制字和状态字。

(4) 中断机构。当字计数器为 0 时，意味着一次传输结束，将会触发中断机构，向 CPU 提出中断请求，CPU 在执行完一条指令后，响应该中断进行 DMA 传送后需要的处理。

此外，还有一些辅助元件，如数据缓冲寄存器 BD、外部设备地址寄存器、地址选择器(用以识别总线地址，控制各设备寄存器的收发)以及中断控制逻辑(预处理和后处理时用)。

**3. DMA 控制器的操作**

DMA 执行的操作一般如下：

(1) 接收外设发出的 DMA 请求。

(2) 向 CPU 发出 DMA 请求，CPU 回答后，从 CPU 的控制下对总线进行接管。

(3) 由外部逻辑对存储器寻址，决定数据传送的地址单元以及数据传送的长度，并执行数据的传送操作控制。

(4) 指出 DMA 操作结束，使 CPU 恢复对总线的控制。

### 4.4.4 DMA 传送过程

DMA 数据传送过程如图 4.51 所示，可分为 3 个阶段：DMA 传送前预处理、数据传送及传送后处理。

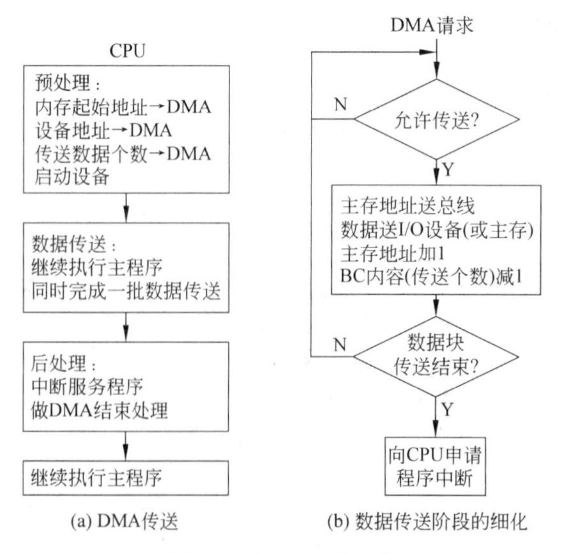


图 4.51　DMA 传送过程

### 1. DMA 预处理

DMA 预处理是由程序做的一些必要的准备工作：先由 CPU 执行几条 I/O 指令，测试设备状态；向 DMA 控制器的设备地址寄存器中送入设备号并启动设备；在内存地址计数器 BA 中送入交换数据的起始地址，在数据字数计数器 BC 中送入交换的数据个数。在这些工作完成之后，CPU 继续执行原来的程序。

外部设备准备好发送的数据（输入）或上次接收的数据已处理完毕（输出）时，将通知 DMA 控制器发出 DMA 请求，申请主存总线。当有几个 DMA 申请时，要按轻重缓急用硬件排队线路按预定优先级别排队。DMA 得到主存总线控制权后，即可开始数据传送。

### 2. 数据传送操作

DMA 的数据传送可以以字为基本单位，也可以以数据块为基本单位进行。以数据块为基本单位传送时，每次 DMA 占用总线后的数据输入和输出操作都是循环实现的。

(1) 输入操作。首先从外部设备的存储介质（缓冲寄存器）读入一个字（设每字 16b）到 DMA 数据缓冲寄存器 BD 中（如果设备是面向字节的，一次读入一个字节，需要将两个字节装配成一个字）。这时，将 DMA 地址计数器 BA 的内容送主存地址寄存器，将 BD 中的字送入主存数据寄存器，启动写操作；BA 的内容增值为下一个字地址，数据字数寄存器 BC 的内容减 1。若 BC 中内容为 0，则传送停止，置数据块结束标志，向 CPU 发中断请示；否则，进入下一个输入循环。

(2) 输出操作。首先将 DMA 内存地址计数器 BA 的内容送主存地址寄存器，启动主存读操作；将主存数据寄存器内容送 DMA 数据缓冲寄存器 BD 中；将数据缓冲寄存器 BD 中的一个字经过拆卸输出到 I/O 设备的存储介质上；BA 的内容增值为下一个字地址；字计数器 BC 减 1，直到 BC 内容为 0，传送停止，向 CPU 发“DMA 结束”中断请示，否则进入下一个输出循环。

### 3. DMA 后处理

一旦 DMA 的中断请求得到响应，CPU 便暂停原来程序的执行，转去执行中断服务程序，做一些 DMA 的结束处理工作。这些工作常常包括校验送入主存的数据是否正确，决定是继续用 DMA 方式传送下去还是结束传送等。

## 4.4.5 DMA 与中断方式比较

表 4.3 对 DMA 与中断方式的主要特点进行了比较。

**表 4.3 DMA 与中断方式的主要特点比较**

| 比较内容 | DMA 方式 | 中断方式 |
|---|---|---|
| 数据传送的执行者 | 硬件 | 程序 |
| 异常处理能力 | 无 | 有 |
| CPU 介入数据传送 | 否 | 是 |

续表

| 比较内容 | DMA方式 | 中断方式 |
| --- | --- | --- |
| CPU响应时间 | 当前存取周期结束 | 当前指令执行结束 |
| CPU中断处理内容 | 数据传送的后处理 | 进行数据传送 |
| 优先级别 | 高 | 低 |

下面简要说明。

(1) 中断方式是通过程序切换进行的，CPU要停止执行现行程序转去执行中断服务子程序，在这一段时间内，CPU只为外设服务。DMA控制是硬件切换，CPU不直接干预数据交换过程，只是在开始和结束时借用一点CPU的时间，不执行任何CPU指令，所以不占用程序计数器和其他寄存器，不需要像中断处理那样的保留现场和恢复现场过程，从而极大地提高了CPU的利用率。

(2) 对中断的响应只能在一条指令执行完成时进行，而对DMA的响应可以在指令周期的任何一个机器周期(存取周期)结束时进行，如图4.52所示。

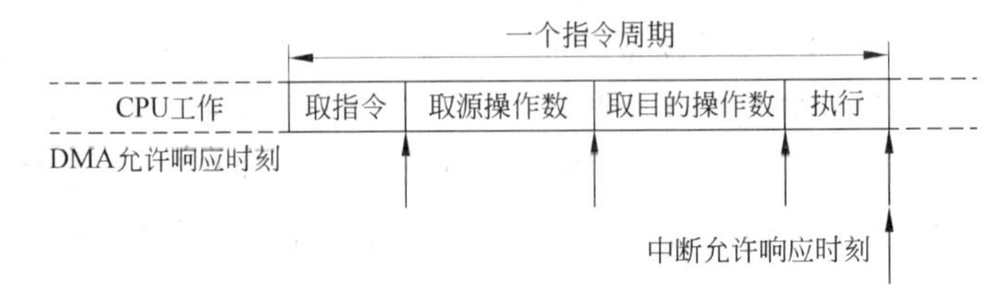


图4.52　DMA与中断的响应时刻的比较

(3) 中断具有对异常事件的处理能力，而DMA模式主要用于需要大批量数据传送的系统中，如磁盘存取、图像处理、高速数据采集系统、同步通信中的收发信号等方面，可以提高数据吞吐量。有的系统(如IBM PC/XT)采用DMA技术进行存储器的动态刷新。

# 4.5　I/O过程的通道控制

## 4.5.1　通道控制及其特点

### 1. 概述

DMA直接依靠硬件进行管理，只能实现简单的数据传送。随着系统配置的I/O设备不断增加，输入输出操作日益繁忙，为此要求CPU不断地对各个DMA进行预置。这样，CPU用于管理输入输出的开销亦日益增加。为了减轻CPU负担，I/O控制部件又把诸如选设备、切换、启动、终止以及数码校验等功能也接过来，进而形成I/O通道，实现更全面的输入输出操作管理。

通道是一种比DMA更高级的I/O控制部件，具有更强的独立处理数据输入输出的功能，它已经有了简单的通道指令，可以在一定的硬件基础上利用通道程序实现对I/O的控制，更多地免去了CPU的介入，并且能同时控制多台同类型或不同类型的设备，使系统并行性更高。

通道结构的弹性比较大，可以根据需要加以简化或增强。早期的通道虽可以独立地执行通道程序，但还没有完整的指令系统，仍需要借助 CPU 协同才能实现控制与处理。这种通道基本上仍可看作主机的一部分。后来，通道结构的功能进一步增强，具有了完整的逻辑结构，形成与主 CPU 并行工作的 I/O 处理器(IOP)。主 CPU 将 I/O 操作方式与内容存入主存，用命令通知 IOP 并由 IOP 独立地管理 I/O 操作，需要时，CPU 可对 IOP 进行检测，终止 IOP 操作。图 4.53 为 IBM 4300 系统的 I/O 结构图。它形成一种 4 级连接：CPU 与主存—通道—设备控制器—外部设备。其中，选择通道、字节多路通道、数组多路通道是 3 种通道类型。

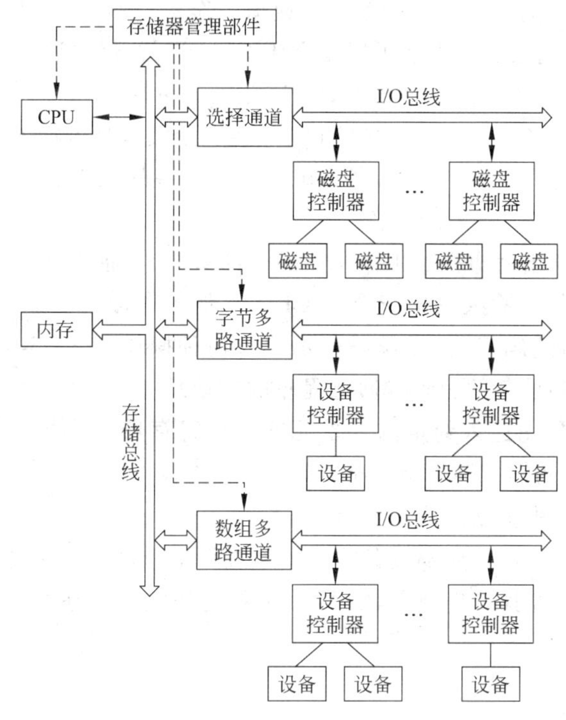


图 4.53　IBM 4300 系统 I/O 结构

## 2. 通道控制的特点

通道控制有以下几个特点：

(1) 通道具有读写指令，可以执行通道程序。

和别的处理机一样，通道的功能是通过解释并执行由它特有的通道指令组成的通道程序实现对外部设备的控制。在不同的机器中通道指令的设置是不同的，不过最基本的部分都差不多，例如一般都有“读”“写”等。通道指令除要指出做读或写动作之外，还要指出被传输数据在内存中的开始地址以及传送数据的个数等。通道独立于 CPU，通道指令往往用两个或几个字组成，通常称为通道控制字或通道命令字(CCW)。图 4.54 是由两个字组成的通道指令格式。

第一字：

| 命令码 | 数据地址 |
|---|---|

第二字：

| 标志 | 传送个数 |
|---|---|

图 4.54　由两个字组成的通道指令格式

在较通用的计算机系统中设置了一组功能较强的通道指令，组成通道指令系统。有了这种指令系统，人们便可以按照程序设计的方法，根据使用外部设备的需要编写通道程序。通过中央处理机执行输入输出指令，把通道程序交给通道去解释执行。执行完这个通道程序，就完成了该次传输操作的全过程。早期的通道程序存放在主机的主存中，即通道与CPU共用主存。后来，一些计算机为通道配置了局部存储器，进一步提高了通道与CPU工作的并行性。

(2) CPU通过简单的输入输出指令控制通道工作。

引进了通道，输入输出工作虽然可以独立于CPU进行，但通道的工作还必须听从CPU的统一调度。为此，现代的计算机系统中，CPU设有输入输出指令，常见的该类指令有“启动”“查询”和“停止”等。CPU可以用“启动”指令启动通道，要求输入输出设备完成某种操作或数据传输；可用“查询”指令了解和查询输入输出设备的状态及工作情况；用“停止”指令停止输入输出设备的工作。

输入输出指令应给出通道开始工作所需的全部参数，如通道执行何种操作，在哪一个通道和设备上进行操作等。输入输出指令和CPU其他指令形式相同，由操作码和地址码组成，操作码表示执行何种操作，地址码用来表示通道和设备的编码。通道程序的首地址可在执行输入输出指令前预先送入约定内存单元或专用寄存器。图4.55是一种计算机的输入输出指令格式。

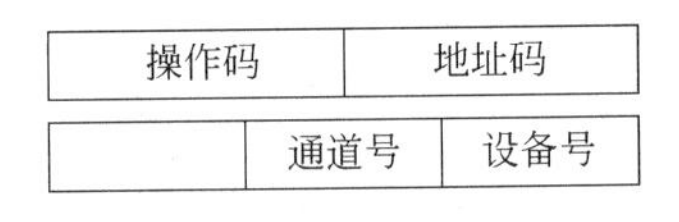

图 4.55　一种计算机的输入输出指令格式

(3) 通道和设备采用中断方式与CPU联系。

CPU启动通道后，通道和外部设备将独立地进行工作。通道和输入输出设备采用中断的方式及时向CPU报告其工作情况，CPU根据报告作相应处理。这种中断称为输入输出中断，又称外设中断。

### 4.5.2　通道控制原理

#### 1. 通道的功能

通道对外部设备实现管理和控制应有如下功能：

(1) 接收CPU的输入输出指令，确定要访问的子通道及外部设备。

(2) 根据CPU给出的信息，从内存(或专用寄存器)中读取子通道的通道指令，并分析该指令，向设备控制器和设备发送工作命令。

(3) 对来自各子通道的数据交换请求，按优先次序进行排队，实现分时工作。

(4) 根据通道指令给出的交换代码个数和内存始址以及设备中的区域，实现外部设备和内存之间的代码传送。

(5) 将外部设备的中断请求和子通道的中断请求进行排队，按优先次序送往CPU，回答传送情况。

(6) 控制外部设备执行某些非信息传送的控制操作，如磁带机的引带等。

(7) 接收外部设备的状态信息，保存通道状态信息，并可根据需要将这些信息传送到主存指定单元中。

**2. 通道的组成**

下面以具有较完备功能的通道为例，介绍基本通道的构造形式。图 4.56 给出了通道基本部分的组成(图中虚线内的部分属于通道)。可以看出，通道已是一个较完整的处理机，它与 CPU 的区别仅在于它是一个专用处理机。

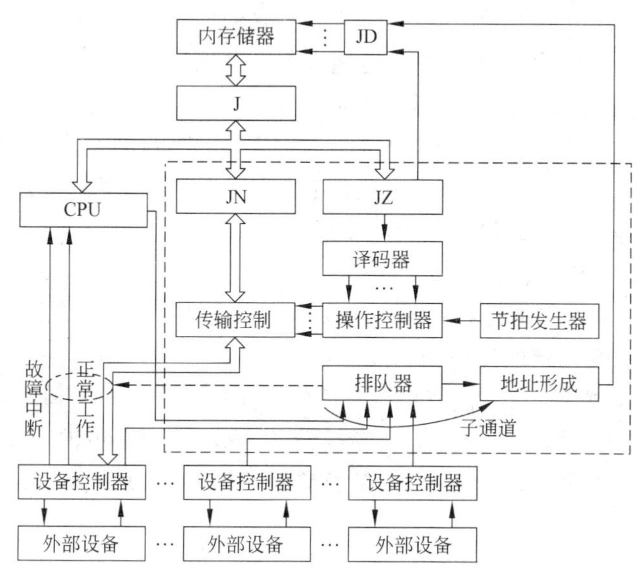


图 4.56 通道的组成

下面对图 4.56 中的主要部件作简要介绍。

(1) 通道指令寄存器 JZ 用来存放正在执行的通道指令。

(2) 代码缓冲寄存器 JN 是外部设备与内存进行代码交换时暂存被交换代码的寄存器。

(3) 节拍发生器和 CPU 脉冲(节拍)分配器一样，产生通道工作的节拍，控制整个通道有序地工作。

(4) 操作控制器根据通道指令所规定的操作或排队结果，按通道节拍产生通道微操作。

(5) 传输控制电路控制并传输外部设备和通道之间的代码及信号。

(6) 排队器根据预先确定的优先次序，对各子通道提出的请求进行排队，确定通道下一次和哪一个子通道的外部设备进行交换，每次都是让优先级高的先进行交换。排队器加上子通道的记忆部件，就能实现通道逐个地启动子通道进行工作。图 4.56 中排队器和各设备控制器的连线表示子通道。设备控制器与 CPU 以及与传输控制电路之间的连线是所有设备控制器都有的，为清楚起见，图中予以省略，并用虚线圆圈表示被排队器选中的设备。

(7) 地址形成电路是根据排队器给出的子通道号确定与该子通道对应的通道程序的指令地址的装置。它相当于 CPU 的程序计数器。

### 3. 通道控制的工作过程

计算机系统执行一次输入输出操作一般要经过启动、传输和结束3个阶段，通道控制下的输入输出过程如下：

(1) CPU执行输入输出指令。当程序执行到需要输入输出时，由专门的外设管理程序将本次输入输出的各种主要信息准备好，根据输入输出的具体要求，组织好通道程序，存入内存，并将它的首地址送入约定单元或专用寄存器中，然后执行输入输出指令，向通道发出"启动I/O"命令。

(2) 通道控制外部设备进行传输。通道接到"启动I/O"命令后进行以下工作。

① 从约定的单元或专用寄存器中取得通道程序首地址，并检查其是否正确。

② 根据这个首地址从内存读取第一条通道指令。

③ 检查通道、子通道的状态是否能使用。如果不能使用，则形成结果特征，回答启动失败，该通道指令无效。如果该通道和子通道能够使用，就把第一条通道指令的命令码发到响应设备进行启动。等到设备回答并断定启动成功后，建立结果特征"已启动成功"；否则建立结果特征"启动失败"，结束操作。

④ 启动成功后，通道将通道程序首地址保留到子通道中，此时通道可以处理其他工作，设备具体执行通道指令规定的操作。

⑤ 若是传送数据操作，设备便依次按自己的工作频率发出使用通道的申请，进行排队。通道响应设备申请，将数据从内存经通道发至设备，或反之。当传输完一个数据后，通道修改内存地址(加1)和传输个数(减1)，直至要传输个数达到0为止，结束该条通道指令的执行。

⑥ 通道指令执行结束及输入输出结束。当设备全部完成一条通道指令规定的操作时，便发出"设备结束"信号，表示该条通道指令确定的传输已经结束，对应子通道可再往下执行一条新的指令。

- 如果执行完的通道指令不是该通道程序中的最后一条指令，子通道进入通道请求排队。通道响应该请求后，将保留在子通道中的通道指令地址更新，指向下一条通道指令，并再次从内存读取一条新的通道指令。一般每取出一条新的通道指令，就将命令码通过子通道发往设备继续进行传输。
- 如果结束的通道指令是通道程序的最后一条指令，那么这个设备的结束信号使通道引起输入输出中断，通知CPU，本通道程序执行完毕，输入输出操作全部结束。

当CPU响应中断后，程序可以根据通道状态分析结束原因并进行必要的处理。

## 4.5.3 通道类型

通道装置按其操作方式可以分成以下3类。

### 1. 字节多路通道

字节多路通道(multiplexor channel)是一种简单的低速共享通道，在时间分割的基础上服务于多台低速和中速外部设备。字节多路通道包括多个子通道，每个子通道服务于一个设备控制器，可以独立地执行通道指令。字节多路通道要求每种设备轮流占用一个很短的时间片，不同的设备在各自分配的时间片内与通道在逻辑上建立不同的传输连接，实现数据的传送。

### 2. 选择通道

选择通道是一种高速通道，在物理上它可以连接多个设备，但这些设备不能同时工作。每次只能从所连接的设备中选择一台 I/O 设备的通道程序，此刻该通道程序独占了整个通道，当它与内存交换完数据后，才能转去执行另一个设备的通道程序，为另一台设备服务。因此连接在选择通道上的若干设备只能依次使用通道与内存传送数据。数据传送以成组(数据块)方式进行，每次传送一个数据块，因此传送速率很高。选择通道多适合于快速设备，如固定头磁盘等。

### 3. 数组多路通道

数组多路通道是对选择通道的改进，它的基本前提是：当某设备进行数据传送时，通道只为该设备服务；当设备在执行寻址等控制动作时，通道暂时断开与这个设备的连接，挂起设备的通道程序，去为其他设备服务，即执行其他设备的通道程序。所以数组多路通道很像一个多道程序的处理器。它有多个子通道，既可以执行多路通道程序，像字节多路通道那样使所有子通道分时共享总通道，又可以像选择通道那样传送数据。例如对于磁盘这样的外部设备，虽然传输信息很快，但移动臂定位时间很长，如果接在选择通道上，那么，通道很难承受这样高的传输速率，在磁盘移动臂花费的较长时间里，通道只能空等。数组多路通道可以解决这个矛盾。它允许通道上连接的若干台外部设备同时进行控制操作，例如几台磁盘机可以同时进行移动臂操作，但是，只允许一台被选中设备按成组方式进行数据传输操作。因此，对于连接在数组多路通道上的若干台磁盘机，可以启动它们同时进行移动臂操作，查找要访问的扇区，然后按查找完毕的先后次序串行地传输一批批信息。这样就避免了移动臂操作过长地占用通道。

对一些小型计算机，为了节省硬件开销，往往不采用独立的通道装置，让 CPU 和通道共用某些硬件。这种通道称为结合型通道。结合型通道与 CPU 不能并行工作，但是 CPU 与外部设备仍然可以并行工作。

## 4.6 I/O 接口

数字计算机的用途很大程度上取决于它能连接多少以及哪些种类的外部设备。遗憾的是，由于 I/O 设备种类繁多，速度各异，操作方式和信号等差异很大，不可能简单地把它们连接在总线上。因此，必须寻找一种方法，一边同某种计算机总线连接起来，另一边同外部设备连接起来，使它们一起可以正常工作。如图 4.57 所示，担当这项任务的部件称为设备适配器(adapter)，也称 I/O 接口(interface)。

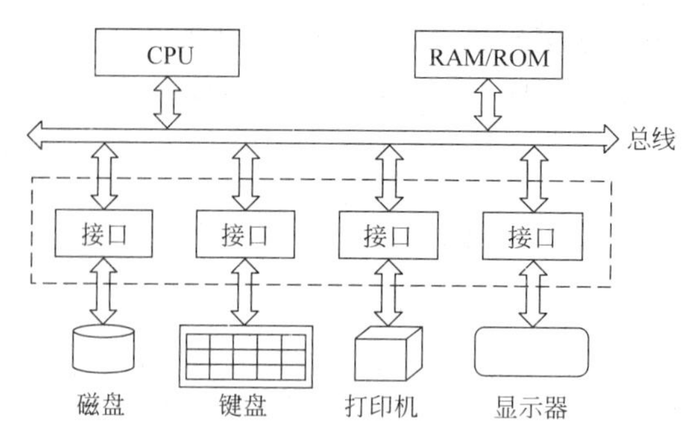

图 4.57　I/O 设备通过接口与主机连接

## 4.6.1　影响 I/O 设备与计算机连接的主要因素

I/O 设备与计算机连接的目的是接受计算机的控制并与计算机交换数据。而这种连接的技术取决于下列因素。

### 1. I/O 设备工作速度

I/O 设备种类繁多，结构各异，采用的技术不同，工作速度参差不齐，并与 CPU 相差甚大。这样的设备很难直接与 CPU 连接在一起工作，需要有个中间缓冲。

### 2. 数据传送形式

数据传送有两种形式：

(1) 并行传送，即多位数据同时传送。

(2) 串行传送，即数据要一位一位地传送。

在主机内部，数据总是并行传送的，而 I/O 设备要的数据传送有并行方式，也有串行方式，即使是并行传送，既有按字节的，也有按字的。它们与主机连接需要格式转换。

### 3. 数据传送的时序控制方式

时序控制有如下两种方式：

(1) 同步通信，即发送端与接收端之间有统一的时钟。

(2) 异步通信，即发送端与接收端之间无统一的时钟，采用应答控制方式。

不同的设备，时序控制方式不同，即使是采用同步通信，也会与主机有不同的时钟频率。因此要与主机连接，需要有时序的协调。

### 4. 传送信息种类

主机与 I/O 设备之间的正常工作是在它们之间进行信息交换的过程中实现的。接口就是它们进行信息交换的部件。所交换的信息有如下几种。

(1) 设备信息。让 CPU 能从众多的 I/O 设备中寻找出要进行信息交换的那台设备或其特定部分。

(2) 设备状态信息和 CPU 命令。设备的状态信息用来标识设备的工作状态，如“准备好”“忙”“闲”等。CPU 通过查询这些信息，决定向设备发出什么样的控制命令，如启动或停止、输入或输出等。

(3) 数据。这部分数据包括从设备(输入设备)向主机输入的待处理数据，以及主机处理后要输出(到输出设备)的数据。数据的传送可以串行进行，也可以并行进行。

不同信息的传输连接是不同的。

**5. CPU 对 I/O 设备的控制方式**

CPU 对 I/O 设备的控制有如下几种方式：

(1) 程序直接传送模式。直接用应用程序中的输入输出操作控制相应的设备工作。

(2) 程序查询控制模式。CPU 定时地启动一个查询程序，看哪个设备有 I/O 需求。

(3) 程序中断控制模式。I/O 设备需要传送数据时，向 CPU 发出请求；CPU 暂停正在执行的程序，进行 I/O 处理，处理之后再接着执行先前的程序。

(4) 直接存储器访问(DMA)模式。DMA 是一个简单的 I/O 处理器，用来控制输入输出过程。这样，就把 CPU 从直接管理输入输出中解放了出来，只是当 I/O 设备需要进行数据传输时，CPU 暂停访问主存一个或几个周期，由 DMA 利用这段极短的时间控制主存与外设之间的数据交换。

(5) 通道控制模式：使用专门的处理器进行 I/O 管理，将 CPU 从 I/O 过程中完全解放出来。

采用不同的控制方式，CPU 与 I/O 设备有不同的连接方式。

### 4.6.2 I/O 接口的功能与类型

**1. I/O 接口的功能**

不同外部设备的接口有所不同，但都可以实现如下功能：

(1) 设备选择。即通过地址译码选择要操作的设备。只有被选中的设备才可以与计算机进行数据交换或通信。

(2) 数据缓冲与锁存，以实现外部设备与计算机之间的速度匹配。

(3) 数据格式转换，如串-并转换、数据宽度转换等。

(4) 信号特性匹配。当计算机的信号电平与外部设备的信号电平不同时，实现匹配变换。

(5) 接收 CPU 的控制命令，监视外设的工作状态。

**2. I/O 接口的分类**

按照数据传输的形式，I/O 接口分为并行接口和串行接口。由于所用的传输线根数少，特别适合于远距离的信息传送。由于计算机内部是并行传输，当外部是串行传输时，需要串行-并行转换接口。

按照时序控制方式，I/O 接口分别为同步接口(I/O 接口与系统总线由同一时序信号控制，但接口与外设之间允许有独立的时序）和异步接口（接口与系统总线之间不是靠同一时钟，而是靠应答机制控制）。

按照 CPU 对于数据传输的控制方式，I/O 接口分为程序查询接口、中断接口、DMA 接口等。

按照接口的通用性，I/O 接口分为专用接口（如显示接口、磁盘接口、打印机接口、键盘接口等）和通用接口。

按照使用的灵活性，I/O 接口分为可编程接口和不可编程接口两种。

### 4.6.3 I/O 接口结构

如图 4.58 所示，一般说来 I/O 接口可以分为两个端：面向计算机的一侧称为系统端，面向外部设备的一侧称为设备端。

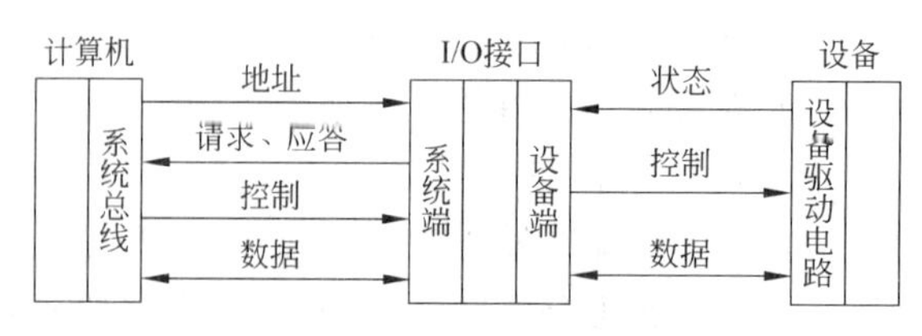


图 4.58　I/O 接口的简单模型

#### 1. 设备端与设备连接

设备端与设备连接，用于进行下列信息交换：

(1) 接收设备的状态信号，例如是准备就绪还是在忙等。

(2) 向设备发送控制信号。

(3) 与设备进行数据交换。

#### 2. 系统端与计算机连接

系统端与计算机连接，用于进行下列信息交换：

(1) 接收计算机地址总线送来的地址信息，进行地址译码，选择端口号。

(2) 向计算机发送请求或应答信号。

(3) 接收计算机控制总线送来的控制信号。

(4) 与计算机之间进行数据交换。

进一步细化，可以得到图 4.59 所示的 I/O 接口逻辑结构。

地址缓冲与地址译码接收地址总线上传送来的地址信号，经过译码产生 I/O 接口的片选信号以及对于内部有关寄存器的端口选择信号。

控制逻辑接收 CPU 发来的读写控制信号和时序信号，根据这些信号对 I/O 接口内部的寄存器发出操作控制信号，并可以向 CPU 发出相应的应答信号。

状态寄存器由一组状态触发器组成，每一个状态触发器用于表明设备的一种状态。其中最重要的状态触发器有 BS(Busy，设备忙)触发器和 RD(Ready，设备就绪)触发器。当程序启动一台设备时，就将其接口中的 BS 置 1；若设备做好一次数据的接收或发送准备，则会

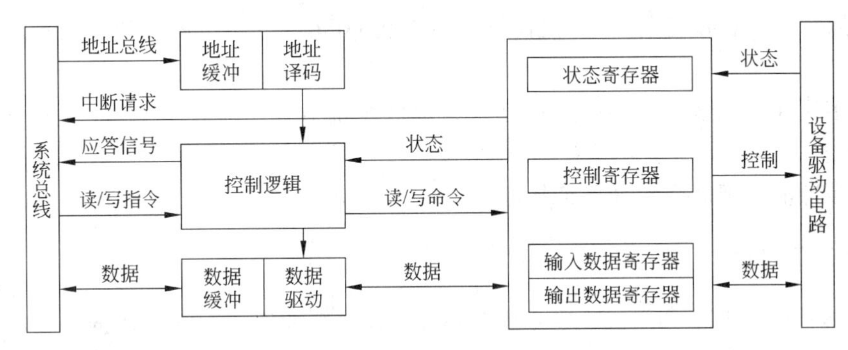


图 4.59 I/O 接口逻辑结构

发出一个信号将 RD 置 1。

## 4.6.4 缓冲

一般说来，I/O 设备的工作速度要比计算机主机的工作速度慢许多。这样两种设备是无法直接连接的。一个有效的解决方法是使用缓冲技术。

### 1. 缓冲区的作用

1）高低速设备之间的速度匹配

外部设备虽然慢，但处理的数据量少，CPU 处理的数据量大，但速度快，借用缓冲就能很好地解决二者之间的匹配问题。在 CPU 与外设之间设置一个缓冲区，可以使 CPU 在要向外设输出数据时先把数据送到缓冲区中，让外设慢慢地去“消化”，CPU 可以继续进行别的工作；当外设要向 CPU 输入数据时，先把数据送到缓冲区中，CPU 需要时可以像使用内存中的数据那样使用缓冲区中的数据。例如，CPU 与打印机通信时，当 CPU 引发一个输出时，只须快速地把数据送到缓冲区中即可，接着便可以去作别的工作，缓冲区中的数据则由打印机慢慢地输出。

2）中转

通过中转避免外设与 CPU 之间的完全互连，可以解决设备连接和数据传输的复杂性。

### 2. 缓冲区的实现

为了有效地进行 I/O 操作，缓冲存储已经成为不同设备之间相互连接的重要环节。现代计算机系统中在信息传输的通道上设置和增加了各种各样的存储器，例如显示存储器、打印缓冲区等。当然，并非所有的 I/O 操作都要经过缓冲区。例如，有的作业可以直接输入到外存，再由外存调入内存执行。

缓冲区可以用硬件实现，也可以用软件实现。硬缓冲区通常设在设备中，软缓冲区由软件设置在内存中。

按照组织方式，缓冲技术可以分为单缓冲、双缓冲、多缓冲和缓冲池等形式。

(1) 单缓冲。在设备与 CPU 之间设置一个缓冲区。显然单缓冲区难以解决两台设备之间的并行操作。

(2) 双缓冲。在设备与 CPU 之间设置两个缓冲区，这样可以解决两台设备之间的并行操作问题。

(3) 多缓冲。把多个缓冲区连接起来组成两个部分：一部分用于输入，另一部分用于输出。

(4) 缓冲池。把多个缓冲区连接起来统一管理，既可用于输入，又可用于输出。

#### 3. 缓冲区管理

一个缓冲区由两部分组成：缓冲首部和缓冲体。缓冲体用于存放数据。缓冲首部用来标识所在缓冲区以便对其进行管理，它由图 4.60 所示的几部分组成。

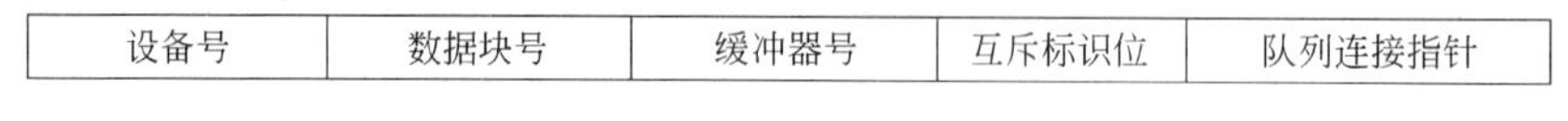

| 设备号 | 数据块号 | 缓冲器号 | 互斥标识位 | 队列连接指针 |
|---|---|---|---|---|

图 4.60 缓冲首部结构

利用缓冲首部的队列连接指针，可以将缓冲池中的缓冲区组织成 3 种队列：

- 空闲缓冲队列，即未使用的缓冲区队列。
- 输入缓冲队列，即装满输入数据的缓冲区组成的队列。
- 输出缓冲队列，即装满输出数据的缓冲区组成的队列。

缓冲池工作时，将按如下算法进行：

(1) 当设备有输入数据时，先从空闲队列中(队首)申请一个缓冲区，称为收容输入缓冲区，将输入数据写入收容输入缓冲区中。写满后，按一定规则(如 FIFO)插入输入缓冲队列。

(2) 当 CPU(系统)要提取数据时，将从输入缓冲队列中(队首)申请一个缓冲区，称为提取输入缓冲区，从中读取数据。提取结束后，将该缓冲区插入空闲队列。

(3) 当 CPU 要输出数据时，先从空闲队列中(队首)申请一个缓冲区，称为收容输出缓冲区，将输出数据写入收容输出缓冲区中。写满后，按一定规则(如 FIFO)插入输出缓冲队列。

(4) 当设备要提取数据时，将从输出缓冲队列中(队首)申请一个缓冲区，从中读取数据，称为提取输出缓冲区。提取结束后，将该缓冲区插入空闲队列。

上述收容输入缓冲区、提取输入缓冲区、收容输出缓冲区和提取输出缓冲区统称为工作缓冲区。与它们对应的输入、提取、输出操作由相应的过程实现。

### 4.6.5 I/O 端口

#### 1. I/O 端口及其分类

如上所述，CPU 与 I/O 设备的信息交换要根据信息的性质在不同的寄存器中进行，这些寄存器称为端口(port)。所以，I/O 端口就是访问接口电路中的相关寄存器。常用的 I/O 端口分类方法有下列几种。

每次可交换一个字节数据的端口称为字节端口，每次可交换一个字数据的端口称为字端口。

按照所传输的信息种类，端口分为命令口、状态口和数据口。

按照传输形式，可以将端口分为串行端口（如 COM1、COM2）和并行端口（如 LPT1、LPT2）。

按照用途，可以将端口分为时钟/计数器端口、键盘输入端口、扬声器端口、游戏控制端口、磁盘控制端口、网络端口等。

另外，还有按照控制方式的端口分类。

通常一个接口根据用途设置可不同数目的端口。如 8251A 和 8259A 接口芯片只有两个端口，8255A 并行接口芯片有 4 个端口，8273A 芯片则有 16 个端口。

**2. I/O 端口编址**

在计算机系统中，为了区分各类不同的 I/O 端口，用不同的数字对它们进行编号，这种编号就称为 I/O 端口地址。

I/O 端口的编址有两种方式：端口与存储器统一编址和端口独立编址。

1）统一编址

统一编址是把 I/O 端口当作存储器的一部分单元进行访问，CPU 不设置专门的 I/O 指令，用统一的访问存储器的命令访问 I/O 端口。

2）独立编址

独立编址时，I/O 端口与存储器分别使用两套独立的地址编码系统。例如在 Intel 公司的 CPU 家族中，I/O 端口的地址空间可达 $2^{16}$，即可有 65 536 个字节端口或 32 768 个字端口。这些地址不是内存单元地址的一部分，不能用普通的访问内存指令来读取其信息，而要用专门的 I/O 指令才能访问它们。虽然 CPU 提供了很大的 I/O 地址空间，但大多数微机所用的端口地址都在 0～3FFH 范围之内。表 4.4 列举了微型计算机中几个重要的 I/O 端口地址。

**表 4.4　微型计算机中几个重要的 I/O 端口地址**

| 端口名称 | 中断屏蔽口 | 时钟/计数器 | 键盘端口 | 扬声器口 | 游戏口 | 并口 LPT3 | 串口 COM2 |
|---|---|---|---|---|---|---|---|
| 端口地址 | 020H～023H | 040H～043H | 060H | 061H | 200H～20FH | 278H～27FH | 2F8H～2FFH |
| 端口名称 | 并行口 LPT2 | 单显端口 | 并行口 LPT1 | VGA/EGA | CGA | 磁盘控制器 | 串行口 COM1 |
| 端口地址 | 378H～37FH | 3B0H～3BBH | 3BCH～3BFH | 3C0H～3CFH | 3D0H～3DFH | 3F0H～3F7H | 3F8H～3FFH |

## 4.7　I/O 设备适配器

适配器(adapter)就是一种接口转换器。它可以是一个独立的硬件接口设备，允许硬件或电子接口与其他硬件或电子接口相连；也可以是信息接口，如电源适配器、USB 与串口的转接设备等。在 4.6 节中介绍了一般接口的概念。它们只进行一般的信号转换。对于一些特殊的、需要较为复杂的计算的 I/O 设备，并且所连接的设备中没有与计算机连接所需要的控制部件时，就需要为其配置专门的控制部件。本节所讨论的 I/O 设备适配器就是这样的部件。

在计算机中,适配器或以卡的形式插入主板或集成在主板(all in one)上,也有外置的。

## 4.7.1 显卡

### 1. 显卡的功能

显示器是根据主机生成的二进制数据进行图像(包括文字)显示的设备。用二进制数据生成图像是一个很复杂的过程。例如,要生成一个三维图像,首先要用直线创建一个线框,然后要对图像进行光栅化处理(填充剩余的像素),并且还需添加明暗光线、纹理和颜色。对于快节奏的游戏,计算机每秒必须执行此过程约 60 次。但是显示器本身没有控制设备,而这样繁重的负荷靠计算机的 CPU 又难以承担。于是显示适配器(video adapter)应运而生。

显示适配器又称显卡(display card)、视频卡(video card)、图形卡(graphics card),是显示器与主机通信的控制电路和接口,它负责将 CPU 送来的影像数据加工成显示器可以解释的格式,再送到显示屏上形成影像,所以它是连接显示器和计算机的重要元件。例如,要输出一个圆,CPU 只需向显卡发出圆的大小和色彩的命令,具体如何画则由显卡实现。

### 2. 显卡的组成

显卡由以下几部分组成。

(1) GPU(Graphic Processing Unit,图形处理器)。一个专门的图形核心处理器,它的主要作用是接收通过总线传输来的显示数据,并进行下列处理:

- 几何转换和光照处理。
- 三维环境材质贴图和顶点混合。
- 文理压缩和凹凸映射贴图。
- 双重纹理 4 像素 256 位渲染等。

(2) 显示 BIOS。主要用于存放显示芯片与驱动程序之间的控制程序,另外还存有显卡的型号、规格、生产厂家及出厂时间等信息。打开计算机时,通过显示 BIOS 内的一段控制程序将这些信息反馈到屏幕上。

(3) 显示内存(video RAM,VRAM)。全称是显示缓冲存储器,亦称显示缓存或帧缓存,简称显存,用于存储有关每个像素的数据、每个像素的颜色及其在屏幕上的位置。有一部分显存还可以起到帧缓冲器的作用,这意味着它将保存已完成的图像,直到显示它们。通常,显存以非常高的速度运行,且采取双端口设计,可以同时对其进行读取和写入操作。

显存可以看成是一个与屏幕上像素分布一一对应的二维矩阵,其中的每一个存储单元对应屏幕上的一个像素,其位置可以由二维坐标($x$, $y$)来表示。如图 4.61 所示,显存的存储单元与显示器屏幕坐标有对应关系。

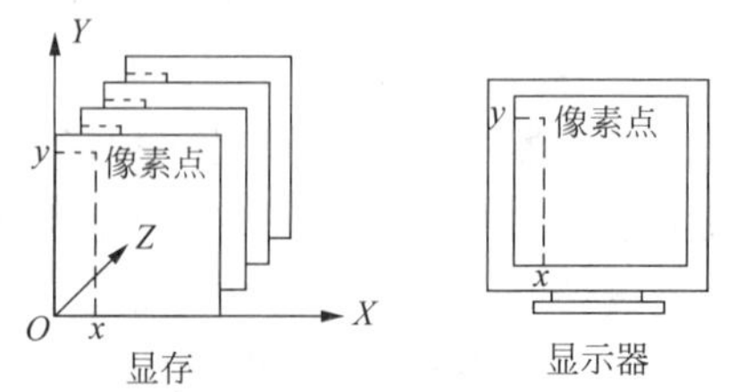

图 4.61 显存的存储单元与显示器屏幕坐标的对应关系

由于每一个显示缓冲单元可以由许多个位(b)来表示,因此在图中用 $Z$ 方向来表示每一个显示缓冲单元的位。它可以只有 1 位,也可以多达 8 位、16 位、24 位甚至更高。每一个缓冲单元用于存储像素值,包括像素的颜色或灰度。

(4) RAMDAC(Random Access Memory Digital-to-Analog Converter,随机存取数字/模拟转换器):用于将图像转换成监视器可以使用的模拟信号。有些显卡具有多个RAMDAC,这可以提高性能及支持多台监视器。

(5) 输出接口与主板总线接口等,主要有外设部件互连(PCI)、高级图形端口(AGP)、PCIExpress(PCIe)3 种接口。输出接口用来存放由 GPU 处理后即将送往显示屏的数据文件和交互式图形操作命令。

### 3. 显卡的工作原理

在显卡开始工作(图形渲染建模)前,把所需要的材质和纹理数据传送到显存里。开始工作(进行建模渲染)时候,这些数据通过 AGP 总线进行传输,显示芯片将通过 AGP 总线提取存储在显存中的数据,除了建模渲染数据外,还有大量的顶点数据和工作指令流需要进行交换。将这些数据输出到显示端(在 CRT 中,这些数据要通过 RAMDAC 转换为模拟信号),最终就是人们看见的图像。

### 4. SLI 技术

SLI(Scalable Link Interface,可灵活伸缩的连接接口)是一种多显卡并行机制,其基本思路是把两个或以上的显卡连在一起作单一输出使用的技术,从而实现增强绘图处理能力的效果。图 4.62 为两个 NVIDIA 显卡组建的 SLI 平台。

图 4.62　两个 NVIDIA 显卡组建的 SLI 平台

SLI 的出现基于如下考虑:PCI 显卡最终生成的是所渲染的 3D 画面,这项工作包含大量的指令。SLI 技术将一幅渲染的画面分为一条条扫描帧线(scanline),若采用双显卡运行模式,那么就由一个显卡负责渲染画面的奇数帧线部分,另一个显卡渲染偶数帧线,然后将同时渲染完毕的帧线进行合并后写入显存,接下来显示器就可以显示出一个完整的渲染画面。不难看出,SLI 技术让渲染工作被显卡平均分担,每个显卡只需要完成 1/2 的工作量,从理论上说,渲染效率自然也可以提高 1 倍,这就是双显卡并行大幅提升效能的奥秘所在。

但是,实际上在 SLI 状态下,特别是在分割帧渲染模式下,两块显卡并不是对等的,在运行工作中，一块显卡作为主卡(master)，另一块作为副卡(slave)，其中主卡负责任务指派、渲染、后期合成、输出等运算和控制工作，而副卡只接收来自主卡的任务进行相关处理，然后将结果传回主卡进行合成，再输出到显示器。由于主卡除了要完成自己的渲染任务之外，还要额外担负副卡传回信号的合成工作，所以其工作量要比副卡大得多。另外，在SLI模式下，只能连接一台显示器，并不能支持多屏显示。

### 5. 显卡的主要技术参数

(1) 核心频率。显卡的核心频率是指显示核心的工作频率。在同样级别的芯片中，核心频率高的则性能要强一些，提高核心频率就是显卡超频的方法之一。

(2) 显存频率。显存速度一般以纳秒(ns)为单位。常见的显存速度有7ns、6ns、5.5ns、5ns、4ns、3.6ns、2.8ns以及2.2ns。

(3) 显存容量。也叫显示内存容量，是指显示卡上的显示内存的大小，由下式计算，其中 $m$ 为颜色数。

$$\text{显示内存的容量}=\text{分辨率}\times\log_2 m$$

(4) 显存位宽。指显存在一个时钟周期内所能传送数据的位数，位数越大，则瞬间所能传输的数据量越大，这是显存的重要参数之一。显存位宽的标称值是显存颗粒数乘以单颗显存颗粒位宽得出的。例如，6950和6970所用的GDDR5显存颗粒为单颗容量256MB，位宽为32b的GDDR5显存颗粒共8颗，所以总的规格标为2GB，256b GDDR5。

(5) 显示标准。显示器的视频标准主要规定了最高分辨率、信号接口形式、行场同步信号的频率和极性、相位等。它与适配器的标准是相互统一的，实际上显示器的标准是由显示适配器实现的。在计算机显示系统的发展历程中，业界制定了多种显示标准，从最初的MDA经历了CGA、EGA、VGA、XGA、SVGA等的发展过程。关于这些标准，已经在1.2.7节中作了概要介绍，这里不再赘述。有特殊需要者，请参考有关标准。

### 6. 显卡天梯图

显卡相当于一个用于显示计算的小型计算机，其性能对于计算机性能影响极大，所以业界对其十分关注，有许多测评软件，并且业界会定期发布显卡天梯图。图4.63为2015年6月的显卡天梯图。

## 4.7.2 声卡

### 1. 声卡及其功能

随着计算机多媒体技术的发展，音频信号处理也逐渐成为广泛的需要。声卡(sound card)也叫音频卡、声效卡，是进行音频信号处理的部件，充当音频设备(音响、耳机、麦克风等)与主机之间的接口。具体地说，它包括5大功能：

(1) 语音合成(speech synthesis)发音功能。根据语言学和自然语言理解的知识，使计算机模仿人的发声，自动生成语音的过程。目前主要是按照文本(书面语言)进行语音合成，这个过程称为文语转换(Text-To-Speech，TTS)。

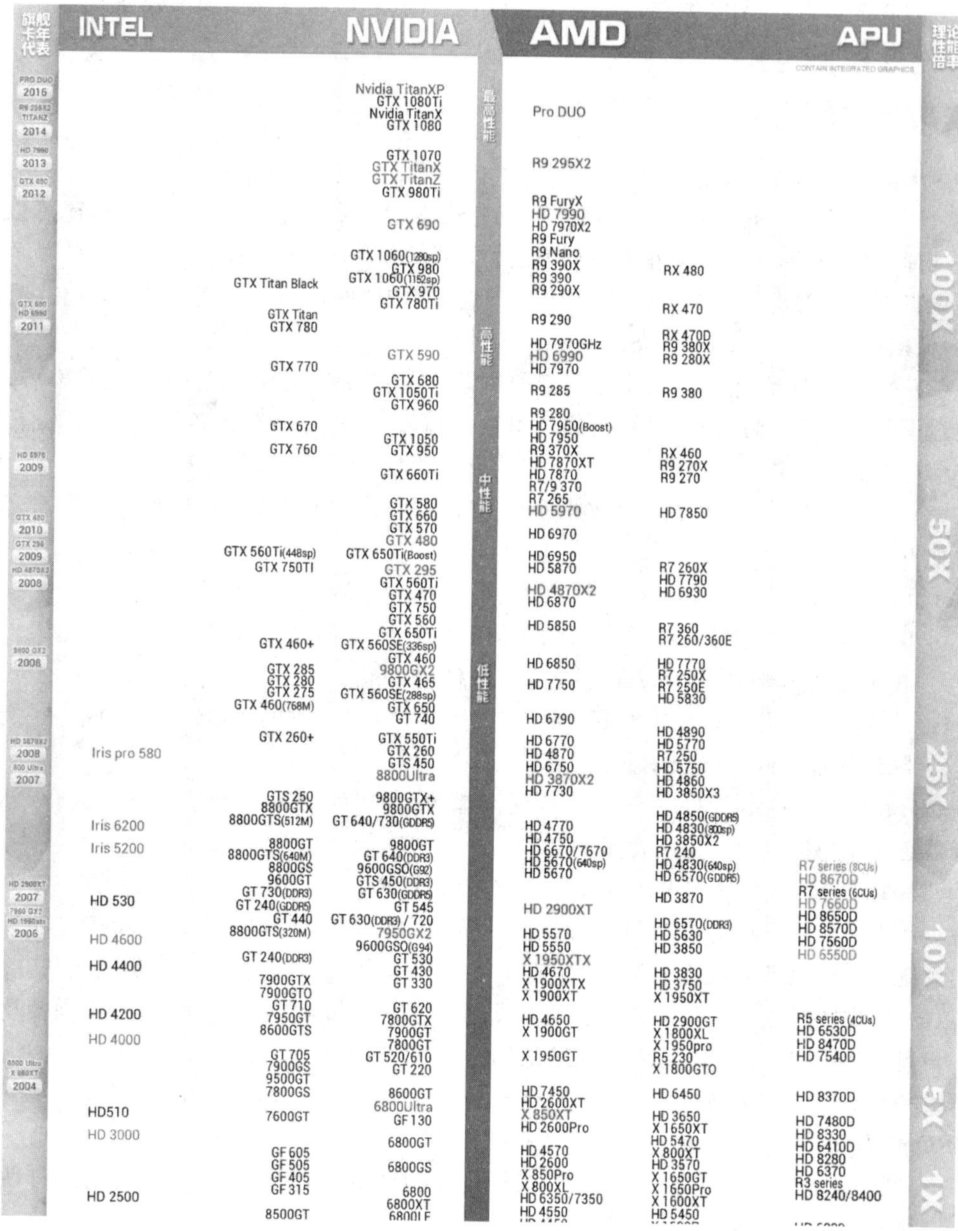

旗舰卡年代表

INTEL

NVIDIA

AMD

APU

CONTAIN INTEGRATED GRAPHICS

理论性能倍率

PRO DUO 2016
R9 295X2 TITANZ 2014
HD 7990 2013
GTX 690 2012
GTX 590 HD 6990 2011
HD 5970 2009
GTX 480 2010
GTX 295 2009
HD 4870X2 2008
9800 GX2 2008
HD 5870X2 2008
800 Ultra 2007
HD 2900XT 2007
7950 GX2 HD 1950xtx 2006
8500 Ultra X 850XT 2004

最高性能
高性能
中性能
低性能

INTEL:
Iris pro 580
Iris 6200
Iris 5200
HD 530
HD 4600
HD 4400
HD 4200
HD 4000
HD510
HD 3000
HD 2500

NVIDIA:
Nvidia TitanXP
GTX 1080Ti
Nvidia TitanX
GTX 1080
GTX 1070
GTX TitanX
GTX TitanZ
GTX 980Ti
GTX 690
GTX 1060(1280sp)
GTX 980
GTX Titan Black
GTX 1060(1152sp)
GTX 970
GTX 780Ti
GTX Titan
GTX 780
GTX 590
GTX 770
GTX 680
GTX 1050Ti
GTX 960
GTX 670
GTX 1050
GTX 760
GTX 950
GTX 660Ti
GTX 580
GTX 660
GTX 570
GTX 480
GTX 560Ti(448sp)
GTX 650Ti(Boost)
GTX 750TI
GTX 295
GTX 560Ti
GTX 470
GTX 750
GTX 560
GTX 650Ti
GTX 460+
GTX 560SE(336sp)
GTX 460
GTX 285
9800GX2
GTX 280
GTX 465
GTX 275
GTX 560SE(288sp)
GTX 460(768M)
GTX 650
GT 740
GTX 260+
GTX 550Ti
GTX 260
GTS 450
8800Ultra
GTS 250
9800GTX+
8800GTX
9800GTX
8800GTS(512M)
GT 640/730(GDDR5)
8800GT
9800GT
8800GTS(640M)
GT 640(DDR3)
8800GS
9600GSO(G92)
9600GT
GTS 450(DDR3)
GT 730(DDR3)
GT 630(GDDR5)
GT 240(GDDR5)
GT 545
GT 440
GT 630(DDR3) / 720
8800GTS(320M)
7950GX2
9600GSO(G94)
GT 240(DDR3)
GT 530
GT 430
7900GTX
GT 330
7900GTO
GT 710
GT 620
7950GT
7800GTX
8600GTS
7900GT
7800GT
GT 705
GT 520/610
7900GS
GT 220
9500GT
7800GS
8600GT
6800Ultra
7600GT
GF 130
6800GT
GF 605
GF 505
6800GS
GF 405
GF 315
6800
6800XT
8500GT
6800LE

AMD:
Pro DUO
R9 295X2
R9 FuryX
HD 7990
HD 7970X2
R9 Fury
R9 Nano
R9 390X
RX 480
R9 390
R9 290X
RX 470
R9 290
RX 470D
HD 7970GHz
R9 380X
HD 6990
R9 280X
HD 7970
R9 285
R9 380
R9 280
HD 7950(Boost)
HD 7950
R9 370X
RX 460
HD 7870XT
R9 270X
HD 7870
R9 270
R7/9 370
R7 265
HD 5970
HD 7850
HD 6970
HD 6950
HD 5870
R7 260X
HD 7790
HD 4870X2
HD 6930
HD 6870
HD 5850
R7 360
R7 260/360E
HD 6850
HD 7770
R7 250X
HD 7750
R7 250E
HD 5830
HD 6790
HD 4890
HD 6770
HD 5770
HD 4870
R7 250
HD 6750
HD 5750
HD 3870X2
HD 4860
HD 7730
HD 3850X3
HD 4850(GDDR5)
HD 4770
HD 4830(800sp)
HD 4750
HD 3850X2
HD 6670/7670
R7 240
HD 5670(640sp)
HD 4830(640sp)
HD 5670
HD 6570(GDDR5)
HD 3870
HD 2900XT
HD 6570(DDR3)
HD 5570
HD 5630
HD 5550
HD 3850
X 1950XTX
HD 4670
HD 3830
X 1900XTX
HD 3750
X 1900XT
X 1950XT
HD 4650
HD 2900GT
X 1900GT
X 1800XL
X 1950pro
X 1950GT
R5 230
X 1800GTO
HD 7450
HD 6450
HD 2600XT
X 850XT
HD 3650
HD 2600Pro
X 1650XT
HD 5470
HD 4570
X 800XT
HD 2600
HD 3570
X 850Pro
X 1650GT
X 800XL
X 1650Pro
HD 6350/7350
X 1600XT
HD 4550
HD 5450

APU:
R7 series (8CUs)
HD 8670D
R7 series (6CUs)
HD 7660D
HD 8650D
HD 8570D
HD 7560D
HD 6550D
R5 series (4CUs)
HD 6530D
HD 8470D
HD 7540D
HD 8370D
HD 7480D
HD 8330
HD 6410D
HD 8280
HD 6370
R3 series
HD 8240/8400

100X
50X
25X
10X
5X
1X

图 4.63　2015 年 6 月的显卡天梯图

(2) 音乐合成(music synthesis)发音功能。用计算机描述乐谱中的音符及其定时、速度、音色(乐器),并演奏出来。描述乐谱中的音符及其定时、速度、音色(乐器)的标准称为 MIDI(Musical Instrument Digital Interface,乐器数字接口)。MIDI 不仅规定了乐谱的数字表示方法(包括音符、定时、乐器等),也规定了演奏控制器、音源、计算机等相互连接时的通信规程。

(3) 混音器(mixer)功能。将音频信号(硬件方法)或音频文件(软件方法)混合。

(4) 数字信号处理器(Digital Signal Processor,DSP)功能：为了实现艺术上的效果和技术上的某些要求,而对音频信号或音频文件进行的编辑、修改等预加工处理。

(5) 模拟声音信号输入输出功能。

**2. 声卡结构**

声卡由以下部件组成:

(1) DSP 芯片。数字信号处理芯片可以完成各种信号的记录和播放任务,还可以完成许多处理工作,如音频压缩与解压缩运算、改变采样频率、解释 MIDI 指令或符号以及控制和协调直接存储器访问(DMA)工作。大大减轻了 CPU 的负担,加速了多媒体软件的执行。但是,低档声卡一般没有安装 DSP,高档声卡才配有 DSP 芯片。

(2) A/D 和 D/A 转换器。也称声音控制芯片,用于把从输入设备中获取的声音模拟信号通过模数转换器,将声波信号转换成一串数字信号,采样存储到计算机中。重放时,这些数字信号送到一个数模转换器还原为模拟波形,放大后送到扬声器发声。

(3) 音乐合成器。音乐合成器负责将数字音频波形数据或 MIDI 信息合成为声音。其组成如下:

- FM 合成芯片。一般用在低档声卡中,用来产生合成声音。
- 波形合成表。在 ROM 中存放的有实际乐音的声音样本,供播放 MIDI 使用。多用在中高档声卡中,可以获得十分逼真的使用效果。
- 波表合成器芯片。按照 MIDI 命令,读取波表 ROM 中的样本声音,合成并转换成实际的乐音。低档声卡没有这个芯片。

(4) 混音器。将不同途径(如话筒或线路输入、CD 输入)的声音信号进行混合。此外,混音器还为用户提供软件控制音量的功能。

(5) 跳线。用来设置声卡的硬件设备,包括 CD-ROM 的 I/O 地址、声卡的 I/O 地址的设置。声卡上游戏端口的设置(开或关)、声卡的 IRQ(中断请求号)和 DMA 通道的设置不能与系统上其他设备的设置相冲突,否则,声卡无法工作,甚至会使整个计算机死机。

(6) 总线接口芯片。在声卡与系统总线之间传输命令与数据。每个设备必须使用唯一的 I/O 地址,声卡在出厂时通常设有默认的 I/O 地址,其地址范围为 220H～260H。每个外部设备都有唯一的中断号,Sound Blaster 默认的 IRQ 号为 7,而 Sound Blaster Pro 的默认 IRQ 号为 5。声卡录制或播放数字音频时使用 DMA 通道。

(7) 游戏杆端口。若已经有一个游戏杆连在计算机上,则应使声卡上的游戏杆跳线处于未选用状态;否则,两个游戏杆互相冲突。

**3. 声卡技术指标**

(1) 采样频率(sampling frequency)。指对原始声音波形进行样本采集的频繁程度,单位是千赫(kHz)。采样频率越高,记录下的声音信号与原始信号之间的差异就越小。声卡采样率一般分为 4 个等级:

- 22.05kHz,FM 广播品质。
- 44.1kHz,CD 品质。
- 48kHz,比较精确的品质。

• 96kHz,高清品质。

(2) 采样位宽(sampling resolution)。表明采样精度。采样位宽越高,声音听起来就越细腻,"数码化"的味道就越不明显。专业声卡支持的采样精度通常包括16/18/20/24b。

(3) 失真度。表征处理后信号与原始波形之间的差异情况,为百分比值。其值越小,说明声卡越能再现音乐作品的原貌。

(4) 信噪比。指有效信号与背底噪声的比值,单位为分贝(dB)。其值越高,说明因设备本身原因而造成的噪声越小,一般在80dB左右。

(5) 动态范围。指当声音骤然变化时设备所能承受的最大范围,单位是分贝(dB),一般声卡动态范围在85dB左右,90dB以上就很好了。

(6) 复音数。指播放MIDI音乐时在1s内能发出的最多声音数量。一般多为64,而软件复音数可高达1024。

### 4.7.3 网卡

#### 1. 网卡及其功能

网卡的全称是网络适配器(network adapter),又称为通信适配器或网络接口卡(Network Interface Card,NIC),是使计算机联网的设备。网卡按照使用环境分为有线网卡和无线网卡两类。这里先介绍有线网卡,它插在计算机主板插槽中,负责将用户要传递的数据转换为网络上其他设备能够识别的格式。具体地说,它主要有如下6项功能:

(1) 数据缓冲和收发控制。

(2) 串行/并行变换。接入信道上的串行数据与计算机中并行数据之间的转换。

(3) 数据的封装与解封。发送时,将上一层的分组上加上首部和尾部,使其成为以太网的帧;接收时,将以太网或无线局域网帧中的首部和尾部剥离。

(4) 编码/译码。

(5) 链路管理。实现链路层协议CSMA/CD(对以太网)或802.11(对无线局域网)协议。

(6) 网卡上有一个全球唯一的编码,用于作为计算机的物理地址——MAC地址。

#### 2. 网卡的基本构造

网卡包括硬件和固件程序(只读存储器中的程序)。

1) 网卡硬件

(1) 网卡的控制芯片。网卡的控制芯片是网卡的CPU,用于控制整个网卡的工作,负责数据的传送和连接时的信号侦测。

(2) 晶体振荡器。负责产生网卡所有芯片的运算时钟。通常网卡是使用20或25Hz的晶体振荡器。千兆网卡使用62.5MHz或者125MHz晶振。

(3) 调控元件。用来发送和接收中断请求IRQ,指挥数据的正常流动。

(4) 网络接头,用于连接网络。在用双绞线作为传输媒介时,基本采用RJ-45接头;用细同轴电缆作为传输媒介时,采用BNC接头。

(5) 信号指示灯。通常有两个信号,TX 代表正在送出数据,RX 代表正在接收数据。通过不同的灯光变换来表示网络是否导通。

2) 固件程序

固件程序实现逻辑链路控制和媒体访问控制的功能,并记录 MAC 地址。

3) 其他

(1) 缓存和收发器(transceiver)。

(2) BOOT ROM,即启动芯片。

### 3. 网卡的主要性能指标

(1) 传输速率,单位 Mb/s。目前,市场上主流的家用网卡传输速率普遍在 100Mb/s,最高可达 1000Mb/s。

(2) 应用环境是有线还是无线。有线环境中是双绞线连接还是细同轴电缆连接。

(3) 半双工/全双工。

(4) 远程唤醒(Wake On LAN,WOL)。

### 4. 无线网卡

无线网卡是使计算机可以与无线网络连接的装置。其工作依靠微波射频技术,可以利用 WiFi、GPRS、CDMA 等几种无线数据传输模式连接网络。

1) 无线网卡的技术参数

无线网卡除了与有线网卡相同的基本参数之外,还有频段、辐射、稳定性、接收距离(发射功率)、接收灵敏度、连接要求等参数。表 4.5 为两款无线网卡的性能情况。

**表 4.5　两款无线网卡的性能**

| 配置 | 瑞昱 8187L 芯片 | 雷凌 3070 芯片 |
|---|---|---|
| 速率 | 54Mb/s | 300Mb/s |
| 频段 | B/G 频段 | B/G/N 频段 |
| 辐射 | 手机的 6 倍 | 手机的 1/2 |
| 稳定性 | 容易掉线 | 非常好 |
| 连接要求 | 低于 4 格信号无法连接 | 2 格信号即可连接 |
| 接收灵敏度 | 普通网卡的 2 倍 | 普通网卡的 10 倍 |
| 制造成本 | 成本低廉 | 价格昂贵 |
| 接收距离 | 约 100m | 约 1km |

(1) 传输距离即覆盖范围,由发射功率决定。无线网卡的发射功率越高,它的传输距离就越远,信号的覆盖范围就越大。通常无线网卡的发射功率为 1800mW,是市面上普通网卡的 20 倍左右。市面上也有 2000mW 或 3000mW 的。最远传输距离可达到 10 000m。

(2) 辐射。一般说来,发射功率越大,敏度越高、搜索范围越大,其功率也就越大,辐射越强,对人体危害也可能越大。但是经过复杂工艺处理,辐射会得到有效控制。

2) 无线网卡标准

无线网卡主要有以下几个标准：

(1) IEEE 802.11a：使用 5GHz 频段，传输速度 54Mb/s，与 IEEE 802.11b 不兼容。

(2) IEEE 802.11b：使用 2.4GHz 频段，传输速度 11Mb/s。

(3) IEEE 802.11g：使用 2.4GHz 频段，传输速度 54Mb/s，可向下兼容 IEEE 802.11b。

(4) IEEE 802.11n(Draft 2.0)：用于 Intel 的迅驰 2 笔记本电脑和高端路由器上，可向下兼容，传输速度为 300Mb/s。

# 4.8 I/O 管理

管理是操作系统(Operating System，OS)中的一个模块。随着计算机系统的不断升级换代，I/O 设备越来越多，使用的要求越来越高，I/O 设备管理对于提高计算机系统吞吐量的意义更加凸显。

## 4.8.1 设备驱动程序

### 1. 设备独立性与设备无关软件

前面主要介绍了 I/O 设备及其有关控制部件与控制机制，是 I/O 系统的硬件部分。如前所述，现代计算机是一个硬、软相结合的工具，软件建立在硬件之上，并用以扩展和展现硬件功能。I/O 系统也不例外。在计算机的 I/O 系统中，软件可以分为 4 个层次，如图 4.64 所示。

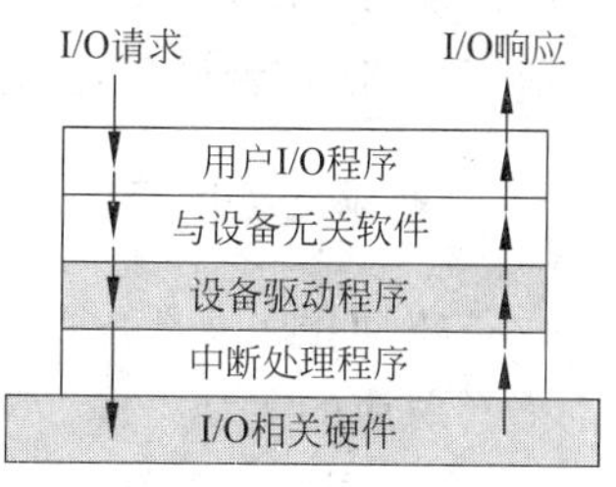


图 4.64　I/O 软件的层次结构

中断处理程序负责 CPU 与通道或者 CPU 与 DMA 控制器之间的协调，它依赖于 I/O 硬件，决定 CPU 在何时才干预 I/O 过程，何时退出干预，并根据不同的中断类型调用不同的中断服务程序。

用户 I/O 程序反映了用户的 I/O 需求，主要功能是用一个友好而统一的界面接收用户的 I/O 逻辑请求，并把系统对于用户 I/O 请求的响应反馈给用户。

但是，用户 I/O 程序在编写时不可能知道一台物理设备的端口地址，甚至也不需要知道该物理设备的具体操作方式，它所需要的仅仅是一种逻辑需求。另一方面，为了系统管理的灵活性，例如在一个系统中连接着多个设备，用户请求的服务只要能够实现，不一定非要指定哪台设备，操作系统中配置了一个与设备无关软件，也称设备独立性(device independence)软件，它的主要功能有两个：

(1) 将所有设备的操作抽象为一些共有操作，以便向用户应用程序提供一个统一的操作接口。

(2) 维护一张逻辑设备表(Logic Unit Table，LUT)，将物理设备抽象为逻辑设备，以便将用户应用程序中的逻辑设备映射为物理设备。

那么，LUT中物理设备的信息如何得到呢？这就是设备驱动程序的基本功能。不同的设备有不同的驱动程序，它们的入口地址保存在LUT中。当用户应用程序驱动一台物理设备时，与设备无关软件就可以通过LUT查到所映射的物理设备的驱动程序，借此实现设备保护、设备分配、设备调度和异常处理。

#### 2. 设备驱动程序的功能

设备驱动程序(device driver)也属于操作系统I/O模块的一个组成部分，它用来向与设备无关软件提供设备的相关信息，以便进行设备配置，并且在启动设备之前完成一系列准备工作。所以设备驱动程序也称设备配置程序。

设备驱动程序的一般工作过程如下。

(1) 将应用程序中的抽象要求转换为具体要求。

(2) 对I/O请求进行合法性检查。检查用户要求是否能为设备接受，是否属于设备的功能范围。

(3) 读出并检查设备状态。启动设备控制器的条件是设备就绪。例如，对打印机要检查电源是否合上、是否有纸等，对软盘驱动器要检查有无磁盘、有无写保护等。

(4) 传送必要的参数。例如要提供本次传送的字节数等。

(5) 设置工作方式。例如对于异步串行通信接口要设置传输速率、奇偶检验方式、停止位宽度及数据长度等。

(6) 启动I/O设备。完成上述工作后，即可向设备控制器发出启动命令。

所以，要使一台设备能够运行在计算机环境中，必须安装其驱动程序。

#### 3. 设备驱动程序获取

设备驱动程序一般由设备生产厂商针对具体的操作系统的差异编写。也就是说每一台设备都有对应的驱动程序。对不同的设备，驱动程序所进行的处理工作有所不同。同一种设备，用在不同操作系统中，也需要不同的设备驱动程序。

设备驱动程序是操作系统中非常重要的模块。现在各种操作系统中都已经收集并集成了相当多的设备驱动程序，以方便用户。但对于后来才加入计算机机系统的设备或者一些特殊设备，就需要在安装这些设备之后再为其安装并运行相应的驱动程序，才能正确使用。这些驱动程序一般由设备制造商提供，可以在其官方网站下载。

#### 4. 设备驱动程序与设备适配器

图4.65给出了设备驱动程序与设备适配器在计算机系统中所处的位置。显然，设备驱动程序是设备与操作系统之间的接口，而设备适配器是I/O接口的延伸。

### 4.8.2 ROM BIOS

#### 1. BIOS及其组成

BIOS(Basic Input/Output System，基本输入输出系统)也称ROM-BIOS，是被固化在

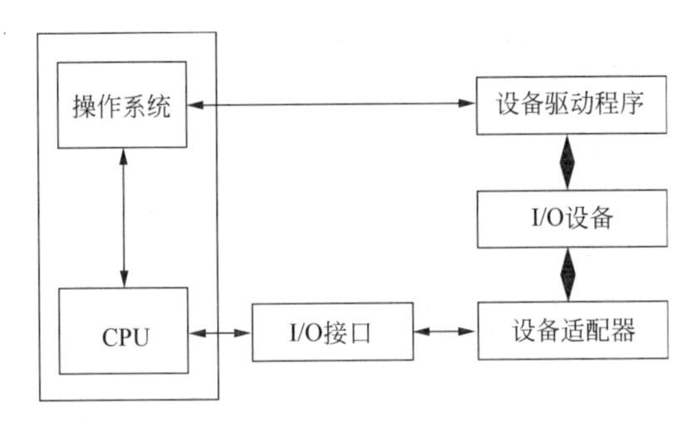


图 4.65　设备驱动程序与设备适配器在计算机系统中的位置

只读存储器中,实现基本输入输出系统的一组程序,主要包括上电自检程序(Power On Self Test,POST)、CMOS 设置程序、系统自举装入程序、基本 I/O 设备中断服务程序和一些常用设备驱动程序。

1) POST 程序

POST 通过读取主板上 CMOS(Complementary Metal Oxide Semiconductor,互补金属氧化物半导体)中保存的参数,对 CPU、内存、ROM、主板、CMOS ROM、串并接口、显卡、硬盘等进行测试,一旦发现问题,会给出提示。CMOS 是一种 RAM 芯片,一般集成在 BIOS 芯片内,用纽扣电池刷新。

2) CMOS 设置程序

CMOS 设置程序用于在开机过程中对 CMOS 参数进行设置。可设置的内容主要如下:

- Standard CMOS Setup,标准参数设置,包括日期、时间和磁盘参数等。
- BIOS Features Setup,设置一些系统选项。
- Chipset Features Setup,主板芯片参数设置。
- Power Management Setup,电源管理设置。
- PnP/PCI Configuration Setup,即插即用及 PCI 插件参数设置。
- Integrated Peripherals,整合外设的设置。
- 其他设置和操作,包括硬盘自动检测、系统口令、加载默认设置、退出等。

3) 系统自举装入程序

系统自举装入程序用于将硬盘上的主引导程序装入内存,并启动主引导程序,以便引导系统顺利启动。

4) 基本 I/O 设备中断服务程序

基本 I/O 设备中断服务程序包括磁盘中断服务程序(INT 13H)、键盘中断服务程序(INT 16H)、打印中断服务程序(INT 17H)、时钟中断服务程序(INT1CH)等。

**2. BIOS 启动系统的过程**

一个计算机系统在启动前,内存中空空如也,可以运行的程序只有 ROM 中的 BIOS,计算机要靠 BIOS 中的程序完成启动过程。为此,CPU 硬件逻辑设计为强行将程序计数器的内容指向 BIOS 的起始位置——一般为 0xFFFF0。下面按照图 4.66 介绍 BIOS 启动系统的过程。

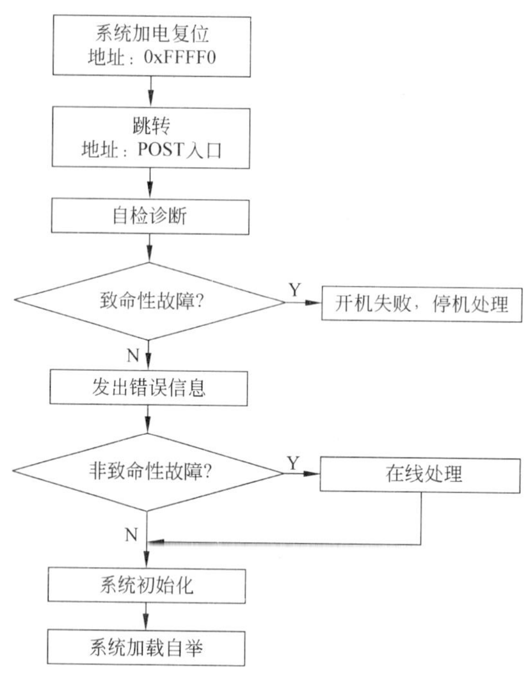


图 4.66　BIOS 启动系统的过程

1）加电自检

在 BIOS 中运行的第一个程序是加电自检程序。

BIOS 的 0xFFFF0 单元一般设置一条跳转指令，跳到 POST 程序的入口，开始执行加电自检程序。加电自检又称可靠性测试，就是测试计算机各部件和设备是否可以正常工作。通常完整的 POST 程序将包括对 CPU、640KB 基本内存、1MB 以上的扩展内存、ROM、主板、CMOS 存储器、串并口、显示卡、硬盘子系统及键盘进行测试。

一旦在自检中发现问题，系统将给出提示信息或鸣笛警告。没有发现问题，就自动执行系统自举装入程序。

2）设置 CMOS

在系统自举装入程序执行前，若按下 Del 键或其他键，可对 CMOS 中保存的系统硬件参数进行修改。

3）初始化

自检后没有致命错误，INT 19H 系统自举装入程序将硬盘主引导区的系统主引导程序装入内存并启动，对各种芯片进行初始化，并进行中断向量的设置，以便中断发生时能很快地转入中断处理程序。为此，BIOS 要首先在内存的起始地址（0x00000）处开始的空间内构建中断向量表，并按照中断向量表指定位置装入与中断向量表相应的若干中断服务程序。在微型计算机中，一般中断向量表占 1KB 的内存空间（0x00000～0x003FF），在此后用 256B 的内存空间（0x00400～0x004FF）构建 BIOS 数据区，在大约 0x0E2CE 的位置加载了 8KB 左右的与中断向量表相应的若干中断服务程序。

# 习　　题

4.1　计算机外部设备分为哪几类？

4.2　用于人机交互的计算机外部设备的发展经过了哪几个阶段？今后的发展趋势是什么？

4.3　什么叫绿色计算机？它有哪些要求？

4.4　进行市场调查，为下面的场所配备计算机系统及其外部设备，并做出预算。

(1) 一个现代化的办公室。

(2) 一个现代化的小商店。

4.5　串行通信有何特点？异步串行接口的基本任务有哪些？

4.6　为什么要设置输入输出缓冲区？

4.7　试述接口的功能及其组成。

4.8　I/O 接口有哪两种寻址方式？各有何优缺点？

4.9　硬线连接并行接口与可编程序并行接口各有何特点？

4.10　查阅有关资料，试说明：

(1) USART 芯片 Intel 8251 的方式字、命令字和状态字的格式和含义。

(2) 对 8251 进行编程时，应按什么顺序向它的命令口写入控制字？

4.11　在单级中断系统中，中断服务程序的执行顺序是________。

① 保护现场　　② 开中断　　③ 关中断　　④ 保存中断

⑤ 中断事件处理　　⑥ 恢复现场　　⑦ 中断返回

A. ④→①→⑤→⑥→⑦　　B. ③→①→⑤→⑦

B. ③→④→⑤→⑥→⑦　　D. ①→⑤→⑥→②→⑦

4.12　某计算机有 5 级中断，它们的中断响应级别从高到低依次为 1→2→3→4→5。现按照如下原则进行修改：各级中断均屏蔽本级中断，并进一步按照如下原则处理：

- 处理 1 级中断时，屏蔽 2、3、4、5 级中断。
- 处理 2 级中断时，屏蔽 3、4、5 级中断。
- 处理 3 级中断时，屏蔽 4、5 级中断。
- 处理 4 级中断时，不屏蔽其他中断。
- 处理 5 级中断时，屏蔽 4 级中断。

求解：

(1) 修改后实际中断处理的优先级顺序。

(2) 各级中断处理程序的中断屏蔽字。

4.13　有 D1、D2、D3、D4、D5 共 5 个中断源，优先级分别为 1 级、2 级、3 级、4 级、5 级。每个中断源都有一个 5 位的终端屏蔽码，它们在正常情况下和变化后分别有表 4.6 所示的值(0 表示该中断源开放，1 表示该中断源被屏蔽)。

**表 4.6　4.13 题中的中断屏蔽码**

| 中断源 | 中断优先级 | 正常情况下的中断屏蔽码 | | | | | 变化后的中断屏蔽码 | | | | |
|---|---|---|---|---|---|---|---|---|---|---|---|
| | | D1 | D2 | D3 | D4 | D5 | D1 | D2 | D3 | D4 | D5 |
| D1 | 1 | 1 | 1 | 1 | 1 | 1 | 1 | 0 | 0 | 0 | 0 |
| D2 | 2 | 0 | 1 | 1 | 1 | 1 | 1 | 1 | 0 | 0 | 0 |

续表

| 中断源 | 中 断<br>优先级 | 正常情况下的中断屏蔽码 | | | | | 变化后的中断屏蔽码 | | | | |
|---|---|---|---|---|---|---|---|---|---|---|---|
| | | D1 | D2 | D3 | D4 | D5 | D1 | D2 | D3 | D4 | D5 |
| D3 | 3 | 0 | 0 | 1 | 1 | 1 | 1 | 1 | 1 | 0 | 0 |
| D4 | 4 | 0 | 0 | 0 | 1 | 1 | 1 | 1 | 1 | 1 | 0 |
| D5 | 5 | 0 | 0 | 0 | 0 | 1 | 1 | 1 | 1 | 1 | 1 |

求解:

(1) 当使用正常情况下的中断屏蔽码时,处理器响应各中断源的中断请求和进行中断处理的先后次序。

(2) 当使用变化后的中断屏蔽码时,处理器响应各中断源的中断请求和进行中断处理的先后次序。

(3) 用图形表示,当使用变化后的中断屏蔽码且 5 个中断源同时请求中断时,处理机响应中断请求和实际运行终端服务子程序的情况。

4.14 设有 8 个中断源,用软件方式排队判优。

(1) 设计中断申请逻辑电路。

(2) 如何判别中断源? 画出中断处理流程。

4.15 设有 A、B、C 3 个中断源,其中 A 的优先权最高,B 的优先权次之,C 的优先权最低,请分别用链式和独立请求方式设计判优电路。

4.16 中断请求的优先排队可归纳为两大类,它们是________和________。程序中断方式适用于________和________场合。

4.17 何为单级中断与多级中断? 如何实现?

4.18 系统处于 DMA 模式时,每传送一个数据就要占用的时间为________。

A. 一个指令周期　B. 一个机器周期　C. 一个存储周期　D. 一个总线周期

4.19 在下列叙述中,________是正确的。

A. 与各中断源的中断级别相比较,CPU(或主程序)的级别最高

B. DMA 设备的中断级别比其他外设高,否则可能引起数据丢失

C. 中断级别最高的是不可屏蔽中断

4.20 中断控制方式中的中断与 DMA 的中断有何异同?

4.21 如果认为 CPU 等待设备的状态信号是处于非工作状态(即踏步等待),那么在________方式下,主机与外设是串行工作的;在________方式下,主机与外设是并行工作的。

A. 程序查询控制方式　B. 中断控制方式　C. DMA 方式

4.22 CPU 响应非屏蔽中断请求的条件是________。

A. 当前执行的机器指令结束且没有 DMA 请求信号

B. 当前执行的机器指令结束且中断允许标志 IF=1

C. 当前机器周期结束且没有 DMA 请求信号

D. 当前执行的机器指令结束且还没有 INT 请求信号

4.23 通道的功能是________、________。按通道的工作方式分,通道有________、________和________ 3 种类型。通道程序由一条或几条________构成。

4.24 从可供选择的答案中选出正确答案。

(1) CPU 响应中断后,在执行中断服务程序之前,至少要做__A__几件事。

(2) 中断服务程序的最后一条指令是__B__。

(3) 实现磁盘与内存间快速数据交换，必须使用___C___方式。

(4) 在以___C___方式进行数据传送时，无须___D___的介入，而是外设与内存之间直接传送。

(5) 打印机与 CPU 之间的数据传送不能使用___C___方式，而应使用___E___方式。

供选择答案：

A、B：(1) 关中断、保存断点、找到中断入口地址　(2) 关中断、保存断点
　　(3) 返回　(4) 中断返回　(5) 左移　(6) 右移　(7) 移位

C、D、E：(1) 中断　(2) 查询　(3) DMA　(4) 中断或查询　(5) 中断或 DMA
　　(6) CPU　(7) 寄存器

4.25　DMA 方式与通道方式有何异同？

4.26　某磁盘存储器数据存储字长为 32b，传输速率为 1MB/s。CPU 时钟频率为 50MHz。

(1) 采用程序查询方式进行 I/O 控制，且每次查询操作需要 100 个时钟周期。计算在充分查询时 CPU 为查询所花费的时间比率。

(2) 采用中断方式进行 I/O 控制，且每次传输操作(包括中断处理)需要 100 个时钟周期。计算在 CPU 为传输硬盘数据所花费的时间比率。

(3) 采用 DMA 控制器进行 I/O 控制，且 DMA 的启动操作需要 1000 个时钟周期，DMA 的平均传输数据长度为 4KB，DMA 完成时的中断处理需要 500 个时钟周期。若忽略 DMA 申请使用总线的开销，计算磁盘存储器工作时 CPU 进行 I/O 处理所花费的时间比率。

4.27　设备驱动程序有何作用？它们一般包含哪些内容？

4.28　如何针对不同的设备进行设备分配？

# 第5章 控制器逻辑

中央处理器(Central Processing Unit,CPU)是计算机的中枢,是计算机系统的运算核心和控制核心,主要由运算器(Arithmetic Logic Unit,ALU)、控制器(Control Unit,CU)、一组寄存器以及相关总线组成。了解计算机的工作原理的关键是搞清 CPU 的工作原理。关于 ALU 的简单原理已经在 1.3.1 节中介绍,本章主要对 CU 进行逻辑分析。CU 的核心功能是分析指令,设计依据是指令系统。

## 5.1 处理器的外特性——指令系统

### 5.1.1 指令系统与汇编语言概述

#### 1. 指令及其基本格式

在计算机中,指令(instruction)是要求计算机完成某个基本操作的命令。计算机程序就是由一组指令组成的代码序列。这里所说的"基本"是针对具体的 CPU 而言的,不同的 CPU 所指的"基本"二字的意义不同,所能执行的基本操作的数量和种类也不相同。但是,任何 CPU 都必须满足最小完备性原则,即它所能执行的基本操作必须能组成该 CPU 所承担的全部功能。也就是说,有的 CPU 的基本操作多一些、复杂一些,有的 CPU 的基本操作少一些、简单一些,但它们的组合效果应当相同。例如,有的 CPU 将乘法作为基本操作之一;有的没有乘法操作,但可以使用加法和移位操作组成乘法操作。

在 1.2.9 节中已经介绍过,一条指令由操作码和地址码两大部分组成,并且可以按照地址的数量把指令分为如下 4 种类型:

- 3 地址指令。
- 2 地址指令。
- 1 地址指令。
- 0 地址指令。

一条指令的长度由操作码和各地址码的长度决定。

指令地址码的长度由指令的寻址空间——存储器的容量决定。如,一个 10b 的地址码的寻址空间为 $2^{10}$。一个 1GB 的内存,需要的地址码长度为 30b,对于 3 地址指令,指令的长度就需要 100b 左右。这样的指令就太长了。但是多地址指令比少地址指令编写出来的程序长度小,并且执行速度快。

为了解决短地址码访问大容量存储器的问题,人们研究出了多种寻址方式。具体内容将在后面介绍。

操作码的长度由操作的种类决定,一个包含 $n$ 位的操作码最多能表示 $2^n$ 种操作。不同的计算机中,可以采用定长操作码——操作码占有固定长度的位数,也可以采用变长操作码——操作码的长度不固定。变长操作码可以用扩展窗口将部分地址作为操作码使用，以增加指令条数。

**例 5.1** 某计算机字长为 16b，操作码占 4b，有 3 个 4b 的地址码，试说明如何扩展该机器的指令系统。

**解**：在定长操作码系统中，操作码的长度与地址码是冲突的。即地址码越长，操作码就越短。而操作码短了，指令系统中的指令数就少了。例如在本例中，操作码只有 4 位，指令系统中最多只能有 16 条指令，这常常是不够的。为了解决这个矛盾，可以采用变长操作码。即减少地址数，扩展操作码。

在进行操作码扩展时，要特别注意一点：长码中不可出现短码。因为编译器会首先从短码开始区分不同的指令类型。因此，短码至少要留出一位用于连接扩展位，称为扩展窗口位。

| OP | A3 | A2 | A1 |
|---|---|---|---|

图 5.1　指令的一般格式

指令的一般格式如图 5.1 所示。

计算不同地址数指令的步骤如下：

(1) 原始 OP 占有 4b，用 0000～1110 定义 15 条三地址指令，留下 1111 作为扩展窗口，与 A3 一起组成扩展字段。

(2) 由于长码中不可出现短码，所以只能用 1111 0000～1111 1110 定义二地址指令，共 15 条。留下 1111 1111 作为一地址指令的扩展窗口，与 A2 组成扩展操作码。

(3) 同理，用 1111 1111 0000～1111 1111 1110 定义 15 条一地址指令。

(4) 最后，用 1111 1111 1111 0000～1111 1111 1111 1111 定义 16 条零地址指令。

### 2. 指令系统

一个 CPU 所能承担的全部基本操作由一组对应的指令描述。这组完整地描述该 CPU 操作的指令就称为该 CPU 的指令系统(command system，instruction system，command set，instruction set)，也称该 CPU 的机器语言。

指令系统决定了 CPU 的外特性。一方面，因为指令系统表明了 CPU 能执行哪些基本操作，因此，指令系统是(系统)程序员在该 CPU 上进行程序设计的依据。另一方面，功能模拟和结构模拟是研究、制造任何一种计算机的两个最重要的途径。20 世纪 60 年代，人们从程序员的角度观察计算机的属性，开始用“计算机体系结构”来统一功能和结构这两个方面。但是由于功能和结构两者仍然存在差别，通常把计算机的功能方面叫作外(宏)体系结构，把计算机的实现方面叫作内(微)体系结构。由于 CPU 的功能是取指令—分析指令—执行指令，所以一个 CPU 设计所依据的功能也来自指令系统，即指令系统是 CPU 设计的基本依据。要设计一个 CPU，要先为它设计指令系统。

### 3. 指令系统的描述语言——机器语言与汇编语言

一个 CPU 的指令系统就是与该 CPU 进行交互的工具，用其可以让该 CPU 完成特定的操作。所以一个 CPU 的指令系统就可以看成该 CPU 的机器语言。显然，不同的 CPU 具有不同的机器语言。

在表现形式上，机器语言就是用 0、1 码描述的指令系统。用它编写程序，难读，难记，难查错，给程序设计和计算机的推广、应用、发展造成极大困难。面对这一不足，人们最先是采用一些符号来代替 0、1 码指令，如用 ADD 代替“加”操作码等。这种语言称为符号语言。下面是几条符号指令与其对应的机器指令代码的例子：

```
MOV    AH,  01H              ; 机器指令代码:B401H
XOR    AH,  AH               ; 机器指令代码:34E2H
MOV    AL,  [SI+0078H]       ; 机器指令代码:8A847800H
MOV    BP,  [0072H]          ; 机器指令代码:8B2E7200H
DEC    DX                    ; 机器指令代码:4AH
IN     AL,  DX               ; 机器指令代码:ECH
```

符号语言方便了编程，用它编写程序时效率高，写出的程序易读性好，提高了程序的可靠性。但是，符号语言是不能直接执行的，必须将之转换为机器语言才能执行。

符号语言程序转换为机器语言程序的方法是查表。这是非常简单的工作。为了将这种查表工作自动化，除了正常的指令外，还需要添加一些对查表进行说明的指示指令——伪指令。这种查表工作称为汇编。为了进行自动查表，还需要一些指示性指令。用符号语言描述并增加了指示性指令的指令系统称为汇编语言。汇编语言为程序员提供了极大的方便，也提高了程序的可靠性。通常在介绍指令系统时，采用的都是汇编语言。

汇编语言指令的一般形式如下：

```
标号: 操作码  地址码 (操作数); 注释
```

下面是一段用 Intel 8086 汇编语言描述的计算 A=2+3 的程序。

```
        ORG     C0H              ; C0H 为程序起始地址
START:  MOV     AX,2             ; 2→AX,AX 为累加器,START 为标号
        ADD     AX,3             ; 3 + (AX)→AX
        HALT                     ; 停
        END     START            ; 结束汇编
```

由于汇编语言比机器语言有更好的易读性，又与机器语言一一对应，所以机器指令都可按汇编语言符号形式给出。

#### 4. 汇编语言的基本语法

下面以 Intel 8086 汇编语言为例，介绍汇编语言中的几个基本语法。

1) 数据类型

Intel 8086 汇编语言中允许使用如下形式的数值数据：

- 二进制数据，后缀 B，如 10101011B。
- 十进制数据，后缀 D，如 235D。
- 八进制数据，后缀 Q(本应是 O，为避免与数字 0 相混，用 Q 代替)，如 235Q。
- 十六进制数据，加后缀 H，如 BAC3H。

加后缀的目的是为便于区分。较多的是采用十六进制。有时也允许用名字来表示数据，如用 PI 代表 3.141593 等。

用引号作为起止界符的一串字符称为字符串常量，如'A'(等价于 41H)，'B'(等价于

42H),'AB'(等价于 4142H)等。

2）运算符

汇编语言中使用以下几种运算符：

- 算术运算符：+,-,*,/。
- 关系运算符：EQ(等于),NE（不等于),LT（小于),GT（大于),LE（小于等于),GE（大于等于)。
- 逻辑运算符：AND(与),OR(或),NOT(非)。

3）操作码

操作码可以用算术运算符,也可以用英文单词。如用 SUB 表示减去,用 ADD 表示相加等。

4）地址码

指令中的地址码可以用十六进制、十进制表示,也可以用寄存器名或存储器地址名表示。

5）标号与注释

汇编语言还允许使用标号及注释,以增加可读性。这部分与机器语言没有对应关系,仅为了使人阅读程序时容易理解。

### 5.1.2 寻址方式

在设计一个 CPU 时,往往要根据用户需求、技术条件和成本的折中来确定字长以及指令格式。指令格式一经确定,指令中各个字段的布局就基本确定了,地址字段的长度也就基本确定了。一般说来,指令中地址字段的长度是非常有限的。指令设计的一个重要任务就是使用非常有限的地址字段在尽可能大的范围内寻找操作数。于是,就变化出许多寻址方式来。

下面结合 8086 介绍几种常用的寻址方式。

#### 1. 立即寻址

该类操作数不单独存放在存储器中,而是指令代码的一部分,只要将这一部分分离出,便可以立即得到操作数,因此指令的执行速度很快,故将这种操作数称为立即操作数。图 5.2 为 8086 指令 ADD AX 3165H 的存储及执行示意图,这条指令的操作是：将 AX 的内容与立即数 3165H 相加,结果存入 AX 中。

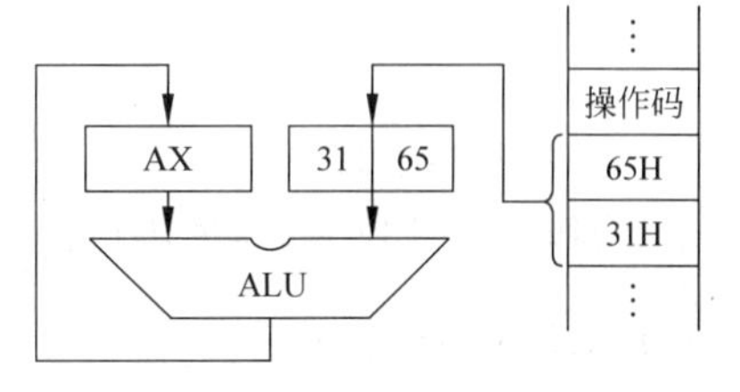


图 5.2　8086 指令 ADD AX 3165H 的存储及执行

#### 2. 寄存器寻址

在程序执行的过程中,若把大量的中间结果和最终结果都送到存储单元去保存,则要付出时间和空间的代价,且往往是不必要的。因为中间数据仅仅是作为下一次运算的一个操作数,而另一些数据只须立即输出而无须保存。为了提高 CPU 的工作效率,现代 CPU 中都开辟了寄存器组,用以保存运算过程中的中间结果和某些最终结果。在寄存器中的操作数称为寄存器操作数，相应的寻址方式称为寄存器寻址。

寄存器设在 CPU 内部，存取的速度大大地高于存储器，所以使用寄存器存放中间结构可以提高程序的运行效率。而为了编出高效率的程序，必须先熟悉有哪些寄存器可供编程使用。如 8086 中有 8 个 8 位的通用寄存器：AL，BL，CL，DL，AH，BH，CH，DH。这 8 个 8 位的通用寄存器也可以并成 4 个 16 位的通用寄存器：AX(AL 与 AH)，BX(BL 与 BH)，CX(CL 与 CH)，DX(DL 与 DH)。它们的结构以及习惯用法如图 5.3 所示。

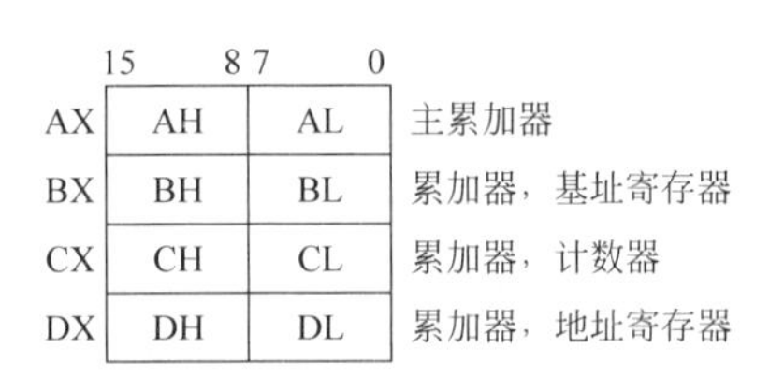


图 5.3　8086 的通用寄存器

寄存器寻址就是按指定的寄存器代号对寄存器进行读写。如 8086 指令

```
MOV  AX,BX
```

是将 BX 中的内容传送到 AX 中。BX 为源地址，AX 为目标地址。

寄存器寻址指令简单。巧妙地使用寄存器是提高汇编程序设计的一个关键。

### 3. 存储器寻址

指令的操作对象存放在内存的某单元中，称为存储器操作数。相应的寻址方式称为存储器寻址。存储器寻址有直接寻址、间接寻址和变址/基址寻址等。

存储器直接寻址就是把操作数的地址直接作为指令中的地址码。图 5.4 为存储器直接寻址的示意图。其中 MOV 是操作码，△是寻址方式，AX 是寄存器代码，3056 是直接地址。这条指令的功能是把 3056H 单元的内容 A3CEH 取出来，送到累加器 AX 中。

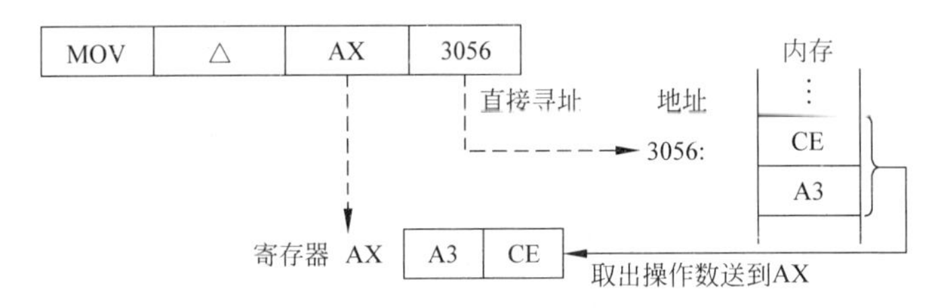


图 5.4　存储器直接寻址

存储器直接寻址灵活性较差，并且受指令长度的限制，寻址范围很有限。如一条 2 字节指令，操作码占 6 位后，地址码最多能占 10 位，寻址范围只有不足 1KB。

### 4. 存储器间接寻址

采用存储器间接寻址方式，由地址码从存储器取出的数不是操作数本身，而是操作数的地址。还需要再以该地址从存储器取出一个数，这个数才是操作数。也就是说需要两次访问存储器，故称这种寻址方式为间接寻址方式。图 5.5 为间接寻址的示意图。这时 0B58 单元也被称为间址寄存器或地址指针。这条指令的具体操作是从 0B58 单元中取出一个地址，再从该地址 (1A3C) 中取出操作数送到寄存器 AX 中。

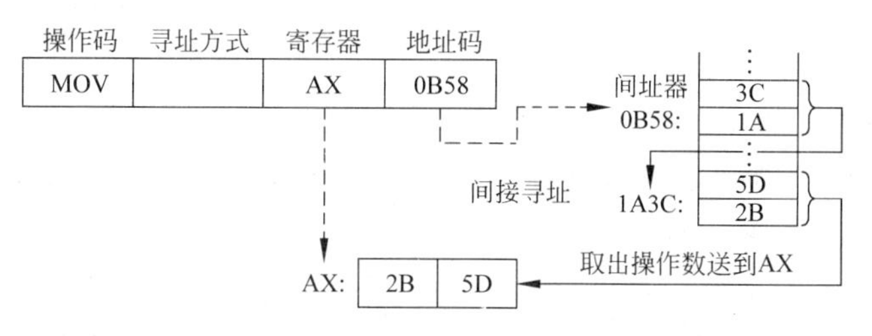


图 5.5　间接寻址示意图

间址寄存器好像是一个“地址询问处”。这种寻址方式增加了指令的灵活性，只要改变间址器的内容，不改变指令，也可以访问到不同的操作数。同时，全部字长都可以用于存放操作数地址，能扩大寻址范围。但是，由于要多次访问内存，降低了指令的执行速度。提高速度的一个办法是用寄存器作为间址器。8086 中的间接寻址就是寄存器间接寻址方式。它规定可以用 BX、BP、SI 或 DI 作为(地址)指针。如指令

```
MOV  AX,[SI]
```

其中 [SI]表明 SI 是(地址)指针，即 SI 中存的是操作数地址，而不是操作数。方括号是间址方式的一种表示。这条指令的功能是把 SI 所指向的数据传送到累加器 AX 中。

**5. 变址寻址和基址寻址**

变址寻址和基址寻址是两种通过计算得到操作数有效地址的寻址方法，计算的方法为基准地址+偏移量。但是两种寻址方法的策略不同。变址寻址是用一个寄存器(称变址寄存器)存放偏移量(称为变址值)，在指令中给出基准地址——形式地址，如图 5.6(a)所示。基址寻址相反，用寄存器(称基址寄存器)存放基准地址，在指令中给出偏移量，如图 5.6(b)所示。

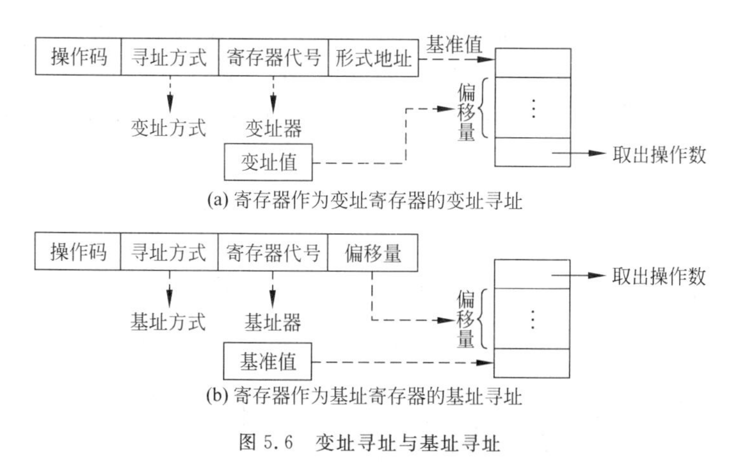


图 5.6　变址寻址与基址寻址

在 8086 中，通常用 SI 和 DI 作为变址寄存器。SI 常作为源变址寄存器，DI 常作为目标变址寄存器。采用变址寄存器寻址时，在指令中给出的是变址寄存器的代号和偏移量的值。例如在指令

```
MOV  CL,[SI-100H]
```

中,将寄存器 SI 中的值减去 100H 作为操作数的地址。

在 8086 中,BX 与 BP 称为两个基址指针。采用基址寻址时,在指令中要给出基址寄存器的代码和位偏移的值,如指令

```
MOV  AL,[BX+10H]
```

其中,BX 为基址指针,10H 为逻辑地址。

基址寻址与变址寻址都能够有效地扩大寻址范围。一般变址寻址主要用于为数组等数据结构提供支持,这时可以把数组的起始位置存在变址寄存器中。基址寻址主要用于逻辑地址向物理地址的转换提供支持。有了这种支持,程序的装入就简单多了。这时只要把某道程序的装入地址放在基址寄存器中,程序员在编程时所使用的逻辑地址将通过基址寻址向物理地址变换。

基址寻址和变址寻址两种寻址方式的组合称为基址变址寻址。例如指令

```
MOV  AX,[BX+SI+3BH]
```

中给出的是基址寄存器的代码 BX、变址寄存器的代码 SI 和偏移量 3BH。

#### 6. 堆栈寻址

堆栈(stack)是在内存中开辟的一个存储数据的连续区域。其一端的地址是固定的,称为栈底;另一端的地址是活动的,称为栈顶。对堆栈数据的操作只能在浮动着的栈顶进行,为此设置了一个栈顶指针(SP)以指示当前栈顶的位置。一个新的数据存入堆栈,称为进栈或压栈(push),存在原栈顶之上,成为新的栈顶,栈顶指针也随即上升;从堆栈取数据,就是将栈顶元素取出,称为退栈或弹出(pop),栈顶指针也随即下降。堆栈就像一个弹夹,新压入的子弹总在最上边,最先打出去的子弹是最后压进去的,而最后打出去的子弹总是最先压进去的,即形成后进先出(Last In First Out,LIFO)的存储机制。

在程序设计中,堆栈主要用于子程序调用、递归调用等的断点保存和现场保护等场合。图 5.7 为使用堆栈保存子程序调用时的断点保护示意图。

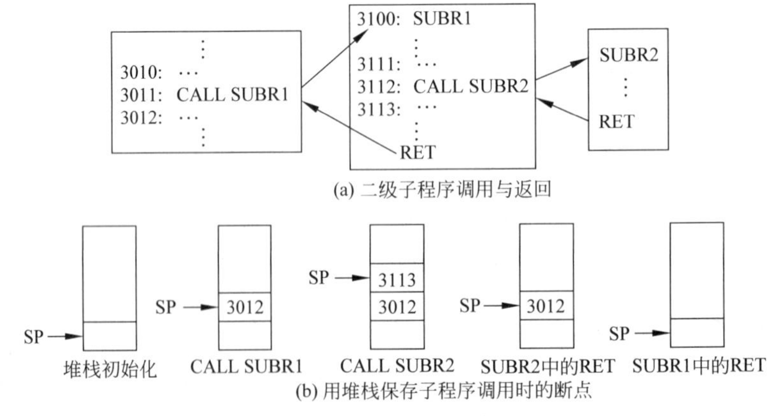


图 5.7 堆栈及其操作

8086 的当前程序的堆栈设置在堆栈段内，它的起始地址由段寄存器 SS 指示，栈顶指针由 16 位的寄存器 SP 担当，可以用下面的指令对 SP 进行初始化：

```
MOV  SP,im
```

这时 SP 与 SS 之间的偏移量表示堆栈的大小，堆栈的最大空间是 64KB。

PUSH 和 POP 是只能对 16 位操作数执行进栈和出栈操作的两条堆栈操作指令，分别称为进栈指令和出栈指令。进栈操作时，PUSH 指令先执行 SP-2→SP，然后将一个字从源地址送到由现行 SP 寻址的堆栈两个单元；出栈操作时，POP 指令将一个字从现行 SP 寻址的堆栈两个单元送到目的地址，然后执行 SP+2→SP 操作。例如：

```
PUSH  DS            ；暂存 DS
PUSH  CS
POP   DS            ；传送 CS 到 DS
PUSH  [SI+06H]      ；存储单元内容进栈
```

堆栈操作不仅可以暂存数据，还可以用来传送数据。但是要注意，一般情况下 PUSH 和 POP 指令应该配对使用，以保证堆栈中的数据不会紊乱。

**7. 8086 的段寻址**

8086 的地址总线有 20 条，所以内存地址位数是 20b，具有 1MB 寻址能力，而地址寄存器的位数只有 16 位，可寻址的范围为 64KB。为此 8086 采用了分段技术，并且用 4 个 16 位的专门的寄存器 CS、DS、SS、ES 作为段寄存器，分别保存代码段、数据段、堆栈段和附加段的首地址的高 16 位，如图 5.8 所示。

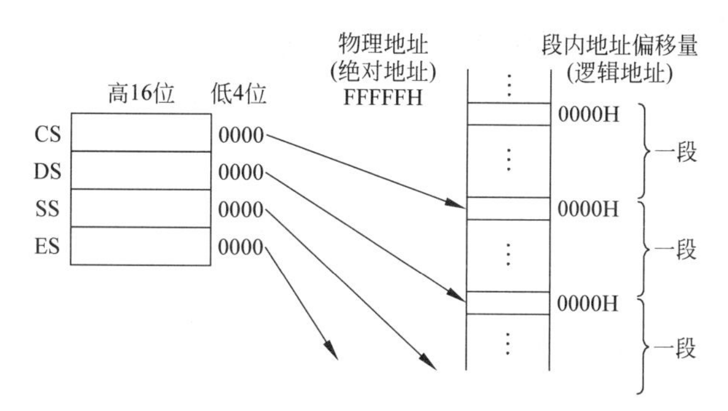


图 5.8 8086 的段地址、物理地址和逻辑地址

4 个当前段的最大长度是 64KB，相对于各段首地址，段内偏移地址都可以用 16 位的地址码来表示。这样，便可以使用 16 位的寄存器（如 IP、SP、BP、SI、DI 等）进行地址操作，只要确定了 CS、DS、SS、ES 的值，就可以只考虑 16 位的地址偏移量——逻辑地址。当需要 20 位的地址时，CPU 会自动选择相应的段寄存器，并将其左移 4 位后与 16 位的地址偏移量相加，产生所需要的 20 位的物理地址。

段地址可以由段前缀指令指定，也可以由 8086 隐含地给出。

8086 的寻址都是基于段寻址的，如 8086 的直接寻址，实际上是一种段寻址。其他 8086

寻址方式也是以此为前提的。

## 5.1.3 Intel 8086 指令简介

本节介绍 Intel 8086 CPU 中的一些指令。

### 1. 数据传送类指令

数据传送指令用于寄存器、存储单元或输入输出端口之间的数据或地址传送。

1）通用数据传送指令

MOV 是最基本的通用数据传送指令。它可以在寄存器之间、寄存器和存储单元之间传送字节和字，也可以将一个立即数传送到寄存器或存储单元中。例如：

```
MOV  AL,  BL               ；寄存器之间传送字节
MOV  SI,  [BP+8AH]         ；存储单元和寄存器之间传送数据
                           ；(基址寻址)
MOV  AL,  06H              ；立即数传送到寄存器
```

XCHG 是一条数据交换指令。操作数可以是寄存器或存储单元，但不能是段寄存器或立即数，也不能同时为两个存储器操作。例如：

```
XCHG  AL,  CL              ；字节交换
XCHG  BX,  SI              ；字交换
XCHG  AX,  [BX+SI]         ；寄存器和存储单元之间交换数据
                           ；(基址变址寻址)
```

2）输入输出指令

输入输出指令是专门用于累加器和输入输出端口之间进行数据传送的指令，而不是像通用数据传送指令那样只用于寄存器、存储单元或堆栈之间的数据传送。下面是输入输出指令的实例：

```
IN    AL,    05BH          ；字节输入(端口地址 05BH)
OUT   0FAH,  AX            ；字输出(端口地址 0FAH)
MOV   DX,    0358H         ；设置端口地址 (端口地址超出 8 位时，
                           ；必须先将端口地址送入 DX 寄存器，
                           ；再进行输入输出)
IN    AX,    DX            ；字输入
```

3）地址传送指令

地址传送指令用于传送操作数的地址。LEA 用来将源操作数(必须是存储器操作数)的偏移地址传送到通用寄存器、指针或变址寄存器。例如：

```
LEA  SI,[BX+36H]
```

LDS 是一条取(地址)指针到数据段寄存器和数据寄存器的指令。它要求源操作数是一个双字长存储器操作数，目的操作数是 16 位通用寄存器、指针或变址寄存器，但不能是段寄存器。指令执行时，双字长存储器操作数中的低地址字传送到指定的数据寄存器中，高地

址字传送到数据段寄存器 DS 中。该指令用来设置字符串传送的源地址是非常方便的，例如指令

```
LDS  SI,SRC
```

是把双字节（地址）指针变量 SRC 的低 16 位送到 SI，高 16 位送 DS。

LES 是一条取（地址）指针到附加段寄存器的指令。该指令的操作与 LDS 指令类似，不同的只是把 32 位（地址）指针的高 16 位送到 ES 寄存器中，例如：

```
LES DI,DST
```

4）标志传送指令

标志传送指令专门用于对标志寄存器进行操作。8086 指令系统提供了以下 4 条标志传送指令：

```
LAHF                ；标志寄存器的低 8 位送 AH
SAHF                ；AH 中的内容送标志寄存器
PUSHF               ；标志寄存器内容进栈
POPF                ；栈顶内容送标志寄存器
```

注意，SAHF 和 POPF 指令直接影响标志位，其他传送指令均不会对标志位产生影响。

**2. 算术运算指令**

8086 的算术运算可以处理二进制数和无符号十进制数。其中，十进制数不带符号，用压缩码（紧凑格式）或非压缩码（非紧凑格式）保存。压缩码表示的十进制数，每个字节可容纳两个 BCD 码，十进制数高有效位是 8 位二进制数中的高 4 位，低有效位是 8 位二进制数中的低 4 位，因此一个字节的数值范围是 00～99。而使用非压缩码时，每个字节只表示一位 BCD 码，用低 4 位二进制数表示，因此一个字节的数值范围是 0～9。做乘、除法时，高 4 位必须是 0，做加、减法时可以是任意值。

1）加法指令

（1）加法指令 ADD。

语法：ADD 目的，源

功能：对两个字节或字操作数相加，将其结果送到目的操作数地址。

受影响的状态标志：AF，CF，PF，OF，ZF，SF。

操作数可以是寄存器、存储器或立即数。例如：

```
ADD  AX,BX
ADD  AL,40H
ADD  [BX+SI+64H],AX
```

**注意：**

- 参与运算的两个操作数应该同时带符号或同时不带符号，并且长度必须一致。
- 两个操作数不能同时为存储单元或段寄存器。

• 立即数不能作为目的操作数。

(2) 带进位加法指令 ADC。

语法：ADC 目的，源

功能：完成两个整数相加，如果 CF 为 1，则将两个整数之和再加 1，结果返回目的操作数。

受影响标志：OF，SF，ZF，AF，PF，CF

例如：

```
ADC  AL,34
ADC  AX,345
ADC  BL,10
```

(3) 增 1 指令 INC。

语法：INC 目的

功能：INC 是一条单操作数指令，它将目的操作数加 1，其结果仍返回该目的操作数。

状态标志 CF 不受影响。例如

```
INC CX  ；字寄存器中的内容加 1
```

(4) 加后二-十进制调整指令 DAA。

8086 把所有的操作都看作是二进制数相加，如果操作数是 BCD 码，例如将两个压缩的十进制数 26 和 55 相加，其二进制形式加法如下：

```
      0010 0110   (BCD 码 26)
  +   0101 0101   (BCD 码 55)
  ---------------------------
      0111 1011   (?)
```

正确的结果应该是 BCD 码 81，现在却变成了高位是 7，低位是 B 的十六进制数。这是由于低位的和够 16 才向高位进位，而十进制数加法够 10 就需要向高位进位。因此必须进行调整，才能获得正确结果。指令 DAA 就是完成加后的十进制调整的，调整的规则是：当低 4 位大于 9 或向高位有进位(AF=1)时，在低位加 6。例如在本例中要执行以下运算：

```
      0111 1011
  +        0110
  -------------
      1000 0001
```

调整后的结果为 BCD 码 81，这才是正确的结果。

执行完 ADD 指令后，要跟一条 DAA 指令立即进行调整，在 DAA 指令中并没有指明操作数，因为已经默认要调整的加法结果在 AL 累加器中。

AAA 也是一条调整指令，是针对非压缩的十进制数加法进行调整，具体规则与 DAA 类似。

2) 减法指令

(1) 减法指令 SUB。

语法：SUB 目的，源

功能：指令完成两个整数的减法，执行时从目的操作数减去源操作数，其结果存入目的操作数中。

受影响的标志：OF,SF,ZF,PF,AF,CF。

例如：

```
SUB  AX,23
SUB  BX,[200]
```

(2) 求补指令 NEG。

语法：NEG 目的

功能：对目的操作数字节或字求补,即用 0 减去操作数,结果送回目的操作数。

受影响的标志：OF,SF,ZF,PF,AF,CF。

例如：

```
NEG AL
```

(3) 两操作数比较指令 CMP。

语法：CMP 目的,源

功能：目的操作数减去源操作数,结果不送回,两操作数操作保持原值,只是使标志状态作相应改变。

受影响的标志：OF,SF,ZF,PF,AF,CF。

这条指令后面一般跟条件转移指令,以判断两个操作数是否满足某种关系。例如：

```
LOOP:    MOV AX,34
         CMP AX,BX
         JNZ LOOP
```

在减法指令中还有带借位减法指令 SBB、减法十进制调整指令 AAS 和 DAS 等。

3) 乘法指令

8086 不仅提供了不带符号的乘法指令和乘法的 ASCII 调整指令,而且提供了带符号的乘法指令。这里只介绍无符号乘法指令 MUL。

语法：MUL 源

功能：乘法指令只有一个源操作数,它可以是字节或字。若为字节,则执行该字节与 AL 寄存器的内容相乘,结果放在 AX 寄存器中;若为字,则执行该字与 AX 寄存器的内容相乘,结果存放在 DX (高位)和 AX(低位)寄存器中。

受影响的标志：OF, CF。

例如：

```
MOV  AL,3
MUL  4
```

将立即数 3×4 的结果存入 AX 中。

此外还有 IMUL(带符号乘法)AAM(乘后 ASCII 调整)等指令。

4）除法指令

除法指令与乘法类似，有 DIV（无符号除）、IDIV（带符号除）和 AAD（除前 ASCII 码调整）等指令。

**3. 逻辑运算指令**

1）逻辑“非”指令 NOT

语法：NOT 目的

功能：将操作数中的每位求反，结果返回操作数，不影响标志。

例如：

```
NOT AL
NOT BX
```

2）逻辑“与”指令 AND

语法：AND 目的，源

功能：将两个操作数按位进行“与”操作，结果送目的操作数。

受影响的标志：OF=0，CF=0，PF，SF，ZF。

该指令可借助于某给定的操作数将另一个操作数的某些位清除（也称为屏蔽）。例如：

```
AND AL,0FH          ；屏蔽 AL 的高 4 位
```

3）逻辑“或”指令 OR

语法：OR 目的，源

功能：将两个操作数按位进行“或”操作，结果送目的操作数。

受影响的标志：OF=0，CF=0，PF，SF，ZF。

该指令常用于使特定的位置 1，例如：

```
OR BX,0003H         ；将 BX 中第 0 位和第 1 位置 1
```

4）逻辑“异或”指令 XOR

语法：XOR 目的，源

功能：将两个操作数按位进行“异或”操作，结果送目的操作数。

受影响的标志：OF=0，CF=0，PF，SF，ZF。

某位若为 0，与 1 异或后为 1；若为 1，与 1 异或后为 0。即异或指令可改变该位的状态。例如：

```
XOR BX,0001H        ；改变 BX 中第 0 位的状态
```

5）检测与逻辑比较指令 TEST

语法：TEST 目的，源

功能：将两个操作数按位进行“与”操作，结果不回送，仅影响标志位。

受影响的标志：OF=0，CF=0，PF，SF，ZF。

该指令常用于检测某些条件是否满足，但又不希望改变原操作数的情况，例如：

```
      TEST  AL,  01H           ; 检查 AL 的第 0 位
      JNE   there              ; 若 ZF=0(即 AL 的第 0 位为 1),转移到 there 执行
            ⋮
there:      …
```

**4. 移位指令和循环移位指令**

1）移位指令

语法：SAL 目的,$n$/CL　;将目的操作数算术左移 $n$ 位

　　　SHL 目的,$n$/CL　;将目的操作数逻辑左移 $n$ 位

　　　SAR 目的,$n$/CL　;将目的操作数算术右移 $n$ 位

　　　SHR 目的,$n$/CL　;将目的操作数逻辑右移 $n$ 位

2）循环移位

语法：ROL 目的,$n$/CL　;循环左移 $n$ 位,将高位移到低位

　　　ROR 目的,$n$/CL　;循环右移 $n$ 位,将低位移到高位

　　　RCL 目的,$n$/CL　;带进位循环左移 $n$ 位,将进位移到低位

　　　RCR 目的,$n$/CL　;带进位循环右移 $n$ 位,将低位移到进位

移位和循环移位的具体操作如图 5.9 所示。

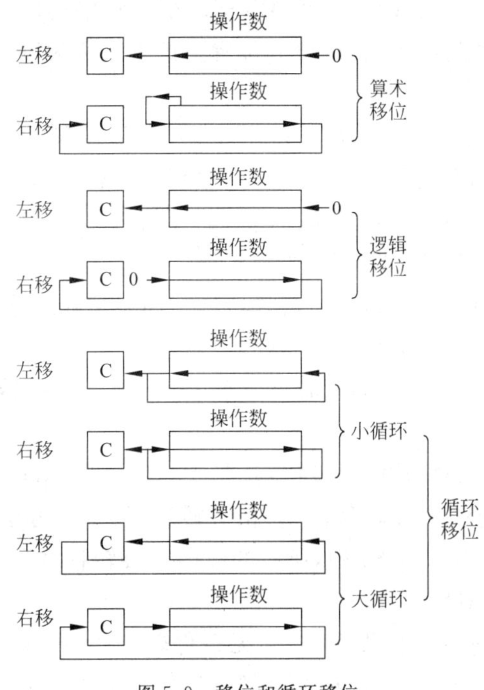


图 5.9　移位和循环移位

**说明：**

(1) 左移时，高位进 CF，低位补 0。算术右移时，保持高位符号位不变；逻辑右移时，高

位补 0。

(2) 移动 1 位时,可省略第二个操作数。移动多位时,移动的位数由 CL 寄存器中的值确定。

下面是移位指令的应用例子:

```
SAL  AH,CL          ; 相当于 AL 内容乘以 2
MOV  CL, 4
SHL  AX,CL          ; 相当于 AX 内容乘以 16
SAR  AX,CL          ; 相当于 AX 内容除以 16
SHR  AX,CL          ; 相当于 AX 内容除以 16
```

**5. 串操作指令**

数据串是存储器中一个连续字节或字的序列。这个序列可以是数字值(二进制数或 BCD 码),也可以是字母或数字(如 ASCII 字符)。

串操作就是对数据串中每一个元素进行的操作。例如,数据传送就是把一个数据串的全部元素从存储器的一个区域传送到另一个区域。

**6. 程序控制指令**

在 8086 中,程序的执行顺序是由标志寄存器 CS 和指令指针 IP 确定的。为了使程序移到一个新的地方去执行,或者改变 CS 和 IP(即改变段和偏移量)的值。有下面 3 种情形:

(1) 仅改变 CS 的值,即仅改变程序段的位置。该方式称为段间转移,也叫远转移,目标属性为 FAR。

(2) 仅改变 IP 的值。此方式称为段内转移,也叫作近转移,目标属性为 NEAR。

(3) 同时改变 CS 和 IPS 的值。该方式虽然原理上可行,但实际上是无意义的。

为了进一步节省目标码长度,对于短距离内的段内转移(-128～+127),8086 专门给它取名为短转移,并由属性操作符 SHORT 加以说明。

无论是段内转移还是段间转移,都有直接转移与间接转移之分。直接转移,就是转移的目标地址信息直接出现在指令的机器码中;间接转移,则是转移的目标地址信息间接存储于某一寄存器或内存变量中。当通过寄存器间接转移时,由于寄存器只有 16 位,所以只能完成段内间接转移。

计算段内转移地址有两种方法。一种方法是把当前的 IP 值增加或减少某一个值,也就是以当前指令为中心往前或往后转移,称为相对转移;另一种方法是以新的值取代当前的 IP 值,称为绝对转移。在 8086/8088 中,所有的段内直接转移都是相对转移,所有的段内间接转移和段间转移都是绝对转移。

8086 提供了 4 种程序控制转移指令,即无条件转移指令、条件转移指令、循环控制指令、中断指令。除中断指令外,其他转移指令都不影响状态标志位,而一些控制转移指令的执行是受状态标志影响的。

1) 无条件转移指令 JMP

语法: JMP (目标)

功能：目标为指令的地址，无条件转移到目标所代表的指令上，且不保存任何返回信息。

例如：

```
JMP FAR_LABEL     ;段间直接转移
JMP NEAR_LABEL    ;段内直接转移
```

2）过程调用指令 CALL

语法：CALL（目标）

功能：将下一条指令地址保存堆栈内，然后无条件转移到目标所代表的过程入口地址去执行。被调用过程执行结束，从 CALL 的下一条指令继续执行。

3）过程返回指令 RET

语法：RET

功能：将由 CALL 指令压入堆栈的地址弹出，从该地址继续执行。

此外还有一些指令，如处理器控制指令(用于控制处理器的某些功能)等。

### 5.1.4 CISC 与 RISC

RISC(Reduced Instruction Set Computer，精简指令系统计算机)和 CISC(Complex Instruction Set Computer，复杂指令系统计算机)是目前设计指令系统的两种不同思路。

#### 1. 冯·诺依曼语义差距问题

在指令执行过程中，要求每个部件完成的基本操作称为微操作。因此，指令就是计算机微操作的组合。不同的微操作组合序列构成了形形色色的指令。每一条指令的语义由它所规定的微操作序列定义。指令中包括的微操作的种类和数量越多，指令的功能越强，使用起来越灵活。而一台计算机的指令系统越丰富，这台计算机的功能也越强。从使用者的角度来说，指令系统功能越强，编出的程序越简单。但是从计算机设计制造的角度来说，指令系统越简单，CPU 越简单；指令系统越复杂，CPU 越复杂。

随着计算机技术的发展，高级语言不断向人类自然语言方面靠拢。这就使得冯·诺依曼语义差距不断加大。克服这种差距的办法有两个：一是增强编译程序的功能；二是扩大处理机指令系统的功能，设法用一条指令代替一段程序。人们传统上认为，指令系统越复杂，含有能用一条指令代替一段程序的指令越多，编译越简单（因为一条高级语言命令要用一段机器语言程序实现)，越有利于缩小语义差距。于是，一种计算机被设计好之后不久，便又要在其基础上增加一些新的指令和寻址方式，但又不取消旧的指令和寻址方式。这样做的好处是，通过向上兼容和向后兼容，既可吸引更多的用户，又可降低新产品的开发周期和代价，于是出现了系列机的概念。

在系列机的发展中所增添的新的指令和寻址方式往往是综合性的复杂指令，是添加更复杂的功能，向高级语言靠拢。这样，指令系统便不断膨胀。例如，PDP-11/2 机仅有 70 多条指令，而 VAX-11 具有 16 种寻址方式、9 种数据格式、330 条指令。又如，32 位的 68020 微型计算机的指令种数比 68000 多两倍，寻址方式多了 11 种，达 18 种之多，指令长度变化多端，可从 1 个字(16 位)到 16 个字。

很长一段时间内，人们一方面用增加复杂指令的方法缩短语义差距，另一方面又主要靠提高时钟频率和指令解释执行的并行性来提高机器的性能。随着计算机的不断升级，由于复杂的指令系统中指令的差异性增大，流水线及超标量流水线的采用更导致 CISC 结构的 CPU 设计的复杂度按几何级数增长，硬件变得十分庞大。这一方面限制了内部高速缓存的扩大，另一方面使得芯片运行频率的提高非常困难，容易导致芯片工作不稳定。一个令人难忘的例子是 1975 年 IBM 公司投资 10 亿美元研制高速 FS 机，最终却以“复杂结构不宜构成高速计算机”的结论宣告失败。

**2. 80-20 规律**

事实让人们从对复杂结构的追求中清醒，开始对指令使用频度进行统计分析。表 5.1 为对 Intel 8088 处理器指令系统进行分析的结果。可以看出，6 类指令中，有 3 类指令的使用频度平均达到 90%，而另外 3 类不到 10%。这个结论与 20 世纪 70 年代 HP 公司对 IBM 370 高级语言程序中指令使用频度的分析结果以及 Marathe 在 1978 年对 PDP-11 机在 5 种不同应用领域中的指令混合测试的结果类似：典型程序中的 80%只使用处理机中 20%的指令，并且这些指令是简单指令(加、取数、转移等)。也就是说，人们付出极大的代价所增添的复杂指令只有不到 20%的使用概率，而由于这些低使用频度的复杂指令的存在，使得使用频度高的简单指令的速度也无法提高。例如，希望增加一条指令替换一个子程序，使该项功能的速度提高 10 倍。若子程序的使用频度不超过 1%，替换后的效率提高为(100-(99+1/10))%=0.9%，而另一方面由于复杂性可以使基本时钟频率下降 3%，总的效率反会降低 2.1%。再说，用增加复杂指令达到缩小语义差距的方法，可能对某种高级语言适用，而对别的语言不一定适用。

**表 5.1 Intel 8088 处理器各类指令使用频度统计**

| 指令类型 | 应用程序号 | | | | | | | 平均 |
|---|---|---|---|---|---|---|---|---|
| | F1 | F2 | F3 | F4 | F5 | F6 | F7 | |
| 数据传输 | 34.25 | 35.85 | 28.84 | 20.12 | 25.05 | 24.33 | 34.31 | 30.25 |
| 算术运算 | 24.97 | 22.34 | 45.32 | 43.65 | 45.72 | 45.42 | 28.28 | 36.24 |
| 逻辑运算/位操作 | 3.40 | 4.34 | 7.63 | 7.49 | 6.38 | 3.97 | 4.89 | 5.44 |
| 字符串处理 | 2.42 | 4.22 | 2.72 | 2.01 | 2.10 | 2.35 | 2.10 | 2.86 |
| 转移指令 | 34.84 | 32.99 | 15.34 | 7.63 | 20.52 | 25.72 | 30.29 | 25.33 |
| 处理器控制 | 0.13 | 0.26 | 0.15 | 0.10 | 0.24 | 0.19 | 0.14 | 0.19 |

**3. RISC 的基本思想**

80-20 规律启发了人们的某种思想：只留下最常用的 20%的简单指令，通过优化硬件设计，把时钟频率提得很高，实现整个系统的高性能，靠速度取胜。这就是 RISC 技术的基本思想。

假定一个程序总的执行时间为

$$T=N\cdot C\cdot S$$

式中，$N$ 是要执行的指令的总条数，$C$ 是每条指令的平均 CPU 周期数，$S$ 是每个 CPU 周期的时间。为缩短 $T$，CISC 技术主要依靠减少 $N$，但同时要付出提高 $C$ 的代价，也可能还要增加 $S$；RISC 技术主要是减少 $C$ 和 $S$，但要付出增加 $N$ 的代价。表 5.2 是对 CISC 和 RISC 的 $N$、$C$、$S$ 的统计结果比较。

**表 5.2　RISC 与 CISC 的 N、C、S 统计比较**

| 指令系统 | $C$ | $T$ | $N$ |
|---|---|---|---|
| RISC | 1.3～1.7 | <1 | 1.2～1.4 |
| CISC | 4～10 | 1 | 1 |

当 RISC 与 CISC 在相同的时钟周期下比较时，RISC 的每条指令所占用的时钟周期为 1.3～1.7，而 CISC 为 4～10，故这时 RISC 指令仍执行速度为 CISC 的 3～6 倍。尽管 RISC 的 $N$ 因子比 CISC 多 20%～40%，但折算下来，RISC 的性能仍为 CISC 的 2～5 倍。

另一方面，由于计算机的硬件和软件在逻辑上的等效性，使得指令系统的精简成为可能。

早在 1956 年就有人证明，只要用一条"把主存储器中指定地址的内容同累加器中的内容求差，把结果留在累加器中并存入主存储器原来地址中"的指令，就可以编出通用程序。有人提出，只要用一条"条件传送"(CMOVE)指令就可以做出一台计算机。1982 年国外某大学就做出这样一台 8 位的 CMOVE 系统结构的样机，叫作 SIC(单条指令计算机)。也有人认为，指令系统是控制器设计的依据，它精简的部分可以通过其他部件以及软件(编译程序)的功能来代替。

#### 4. RISC 的外体系结构

指令系统是控制器设计的蓝本。精简指令系统是 RISC 最基本的追求。通过精简指令系统，可以简化控制器，减少控制器面积，进而带来能提高处理速度(降低 $C$ 和 $T$)、增加通用寄存器等一系列好处。RISC 的指令系统有如特点。

(1) 指令种数较少(一般希望少于 100 种)。

表 5.3 为一些 RISC 机的指令系统的指令条数。

**表 5.3　一些 RISC 机的指令条数**

| 机器名 | 指令数 | 机器名 | 指令数 |
|---|---|---|---|
| RISCⅡ | 39 | ACORN | 44 |
| MIPS | 31 | INMOS | 111 |
| IBM801 | 120 | IBMRT | 118 |
| MIRIS | 64 | HPPA | 140 |
| PYRAMID | 128 | CLIPPER | 101 |
| RIDGE | 128 | SPARC | 89 |

由于指令系统精简，在机器设计时就要仔细选择指令系统，力求很好地支持高级语言。例如，RISCⅡ的 39 条指令可以分为如下 4 类：

- 寄存器-寄存器操作，包括移位、逻辑、整数运算等 12 条。
- 取/存数指令，包括取存字节、半字、字等 16 条。

• 控制转移，包括条件转移、调用/返回等 6 条。

• 其他，包括存取程序状态字（PSW）和程序计数器等 5 条。

应该说，利用这些指令并在硬件系统的辅助下，足以实现其他指令的功能。例如，RISC 机中没有寄存器之间的数据传送指令（MOVE），可以用加法指令 $R_s+R_o \rightarrow R_d$ 代替，其中 $R_o$ 是一个恒为零的寄存器。还有取负可以用 $R_o-R_s \rightarrow R_d$ 代替，清除寄存器可以用 $R_o+R_o \rightarrow R_d$ 代替等。

此外，转移指令可由两个算术操作来完成：一个用于进行比较，设置条件；另一个用于计算目标地址。地址计算由单独提供的加法器完成，这样可以提高布尔表达式的求值效率，而不须设置条件码。

当然，对于商品化的 RISC 机，因用途各异，一般会增加一些指令，扩充指令系统，但不外乎如下 4 种：

• 浮点指令。

• 特权指令。

• 寄存器间数据交换等指令。

• 一些专用简单指令。

（2）指令格式少（希望只有一两种）而且要求长度一致。

RISC Ⅱ 的指令格式只有两种：短立即数格式和长立即数格式，并且指令字中的每个字段都有固定的位置。寄存器-寄存器操作指令仅有短立即数一种格式，有些指令（如条件转移指令）则有两种格式。指令格式少而且要求长度一致的好处是便于实现简单而又统一的译码。

如图 5.10 所示，在 32 位的指令字中，第 25 位～31 位为操作码；第 24 位为是否置状态位的标志（RISC Ⅱ 只有 4 个状态位：Z、N、V、C）；第 19～23 位为 DEST 字段（对寄存器-寄存器指令，DEST 为目标地址，以 rd 表示；在条件转移指令中，DEST 中的第 23 位无用，其他 4 位表示转移条件）；第 0～18 位为操作数字段。短立即数格式适于算术逻辑指令，需要两个源操作数，它的第 0～18 位分成 3 部分：第 14～18 位为第一源操作数（用 $rs_1$ 指出）；第 13 位 $i$ 用以指明第二源操作数是在用 $rs_2$ 指出的寄存器中（$i=0$，只用 0～4 位，5～12 位不用），还是一个立即数 $imm_{13}$（$i=1$，使用第 0～12 位，共 13 位）。长立即数格式用于只需一个源操作数的指令，这时操作数用一个 19 位的 $imm_{19}$ 表示；对转移指令，$imm_{19}$ 是一个 19 位的相对位移量，表示转移地址相对于程序计数器（PC）的位移量。

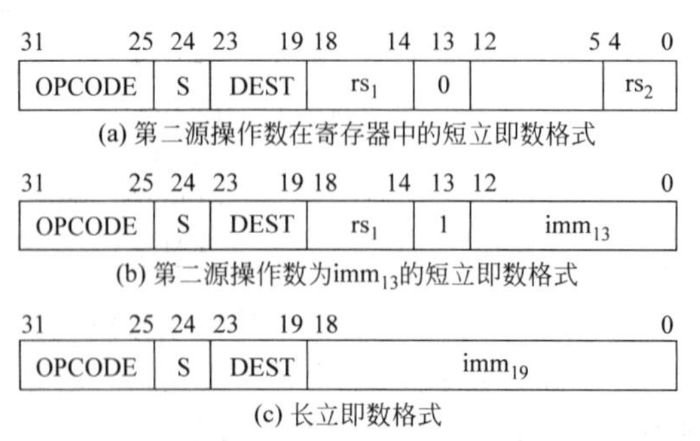


图 5.10　RISC Ⅱ 的立即数格式

因为复杂的寻址方式要付出计算有效地址的代价。统计说明，导致增加周期数目的主要环节是访存指令。为消除这一影响，RISC 机中规定，只有取数（load）和存数（store）两条指令可以访存，以缓解对主存带宽的要求。即 RISC 的大部分指令用以在寄存器间进行数据传送。

**5. RISC 与 CISC 的比较**

表 5.4 对 RISC 与 CISC 进行了比较。

**表 5.4　RISC 与 CISC 比较**

| 指令系统 | RISC | CISC |
|---|---|---|
| 指令数目 | 一般少于 100 条 | 一般大于 200 条 |
| 寻址方式种类 | 少 | 多 |
| 指令格式种类 | 少 | 多 |
| 通用寄存器数量 | 多 | 少 |
| 指令字长 | 定长 | 变长 |
| 执行速度 | 高 | 较低 |
| 不同指令的执行时间 | 多数在一个周期内 | 相差甚远 |
| 各种指令的使用频率 | 接近 | 相差甚远 |
| 设计及制造的方便性 | 高 | 低 |
| 可靠性 | 逻辑简单，可靠性高 | 逻辑复杂，可靠性低 |
| 控制器实现分时 | 组合逻辑电路 | 微程序 |

### 5.1.5　指令系统的设计内容

指令系统是 CPU 设计的依据。设计 CPU 首先要设计一个指令系统。指令系统的设计通常包含两个层次的工作：一是能向程序员提供一个优化的指令的集合；二是在此基础上，进一步满足用户对于计算速度等的需求。前者是最基本的。

如前所述，设计一个指令系统主要是确定如下一些内容：

- 操作类型，决定了指令数的多少和操作的难易程度。
- 数据类型，决定操作数的存取方式。
- 寻址方式。
- 寄存器类型及个数。
- 指令格式，包括指令长度和各字段的布局等。

## 5.2　组合逻辑控制器

指令最终要被控制器解释为按规定的时序、在时序信号控制下的微操作信号。按微操作信号产生的机制，操作控制部件可以用组合逻辑电路、微程序（组合逻辑—存储逻辑）等方法实现。

组合逻辑控制部件也称硬布线操作控制部件，它的控制方式是把整个指令系统中的每条指令在执行过程中要求操作控制部件产生的同一种微操作的所有情况归纳综合起来，把凡是要执行这一微操作的所有条件（是什么指令，在什么时刻）都考虑在内，然后用逻辑电路加以实现。也就是说，用这种方法得到的微操作控制线路（或称微操作控制部件或微操作控制器）通常由门电路和寄存器组成。它是操作码、节拍和控制条件的函数，可以根据每条指令的要求，让节拍电位和节拍脉冲有序地控制机器的各部件，一个节拍一个节拍地依序执行组成指令的各种微操作，从而在一个指令周期里完成一条指令所承担的全部任务。

这种方法通常以使用最少元件和取得最高操作速度为设计目标，一旦控制部件构成以后，便难以改变。因此这种方法所构成的控制部件也称为硬接线控制部件。采用逻辑电路设计微操作控制线路应包括如下工作：

（1）设计机器的指令系统。规定指令的种类、指令的条数以及每一条指令的格式和作用。

（2）初步的总体设计。如寄存器设置、总线安排、运算器设计、部件间的连接关系等。

（3）绘制指令流程图。标出每一条指令在什么时间、什么部件进行何种操作。

（4）编排操作时间表。即根据指令流程图分解各操作为微操作，按时间段列出机器应进行的微操作。

（5）列出微操作信号的逻辑表达式，进行化简，然后用逻辑电路实现。

### 5.2.1 指令的微操作分析

CPU 的执行过程可以粗略地看作是取指令—分析指令—执行指令的过程，并且可以细化为送指令地址—指令计数器(PC)加 1—指令译码—取操作数—执行操作的过程。这个过程所需要的时间称为一个指令周期。由于每条指令的复杂程度不同，所以所需的指令周期的长短也不相同。指令周期的长短有两种衡量方式：一种是用所包含的时钟周期衡量，另一种是用 CPU 工作周期来衡量。一条指令包含了两个以上 CPU 周期，具体数目依指令的复杂程度决定。一个 CPU 周期包含了几个时钟周期，具体数目取决于该 CPU 周期的操作需要。

如图 5.11 所示，一条完整指令可能包含如下 4 个 CPU 周期：取指周期、间指周期、执行周期和中断周期。下面分别予以介绍。

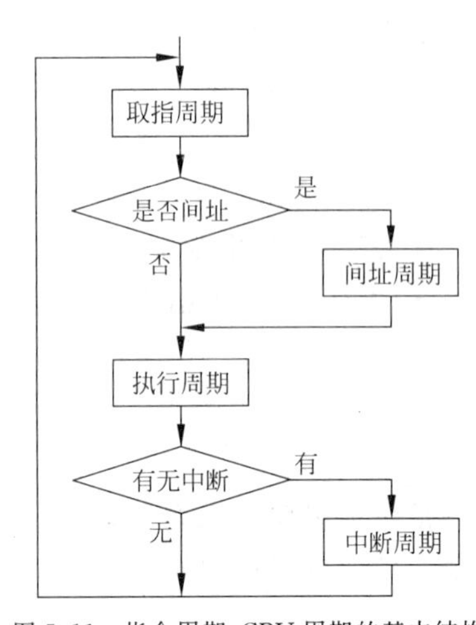

图 5.11 指令周期、CPU 周期的基本结构

#### 1. 取指周期

取指周期(fetching cycle)包含了如下的微操作：

（1）程序计数器(PC)的内容被装入地址寄存器 MAR。

（2）向存储器发出读信号。

（3）MAR 中的地址经地址译码，驱动所指向的单元，从中读出数据送存储器的数据寄存器(MDR)中。

（4）将 MDR 中的内容送指令寄存器(IR)中。

(5) 指令的操作码送 CU 译码或测试。

(6) 程序计数器内容加 1,为取下一条指令做好准备。

任何一条指令都是从取指令开始的,所以取指令称为公共操作。

**2. 间址周期**

间接访内指令是采用间址方式取操作数的指令。如图 5.12 所示,这种指令比直接访存指令要多一个间址周期(execution cycle),参见图 1.71,用于获取操作数的有效地址。具体操作如下。

(1) 将指令中的形式地址送 MAR。

(2) 向存储器发送读信号。

(3) 从 MAR 所指向的存储单元中将保存的数据(有效地址)读到 MDR 中。

(4) 将有效地址送指令寄存器中的地址字段。

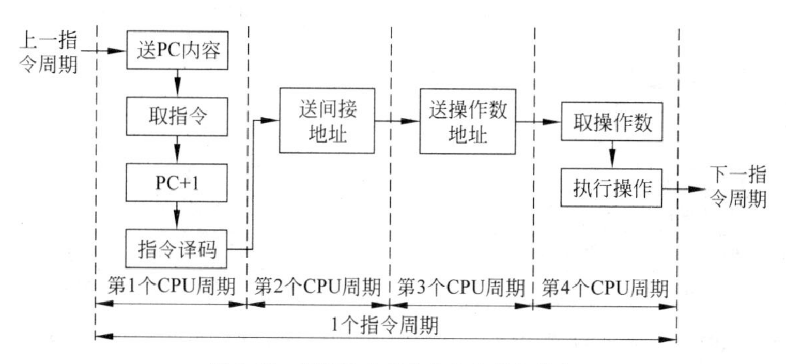


图 5.12　间接访内指令的指令周期结构

**3. 执行周期**

任何指令都含有执行周期(execute cycle),但是不同的指令的执行周期所进行的操作是不同的。下面介绍几种典型指令的执行周期中的操作。

1) 加法指令中的执行周期

设加法指令是把指令所指的内存单元的数据加到累加器中,即累加器内容与指定单元内容相加,结果送累加器。所进行的操作如下:

(1) 指令地址码送 MAR。

(2) 向存储器发读信号。

(3) 从指定单元读出数据送 MDR。

(4) 向 ALU 发加操作信号,将累加器内容与 MDR 内容相加,结果送累加器。

2) 写存储器指令中的执行周期

设写存储器命令是将累加器中的数据送到存储器的某单元 $X$ 中。所进行的操作如下:

(1) 将指令的地址码 $X$ 送 MAR。

(2) 向存储器发写信号。

(3) 将累加器中的数据送 MDR。

(4) 将 MDR 中的数据写到 MAR 指示的内存单元 $X$ 中。

3) 非访存指令中的执行周期

如图 5.13 所示,非访存指令指该指令执行过程中不需要访问存储器。清除累加器指令、累加器取反指令、停机指令等都是非访存指令。

由于不需要访问存储器,所以执行的操作比较简单。例如,停机指令的执行周期只需要执行如下操作:将运行标志触发器置 0(运行时该触发器为 1)。

4) 转移类指令中的执行周期

转移类指令的主要功能是改变指令执行的顺序,也不需要在执行周期中访问存储器。如图 5.14 所示,其指令周期也由两个 CPU 周期组成:第 1 个 CPU 周期仍为取出指令,PC 加 1;第 2 个 CPU 周期则是向 PC 中送一个目标地址,使下一条要执行的指令不再是本指令的下一条指令,而是转移到另外一个目标地址,实现指令执行顺序的转移。

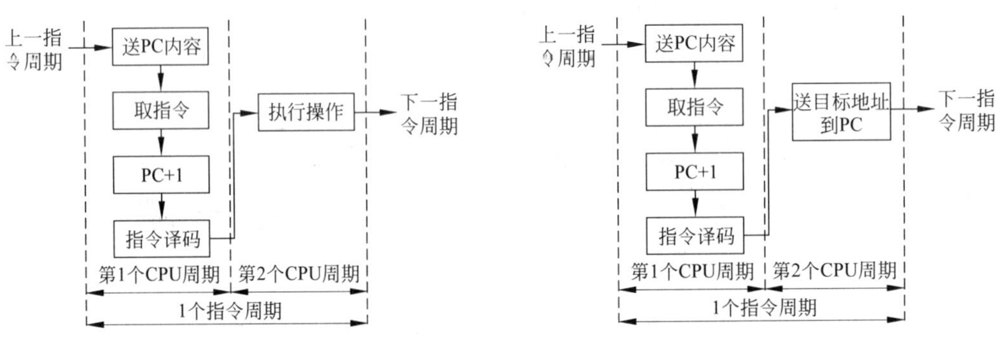


图 5.13　非访存指令的指令周期结构　　图 5.14　程序控制指令的指令周期结构

从上面的分析可以看出,任何一条指令都最少需要两个 CPU 周期。

**4. 中断周期**

每条指令即将结束时,CPU 都要检测有无中断请求,若有,就要执行下列操作:

(1) 将一个特定地址(用于保存断点的单元地址)送 MAR。

(2) 将 PC 内容(断点)送 MDR。

(3) 向存储器发送写信号。

(4) 将 MDR 内容(断点)写到 MAR 指示单元。

(5) 将中断服务程序入口地址送 PC。

(6) 关中断,将中断允许触发器 EINT 置 0。

### 5.2.2 指令的时序控制与时序部件

**1. 微操作的时序控制**

指令中的每一个微操作都要由相应的时序信号激发。控制器的最终目标是实现对指令的时序控制。基本的时序控制方式有同步控制方式和异步控制方式两种。

同步控制方式的特点是,在任何情况下每一条指令的执行所需的 CPU 时序信号周期是固定不变的。每个时序信号的结束标志着这个时序信号所代表的时间段中的操作已完成，可以开始后继的微操作。简单地说，这是一种“以时定序”的方法。

异步控制方式的特点是“以序定时”，也就是说，一个微操作是用其前一个微操作的结束信号启动的，而不是由统一的周期和节拍来控制的。这样，每条指令、每个操作控制信号需要多少时间就占用多少时间，即每条指令的指令周期可由多个不等的机器周期数组成。异步控制方式一般用于各自具有不同的时序系统的设备。这时，各设备之间的信息交换采取应答方式。例如，CPU 要从设备中读数据，则 CPU 发读信号，然后等待；设备把数据准备好后，就向 CPU 发“准备好”信号，CPU 将数据读入。

也可以用异步和同步相结合的方式进行控制，将大部分操作安排在固定的机器周期，对某些难以确定的操作则以问答方式进行。

### 2. 同步时序控制方式中的节拍分配

在同步时序控制方式中，一个 CPU 周期需要的时钟周期数目取决于该 CPU 周期中操作的需要，而它实际包含的 CPU 周期的数目则取决于不同设计思想。通常采用的设计思想有下列几种。

1）定长 CPU 周期（统一节拍）法

这是一种“统一划齐”的集中控制方式。即不管何种指令，都以最长的指令周期为标准分配相同的节拍数。这种时序电路简单，但将造成大量时间浪费。图 5.15 为采用 4 个时钟周期的定长 CPU 周期示例。

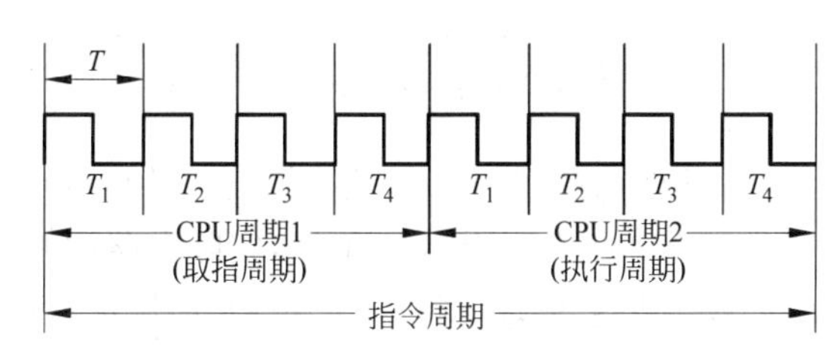


图 5.15 采用 4 个时钟周期的定长 CPU 周期

2）不定长 CPU 周期（分散节拍）法

这是一种“按需分配”的方式，即根据不同类型的指令所包含的微操作的种类、数目的不同，控制器在解释、执行时按实际所需分配相应数目的节拍，使不同的指令占用不同的机器周期。这种方式可以有效地提高运行速度，但将增加时序部件的复杂性。

3）延长节拍法

这是一种折中的方案，即根据绝大多数指令的需要，规定一个基本的节拍数作为各种指令共同要执行的周期，称为中央周期。对在中央周期内不能完成的少数指令（如乘法指令、除法指令等），可根据需要采用插入节拍的方法，在时间上给予必要的延长。该延长节拍也称为局部周期。这种中央和局部相结合的控制方式兼顾了集中和分散两种控制方式的优点，取长补短，因此得以广泛应用。图 5.16 为延长（插入）两个时钟周期的 CPU 周期时序图。

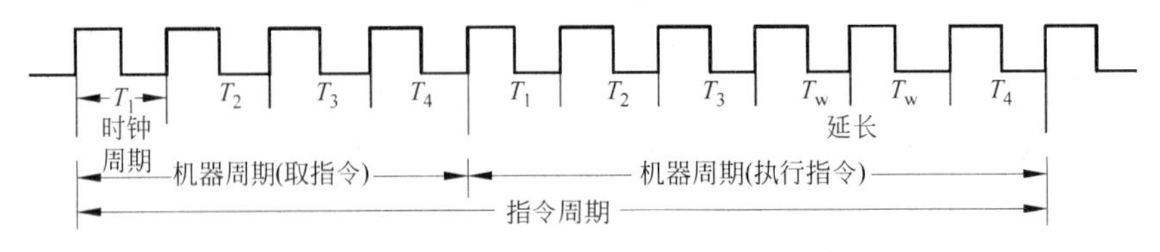


图 5.16　延长(插入)两个时钟周期的 CPU 周期时序图

### 3. 时序部件

时序部件是控制器的关键部件,它的功能是对各种操作实施时间上的严格控制。

时序部件主要由主时钟源、节拍发生器和启停控制逻辑组成。其中的关键部件是节拍发生器。节拍发生器可以是一个环形计数器,也可以是一个计数译码电路。

图 5.17 为环形计数器组成的节拍发生器的原理图。当电路清零(CLR)以后,便由最右面的触发器产生一个时钟周期宽的节拍脉冲信号 $T_0$ 节拍。$T_0$ 的下降引发 $T_1$,$T_1$ 的下降又引发 $T_2$……依次形成 $T_0$,$T_1$,$T_2$,$T_3$,$T_4$,$T_5$,$T_6$ 共 7 个节拍脉冲。$T_6$ 的下降沿引发 $T_0$,开始下一个指令周期。用这样的电路就组成了每个指令周期包括 7 个节拍的节拍发生器。如果规定 $T_0$ 节拍总是将指令指针的内容送出,它一定是取指令周期。

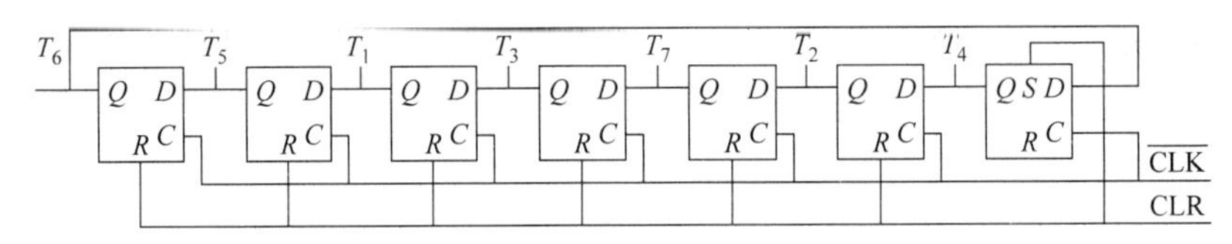


图 5.17　环形计数器组成的节拍发生器

图 5.18 为节拍发生器与其他部件的连接线路。由于时钟是由 CLK 与启、停信号"与非"得到的,所以只要一开机便会产生节拍脉冲。不过,实际电路中并不是简单的"与非"门,而是具有一定阻塞功能的启停控制逻辑,以保证不会在始、终脉冲的中间把脉冲放出去。

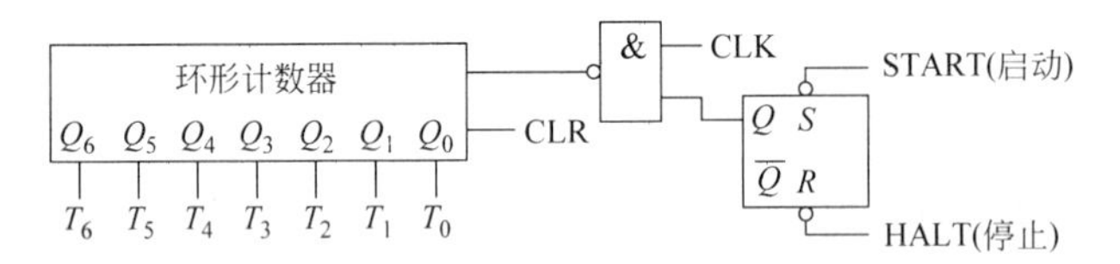


图 5.18　节拍发生器的连接

## 5.2.3　组合逻辑控制器设计举例

下面简单举例说明一个模型机的硬布线逻辑控制器的实现。

### 1. 指令译码器设计

指令译码器的功能与地址译码器相当,它能按指令码选中其输出的多条线中的一条线。

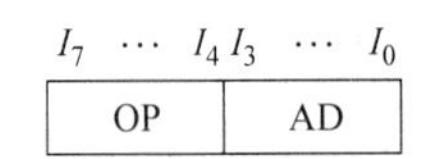


图 5.19　模型机的指令格式

设模型机只具有如图 5.19 所示的简单指令格式。

其指令系统如表 5.5 所示。

图 5.20 所示为指令译码器。它的功能是给定一个操作码(如 0001),只有一个输出端(ADD) 为高电平,其余均为低电平。

**表 5.5 一个模型机的指令系统**

| 操作码符号 | 二进制代码 |
|---|---|
| LDA | 0000 |
| ADD | 0001 |
| SUB | 0010 |
| OUT | 1110 |
| HLT | 1111 |

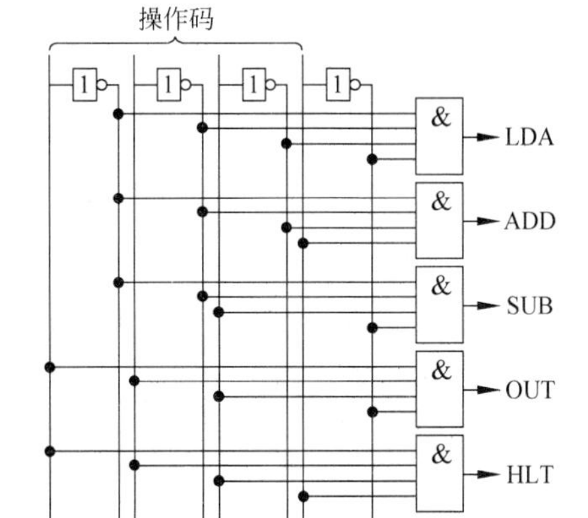


图 5.20 模型机的指令译码器

**2. 组合逻辑网络的设计**

一个组合逻辑操作控制部件(为简单起见,设为同步控制方式)的结构如图 5.21 所示。其中,指令译码器与节拍发生器的原理前面已经介绍了;逻辑网络的功能就是根据指令译码器的不同输出,在不同的节拍中产生不同的微操作控制信号。

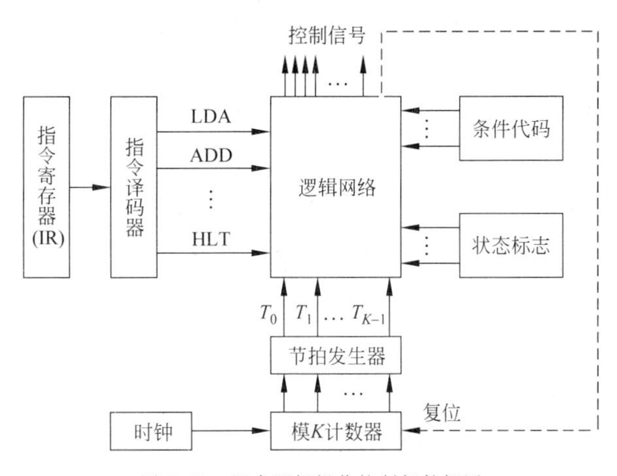


图 5.21 组合逻辑操作控制部件框图

图 5.22 所示为模型机的组合逻辑网络。其中 $T_0$、$T_1$、$T_2$ 为取指周期的 3 个节拍。所有的指令都有取指周期,所以它们输出的信号与指令无关,只与节拍有关。$T_3$、$T_4$、$T_5$、$T_6$ 为因指令不同而不同的 CPU 周期,所以控制信号的产生一方面与指令有关,另一方面与节拍有关,只有两个信号都有效时才产生控制信号。并且,可能会产生两个或 3 个控制信号,表明需要两个或 3 个部件进行操作。

图 5.23 为将不同周期、不同指令中同一种操作进行合并的逻辑电路。

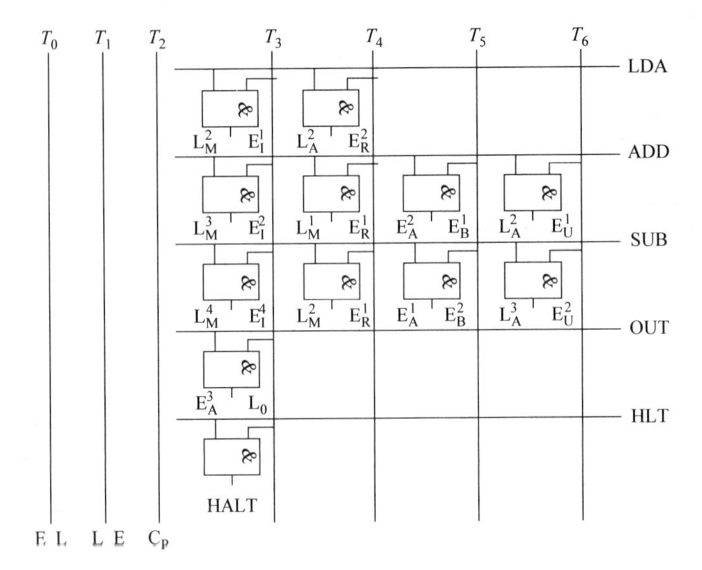


图 5.22　模型机的组合逻辑网络

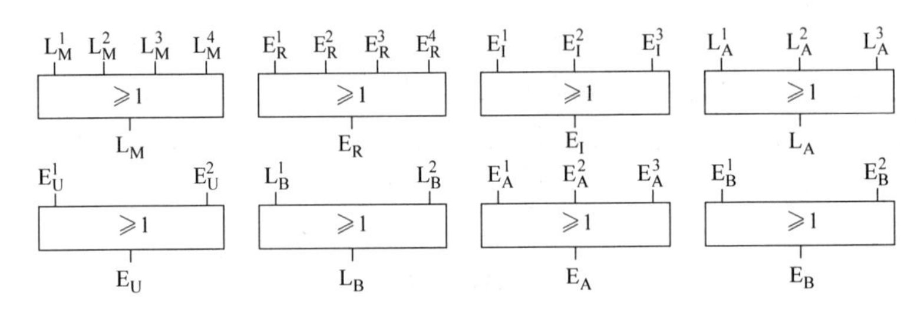


图 5.23　将不同周期、不同指令中同一种操作进行合并

### 3. 组合逻辑网络控制过程

下面以 ADD 指令为例，说明组合逻辑网络的控制原理。如图 5.23 所示，ADD 指令含有的微操作及其实现如下所述。

1）取指令

$T_0$：$E_P$　　　　;IP 送出指令地址

　　$L_M^1 \rightarrow L_M$　　;指令地址→MAR

$T_1$：$E_R^1 \rightarrow E_R$　　;读出指令

　　$L_I$　　　　　;把指令送指令寄存器(IR)

$T_2$：$C_P$　　　　;程序指针自动加 1

2）执行指令

$T_3$：$E_I^2 \rightarrow E_I$　　;IR 分两部分送出

　　$L_M^3 \rightarrow L_M$　　; 把操作数地址送 MAR

$T_4$：$E_R^3 \rightarrow E_R$　　;内存输出操作数

　　$L_B^2 \rightarrow L_B$　　;把操作数送 B 寄存器

$T_5$：$E_A^2 \to E_A$　;数 A 送 ALU

　　$E_B^1 \to E_B$　;B 数送 ALU

$T_6$：$E_U^1 \to E_U$　;ALU 送出结果

　　$L_A^2 \to L_A$　;结果送累加器 A

$T_0$、$T_1$、$T_2$ 为取指周期，$T_3$、$T_4$、$T_5$、$T_6$ 为执行周期。取指周期中的微操作对每条指令都是相同的。执行周期中的微操作则因指令而异，组合逻辑操作控制部件不仅结构复杂，而且指令系统的改变或硬件结构的变化将会影响组合逻辑网络的内部结构。因此一旦计算机设计完成了，增加指令，修改指令或变动计算机结构都很困难。但是，由于它是全硬件的，所以执行速度快，目前在 RISC(简化指令系统计算机)中有一定的市场。

# 5.3　微程序控制器

## 5.3.1　概述

微程序控制方法是由英国剑桥大学的 M. V. Wilkes 教授于 1951 年提出的。它的基本思想是：将程序存储控制原理引入到操作控制部件的设计中，即把一条指令看作是由一个微指令系列组成的微程序。这样，执行一条指令的过程就成为取一条微指令→分析微指令→执行微指令→再取下一条微指令的过程。

这种方法相当于把控制信号存储起来，所以又称存储控制逻辑的方法。它的好处是使操作控制部件的设计规整化，使操作控制部件的功能具有可修改性和可扩充性。

由于每一条指令所包含的微指令序列是固定的，通常把指令系统存储在专门的 ROM 中，并称之为控制存储器。显然，执行一条指令的关键是找到它在控制存储器中的入口地址。

## 5.3.2　微程序操作控制部件的组成

图 5.24 为微程序操作控制部件的结构框图。微程序操作控制部件的主要部件如下。

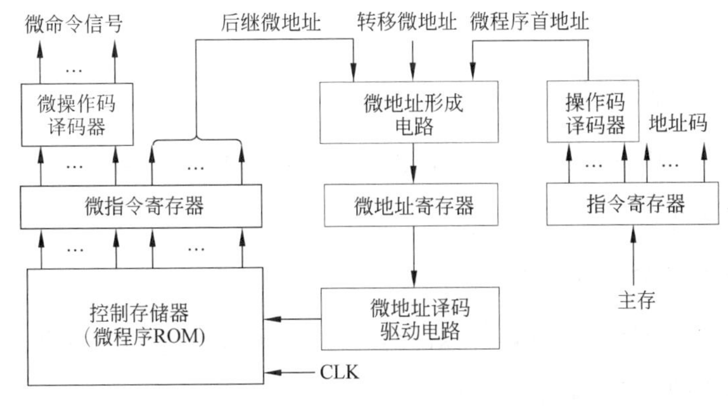


图 5.24　微程序控制器结构框图

**1. 控制存储器**

控制存储器（CM）是微程序操作控制部件的核心，一般由ROM（或EPROM）构成，它存放机器指令系统中各条指令所对应的微程序。每条指令的操作码被译码为所对应的微程序的首地址。

**2. 微指令寄存器和微地址形成电路**

微指令寄存器也称控制数据寄存器，保存从控制存储器中取出的微指令。微指令分为两部分：微操作码部分和微地址部分。

根据控制方式，微指令可分为水平型和垂直型两种。水平型微指令的微操作码的位数等于全机所需的信号个数，即每个信号占一位，若全机需要25个控制信号，则它的长度为25位。图5.25所示是一个水平微指令格式框架。其中，A、B分别为A、B两个寄存器的控制信号，+、-分别为对运算器进行加、减的控制信号，还有其他一些控制信号。当执行ADD A, B时，控制部分微指令的编码应为111000……这种方式也称为直接控制或不译码法。

垂直型控制又称软办法。这种微指令与机器指令很相似，每条指令只能完成对少量微操作的控制，并行能力差，微程序长度长，执行速度慢，但微指令码较短。实际应用中，多是水平与垂直两种方法的结合。

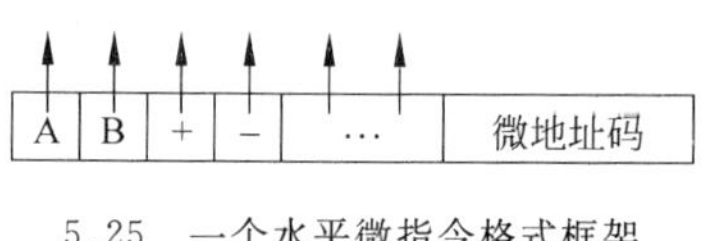


5.25 一个水平微指令格式框架

微地址码的作用是形成下一条微指令的微地址。后继微地址有两种形成方法。一种是增量方式，它与后继指令地址的形成方式相同，即：无转移时，微指令指针增1；有转移时，微指令中要指定所转向微地址。另一种是判定方式，下一条微指令的微地址必须由前一条指出。

**3. 指令操作码译码器**

在微程序操作控制部件中，指令操作码译码器的功能实际上是指出该指令所对应的微程序的首地址。

## 5.3.3 微程序操作控制部件设计举例

前面介绍了一个用组合逻辑操作控制部件实现的模型机，下面介绍用微程序实现它的方法。基本的设计分为如下5步骤。

**1. 分析每条指令的基本微操作**

将指令系统中每条指令按执行流程进行分析、分解，形成综合的指令流程图。图5.26为模型机5条指令的综合流程图。

其中：

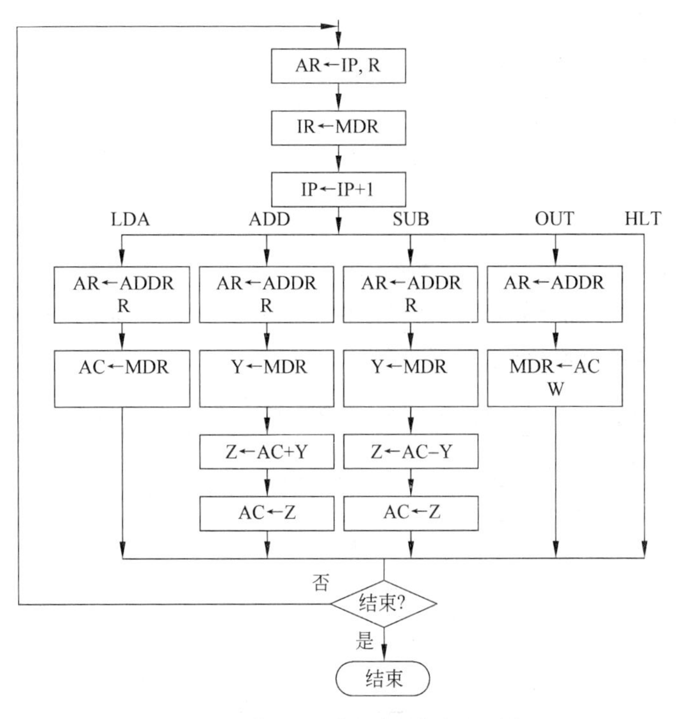


图 5.26　模型机 5 条指令的指令流程图

- AR 为地址寄存器，IP 为程序地址指针，MDR 为数据寄存器，AC 为累加器。
- Y 为运算器输入端，Z 为运算器输出端。
- R 为读信号，W 为写信号。
- ADDR 为指令中的操作数地址。
- HLT 为停机指令。

**2. 对微操作进行归类、综合**

对模型机得到如下 12 类微操作：

| | | |
|---|---|---|
| AR←IP | R | IR←MDR |
| IP←IP+1 | AR←ADDR | AC←MDR |
| Y←MDR | Z←AC+Y | AC←Z |
| Z←AC-Y | MDR←AC | W |

**3. 设计微指令格式**

1）微操作码部分

由于模型机的指令系统中的指令条数不多，考虑采用简便、快速的水平型微指令结构，用 12 位作微指令操作码，每一位对应一个微指令：若该位为 1，则对应的微操作执行；若该位为 0，对应的微操作不执行。

2）地址部分

地址部分指出下一条微指令的地址。由于总共 12 条指令，可用 4 位后继地址。于是，得到如图 5.27 所示的模型机指令格式，总共 16 位。

图 5.27　模型机指令格式

## 4. 微程序设计

按照指令流程图编排每条指令的微程序。由于每条指令都有取指操作，所以要将它作为公共部分，每条微指令都要先执行，然后才选择对应的入口地址，处理微指令中不同的内容。模型机各条指令的微程序设计结果如表 5.6 所示。

表 5.6　模型机各条指令的微程序

| 机器指令微程序入口地址(符号地址) | 微指令地址（八进制） | 微指令码 | | 执行的操作 |
|---|---|---|---|---|
| | | 命令码(二进制） | 后继地址（八进制） | |
| 取指令 | 00 | 110000000000 | 01 | AR←IP，R |
| | 0 | 001100000000 | ∧ | IR←ADDR，IP←IP+1 |
| LDA | 02 | 010010000000 | 07 | AR←ADDR，R |
| ADD | 03 | 010010000000 | 10 | AR←ADDR，R |
| SUB | 04 | 010010000000 | 13 | AR←ADDR，R |
| OUT | 05 | 000010000000 | 16 | AR←ADDR |
| HLT | 06 | | ∧ | 无操作 |
| | 07 | 000001000000 | 00 | AC←MDR |
| | 10 | 000000100000 | 11 | Y←MDR |
| | 11 | 000000010000 | 12 | Z←AC+Y |
| | 12 | 000000001000 | 00 | AC← Z |
| | 13 | 000000100000 | 14 | Y←MDR |
| | 14 | 000000000100 | 15 | Z←AC-Y |
| | 15 | 000000001000 | 00 | AC←Z |
| | 16 | 000000000011 | 00 | MDR←AC，W |

除了 HLT 外，其他每条指令的最后一条微指令的后继地址都是 00，即要再取下一条指令的第 1 条微指令。这说明，这种控制器在执行每一条指令时总是要从 00 开始，接着执行 01，然后才送入由指令译码器送来的微地址。

## 5. 画出逻辑框图

根据指令的微程序，画出对应的逻辑框图。图 5.28 为模型机微程序操作控制部件的逻辑框图。逻辑框图实际上就是一个微操作信号发生器。

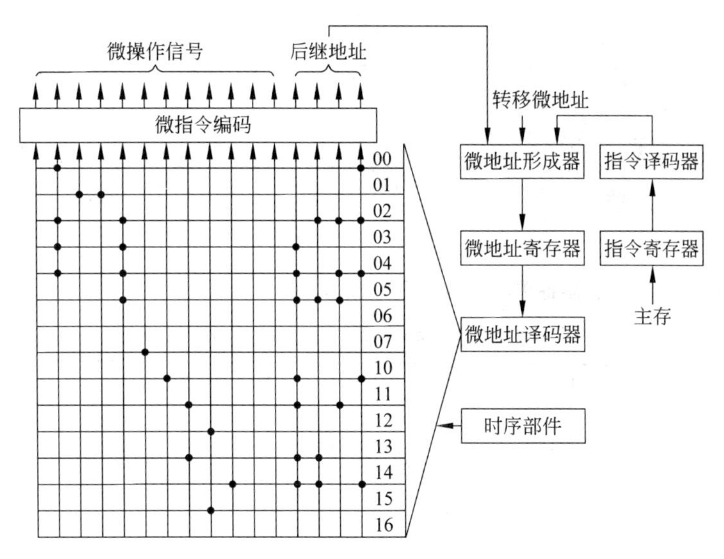

图 5.28 模型机的微程序操作控制部件的逻辑框图

# 习 题

5.1 某机器字长 32b，指令单字长，地址字段长 12b，指令系统中没有三地址指令，采用变长操作码。求该计算机中的二地址指令、一地址指令和零地址指令最多各有多少条。

5.2 某计算机字长 16b，指令中的地址码长 6b，有零地址指令、一指令地址和二地址指令 3 种指令。若二地址指令有 $K$ 条，零地址指令有 $L$ 条，则一地址指令最多可以有多少条？

5.3 指令系统中采用不同寻址方式的主要目的是________。

A. 实现程序控制和快速查找存储器地址

B. 可以直接访问主存和外存

C. 缩短指令长度，扩大寻址空间，提高编程的灵活性

D. 降低指令译码难度

5.4 某计算机指令格式如下：

| $\theta$ | $\lambda$ | $D$ |
|---|---|---|

其中，$\theta$ 为操作码，代表如下一些操作：

- LDA，由存储器取数据到累加器 A。
- LDD，由累加器 A 送数据到存储器。
- ADD，累加器内容与存储器内容相加，把结果送到累加器。

$\lambda$ 为寻址方式，代表如下一些寻址方式：

- L，立即寻址方式。
- Z，直接寻址方式。
- B，变址寻址方式。
- J，间址寻址方式。

$D$ 为形式地址，变址寄存器内容为 0005H。

今有如下程序：

```
LDA     BJ      0005H
ADD     JB      0006H
ADD     L       0007H
LDD     J       0008H
ADD     Z       0007H
LDD     B       0006H
```

请把上述程序执行后存储器各单元的内容填入表5.7中。

**表5.7　程序执行前后存储器各单元的内容**

| 地址 | 存储器单元内容 | | |
|---|---|---|---|
| | 程序执行前 | 程序执行后 | |
| | 十六进制 | 十六进制 | 十进制 |
| 0004H | 02H | | |
| 0005H | 03H | | |
| 0006H | 04H | | |
| 0007H | 05H | | |
| 0008H | 06H | | |
| 0009H | 07H | | |
| 000AH | 08H | | |
| 000BH | 09H | | |
| 000CH | 0AH | | |
| 000DH | 0BH | | |
| 000EH | 0CH | | |
| 000FH | 0DH | | |

5.5　在8086中，对于物理地址2014CH来说，如果段起始地址为20000H，则偏移量应为多少？

5.6　在8086中SP的初值为2000H，AX=3000H，BX=000H。

(1) 计算执行指令PUSH AX后SP的值。

(2) 计算再执行指令PUSH BX及POP AX后SP和BX的值，请画出堆栈变化示意图。

5.7　指出下列8086指令中源操作数和目的操作数的寻址方式。

(1) PUSH AX　　(2) XCHG BX,[BP+SI]

(3) MOV CX,03F5H　　(4) LDS SI,[BX]

(5) LEA BX,[BX+SI]　　(6) MOV AX,[BX+SI+0123H]

(7) MOV CX,ES: [BX][SI]　　(8) MOV [SI],AX

(9) ADD AX, [BX][SI]

5.8　指出下列8086指令中有关转移地址的寻址方式。

(1) JMP WORD PTR[BX][SI]

(2) JMP SHORT SUB1

(3) JMP DWORD PTR [BX+SI]

5.9　在8086中，给定(BX)=362AH，(SI)=7B9CH，偏移量D=3C25H，试确定在以下各种寻址方式下的有效地址是什么。

(1) 立即寻址。

(2) 直接寻址。

(3) 使用 BX 的寄存器寻址。

(4) 使用 BX 的间接寻址。

(5) 基址变址寻址。

(6) 相对基址变址寻址。

5.10 有一个主频为 25MHz 的微处理器，平均每条指令的执行时间为两个机器周期，每个机器周期由两个时钟脉冲组成。

(1) 假定存储器为零等待，请计算机器速度(每秒执行的机器指令条数)。

(2) 假如存储器速度较慢，每两个机器周期中有一个访问存储器周期，需插入两个时钟的等待时间，请计算机器速度。

5.11 控制器有哪几种控制方式？各有什么特点？

5.12 什么是数据寻址？什么是指令寻址？

5.13 RISC 思想主要基于________。

A. 减少指令的平均执行周期数　　B. 减少硬件的复杂度

C. 便于编译器编译　　D. 减少指令的复杂度

5.14 下列关于 RISC 的说法中错误的是________。

A. RISC 的指令条数比 CISC 少

B. RISC 指令的平均字长比 CISC 指令的平均字长短

C. 对于大多数计算任务来说，RISC 程序所用的指令比 CISC 程序少

D. RISC 机器和 CISC 机器都在发展

5.15 试说明机器指令和微指令的关系。

5.16 微程序控制器中机器指令与微指令的关系是________。

A. 每一条机器指令由一条微指令来执行

B. 每一条机器指令由一段用微指令编成的微程序来解释执行

C. 一段机器指令组成的程序可由一条微指令来执行

D. 一条微指令由若干条机器指令组成

5.17 微程序控制器主要由________、________、________ 3 大部分组成，其中________是只读型存储器，用来存放________。

5.18 设有一台模型机能够执行表 5.8 所列的 7 条指令。

**表 5.8　一台模型机的指令**

| 指令助记符 | 指令功能及操作内容 |
|---|---|
| LDA X | (X)→AC，存储单元 X 的内容送累加器 AC |
| STA X | (AC)→X，累加器 AC 的内容送存储单元 X |
| ADD X | (AC)+(X)→AC，AC 的内容与 X 的内容(补码)加，结果送 AC |
| AND X | (AC)∧(X)→AC，AC 的内容与 X 的内容逻辑与，结果送 AC |
| JMP X | (X)→IP，无条件转移 |
| JMP Z | 如果 AC=0，则(X)→IP，无条件转移 |
| COM | (AC)→AC，累加器内容求反 |

试用微程序方法设计该模型机的操作控制器，并画出该模型机的微程序控制逻辑框图。

# 第6章　处理器架构

处理器性能提升的途径主要有两个：一个是通过提高主频，另一个是改进体系架构。本章讨论从架构角度提高处理器性能的各种方案。

## 6.1　流水线技术

### 6.1.1　指令流水线

#### 1. 指令重叠

从前面的讨论中已经知道：一个程序的执行过程是一条一条地执行程序中各条指令的过程，即取一条指令—分析该指令—执行该指令—取下一条指令—分析该指令—执行该指令……的过程，如图 6.1(a)所示。但是这样的串行方式效率太低，CPU 的利用率不高。因为一条指令处于取指令阶段时，指令分析部件和指令执行部件都处于空闲状态，不能利用；而该指令处于分析指令阶段时，指令执行部件和取指令部件又处于空闲；同理，当该指令处于执行指令阶段时，指令分析部件和取指令部件也处于空闲状态。于是人们自然会想到，如果一条指令已进入分析阶段，是否就可以开始取下一条指令呢？而当先前的指令处于执行阶段时，后取的那条指令又进入分析阶段，又可以取出一条指令。这样，在 CPU 中就可以同时有 3 条指令运行，程序的执行速度会大为加快。这就是如图 6.1(b)所示的指令重叠执行。

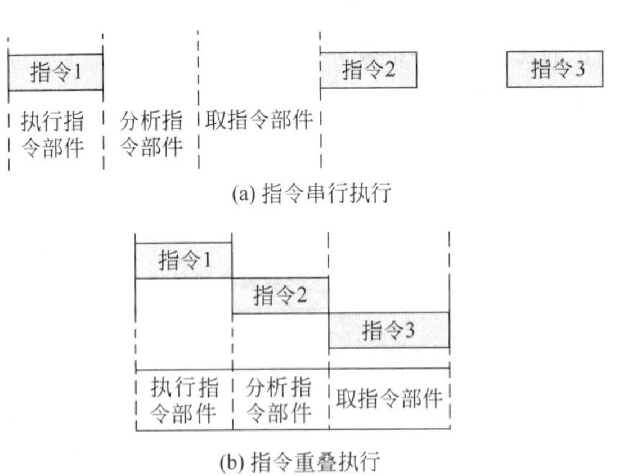


图 6.1　指令的串行执行和重叠执行

#### 2. 指令流水

指令流水技术是指令重叠技术的发展，例如，可以进一步将一个指令过程分为图 6.2 所示的 7 步：取指令—指令译码—形成地址—取操作数—执行指令—回写结果—修改指令指针。假如每一步需要一个时钟周期，就会形成 7 条指令，像流水一样，CPU 每隔一个时钟周期就会吃进一条指令，吐出一条指令。

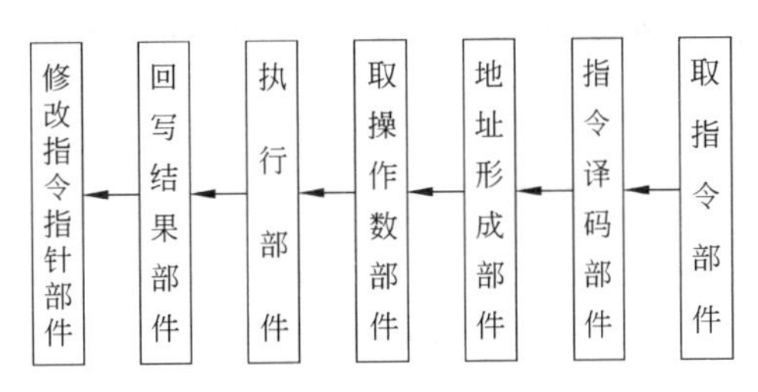


图 6.2　指令流水线结构框图

考虑一般的情况：设一条流水线由 $k$ 个时间步（功能段）组成，每个时间步的长度为 $\Delta t$。对 $n$ 条指令顺序执行时所需的时间为 $nk\Delta t$，而流水作业时所需时间为 $k\Delta t+(n-1)\Delta t=(k+n-1)\Delta t$，吞吐量提高了 $nk/(k+n-1)$。显然，$k$ 值越大，流水线吞吐量越大。图 6.3 为 $k=2$ 时的情况。

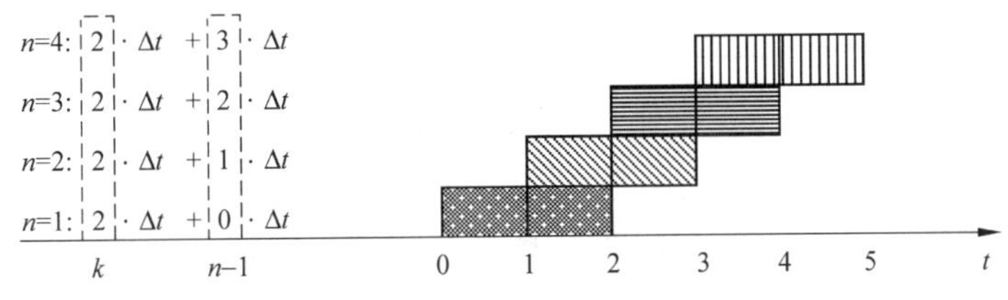


图 6.3　$k=2$ 时执行 $n$ 条指令需要的时间

上面讨论的流水线是时间步均衡的流水线问题。实际上，取指、取数和回写 3 步需要的时间要比其他 4 步长得多，对低速存储器差别更大。

图 6.4 为 3 个访存步需要 4 个时钟周期、其他步需要 1 个时钟周期时流水线的工作情形。这时，第一条指令的解释用去 16 个时钟周期，以后每 4 个时钟周期执行一条指令。这说明流水线的吞吐量主要由时间步最长的功能段决定。这个最长的功能段就是流水线的“瓶颈”。

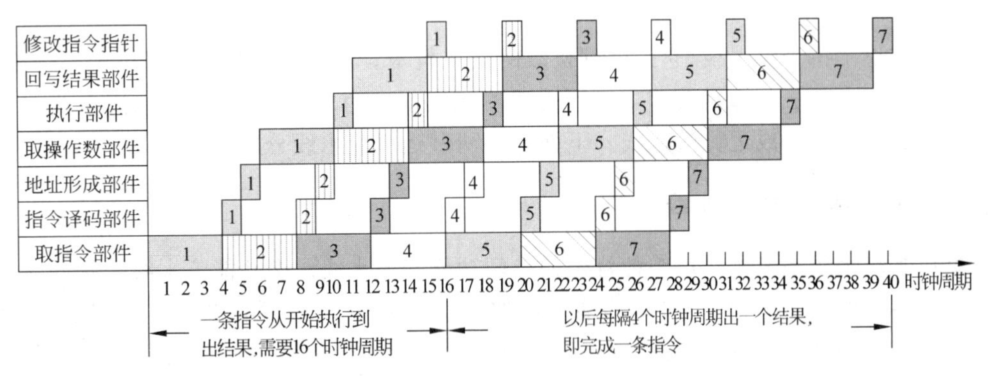


图 6.4　不均衡流水线的工作过程

解决流水线“瓶颈”(见图 6.5(a))可以通过两条途径：一是如图 6.5(b)所示，将“瓶颈”部分再细分，当分成与其他时间步(设为 1 个时钟周期)几乎相等的功能段时，就会每一个时间步(1 个时钟周期)执行一条指令；二是采用如图 6.5(c)所示的“瓶颈”段复制的方法，利用数据分配器并行地执行多条指令的“瓶颈”段(访存)，加快执行过程。当然，后者的复杂度高。

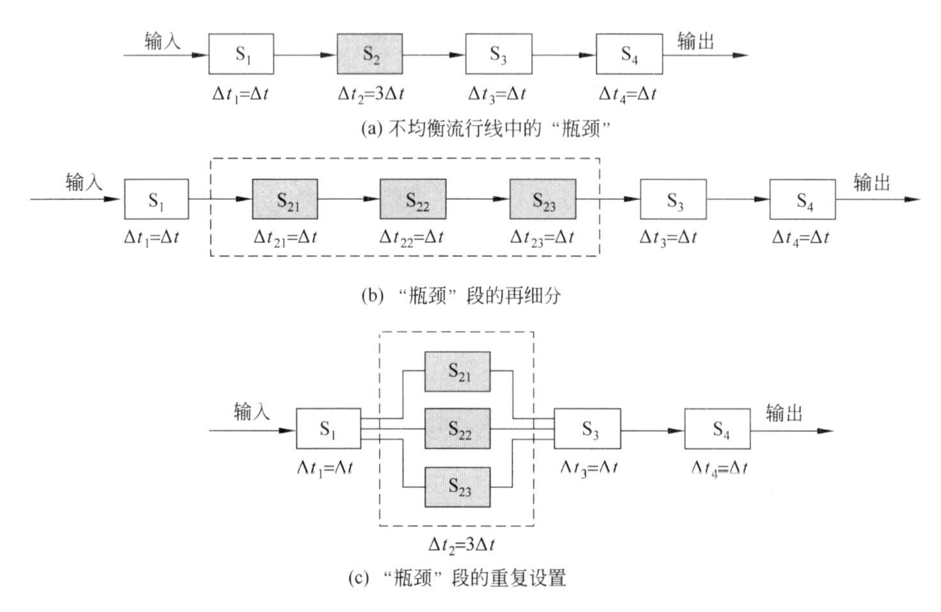


图 6.5　不均衡流水线及其“瓶颈”的消除

这个例子是针对低速存储器的，说明了流水线对存储系统有很高的要求。在理想的流水线处理机中，希望平均一个机器周期处理一条指令，为此就要按这个速度向其提供指令和数据。现在的单一大型存储器的一个存储周期相当于 4～20 个时钟周期。为此必须借助 Cache。假如一个指令系统中的每条指令最多只需要访问存储器取一个操作数，那么每执行一条指令只需访问两次存储器：取指令和存取数据。

## 6.1.2　运算流水线

前面讨论了指令流水线，它是处理机级的流水技术。流水处理技术还可用于部件级，如浮点运算、乘法、除法等都需要多个机器周期才能完成。为加速运算速度，把流水线技术引入到运算操作中就形成运算流水线。下面介绍两种运算流水线分类方法。

### 1. 单功能和多功能流水线

单功能流水线是只能实现一种特定的专门功能的流水线。多功能流水线是指同一流水线可以有多种联结方式，实现多种功能。例如，T1-ASC 计算机共有 8 个站，可以对 16、32 或 64 位的标量和向量操作数进行定点和浮点算术运算。图 6.6 为它的功能块及 3 种功能联结方式。

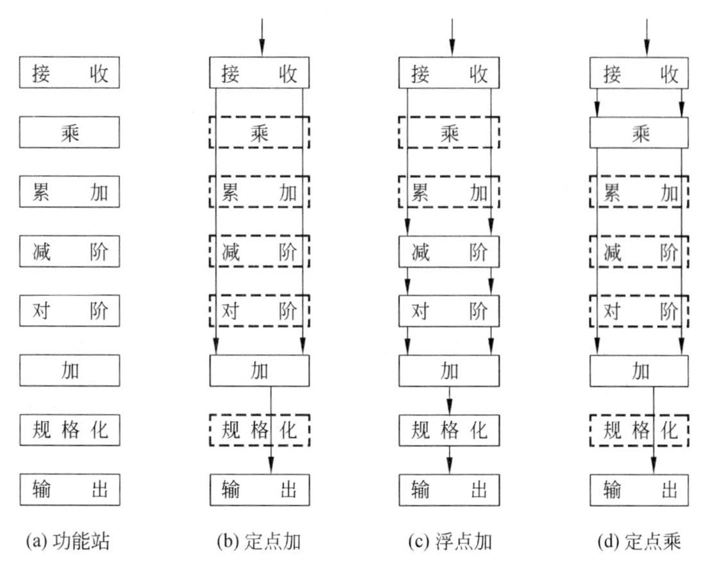


图 6.6　T1-ASC 计算机流水线结构及其部分功能联结

### 2. 静态和动态流水线

静态流水线在同一时间内只能按一种运算联结方式工作。动态流水线在同一时间内允许按多种不同的运算联结方式工作。单一流水线一定是静态流水线，动态流水线一定是多功能流水线，但多功能流水线可以是动态的，也可以是静态的。静态流水线仅在指令是同一类型时才能连续不断地作业。多功能动态流水线的联结控制比多功能静态流水线要复杂得多，但效率比较高。

## 6.1.3 流水线中的相关冲突

指令间的相关(instruction dependency)是指在指令流水线上，由于进入流水线的几条指令之间存在某种关联，使它们不能同时被解释、执行，造成指令流水线出现停顿，从而影响指令流水线的效率。流水线的相关冲突主要表现在 3 个方面：

- 资源相关(resource dependency)。
- 控制相关(control dependency)。
- 数据相关(data dependency)。

### 1. 资源相关

资源相关也称结构相关，发生在多条进入流水线的指令因争用同一功能的部件而造成流水线不能继续运行的情况。典型的资源冲突是位于不同指令中的"取指令"与"执行指令"处于同一 CPU 周期中，一个要取指令，一个要取操作数，都要访问内存而引起冲突。解决这一冲突的办法有如下一些。

(1) 使用流水线"气泡"，即使与前面指令相关的指令及其后面的指令推迟(暂停)一个时钟周期。不过，这会降低流水线的运行效率。

(2) 设置两个独立编址的主存储器，分别存放操作数和指令，以免取指令与取操作数同时进行时互相冲突。

(3) 采用多体交叉存储结构，使两条相邻指令的操作数不在同一存储体内。这时指令和操作数虽然还存在同一主存内，但可以利用多体存储器在同一存储周期内取出一条指令和另一指令所需的操作数实现时间上的重叠。

(4) 指令预取技术，也称指令缓冲技术。例如，8086 CPU 中设置了指令队列，用于预先将指令取到指令队列中排队。指令预取技术的实现是基于访存周期往往是很短的这一点。在"执行指令"期间，"取数"时间很短，在这段时间内存储器会有空闲，这时只要指令队列空闲，就可以将一条指令取来。这样，当开始执行指令 $K$ 时就可以同时开始对指令 $K+1$ 的解释，即任何时候都是"执行 $K$"与"分析 $K+1$"的重叠。

### 2. 控制相关

控制相关发生在程序要改变原来按照 PC+1 的顺序执行，如条件转移和程序中断的情况下。这时，是否执行以及如何执行这些转移的指令往往要以前面指令的执行结果决定。在流水线上，对于分支指令相当敏感。由于在转移指令进入时，与之相关的指令往往还没有执行完，还给不出该转移指令需要的条件，于是流水线就得暂停，进行执行顺序调整。据统计，平均每 7 条指令中就有一条是分支指令，仅次于传送类指令，所以转移指令对流水线的设计有较大影响。

进行控制相关处理的基本方法有如下几种：

(1) 采用流水线气泡方法，使控制相关指令及其后面的指令暂停一到几个时钟周期，直到转移条件出现确定的结果。

(2) 乱序执行(out-of-order execution)，即使指令不再按照原来的顺序执行，或跳过相关指令，先让后面的指令执行，或前移产生转移条件的指令以加快或提前生成条件码。

(3) 猜测法，即先猜测一个转移分支，等条件确定后，再按照猜测是否正确决定是继续执行还是取消猜测分支中已经执行的指令结果。

### 3. 数据相关

数据相关发生在几条相近的指令间共用同一个存储单元或寄存器时。例如，某条流经指令部件的指令为计算操作数地址要用到一个通用寄存器的内容，而其前产生这个通用寄存器的内容的指令还没有进入执行部件。这时指令部件中的流水作业只能暂停等待。数据相关有 3 种情形：

- 读-写相关(先写后读，Read After Write，RAW)。
- 写-读相关(先读后写，Write Ater Read，WAR)。
- 写-写相关(先写后写，WAW，Write After Write)。

在顺序流动流水线中，流水线输出端的信息流出顺序与输入端指令的流入顺序一致，只可能发生先写后读(RAW)的数据相关。在非顺序流动流水线上，3 种相关都可能发生，但要复杂得多。

应对数据相关的方法有下列几种：

(1) 流水线气泡法。

(2) 乱序执行法。

(3) 旁路技术法,即不必等某条指令的执行结果送回寄存器再从中取出结果,而是直接将执行结果送给需要使用的指令。

### 6.1.4 流水线中的多发射技术

流水线技术使计算机系统结构产生了重大革新。要使该技术进一步发展,除了通过优化编译,采用好的指令调度算法,重新组织指令执行顺序,降低相关带来的干扰外,另一个出路是开发多发射技术,即设法在一个时钟周期内发出多条指令。常见的多发射技术有超标量技术、超流水线技术和超长指令字技术。图 6.7 为这 3 种流水线多发射技术同普通流水线的比较。

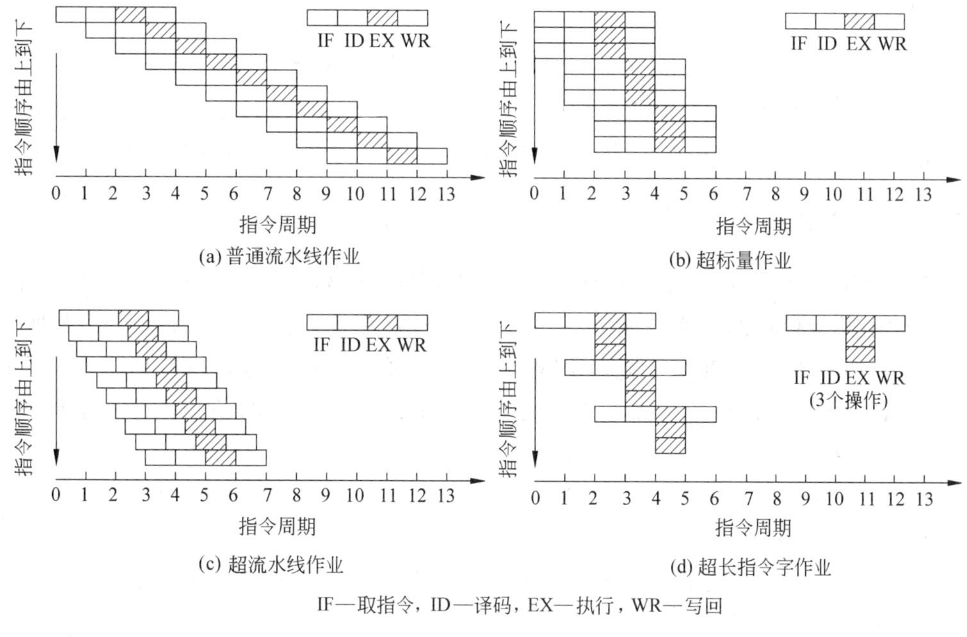


图 6.7 3 种流水线多发射技术与普通流水线的作业情况比较

#### 1. 超标量技术

超标量(super scalar)技术是指可以在每个时钟周期内同时并发多条独立指令,即以并行操作方式编译、执行两条或两条以上指令,如图 6.7(b)所示。

在超标量机的处理机中配置了多个功能部件和指令译码电路,还有多个寄存器端口和总线,以便能同时执行多个操作,并且要由编译程序决定哪几条相邻的指令可以并行执行。请看下面的程序段:

```
MOV  BL,5
ADD  AX,0123H
ADD  CL,AH
```

在这个程序段中，3 条指令是互相独立的，它们之间不存在数据相关，存在指令级并行性，程序段并行度为 3。

再看下面的程序段：

```
INC   AX
ADD   AX,BX
MOV   DS,AX
```

这 3 条指令间存在相关性，不能并行执行，程序段的并行度为 1，指令只能逐条执行。超级标量机不能对指令的执行次序进行重新安排，对这种情况无可奈何。但是可以通过编译程序采取优化技术，在将高级语言程序翻译成机器语言时精心安排，把能并行执行的指令搭配起来，挖掘更多的指令并行性。

### 2. 超流水线技术

超流水线（super pipelining）技术是将一些流水线寄存器插入到流水线段中。如图 6.7(c)所示，通过对流水管道的再分，使每段的长度近似相等，以使现有的硬件在每个周期内使用多次，或者说是每个超流水线段都以数倍于基本时钟频率的速度运行。

### 3. 超长指令字技术

超长指令字(Very Long Instruction Word，VLIW)和超标量技术都是采用多条指令在多处理部件中并行处理的体系结构，以便能在一个机器周期内流出多条指令，但区别在于：超标量的指令来自同一标准指令流；VLIW 则是由编译程序在编译时挖掘出指令间潜在的并行性后，把多条能并行执行的操作组合成一条具有多个操作段的超长指令。这种 VLIW 计算机结构的指令字长达几百位甚至上千位。再由这条超长指令控制 VLIW 机中多个独立工作的功能部件，由每一个操作段控制一个功能部件，相当于同时执行多条指令。其作用方式如图 6.7(d) 所示。

VLIW 较超标量具有更高的并行处理能力，并且对优化编译器的要求更高，Cache 的容量要求更大些。VLIW 体系结构计算机设置了一个超长指令寄存器，其中有 $n$ 个字段分别控制 $n$ 个运算器，其他控制字段是顺序控制字段等。$n$ 个运算器通常是结构相同的 ALU(算术逻辑运算部件)，共享容量较大的寄存器堆，运算器的源操作数一般由寄存器堆提供，运算结果一般存放回寄存器里。$n$ 个运算器由同一时钟驱动，在同一时刻控制 $n$ 个运算器完成超长指令的功能。所以，一般而言，VLIW 有下列 3 大特征。

(1) 单一控制流，只有一个程序控制器，每个时钟周期启动一条超长指令。

(2) 超长指令被划分成若干个字段，每个字段直接地、独立地控制每个 ALU。

(3) 由编译码安排，在一个周期中执行的不只是一个操作，可以是一组不同的操作，这些操作各自作用于独立的数据对象。

优化编译器是 VLIW 体系结构计算机的关键。优化编译器使用的常用技术是"压缩"技术，它将串行的操作序列合并转换成为并行的指令序列。人们认为，VLIW 技术与优化编译器的结合将是解决程序指令级细粒度并行性的一种有效方法。

### 6.1.5 Pentium CPU

Pentium 是 Intel 公司于 1993 年推出的一款具有里程碑意义的 32 位微处理器。它的集成度为 310 万个晶体管(Intel 8088 仅为 2.9 万个,80286 为 14.4 万个,80486 为 120 万个),其中除 70%的晶体管用于与 80386 兼容的单元外,绝大部分用于提高整机性能上,如优化的超高速缓存、超标量结构及超流水线、转移指令预测、高速浮点部件等,从而使它在微型计算机发展史上占有重要的地位。Pentium CPU 有如下特点。

**1. 超标量处理结构**

标量计算机是相对于矢量计算机而言的。矢量计算机也称向量计算机,是一种能够进行矢量运算,以流水处理为主要特征的电子计算机。所谓矢量运算是对多组数据(每组一般为两个数据)成批地进行同样的运算,得到一批结果,如一次将 100 个数与另外 100 个数相加,得到 100 个结果。而标量运算只能一次对一组数据进行计算。如图 6.8 所示,Pentium 的超标量处理结构指在硬件上具有两条分开的整数流水线——U 流水线和 V 流水线。每条流水线在一个周期内可流出一条常用指令,整个系统可以在一个周期内流出两条整数指令。两条流水线分别拥有自己的 ALU,当两条指令不相关时,Pentium 便可以同时执行它们。对于简单命令,Pentium 处理器利用硬件上的布线逻辑代替微代码指令;对于较复杂的指令,Pentium 处理器则采用经过优化的微代码,通过优化来影响编译生成命令的顺序。

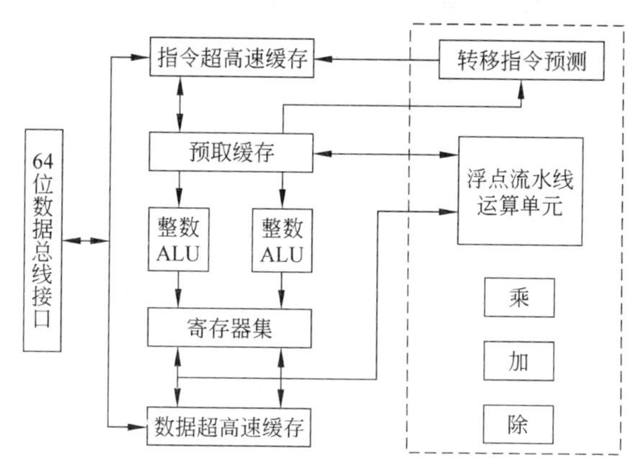


图 6.8 Pentium 的结构框图

图 6.9(a)和(b)分别为 Intel 80486 CPU 和 Pentium CPU 整数流水线的执行情况。显然,Pentium 的指令吞吐量是 80486 的两倍。

**2. 独立的指令和数据超高速 Cache**

为了适应两条整数流水线对指令和数据的双倍访问,Pentium 为指令和数据各设了一个独立的超高速缓冲存储器,使它们互不干扰,减少争用 Cache 的冲突。

Pentium 芯片上的指令超高速缓存和数据超高速缓存容量都是 8KB。它们是双路组相联(two-way set associative) 结构,与主存交换信息时的基本单位是行。每一行的长度都是

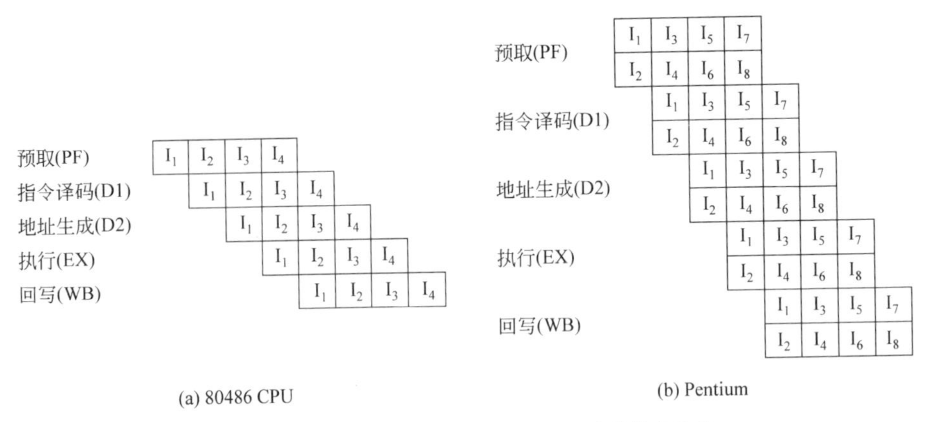


图 6.9　80486 CPU 与 Pentium 的整数流水线作业示意

32 个字节。每个超高速缓存都有一个专用并行转换后备缓冲器（Translation Lookaside Buffer，TLB)，把线性地址转换为物理地址。数据超高速缓存的标志是三重的，可以支持在一个相同周期内执行两个数据传送和一个查询(inquire)。这样，当两个并行的 ALU 都需要操作数时，可同时访问数据超高速缓存。

Pentium 处理器的数据高速缓冲存储器还采用了两项重要技术：回写式(write back)高速缓冲及 MESI（Modified，Exclusive，Shared，Invalid，修改/独用/共享/无效）协议。回写式技术是指当写操作命中超高速缓存时，不需要像通写(write through)方式那样把数据写入超高速缓存的同时即写入主存，而是采用将 CPU 送来的数据写入超高速缓存时在对应的超高速缓存标志位（modifiedbit)上做标志的方法，表明此行内容与主存中的原本内容已不一致，等到该行需要更新时再复制回主存。此技术可以减少内存写入操作次数，提高存储系统的整体性能。MESI 协议则可以确保超高速缓存内数据与主存数据的一致性，这对于先进的多处理器系统极为重要，因为多个处理器经常需要同时使用同一组数据。

### 3. 转移指令预测

Pentium 使用分支目标缓冲存储器(Branch Target Buffer，BTB)预测分支指令。BTB 实际上是一个能存储若干(256 或 512)条目的地址的存储部件。当一条分支指令导致程序分支时，BTB 就记下这条指令的目标地址，并用这条指令预测这一指令再次引起的分支路径，从该处进行预取。

现在 BTB 技术已经成熟并得以广泛引用，已发展成预测执行技术：在取指阶段，在局部范围内预先判断下一条待取指令的可能地址，部分地先予执行。

### 4. 高性能的浮点运算单元

Pentium 采用双流水超标量体系结构，它的强化的 FPU 单元含有 8 级流水线及硬件实现的运算功能，形成如图 6.10 所示的指令执行方式。

图中：

• PF 为预取指令。

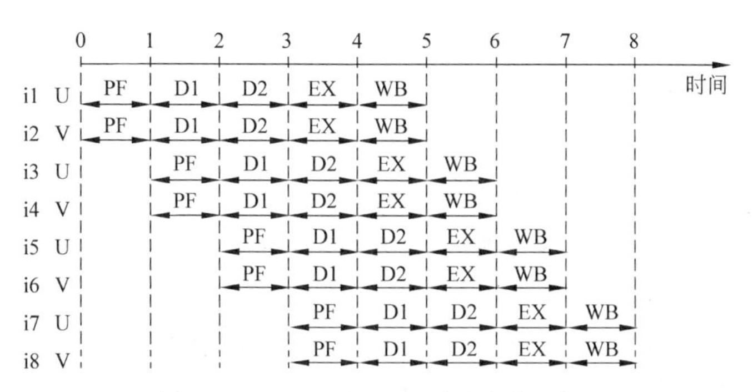


图 6.10 Pentium 的 8 级浮点流水线示意图

- D1 为指令译码。
- D2：地址生成。
- EX 为读存储器和寄存器，把 FP 数据转换成外部存储器格式和存储器写。
- X1 为浮点执行级 1，把外部存储器格式转换成内部 FP 数据格式，并把操作数写入 FP 寄存器堆。
- X2 为浮点执行级 2。
- WF 为执行舍入和把浮点结果写入寄存器堆。
- ER 为报告出错/更改状态字。

这里，前 5 级与整数流水线相同，后 3 级是专用的。所以，大部分 Pentium 浮点指令首先在其中的一个整数流水线内开始执行，然后移往浮点流水线。对于常用的浮点运算，如加、乘及除等，均用硬件实施，以提高执行速度。

在发展中，级数不断提高，Pentium Pro 的流水线达到 14 级，Pentium Pro 的流水线达到 31 级。

### 5. 其他技术特点

1）增强的 64 位数据总线

Pentium 把数据超高速缓存与总线部件之间的数据总线扩展为 64 位，使得 66MHz 下的数据传输率提高到 528Mb/s，而 486 在 50MHz 下数据传输率为 16Mb/s。Pentium 处理器还采取了总线周期流水线技术，增加了总线带宽，可以使两个总线周期同时进行。Pentium 处理器还支持突发式读周期和突发式回写周期操作。

2）多重处理支援

Pentium 最适合用于两个或多个 Pentium 的多重处理系统。Pentium 处理器运用 MESI 协议使超高速缓存与主存之间的数据保持一致。因此，当一个处理器存取已缓存于另一个处理器中的数据时，能够确保取得正确的数据。若数据已被修改，则所有存取该数据的处理将获得已修改的数据版本。Pentium 处理器还可确保系统按照编程时的次序来执行应用软件，这种强行定序的功能可以确保为单处理器编写的软件也能在多处理环境下正确执行。

3）错误检测和功能冗余校验技术

Pentium 处理器增设了大型机中才有的错误检验和功能冗余校验技术，以使计算网络中的数据保持完整性。

### 6.1.6 流水线向量处理机

#### 1. 向量计算

在科学研究、工程设计、经济管理中，常常要把批量的有序数据作为一个整体进行精确计算。这些批量有序数据的整体就称为向量。通常向量中的元素是标量。标量是具有独立逻辑意义的最小数据单位，它可以是一个浮点数、定点数、逻辑量或字符，如一个年龄、一个性别等。以标量为对象的运算称标量运算。向量中的各标量元素之间存在着顺序关系，例如：

$$\boldsymbol{A}=(a_0, a_1, a_2, \cdots, a_{n-1})$$

就是说，向量 $\boldsymbol{A}$ 由 $n$ 个标量组成，这 $n$ 个标量存在前后顺序。其中 $n$ 称为向量的长度。向量运算是把两个向量（设为 $\boldsymbol{A}$ 和 $\boldsymbol{B}$）的对应元素进行运算，产生一个结果向量（设为 $\boldsymbol{C}$）。例如，运算

$$\boldsymbol{C}=\boldsymbol{A}+\boldsymbol{B}$$

也可以表示成

$$c_i=a_i+b_i \qquad 0\leqslant i\leqslant n-1$$

在一般通用计算机中，向量运算要用循环结构进行，如

```
for(i =0;i <=n-1;i++)
    ci=ai+bi;
```

显然，其效率是很低的。向量处理机的基本思想是并行地对这 3 个向量的各分量进行对应运算，如对上述向量加可以采用图 6.11 所示的机器结构，其目的是用一条指令便可以处理 n 个或 n 对数据。当然向量处理机也具有标量处理功能。

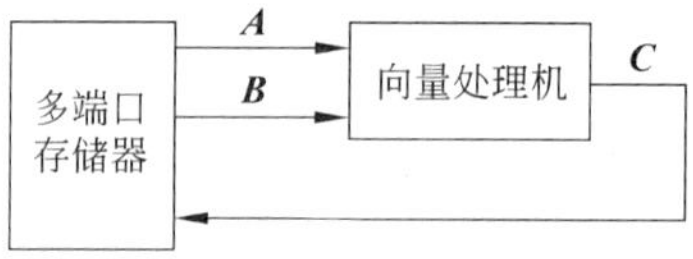

图 6.11 向量处理机框图

#### 2. 向量的流水处理

向量计算机（vector computer）有两种典型的结构：阵列结构和流水结构。阵列结构采用多处理结构，是一种完全并行的处理方式，该结构将在 6.2 节中介绍，这里先介绍向量的流水结构。

目前绝大多数向量计算机都采用流水线结构，因为向量中的每个元素之间没有相关性，并且在处理时都执行相同的操作，使流水线可以很好地发挥作用和效率。另外，向量元素为浮点数时，流水效果更好，因为，浮点数的运算比较复杂，需要经过多个节拍才能完成。

对向量的处理要设法避免流水线功能的频繁切换以及操作数间的相关，才能使流水线畅通，效率最高，保持每个节拍能送出一个结果元素，这就要求采取合适的处理方式。假定 $\boldsymbol{A},\boldsymbol{B},\boldsymbol{C},\boldsymbol{D}$，都是长度为 $n$ 的向量，并有一个向量运算

$$\boldsymbol{D}=\boldsymbol{A}\times(\boldsymbol{B}+\boldsymbol{C})$$

若采取如下处理顺序：

$$d_0 = a_0 \times (b_0 + c_0)$$
$$d_1 = a_1 \times (b_1 + c_1)$$
$$\vdots$$
$$d_i = a_i \times (b_i + c_i)$$
$$\vdots$$
$$d_{n-1} = a_{n-1} \times (b_{n-1} + c_{n-1})$$

就要反复进行加与乘的运算，为此要不断切换流水线的功能，计算每个 $d_i$ 的一次加和一次乘之间存在着数据相关。例如：

$$b_i + c_i \rightarrow k_i$$
$$k_i \times a_i \rightarrow d_i$$

这两次操作之间，因为 $k_i$ 存在读-写相关，所以每次都要等待，使流水作业效率降低。如果采用如下的处理顺序：

$$\boldsymbol{K} = \boldsymbol{B} + \boldsymbol{C}$$
$$\boldsymbol{D} = \boldsymbol{K} \times \boldsymbol{A}$$

加与乘之间只切换一次。

**3. 向量计算机的存储结构**

在向量计算机系统中，存储系统和运算流水线是最关键的两个部件，它要求存储器系统能连续不断地向运算流水线提供数据，并连续不断地接收来自运算流水线的数据。为了保证流水线的连续作业，向量计算机应设法维持连续的数据流，如调整操作次序以减少数据流的请求以及改进体系结构等。在体系结构方面，主要要求存储器系统能满足运算器的带宽要求。如果读操作数、运算、写操作数要在一个时钟周期内完成，就要求存储系统能在一个时钟周期内读出两个操作数并写回一个操作数。而一般的 RAM 在一个时钟周期最多只能完成一个存储周期。也就是说，向量计算机中的存储系统至少应具有 3 倍于一般存储器系统的带宽，目前主要采用如下的两种方法。

1）用多个独立存储模块支持相对独立的数据并发访问

这一方法的基本思路是，如果一个存储模块在一个时钟周期内最多能进行一次读/写，那么要在一个时钟周期内读/写 $n$ 个独立数据，就需要 $n$ 个独立的存储模块。图 6.12 为一个具有 8 个三端口存储模块存储系统的向量计算机示意图。

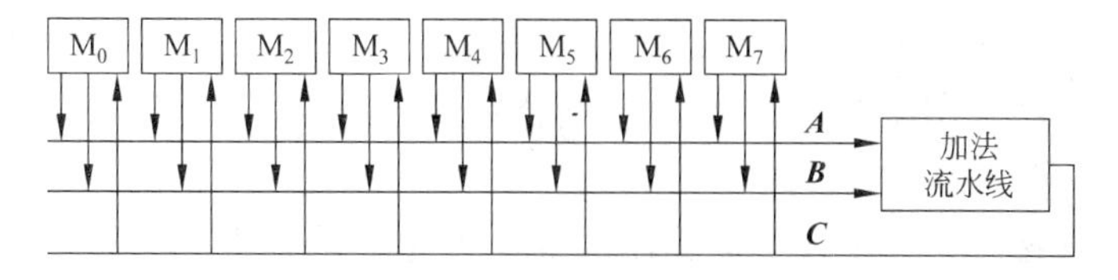


图 6.12　一个向量机的体系结构

该系统的每个存储模块与运算流水线间有 3 条相互独立的数据通路，各条数据通路可以同时工作，但一个存储模块在某一时刻只能为一个通路服务。假定 $\boldsymbol{A}$、$\boldsymbol{B}$、$\boldsymbol{C}$ 3 个向量各由

8 个分量组成，分别用

$$a_0, a_1, \cdots, a_7$$
$$b_0, b_1, \cdots, b_7$$
$$c_0, c_1, \cdots, c_7$$

表示，为避免冲突，可按图 6.13 所示的方式存储。

设读操作用 R 表示、读 $a_i$ 用 $R_{a_i}$ 表示，写操作用 W 表示、写 $c_i$ 用 $W_{c_i}$ 表示，每个存储周期占两个时钟周期，运算流水线分为 4 段，则上述向量计算机有如图 6.14 所示的工作时序。如果运算器和存储器工作衔接得非常好，则整个作业是非常理想的。

| | | | | | | | |
|---|---|---|---|---|---|---|---|
| $M_0$ | $a_0$ | | $b_6$ | | | $c_4$ | ⋯ |
| $M_1$ | $a_1$ | | $b_7$ | | | $c_5$ | ⋯ |
| $M_2$ | $a_2$ | $b_0$ | | | | $c_6$ | ⋯ |
| $M_3$ | $a_3$ | $b_1$ | | | | $c_7$ | ⋯ |
| $M_4$ | $a_4$ | $b_2$ | | | $c_0$ | | ⋯ |
| $M_5$ | $a_5$ | $b_3$ | | | $c_1$ | | ⋯ |
| $M_6$ | $a_6$ | $b_4$ | | | $c_2$ | | ⋯ |
| $M_7$ | $a_7$ | $b_5$ | | | $c_3$ | | ⋯ |

图 6.13　一种向量存放方式

可以看出，运算流水线与存储器间的衔接与存储方式的关系很大。按上述存储方式，$R_{a_i}$ 总可以与 $R_{b_i}$ 同步。如果改变存储方式，如使所有的向量都从 $M_0$ 开始存放，即 $a_i$、$b_i$、$c_i$ 都存放在 $M_i$ 中，则必须在输入端增加缓冲器，使 ***A*** 向量延迟两个时钟周期以便与 ***B*** 的对应元素同时进入加法流水线；而输出缓冲器则要延迟 4 个时钟周期，以免存储冲突。20 世纪 70 年代中期制造的巨型机 CDC STAR 就采用这种结构。

| | | | | | | | | | | | | | | | |
|---|---|---|---|---|---|---|---|---|---|---|---|---|---|---|---|
| 运算流水线 | 段4 | | | | | | 0 | 1 | 2 | 3 | 4 | 5 | 6 | 7 | |
| | 段3 | | | | | 0 | 1 | 2 | 3 | 4 | 5 | 6 | 7 | | |
| | 段2 | | | | 0 | 1 | 2 | 3 | 4 | 5 | 6 | 7 | | | |
| | 段1 | | | 0 | 1 | 2 | 3 | 4 | 5 | 6 | 7 | | | | |
| 存储系统 | $M_7$ | | | | | | $R_{b_5}$ | $R_{b_5}$ | $R_{a_7}$ | $R_{a_7}$ | $W_{c_3}$ | $W_{c_3}$ | | | |
| | $M_6$ | | | | | $R_{b_4}$ | $R_{b_4}$ | $R_{a_6}$ | $R_{a_6}$ | $W_{c_2}$ | $W_{c_2}$ | | | | |
| | $M_5$ | | | | $R_{b_3}$ | $R_{b_3}$ | $R_{a_5}$ | $R_{a_5}$ | $W_{c_1}$ | $W_{c_1}$ | | | | | |
| | $M_4$ | | | $R_{b_2}$ | $R_{b_2}$ | $R_{a_4}$ | $R_{a_4}$ | $W_{c_0}$ | $W_{c_0}$ | | | | | | |
| | $M_3$ | | $R_{b_1}$ | $R_{b_1}$ | $R_{a_3}$ | $R_{a_3}$ | $W_{c_7}$ | $W_{c_7}$ | | | | | | | |
| | $M_2$ | $R_{b_0}$ | $R_{b_0}$ | $R_{a_2}$ | $R_{a_2}$ | $W_{c_6}$ | | | | | | | | $W_{c_6}$ | |
| | $M_1$ | | $R_{a_1}$ | $R_{a_1}$ | | | | | | $R_{b_7}$ | $R_{b_7}$ | | $W_{c_5}$ | $W_{c_5}$ | |
| | $M_0$ | $R_{a_0}$ | $R_{a_0}$ | | | | | $R_{b_6}$ | $R_{b_6}$ | | | $W_{c_4}$ | $W_{c_4}$ | | |

图 6.14　3 个向量相加的流水线时序

2）构造一个具有要求带宽的高速中间存储器

这是一种提高存储系统带宽的经济有效方案。美国 Cray 公司 1976 年面市的产品 Cray-1 向量处理机就采用了层次结构的存储器系统，这使其运算速度达每秒亿次以上。图 6.15 是 Cray-1 的简化结构图。

Cray-1 的基本特点是在主存与运算流水线之间构造有一级或两级的中间存储器。

（1）对向量运算，一级中间存储器为 8 个有 64 个分量的向量寄存器组 V，可以暂存 8 个有 64 个分量的向量，每个分量有 64 位。

（2）对标量运算，有两级中间存储器：

• 很高速的——8 个 64 位的 S 寄存器。

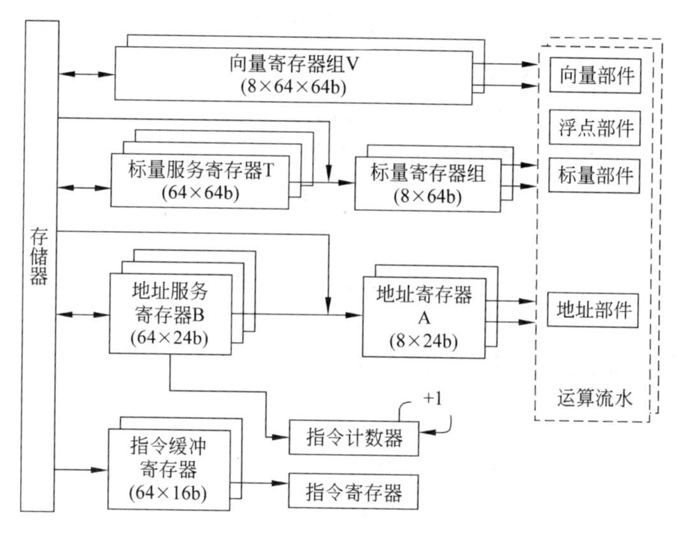


图 6.15　Cray-1 系统简化结构图

• 次高速的——64 个 64 位的 T 寄存器。

(3) 对地址部件，有两级中间存储器：

• 很高速的——8 个 24 位的 A 寄存器。

• 次高速的——64 个 24 位的 B 寄存器。

Cray-1 的运算流水线采用多个功能部件，共有 12 个功能部件，分为 4 组：

• 3 个向量功能部件——加、逻辑、移位。

• 3 个浮点功能部件——加、乘、求倒数近似值。

• 4 个标量功能部件——加、逻辑、移位、1 的个数和前导 0 的个数计数。

• 2 个地址功能部件——加、乘。

这些功能部件本身都采用流水结构。只要不发生寄存器冲突，这些功能部件就能并行工作。除了求倒数部件需要 14 个时钟周期外，其余都只需要 1～7 个时钟周期。

#### 4. 向量处理机中的并行技术

在向量处理机的运算流水线中，从系统结构上采取以下 3 种技术，使得每个机器周期可以完成多个操作，相当于多条指令。

1) 多个功能部件

具有多个功能部件的处理机把 ALU 的多种功能分散到多个具有专门功能的部件上，这些功能部件可以并行工作。在 Cray-1 中，12 个功能部件都有单独的输入总线和输出总线，只要不发生中间存储器的冲突或功能部件的冲突，各中间存储器和各功能部件都能并行工作，这就大大加快了指令的处理速度。

2) 运算流水线

在向量处理机中，向量、标量和地址的运算都采用运算流水线。

3) 链接技术

链接技术就是把一个流水线功能部件的输出结果直接输入到另一个流水线功能部件的

操作数寄存器中去,中间结果不存入存储器。只要不发生功能部件冲突或操作数寄存器的冲突,就可以实现这种链接。Cray-1 机共有 8 个向量寄存器组,一般可以把 2～5 个功能部件链接在一起工作。在这样链接成的一条长流水线中,可以并行地执行多条指令。由于这是把有数据相关时通过设置内部传递通路进行数据传递的技术用到了向量指令的执行过程中,因而可以使一些相关的指令也能并行处理。

## 6.2 多处理器系统

### 6.2.1 多计算机系统与多处理器系统

多处理器系统(MultiProcessor System,MPS)属于广义多 CPU 系统的一种,如图 6.16 所示,一般将多 CPU 系统分为如下 3 种类型:

- 多处理器系统(multi processor system)。
- 多计算机系统(multicomputer system)。
- 分布式系统(distributed system)。

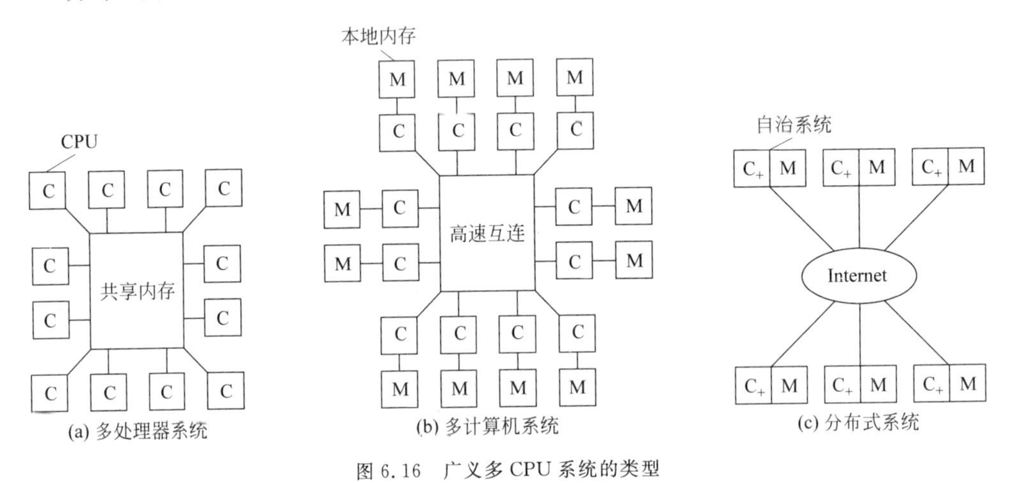


图 6.16 广义多 CPU 系统的类型

#### 1. 多计算机系统与分布式计算机系统

多计算机系统有时也被称为松耦合多处理器系统。一般认为,多计算机系统的概念应包含以下几点:

(1) 由多个节点组成,每个节点含有一台自治的计算机系统。

(2) 每台计算机有自己的局部存储器以及 I/O 设备。

(3) 各台计算机分别受各自独立的操作系统控制。

(4) 计算机间有共享主存,并通过专用通道或通信线路以文件形式传递信息,实现任务作业级并行。

分布式计算机系统简称分布式系统,是多计算机系统的发展。其特点是由一个软件将各个相互连接的自治计算机组织成一个协调工作的处理资源。云计算就是在此基础上发展起来的。

### 2. 多处理器系统

多处理器系统的特点是处理器独立，其他共享。具体地说，多处理器的概念应包含以下几点：

(1) 由两个或多个节点组成，每个节点只有一个处理器，节点之间可以交换数据。

(2) 所有处理器共享内存、I/O 通道和外部设备。

(3) 整个系统由统一的操作系统控制，在处理器和程序之间实现作业、任务、程序段、数组及其元素各级的全面并行。

多处理器系统又可以分为两类：对称多处理器(Symmetric Multi-Processor，SMP)系统和非对称多处理器(Asymmetric Multi-Processor，AMP)系统。

在 SMP 系统中，各处理器对称工作，无主次或从属关系，各 CPU 共享相同的物理内存。

AMP 系统具有主次或从属关系，任务和资源由不同的处理器分担、管理。系统将要执行的所有任务分派给不同的处理器去完成，如基本处理器运行系统软件、应用软件和中断服务程序，I/O 任务交由一个或几个特殊的处理器完成。在这种系统中，负载无法均衡，处理器之间会忙闲不均。

下面重点介绍应用非常广泛的 SMP。

## 6.2.2 SMP 架构

SMP 是现代服务器的支撑技术之一。其主要特征是共享，系统中所有资源(处理器、内存、I/O 等)都是共享的；另一特征是对称，即各处理器的工作对称，

多处理器技术实际上是多个处理器以及它们的存储器、I/O 设备之间互连的技术。因而互连技术是决定多处理机系统性能的重要因素。对于 SMP 系统来说，其架构就是采用符合上述要求的共享连接方式实现的。此外还应按多处理器系统的特殊性，满足如下两个特殊要求：

- 连接的灵活性，以实现处理器间通信模式的多样性和通用性。
- 连接的无冲突性，以满足多处理器系统中机间通信的不规则性。

目前，多处理器系统主要有共享总线和共享内存两种基本结构形式。

### 1. 基于总线的多处理器架构

共享总线是多处理器系统结构中最简单的一种。它的特点是，所有的处理器采用公共的通信通道，信息在总线上分时传送。这实际上是把处理器与 I/O 之间的通信方式引入到了处理器之间的通信。其中一种是单总线结构，如图 6.17(a)所示。

单总线结构的优点是简单，灵活，扩充容易，成本较低，工作可靠，便于定型生产。但随之而来的是总线竞争问题。由于每一时刻只允许一对部件相互通信，随着处理器数目的增加，整个系统的性能会大大降低。因此，实际的多处理器系统，如果采用总线结构，都要寻求改进方案。一种改进方案是减少使用总线的次数，如在处理器中增加本地内存和 Cache，如

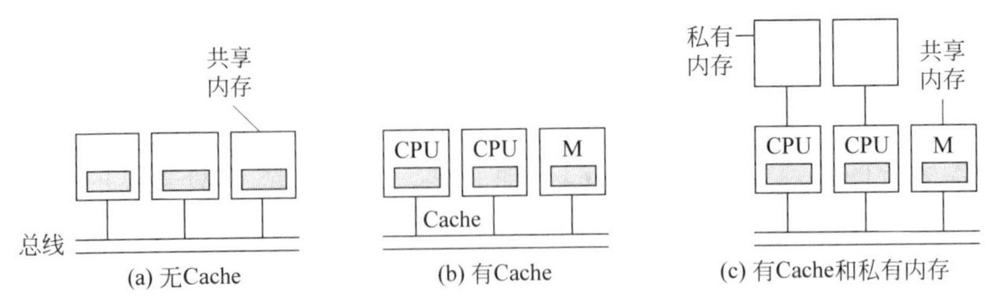


图 6.17 基于总线的三种多处理器框架

图 6.17(b)和(c)所示。但这又会引起解决多处理器中的 Cache 一致性的问题。因此单总线结构只能被限制在 16 个或 32 个处理器的水平。

另一种方案是改进总线结构，提高带宽，如采用双套总线或多套总线结构。图 6.18 是日本的实验多处理器系统 EPOS 的结构，它也采用了多总线结构。图中的 4 个 SBC(System Bus Control，系统总线控制)控制了 4 套总线。系统中的处理器 P 和 I/O 通道控制器(I/OC)都是模块化的。每一模块尽可能地利用本地内存，也可以选择一套总线访问其他模块的内存或共享的内存 $M_0$、$M_1$。

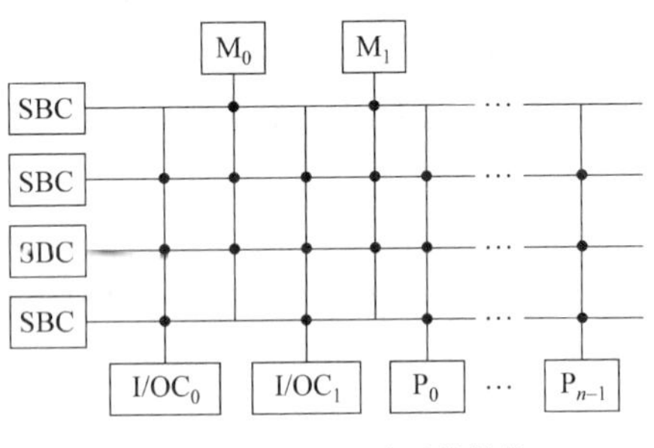


图 6.18 EPOS 的多总线结构

**2. 纵横开关阵列**

纵横开关阵列是多总线结构的一种变种，可看作是多总线结构中总线数量相当多的极端情况。如图 6.19 所示，每一个存储器模块都有一套总线与 $m$ 个处理器和 $d$ 个 I/O 通道相连。当存储器的模块数 $n \geqslant m+d$ 时，每个处理机或 I/O 通道便可以与一个存储器模块相连，从而大大提高了传输带宽和系统效率。

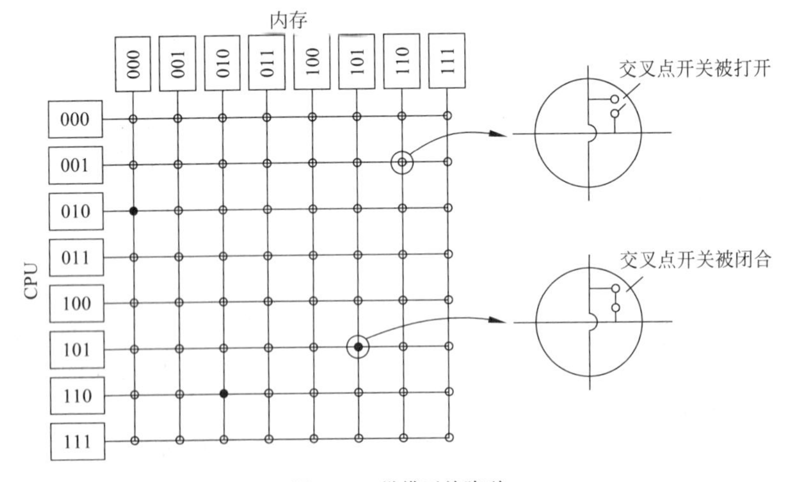


图 6.19 纵横开关阵列

纵横开关阵列中的每个交叉点都是一套开关，所以又称交叉开关结构。这些开关不仅要能传送数据码和地址码，还要在多个设备同时请求一个存储器模块时提供排队服务。这使每一个交叉点上都有相当复杂的硬件设备。由于成本的限制，目前采用纵横开关结构的多处理器系统规模都较小。

#### 3. 采用多端口存储模块

多端口存储模块也称共享存储器结构。在多处理器结构中，采用多端口存储器来实现各处理器之间的互连和通信，可以由多端口控制逻辑电路来解决访问冲突。

图 6.20 是一个双端口存储模块的多处理器系统结构框图，它配有两套数据、地址和控制线，可供两个端口访问，访问优先权预先安排好。两个端口同时访问时，由内部硬件裁决其中一个端口优先访问。

图 6.21 为一个采用多端口存储模块的多处理器系统结构框图。每个存储器模块有多个端口，可以使每台处理器和 I/O 模块都分别接在一个端口上独立地直接访问存储器。在各存储器模块中，各端口具有固定的优先次序，由一套逻辑线路对来自各端口的存储访问进行排队。

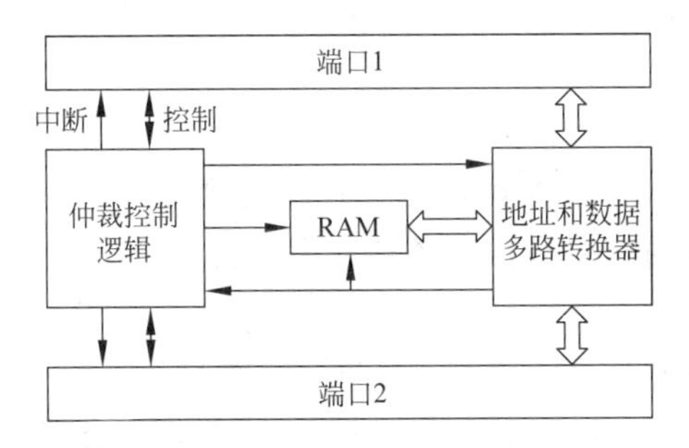


图 6.20　采用双端口存储器的多处理器系统

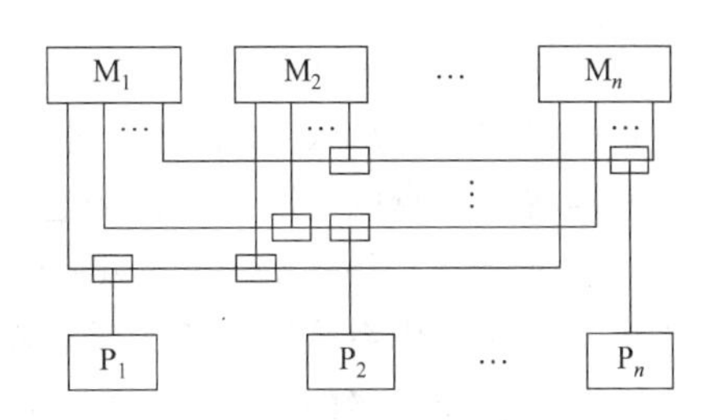


图 6.21　采用多端口存储器的多处理器系统

这种结构的特点如下：

- 由于每个处理器和 I/O 模块都有专门的通道，所以传输效率较高。
- 每个处理器和 I/O 模块都有专用的通路，有可能把一部分存储空间安排为某一处理器或 I/O 模块专用，可增加安全性，防止无权使用的用户访问，还可以保护存储器中的重要程序不被其他程序修改而破坏。
- 它的结构比较简单，但比总线结构复杂，只能用于处理器数量不多时，而且端口一经做定，便不易变更。
- 由于同一时刻只能有一个处理器对多端口存储器读或写，所以，当由于功能复杂而要求处理器数量增多时，会因争用共享而造成信息传输的阻塞，降低系统效率，因此扩展功能很困难。

### 6.2.3 多处理器操作系统

#### 1. 多处理器系统对于操作系统的需要

多处理器系统要正常运行，需要操作系统解决许多问题，这些问题可以分为两类：

（1）与多道程序处理一样需要处理的问题，例如：

- 资源分配与管理。
- 各种表格和数据集的保护。
- 防止出现系统死锁。
- 防止系统非正常结束。
- 管理进程间通信。

（2）多处理器系统中的一些特殊问题，例如：

- 各处理器任务的分派与调度。
- 处理器间的通信管理。
- 处理器失效的检测、诊断和校正。
- 并行进程对共享数据存取的保护。

#### 2. 多处理器操作系统的类型

1）主从式(master-slave)

主从式操作系统由一台主处理器记录、控制其他从处理器的状态，并分配任务给从处理器。

2）独立监督式(separate supervisor)

独立监督式与主从式不同，在这种类型中，每一个处理机均有各自的管理程序（核心），每个处理器将按自身的需要及分配给它的任务的需要来执行各种管理功能。

3）浮动监督式(floating supervisor)

浮动监督式操作系统适用于紧耦合多处理器体系。系统运行时，每次只有一台处理器作为执行全面管理功能的“主处理器”，但容许数台处理器同时执行同一个管理服务子程序。因此，多数管理程序代码必须是可重入的。“主处理器”是可浮动的，即从一台切换到另一台处理器。这样，即使执行管理功能的主处理器出现故障，系统也能照样运行下去。

4）分布式操作系统(distributed operating system)

分布式操作系统是一种特殊的多处理器计算机系统，负责管理分布式处理系统资源和控制分布式程序运行。各处理器通过网络构成统一的系统。系统采用分布式计算结构，即把原来系统内中央处理器处理的任务分散给相应的处理器，实现不同功能的各个处理器相互协调，共享系统的外设与软件。这样就加快了系统的处理速度，简化了主机的逻辑结构。

## 6.3 多线程处理器

### 6.3.1 多线程处理器架构的提出

#### 1. 提高 IPC 的回顾

流水线技术和多处理器系统是两类提高处理器性能的技术。实际上，这两类技术都是围绕着提高 IPC(Instruction Per Cycle，每个时钟周期执行的指令条数）展开的。因为，另一项提高处理器性能的技术——提高主频频率已经几乎走到了尽头。

提高 IPC 的努力最先在单处理器内部，流水技术的不断深化，使得最简单的标量处理器可以在一个时钟周期内发射的指令数接近 1。但是由于指令间存在着某种相关性使得 IPC 无法达到 1，更无法超过 1。这些相关性表现在 3 个方面：一是由于使用同一功能部件造成的结构相关；二是访问同一寄存器或同一存储器单元而产生的逻辑相关；三是由于转移指令所造成的控制相关。

于是，多发射技术应运而生。其中最常用的就是“超标量”。这类处理器每个时钟周期可以给不同的功能部件发射多条指令。为了降低指令间的相关性对性能产生的不良影响，在超标量处理器中采用了乱序执行、寄存器重命名和分支预测技术。但仍然无法完全消除相关性，造成在一个时钟周期内可能没有足够的可发射指令来填满所有的发射槽，有的时钟周期内甚至可能出现没有指令可以发射的情况，空闲的发射槽将被白白浪费。

后来，人们把进一步提高 IPC 的希望寄托于多处理器系统。在少量的多处理器系统中，IPC 确实有了预想的提高。例如一个 4 发射处理器的 IPC 可以超过 2。但是，后来发现对于一个 $m$ 发射的超标量处理器来说，当 $m>4$ 时，随着 $m$ 的增加，IPC 的增幅将迅速降低。原因就在于在多处理器系统中，远程访问的延迟对于处理器的性能损失会随着处理器数量的增加而加大。

山重水复疑无路，柳暗花明又一村。面对上述两个提高 IPC 的技术路线，人们又在处理器内部找到了新的希望：多核处理器技术和多线程技术。前者可以消除远程访问的延迟对于处理器性能的部分损失。关于这一点，将在 6.4 节中介绍。后者则是通过对线程的调度来挖掘潜力，特别是同时多线程(Simultaneous MultiThreading，SMT)处理器技术效果更为明显。

图 6.22 为几种不同处理器技术的指令发射情形。其中：

- 图 6.22(a)是普通处理器中各时钟周期的发射情形。由于相关性的影响，有的周期中有发射，有的周期中没有发射，所以 IPC 永远不会达到 1。
- 图 6.22(b)是超标量处理器的发射情况。由于多发射槽的影响，有的周期中可以满发射，但有的周期中可以不满甚至没有。
- 图 6.22(c)是多线程超标量处理器的发射情况。由于多线程的管理，使发射槽要比单线程的超标量处理器填得满一些。
- 图 6.22(d)是 STM 处理器的发射情况。它能填满所有发射槽。

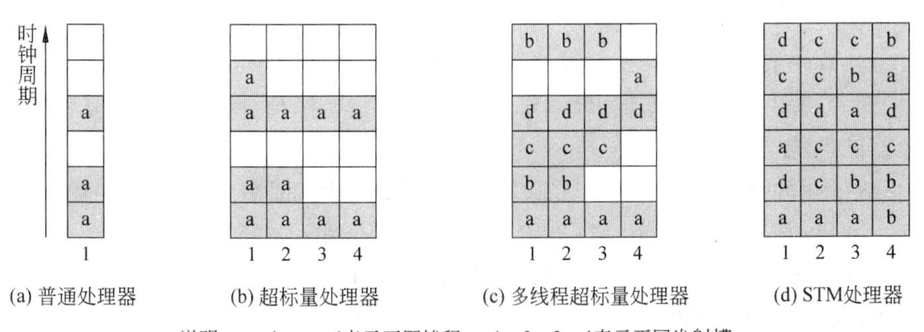


说明：a、b、c、d表示不同线程； 1、2、3、4表示不同发射槽

图 6.22 不同处理器的指令发射情形

### 2. 程序、进程与线程

线程(thread)是多线程处理器中避不开的一个概念。而这个概念又与进程(process)紧密相关。它们都是操作系统中资源调度的术语。

进程是具有一定独立功能的程序关于某个数据集合上的一次运行活动,是系统进行资源分配和调度的一个独立单位。它与程序不同,程序只是一组指令的有序集合,它本身没有任何运行特征,只是一个静态的实体。而进程是一个动态的实体,它有自己的生命周期。它因创建而产生,因调度而运行,因等待资源或事件而被处于等待状态,因完成任务而被撤销,反映了一个程序在一定的数据集上运行的全部动态过程。用进程既可描述一个程序在不同数据集上的运行活动及其资源分配,又可表示 CPU 分时地执行不同程序的活动及其资源分配。

但是,进程不能描述 CPU 的调度和分派问题。为了进一步提高系统内程序并发执行的速度,进一步减少程序并发执行时的时空开销,人们又在更精细的层面上引入了线程的概念,以其作为 CPU 调度和分派的基本单位。所以线程是进程的实体,是比进程更小的能独立运行的基本单位,它只拥有一点在运行中必不可少的资源(如程序计数器、一组寄存器和栈),但是它可与同属一个进程的其他的线程共享进程所拥有的全部资源。一个线程可以创建和撤销另一个线程;同一个进程中的多个线程之间可以并发执行。一个进程中的所有线程都在该进程的虚拟地址空间中使用该进程的全局变量和系统资源。

### 3. 多线程处理器技术

多线程处理器技术的重大贡献就是将操作系统中对线程的调度工作部分完全由处理器硬件承担,实现了在一个时钟周期完成线程切换的突破。在采用多线程的超标量处理器中,同一时钟内执行的还是同一线程的指令。但是,在不同的时钟周期,通过硬件调度,有可能从不同的线程中选择指令发射到相应的功能部件中。由于不同线程中的指令不存在相关性,因此基本可以保证每个时钟周期都有指令可以发射。即使某条指令有较长的访存延迟,也可以在多个线程的切换中被有效地掩盖。

## 6.3.2 同时多线程技术

### 1. SMT 的概念

同时多线程是超标量技术与多线程技术的结合。它的基本思路是把注意力返回到处理器本身,从充分利用 CPU 的效率、挖掘单个物理 CPU 的潜力入手,通过发射更多的指令来提高处理器的性能。

SMT 最重要的意义是利用操作系统的虚拟多重处理,把两个(或多个)CPU 看成是一个处理器。这样,就能够在每个时钟周期都可以从多个线程中选择多条不相关的指令发射到相应的功能部件去执行。由于基本解决了相关性问题,因此 SMT 处理器完全有可能在每个指令周期内填满所有的发射槽。

SMT 技术是超标量技术与多线程技术的充分协同与结合,可以解决影响处理器性能的诸多难题。

1）降低结构相关性的影响

当一条指令要使用的功能部件被前面的一条指令所占用而无法执行时，就产生了指令间的结构相关性。在STM处理器中，不仅支持了在超标量处理器中采用的乱序执行，还采用从多个不同线程中选择指令的方式，大大降低了功能部件冲突的概率。

2）降低逻辑相关性的影响

逻辑相关性包括伪相关（有读后写、写后写）和真相关（写后读）。对于前者，STM处理器沿用了超标量处理器中采用的"寄存器重命名"策略加以解决。对于后者，超标量处理器无法解决，而STM处理器为每个线程配备了独立的寄存器文件，不仅可以在线程切换过程中快速保存和恢复现场，而且只要选择不同的线程就不存在相关。当再调度到同一线程时，先前的指令已经执行完毕。

3）降低控制相关性的影响

对于超标量处理器来说，转移预测的正确率对于降低控制性相关非常重要。可惜预测的正确率并非百分之百，而且随着IPC和指令流水级数的增加，作废的指令条数也会迅速增加。STM处理器将两个转移方向映射到不同的线程中执行，等转移地址确定后，从两个线程中选择正确的一个继续执行，终止另一个。这一方法与转移预测技术结合，会将控制转移危害降低许多。

4）隐藏远程访问和同步等待延迟

在大规模并行计算机系统，特别是拥有数千个处理器节点的DSP系统（分布共享处理器系统）中，处理器访问远程存储空间的延迟可以高达200多个时钟周期。同样，在如此大的系统中，多个节点间的同步等待延迟也不容忽视。传统处理器通过忙等待（busy waiting）或一个耗时很长的操作系统级线程切换来处理此类情况，随着高性能计算对系统效率要求的不断提高，这样的处理方式已经不能满足要求了。

操作系统级线程切换所消耗的时间开销可能比访存延迟造成的损失还要大。而同时多线程处理器中由硬件支持的快速线程切换机制，几乎可以做到"零时间开销"。因此，同时多线程处理器可以通过线程切换，在一个任务进行远程访问和同步等待过程中，运行其他任务的线程，将延迟有效地隐藏起来。

**2. STM处理器的实现途径**

STM处理器有两种实现途径：

（1）在超标量处理器的基础上，对同时多线程的取指令、现场保存、指令退出（retire）提供硬件支持；而不同线程仍然共享其他处理器资源，如取指缓冲、指令窗口等。

（2）每一条线程都有自己独立的指令窗口、寄存器文件和退出部件。发射部件可以同时发射不同指令窗口中的指令到各个功能部件。

**3. Alpha 21464解决方案**

Alpha 21464是一种基于超标量技术的STM处理器设计方案。其流水线结构如图6.23所示。它采用8发射动态调度超标量流水线，可以处理4个同时多线程，每个线程具有独立的指令计数器、寄存器映射机构和返回栈顶预测器，而物理寄存器、指令队列、分支预测器、指令执行单元和一、二级 Cache 等为所有线程共享。

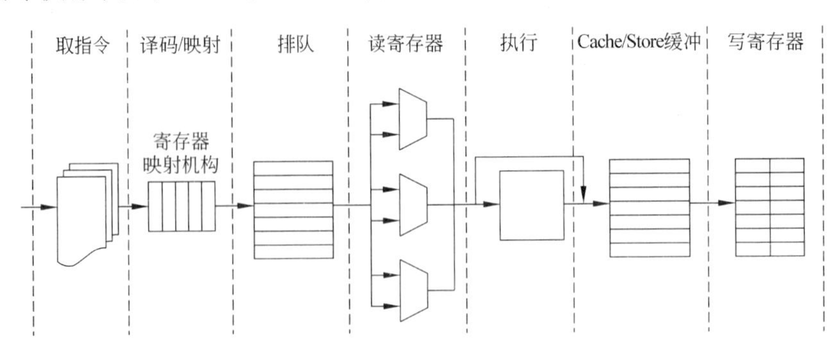


图 6.23　Alpha 21464 的 SMT 流水线

Alpha 21464 处理器本来是 Compaq 公司的下一代处理器产品，但是由于 Alpha 开发小组被 Intel 公司收购，该项目已被撤销。但是，由于 Alpha 在超标量流水线设计方面已经到了登峰造极的地步，它的基于超标量流水线的 SMT 处理器的设计也为人们开发 STM 处理器提供了一条思路。

## 6.3.3　超线程处理器

超线程技术(Hyper-threading Technology，HT)是 SMT 的一种形式，是 Intel 公司于 2001 年就提出的一项技术，并最早使用在 Xeon 处理器上。其基本思想是：把资源管理的思想引入到处理器的设计中，并用硬件指令的方式，将一个处理器变成两个"逻辑"处理器，而这两个逻辑处理器又被操作系统当作两个实体处理器，将工作线程分配给它们执行。图 6.24 为有 HT 与无 HT 两种方式下执行线程效果比较的示意图。

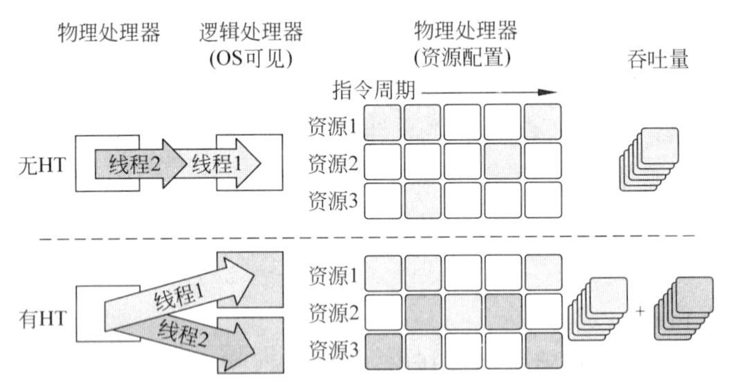


图 6.24　有 HT 与无 HT 两种方式下执行线程效果比较

### 1. HT 的实现方法

实现 HT 的基本方法是把一个处理器的工作分为如下两部分：

(1) 处理器执行资源。包括处理器核心和高速缓存，用于进行加、乘、负载等操作。

(2) 体系架构状态。用于跟踪资源的分派和调度，即跟踪程序或线程的流动。

在旧式结构中，执行资源的控制是由一个体系架构状态来完成的。由于体系架构的慢体系与执行资源快的不适应，使得执行资源不能充分发挥效能。HT 的基本思想是，将处理器的两个寄存器设置成两个体系架构状态，当第一个体系架构状态在等待数据的时候，另一个体系架构状态就进行其他工作，充分利用执行资源。这种情形就好像是一辆出租车配备两个司机，让一辆车发挥两辆车的效能。

图 6.25 为含超线程技术的处理器与传统双处理器系统的比较。采用超线程技术的多处理器系统复制物理处理器上的体系架构状态，从而能把一个物理处理器当作两个“逻辑”处理器来使用。这样，应用的多个线程就可以同时运行于一个处理器上。

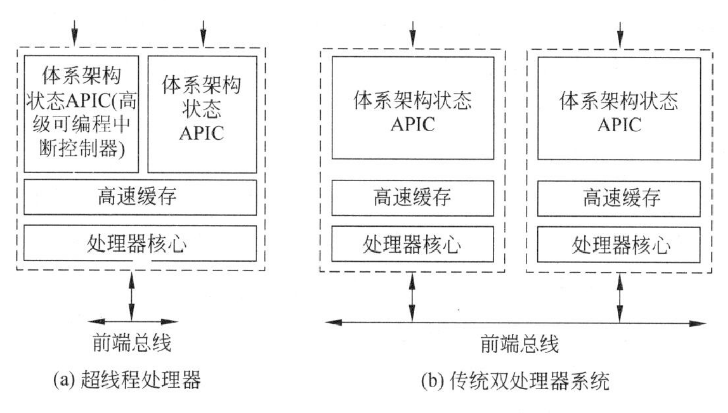


图 6.25　超线程处理器与传统双处理器系统的比较

在 HT 处理器系统中，虽然每个逻辑处理器有自己独立的寄存器，可以同时进行获取、解码操作，不过，在实现时工作的难度较大。这样，与其同时获取、解码两个线程的指令，反不如轮流获取、解码两个线程的指令再同时执行好，使每个执行单元都能充分发挥功效，以此提升整体效率(实际值达到 30%之多)。

如果把两个 HT 芯片再组成双处理器系统，操作系统把它们认为是 4 个逻辑处理器，为其分配不同的线程，整体性能增益会再加倍。

**2. P4-Xeon 解决方案**

2001 年 Intel 公司发布了在基于 Pentium 4 的 Xeon 处理器，在这款处理器中使用了 HT 技术。图 6.26 显示了其基本原理。

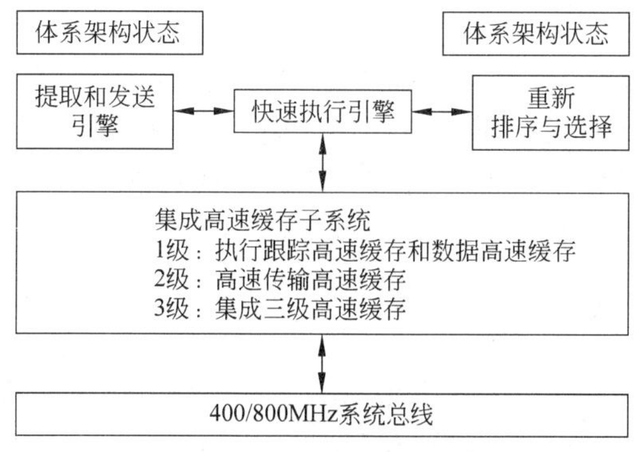


图 6.26　Pentium 4 的 Xeon 处理器的基本框架

1）快速执行引擎

快速执行引擎负责从指令队列中获取指令，并以最快的速度把它们发送给执行单元。指令选取时只考虑执行单元的相关性及可用性，并且可以乱序执行。对大部分指令而言，执行内核不考虑哪些指令属于哪个逻辑处理器；调度程序也不会辨别不同逻辑处理器的指令，只是简单地将指令队列中的独立指令分配到可用的执行资源。例如，调度程序可能会将线程 1 的两条指令和线程 2 的一条指令安排到同一周期。

2）高速缓存

处理器的高速缓存以高速向处理器核心传输数据和指令。高速缓存由这两个逻辑处理器共用，旨在通过高度的结合性，确保将数据可靠地保存在高速缓存中，以最大限度地减少潜在的高速缓存冲突。

3）提取和发送引擎

获取与交付引擎可在两个逻辑处理器之间交替获取指令，并将这些指令发送给快速执行引擎进行处理。在一级执行跟踪高速缓存中，先为一个逻辑处理器提取一条指令，再为另一个逻辑处理器提取另一条指令。只要两个逻辑处理器都使用该执行跟踪高速缓存，这一过程就会不停地交替进行。如果一个逻辑处理器不需要使用此高速缓存，则另一个逻辑处理器会使用此执行跟踪高速缓存的全部带宽。

4）重新排序与释放模块

重新排序与释放模块负责收集所有被乱序执行的指令，然后将它们按照程序顺序重新排列，并按照程序顺序提交这些指令的状态。两个逻辑处理器会交替地执行释放指令的操作。

5）400MHz 系统总线

400MHz 系统总线可提高多任务处理操作系统和多线程应用的吞吐量，并在利用超线程技术访问内存时提供足够的带宽。它采用了信令和缓冲方案，该解决方案可以在保持 400MHz 的数据传输速度的同时提供高达 3.2GB/s 的带宽。这个速度是上一代多处理器的 4 倍。如果其中的一个逻辑处理器不能从集成高速缓存子系统中找到所需的数据，数据就必须从内存中经过数据总线进行传输。

6）BIOS 支持

在系统中，Xeon 处理器中所包含的两个逻辑处理器，是通过 BIOS 和多处理器操作系统(OS)提供给系统和应用软件使用的。基于 Intel Xeon 处理器系统对平台 BIOS 进行了必要的修改，以便它能识别两个逻辑处理器，使操作系统和软件能够使用超线程技术。在系统启动过程中，BIOS 会统计和记录系统中可用逻辑处理器的数量，并将这一信息记录在 P4 处理器的高级配置与电源接口(ACPI)表中(传统物理处理器只登记在 MPS——多处理器规范表中，不能识别每个物理处理器上的第二个逻辑处理器)。操作系统随之即可按照该表为逻辑处理器调度线程。图 6.27 表明 OS 将线程调度到逻辑处理器上的方法。

7）操作系统支持

在 Windows XP Professional 中，操作系统使用 CPUID 指令机制来识别支持 HT 的微处理器。Windows XP Professional 授权模型可支持 HT，准许用于两个物理处理器或总共 4 个(物理和逻辑)处理器。

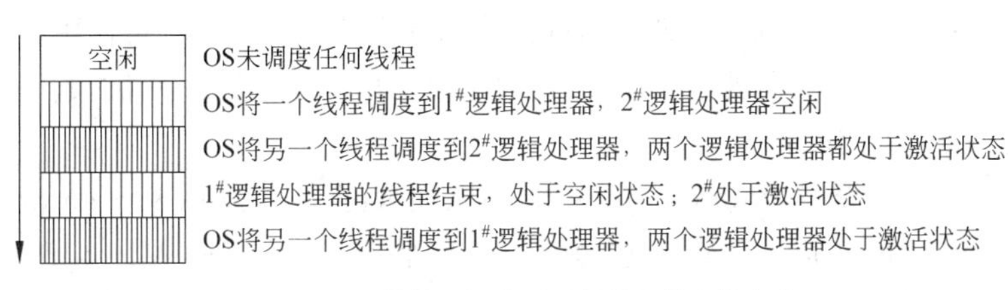


图 6.27　OS 将线程调度到逻辑处理器上的方法

特定版本的 Linux 操作系统针对 HT 进行了优化，如 RedHat Linux 9(Professional 和 Personal 版本)、RedFlag Linux Desktop 4.0 和 SuSe Linux 8.2(Professional 和 Personal 版本)。

8) 应用支持

理论上，具备 HT 特性的 Xeon 处理器要比不具备 HT 特性的处理器执行得更好。按照 Intel 公司的说法，每个软件线程只利用了 X86 处理器 30%左右的资源。HT 的使用可以立即让更多的线程一起利用好剩余的处理器资源。但实际测试的结果表明，尽管众多支持多处理器的桌面系统(如 Windows XP Pro、Windows 2000、Linux、BSD 等)可以立即利用 HT 的优势，但是许多应用程序，包括那些专为多处理器编写的程序，在一个开启 HT 的处理器上运行得更慢。性能下降的主要原因是软件常常不能正确地访问额外那套寄存器系统。软件对硬件的不正确访问会付出时间的代价，本来希望跑得更快的软件，实际上跑得比正常还慢。这期待于对于软件的改进。

#### 3. HT 的利弊分析

现在，含 HT 的处理器已经应用到不少产品中。在应用中用户测试发现运行某些特定软件时，超线程技术让系统有了 30%的性能提升，并且在同时运行两个软件时，可以感受到这两个软件的性能都得到提升。但是，含 HT 的处理器在下列情况下也表现不佳：

(1) 当运行单线程运用软件时，超线程技术将会降低系统性能，尤其在多线程操作系统运行单线程软件时将容易出现此问题。

(2) 如果处理器以双线程运作，处理器内部缓存就会被划分成几部分，彼此共享资源。常规软件在双芯片计算机上运行出错的概率要比单芯片计算机上多很多。

但是，HT 需要解决一系列比单线程处理器复杂得多的技术问题，如作业调度策略、取指和发射策略、寄存器回收机制、存储系统层次设计等。另外，HT 需要相应的操作系统和应用软件的支持。所以，HT 全面铺开应用尚需时日。

## 6.4　多核处理器

### 6.4.1　多核处理器及其特点

#### 1. 多核处理器的概念

多核 CPU 就是基板上集成多个单核 CPU，早期 PD 双核需要北桥来控制分配任务，核心之间存在抢二级缓存的情况，后期酷睿自己集成了任务分配系统，再搭配操作系统就能真正同时开工，两个核心同时处理两个任务，速度快了，万一一个核心死机，起码另一个核心还可以继续处理关机、关闭软件等任务。

1996年，斯坦福大学的Kunle Olukotun团队研发了一个被称为Stanford Hydra CMP(Chip MultiProcessor)的处理器。它集成了4个基于MIPS(Microprocessor without Interlocked Piped Stages，无内部互锁流水级微处理器)的处理器在一个芯片上。2001年，IBM公司推出了一款在一个芯片上集成了两个处理器的处理器芯片。之后，高端RISC处理器制造商纷纷跟进，双核以及多核(multicore)成为高端RISC处理器的一项标准，并很快成为处理器市场主流。

多核处理器就是在单个CPU芯片(也称“硅核”)上集成了两个或多个完整的计算引擎——处理器的核心部分(内核)，也简称为CMP。所谓处理器的核心部分，一般指CU、EU(Executive Unit，执行部件)和Cache。图6.28为一个双核处理器的示意图。它集成了每个处理器的内核以及两个处理器共享的L2 Cache。

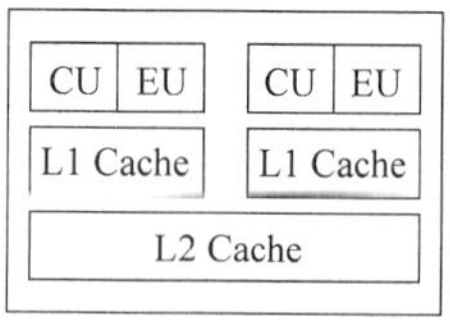

| CU | EU | CU | EU |
|---|---|---|---|
| L1 Cache | | L1 Cache | |
| L2 Cache | | | |

图6.28 双核处理器示意图

### 2. 多核处理器的特点

CMP是在充分吸收了HT、超标量和多处理器等技术的优势，避免它们的不足的基础上发展起来的。

在CMP出现之前，处理器性能的提高主要靠提高主频速率。但是，采用的超标量系统结构和超长指令字结构处理器的控制逻辑极为复杂，从而带来如下问题：

(1) 控制逻辑复杂造成制作工艺复杂，随着处理器性能的提高，处理器价格会急剧上升。

(2) 复杂的控制逻辑需要较多的逻辑部件，这使得信号延迟严重。

(3) 复杂的控制逻辑使得线路密集，造成发热严重。频率高到一定程度，处理器就会迅速产生大量热量。

CMP的控制逻辑相对简单得多，因此在上面3个方面对设计、制造和市场造成的压力要小得多。具体地说，CMP有如下一些主要优点：

(1) 在同等工艺条件下，可以获得更高的主频。

(2) 低功耗。通过动态调节电压/频率，实行负载优化分布等措施，可以有效降低功耗。

(3) 采用成熟的单核处理器，可以缩短设计、验证周期，节省研发费用，并更容易扩充。

(4) 多核处理器是单枚芯片，能够直接插入单一的处理器插槽中，使得现有系统升级容易。

(5) 由于每个微处理器核心实质上都是一个单线程微处理器或者比较简单的多线程微处理器，操作系统就可以把多个程序的指令或一个程序的多个线程分别发送给各核心，因而具有较高的线程级并行性，从而使得同时完成多个程序的速度大大加快。

(6) 多核架构能够使软件更出色地运行，并创建一个促进未来的软件编写更趋完善的架构。

### 3. 多核处理器的结构类型

从结构上看,CMP 可以分为同构和异构两类。计算内核结构相同,地位对等的称为同构多核,现在 Intel 公司和 AMD 公司主推的双核处理器就是同构的双核处理器。计算内核结构不同、地位不对等的称为异构多核,异构多核多采用“主处理核+协处理核”的设计,IBM、索尼和东芝等公司联手设计推出的 Cell 处理器正是这种异构架构的典范。

核本身的结构关系到整个芯片的面积、功耗和性能。怎样继承和发展传统处理器的成果,直接影响多核的性能和实现周期。一般认为,异构微处理器的结构似乎具有更好的性能。但是,从安全性上看,采用同构结构时,若一个内核出现故障,另一个空闲的内核就可以立即补上。

## 6.4.2 多核+多线程——CMT 技术

2005 年 11 月 14 日,Sun 公司在美国旧金山发布了 UltraSPARC T1 的 Niagara 处理器芯片。

Niagara 这个代号取自位于美加边界的尼亚加拉大瀑布,意为“急流、洪水”。Sun 公司用 Niagara 这一名称形象地展现这一处理器在吞吐量方面的超前优势。这一优势来自 CMT(Chip MultiThreading 芯片多线程)技术,它是多核与多线程技术的集成。图 6.29 形象地描述了 CMT 技术的基本原理。

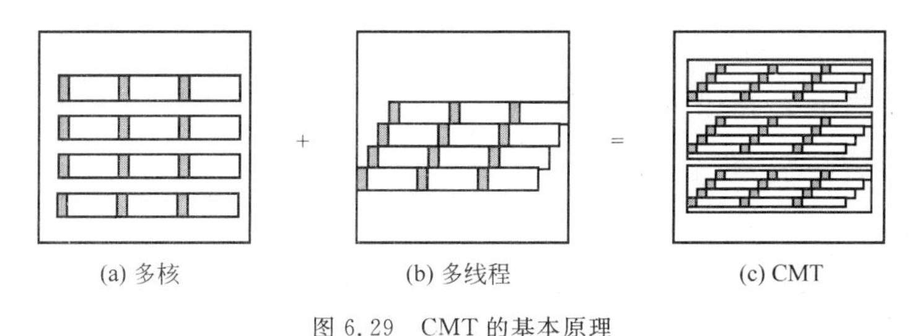


图 6.29 CMT 的基本原理

UltraSPARC T1 是全球第一款商用 CMT 处理器芯片,它的发布标志着处理器发展历史上新纪元的到来。

# 6.5 关于处理器并行性开发的讨论

上面介绍了流水技术、多处理器技术、多线程处理器技术和多核处理器技术,说到底,它们都是并行技术。本节从并行性的角度对上述方案进行总结性讨论。

## 6.5.1 并行性及其级别

### 1. 并行性的概念

广义地讲,并行性包含同时性(simultaneity)和并发性(concurrency)两个方面。前者是指两个或多个事件在同一时刻发生。后者是指两个或多个事件在同一时间间隔内发生。简单地说，在同一时刻或同一时间间隔内完成两种或两种以上性质相同或不相同的功能，只要时间上互相重叠，就存在并行性。

### 2. 并行性的级别和粒度

计算机并行处理可以按照处理对象——数据和处理操作——程序执行两个角度分为数据并行性和操作并行性。每一种并行性都有粒度与高低之分。

1）数据并行性

数据并行性的粒度分为字和位两种。并行性可以在字粒度上进行，也可以在位粒度上进行。于是就可以达到表 6.1 所示的 4 种数据并行性。表中假定每个字长 4 位，分别为 0000，1111。

表 6.1　4 种数据并行性

| | 字　串 | 字　并 |
|---|---|---|
| 位串 | $W_1$: 0 0 0 0　$W_2$: 1 1 1 1 | $W_1$: 0 0 0 0<br>$W_2$: 1 1 1 1 |
| 位并 | $W_1$ $W_2$<br>0 1<br>0 1<br>0 1<br>0 1 | 0<br>0<br>0<br>0 ($W_1$)<br>1<br>1<br>1<br>1 ($W_2$) |

这 4 种数据并行性的等级从低到高依次为字串位串、字串位并、字并位串、字并位并（全并）。

2）操作并行性

操作并行性的粒度按照操作代码块的大小划分为如图 6.30 所示的进程级、线程级、循环级和指令级。

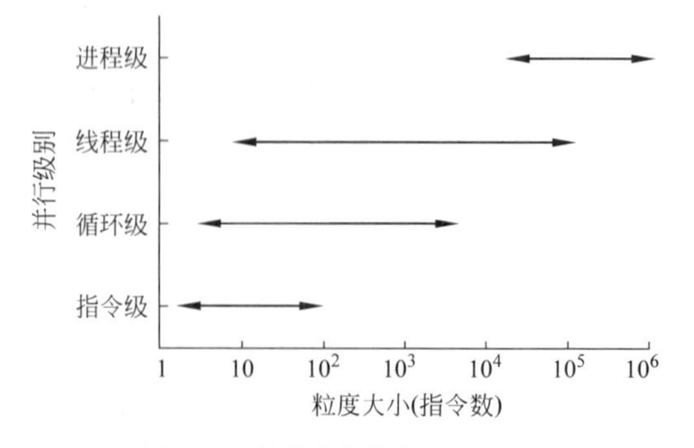


图 6.30　操作并行性的粒度与级别

指令级并行性发生在指令内部的微操作之间和指令之间，是一种细粒度的操作并行性。流水线、超标量、超长指令字等都是在设法增强指令级的并行性，也可借助优化编译器提高程序执行的指令级并行性。

循环级并行性是指处于不同循环层次的不同循环体之间的并行性。其粒度就是循环程序块大小，一般在几百条指令之内。循环级并行性是并行处理器和向量处理器上运行的最优程序结构，并由编译器予以优化。

线程级并行性是指一个应用程序的不同线程之间的并行性。整个应用程序就是它的粒度。线程调度、并发多线程、多核等就是要设法增强线程之间的并行性。

进程级并行性是指在多程序环境下不同进程之间的并行性。并行执行的多个程序就是它的粒度。进程调度、并行系统等就是要设法增强进程之间的并行性。

### 6.5.2 基于并行性的处理器体系 Flynn 分类

1966 年 M. J. Flynn 从处理器架构的并行性出发，提出了一种基于信息处理特征的处理器架构分类方法，人们称之为 Flynn 分类法。Flynn 分类法把计算机的工作过程看成是如下 3 种流的运动过程：

- IS(Instruction Stream，指令流)：机器执行的指令序列。
- DS(Data Stream，数据流)：由指令流调用的数据序列(包括输入数据和中间结果)。
- CS(Control Stream，控制流)：由控制器发出的一系列信号。

这 3 种流涉及计算机中的 3 种部件：

- CU(Control Unit，控制单元)：控制部件，包括状态寄存器和中断逻辑。
- PU(Processing Unit，处理单元)：处理部件。
- MM(main memory)，主存储器。

为了对计算机进行分类，Flynn 引入了多倍性(multiplicity)的概念。多倍性是在系统结构的流程瓶颈上同时执行的指令或数据的最大可能个数。按指令流和数据流分别具有的多倍性，Flynn 将计算机系统分为图 6.31 所示的 4 种。

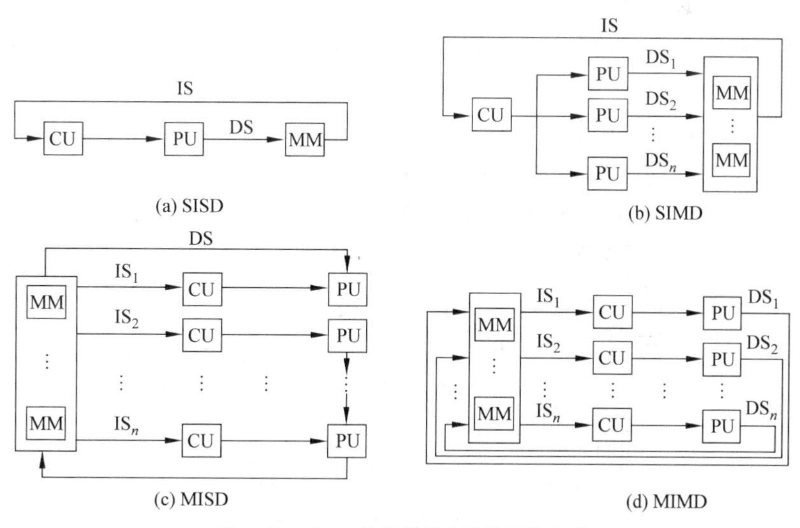


图 6.31　Flynn 分类法的 4 种计算机类型

**1. SISD 系统**

SISD(Single Instruction Stream Single Data Stream,单指令流单数据流)系统是传统的顺序处理计算机,通常由一个处理器和一个存储器组成。它通过执行单一的指令流对单一的数据流进行处理。即指令按顺序读取,指令部件一次只对一条指令进行译码,并只对一个操作部件分配数据。

**2. SIMD 系统**

典型的 SIMD(Single Instruction Stream Multiple Data Stream,单指令流多数据流)系统由一个控制器、多个处理器、多个存储模块和一个互连网络组成。互联网络用来在各处理器和各存储模块间进行通信,由控制器向各个处理器"发布"指令,所有被"激活的"处理器在同一时刻执行同一条指令,这就是单指令流。但在每台流动的处理器执行这条指令时所用的数据是从它本身的存储器模块中读取的,所以各处理器加工的数据是不同的,这就是多数据流。

**3. MISD 系统**

关于 MISD(Multiple Instruction Stream Single Data Stream,多指令流单数据流)系统的界定,众说不一,有的认为根本就不存在 MISD 系统;有的把流水线处理机划分在这一类。但也有的把流水线处理机称为 SIMD 系统一类。

**4. MIMD 系统**

典型的 MIMD(Multiple Instruction Stream Multiple Data Stream,多指令流多数据流)系统由多台独立的处理机(包含处理器和控制器)、多个存储模块和一个互连网络组成;每个处理机执行自己的指令(多指令流),操作数据也是各取各的(多数据流)。这是一种全面并行的计算机系统。MIMD 的互连网络可以安排在两个不同级别——系统-系统级(如图 6.32(a)所示)和处理机-存储器接口级(如图 6.32(b)所示)上。系统-系统级 MIMD 系统的特点是各台处理机都有自己的存储器,各处理器之间的依赖程度低,互连网络仅仅用来进行处理机间的通信,称为松耦合多处理机系统(loosely coupled multiprocessor system),一般多计算机系统(multicomputer system)就是指这种系统。处理机-存储器接口级上的 MIMD 的特点是各台处理机共享公用的存储器,存储器可以由多个模块组成,互连网络用来在处理器和存储器之间传送信息,各处理器之间的依赖程度高,称为紧耦合多处理机系统(tightly coupledmulti processor system),通常说的多处理系统一般就是指这一类型的系统。

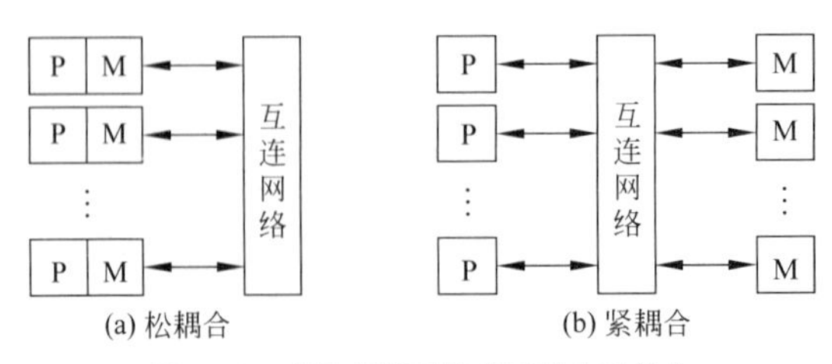


图 6.32　多处理器系统的两种典型结构

### 6.5.3 处理器并行性开发的思路与途径

#### 1. 并行性开发的基本思想

并行性的开发主要从时间重叠、资源重复、资源共享 3 个方面展开。

1) 时间重叠

时间重叠就是对一套设备进行合理分割，使其不同的部分能完成同一项任务的不同操作；也使多个处理过程在时间上相互错开，轮流、重叠地使用同一套硬件设备的各个部分，形成不同操作的流水线。这样，就可以在这套设备中同时执行多项任务，使不同的任务同时位于流水线上不同的操作部位，形成多个任务的流水作业，提高硬件的利用率而赢得高速度，获得较高的性能价格比。

流水线是通过时间重叠技术实现并行处理，来“挖掘内部潜力”，其技术特点是各部件的专用性。设备的发展形成专用部件(如流水线中的各功能站)—专用处理机(如通道、数组处理机等)—专用计算机系统(如工作站、客户机等)3 个层次。沿着这条路线形成的多处理机系统的特点是非对称型(asymmetrical)或称异构型多处理机(heterogeneous multiprocessor)。它们由多个不同类型、担负不同功能的处理机组成，按照程序要求的顺序，对多个进程进行加工，各自实现规定的操作功能，并且这些进程的加工在时间上是重叠的。从处理的任务上看，流水线分为指令级流水线和任务级流水线。

2) 资源重复

资源重复是通过重复地设置硬件资源以大幅度提高计算机系统的性能，是一种“以多取胜”的方法。它的初级阶段是多存储体和多操作部件，目的在于把一个程序分成许多任务(过程)，分给不同的部件去执行。这些部件在发展中功能不断增强，独立性不断提高，发展成为 3 个层次：

(1) 在多个部件中的并行处理。

(2) 在多台处理机中的并行处理——紧耦合多处理机系统。

(3) 在多台自治的计算机系统中的并行处理——松耦合多处理机系统。

沿着这条路线形成的多处理机系统的特点是对称型(symmetrical)或称同构型多处理机(homogeneous multiprocessor)。它们由多个同类型的，至少同等功能的处理机组成，同时处理同一程序中能并行执行的多个任务。

3) 资源共享

资源共享是指多个用户之间可以共通使用同一资源(硬件、软件、数据)，以提高计算机设备利用率。计算机网络就是这一技术路线的产物。它通过计算机与通信技术的融合，实现信息资源共享。

以上 3 条路线并不是孤立的。现代科学技术已经打破了学科、专业、领域的界限，在计算机不同技术之间也在不断渗透、借鉴、融合，把并行技术推向更高的水平。

**2. 处理器并行性开发的途径**

图 6.33 从单处理器(向下)系统和多处理器(向上)系统两个方向,并从不同的途径对于处理器的并行性开发途径进行了小结。所谓小结,仅表明这是一种思路,不一定非常完美。并且计算机技术还在不断发展,这个图还需要不断完善。

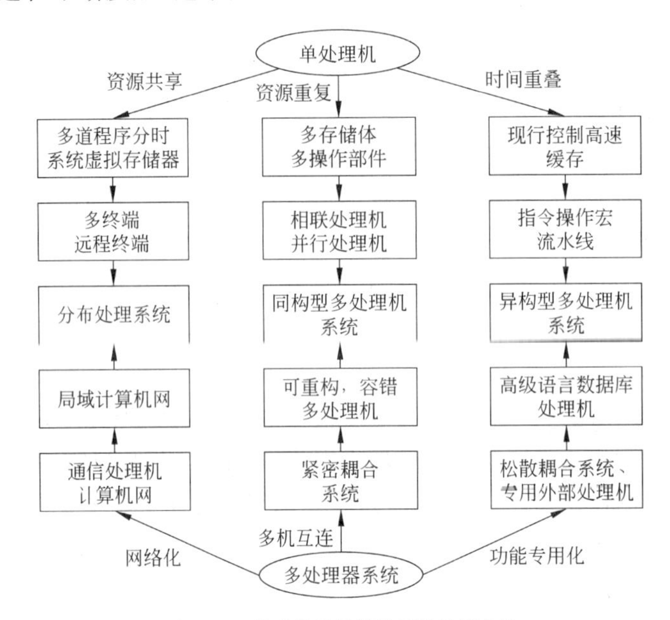


图 6.33 处理器的并行性开发途径小结

# 习 题

6.1 简述指令流水线。

6.2 4 级流水线,各级需要时间为 100ns、90ns、70ns、50ns,则流水线的操作周期为多少?

6.3 指令流水线技术为什么优于非流水线技术?

6.4 在高速计算机中广泛采用流水线技术。例如,可以将指令执行分成取指令、分析指令和执行指令 3 个阶段,不同指令的不同阶段可以( ① )执行;各阶段的执行时间最好( ② );否则在流水线运行时,每个阶段的执行时间应取( ③ )。

可供选择的答案:

① A. 顺序　　B. 重叠　　C. 循环　　D. 并行

② A. 为 0　　B. 为 1 个周期　　C. 相等　　D. 不等

③ A. 3 个执行阶段时间之和

B. 3 个阶段执行时间的平均值

C. 3 个阶段执行时间的最小值

D. 3 个阶段执行时间的最大值

6.5 假设一条指令按取指、分析和执行 3 步解释执行,每步相应的执行时间分别为 $T_{取}$、$T_{分}$、$T_{执}$,分别计算下列几种情况下执行完 100 条指令所需的时间(见图 6.34)。

（1）顺序方式。

（2）仅第 $K+1$ 条指令取指与第 $K$ 条指令执行重叠。

（3）仅第 $K+2$ 条指令取指、第 $K+1$ 条指令分析、第 $K$ 条指令执行重叠。

若 $T_{取}=T_{分}=2, T_{执}=1$，计算上述结果。若 $T_{取}=T_{执}=5, T_{分}=2$，再计算上述结果。

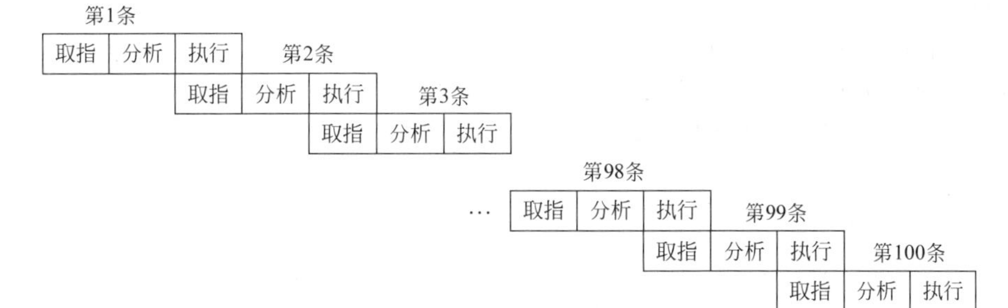


(a) 第K条指令的执行与第K+1条指令的取指相重叠时，指令执行的情况

(b) 第K条指令的执行与第K+1条指令的分析及第K+2条指令的取指相重叠时，指令执行的情况

图 6.34　指令重叠

6.6　一次重叠与流水有何区别？

6.7　访存冲突如何解决？

6.8　在流水线中相关处理的方法有哪些？你自己有无创新的方法？

6.9　从下列有关 RISC 的描述中选择正确的描述。

（1）RISC 技术是一种返璞归真的技术，经过指令系统不断复杂化的进程，使指令系统又恢复到原来的简单指令系统。

（2）RISC 的指令系统是从复杂指令系统中挑选出的一些指令的集合。

（3）RISC 单周期执行的目标是：在采用流水线结构的计算机中，大体上每个机器周期能完成一条指令，而不是每条指令只需一个机器周期就能完成。

（4）RISC 的指令很短，以保证每个机器周期能完成一条指令。

（5）RISC 需要采用编译优化技术来减少程序的运行时间。

（6）RISC 采用延迟转移的办法来缓解转移指令所造成的流水线组织阻塞的情况。

（7）由 RISC 的发展趋势可以得出一个结论：计算机的指令系统越简单越好。

6.10　向量流水处理机与阵列处理机在技术上有何不同与联系？

6.11　什么是同构型多处理机系统？什么是异构型多处理机系统？

6.12　查阅资料，进行下面的分析。

(1) Intel 处理器在微体系结构上的进步。

(2) AMD 处理器在微体系结构上的进步。

(3) Power 系列处理器在微体系结构上的进步。

(4) 几种最新 CPU 芯片在体系结构上的优缺点。

6.13 查阅资料,进行下面的分析。

(1) 几种典型的 SMP 解决方案比较。

(2) 几种典型的 SMT 解决方案比较。

(3) 几种典型的 HT 解决方案比较。

# 第7章　未来计算机展望

电子计算机的诞生不仅是计算工具的一次进步,更重要的是它作为科学技术史上的一个里程碑,引发了一次新的生产力飞跃,将人类社会推向一个新的时代——信息时代,使信息成为社会最重要的资源和争夺的重要目标,吸引了一大批优秀人才,从而使它得到了最为迅速的发展。具体地说,计算机技术的发展动力主要来自如下3个方面:

(1) 不断扩展和深化的应用期望和旺盛的市场需求刺激。

(2) 分工细化和对科技创新日益高涨的追求。

(3) 解决工作"瓶颈"(薄弱环节),不断挖掘计算机系统的潜力。

这样的发展动力最终会使计算机技术发展成什么样子,是不是还是电子技术的,是否还利用布尔逻辑作为基本单元……这些都是难以预料的。

在第1章和第6章已经介绍了人们在改进冯·诺依曼体系方面的努力。本章介绍人们在非冯·诺依曼体系方面的探索和在元器件方面的探索。

## 7.1　非冯·诺依曼体系计算机的探索

### 7.1.1　数据流计算机

#### 1. 数据流驱动

指令和数据是计算机中两种最基本的信息。计算机的工作过程是执行指令的过程,然而指令的执行在数据流计算机与传统的冯·诺依曼计算机中有不同的发生(驱动)方式。

传统的冯·诺依曼计算机最突出的特征是"控制驱动、共享数据、串行执行"。具体地说,指令的执行顺序和发生时机由指令控制器(指令指针)控制,指令指针指向哪一条指令才能执行哪一条指令。这样对于单处理机来说,指令只能串行执行。为了保证控制驱动的正确执行,在处理机中必须设置一个指令指针,指出即将启动的指令。除此之外,由于许多数据要供多条指令共享,而指令又是串行执行的,因此必须设置共享存储器,将数据与指令存放在一起。由于存储器的速度远低于CPU,且每次只能访问一个单元,从而使CPU与共享存储器间的信息通路成为影响系统性能的"瓶颈"。

数据流驱动则是另一种思路,它有如下5个特点:

(1) 异步性。指令的执行由数据的可用性驱动。数据流计算机中没有程序计数器,一条指令所需的操作数据全部齐备,便可以点火(firing)——立即启动执行。好比开会,控制驱动是按会议主席的指示决定什么时候开会,而数据驱动是执行人到齐就开会的原则。

(2) 独立性。计算结果直接在指令间传递。一条指令产生的数据可以被复制成多个副本,直接传送给其他需要的指令。数据驱动程序中的数据保存在指令中,而不是保存在共享存储器中。这些指令不需要用任何方式排定次序。

(3) 局部性。各指令间的数据传送是直接的，不需将操作数作为“地址”变量，一条指令的输出同时指向使用它的一条或多条指令(目标指令)，数据经过一条指令执行后随即消失，不产生长远或全局的影响。

(4) 并行性。只要有足够的处理单元，凡是相互间不存在数据依赖关系的指令都可以并行执行。这种并行性是隐含的。

(5) “单赋值”性。程序中的任何变量都只允许在赋值语句的赋值号左边出现一次，即不允许对一个变量多次赋值，这有利于开发运算的并行性。

### 2. 数据流计算机指令

如图 7.1(a)所示，数据流计算机的指令主要由数据令牌(data token)和操作包(operation packet)两部分组成。

1) 操作包

如图 7.1(b)所示，操作包由操作码(operation code)、一个或几个源操作数(source data)以及零个或多个后继指令地址(next address)组成。后继指令地址用于和结果数据组成使用结果数据的后继指令的数据令牌，如果一条指令的运算结果要送几个目的地址，则分别形成几个数据令牌。

2) 数据令牌

数据令牌用以传送数据并激活(点火)指令。如图 7.1(c)所示，每个数据令牌由两部分组成：结果数据和目标地址。结果数据就是一条指令执行的结果，是数据令牌携带的内容。目标地址即使用该结果的数据。这是数据流计算机工作的一个重要特征：数据由数据令牌携带，在指令间直接传送。当一条指令的所有数据令牌均到达时，该指令即被点火，可开始执行。因此数据令牌中还应含有各种标志和特征等。

### 3. 数据流程序图及其操作规则

1) 数据流程序图结构

操作流程序图主要描述了指令执行的顺序。数据流指令组成的程序则要用数据流程序图描述。图 7.2 为算术表达式 $x=(a+b)\times(c-d)/a$ 的数据流程序图。其中，+、-、*、/称作节点，表示一个操作或者一个独立的运算部件，节点之间用有向弧连接，表示数据的流向，并反映了操作之间的数据依赖关系；弧上的黑点称数据记号或数据令牌(data token)，它附在弧上，表示数据已经有了具体的值；节点外面的字符称为节点的名字。

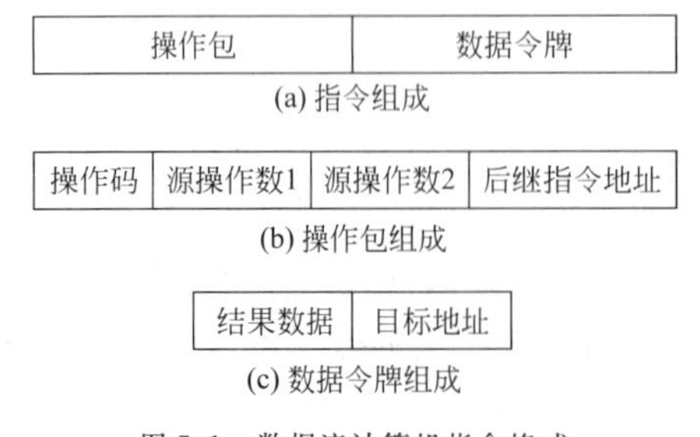


图 7.1 数据流计算机指令格式

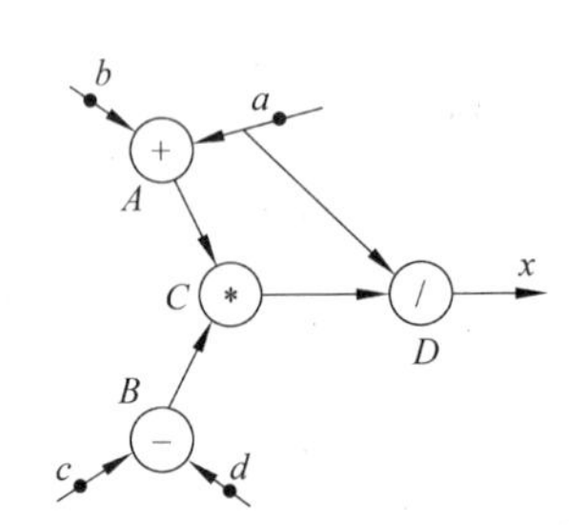


图 7.2 $x=(a+b)\times(c-d)/a$ 的数据流程序图

数据流程序图中的数据可以分为两大类：算术数据和逻辑数据。逻辑数据的一个主要用途是进行控制，为了使其与算术数据有区别，逻辑数据的弧上的箭头画成空心箭头。图7.3为与逻辑数据有关的几种节点。

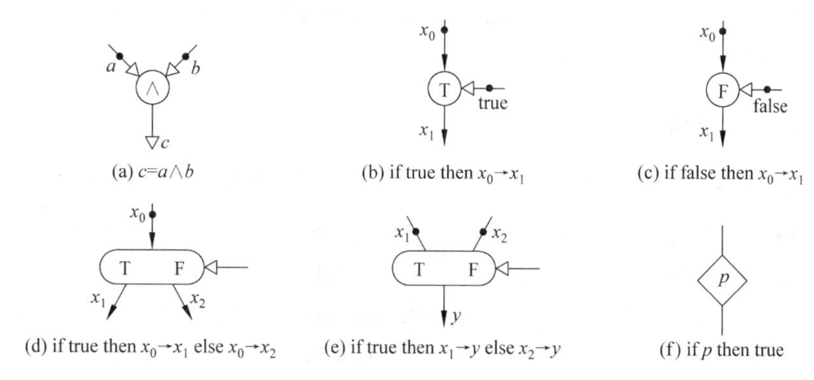


图 7.3　与逻辑数据有关的节点

这些节点包括：

- 逻辑运算节点，图 7.3(a)为 $c=a\wedge b$（“与”运算操作），此外还有 ∨（“或”）、N（“非”）等。
- 条件门节点，如图 7.3(b)、(c)所示。
- 条件分支节点，如图 7.3(d)所示。
- 条件汇合节点，如图 7.3(e)所示。
- 判定节点，如图 7.3(f)所示。

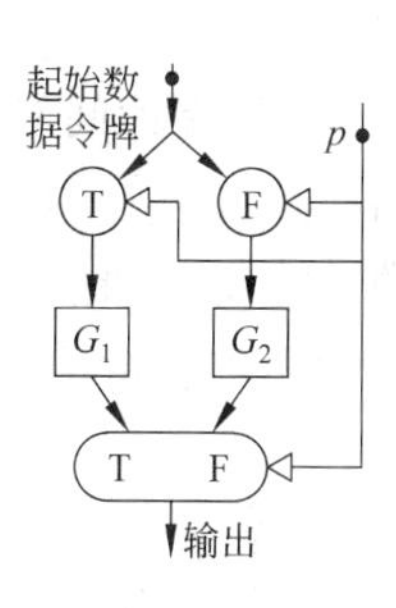


图 7.4　if $p$ then $G_1$ else $G_2$ 数据流程序图

图 7.4 为与高级语言中的条件语句 if $p$ then $G_1$ else $G_2$ 相对应的数据流程序图。

2）操作规则

为了确定数据流驱动处理中的运算次序，作如下规定：

- 节点所有输入弧上都有数据令牌时，节点被点火。
- 节点的操作开始后，其输入弧上的数据令牌消失。
- 节点的操作执行完后，其输出弧上出现数据令牌。
- 弧上有复制节点时（如图 7.2 中的 $a$），要首先执行复制操作，即把复制节点前面的数据令牌复制到其后的各分支。

### 7.1.2　归约机

#### 1. 需求驱动

归约机是一种需求驱动的系统结构。需求驱动、数据驱动和控制驱动三者的主要区别是指令执行的启动条件不同：

- 控制驱动的启动条件是指令指针指向时。
- 数据驱动的启动条件是输入到齐时。
- 需求驱动的启动条件是需要输出时。

也就是说，在需求驱动系统中，一个操作符仅在需要它的输出结果时才开始启动它，而不管这个操作符所需的输入是否已经到齐；如果所需的输入还未获得，则作为下一级的需求再去驱动能产生这一结果的操作，把这一需求链一直延伸下去，直到所需的输入全部到达，才继续执行求出结果。这种求值过程称为归约。例如计算 $a=(b+1)*(c-5)$，当需要 $a$ 时，先驱动函数 *；而 * 又需要两个乘数，进一步要驱动 + 和 -。

**2. FFP 归约机结构**

归约机的设计基于归约模型，现在已经提出了多种归约模型和相应的多种设计方案。下面介绍 Gyula A. Mago 在 1982 年提出的 FFP(Formal Functional Programming)。如图 7.5 所示，它由线性单元阵列、互连网络、前端机、辅助存储器 4 部分组成。

(1) 线性 L 单元阵列是一个带有逻辑功能的存储系统，它不仅存放 FFP 表达式(即程序)，还执行大部分处理工作，相当于人脑中的细胞单元，既有记忆功能，又有处理功能。L 单元的线性连接仅仅是为了存储管理。

(2) 前端机控制整个系统，包括对 FFP 机使用的基本操作进行定义、控制辅助存储器、管理 I/O 等。

(3) 辅助存储器作为 L 存储器的扩充。L 中的内容溢出时，要把溢出部分移入辅助存储器。

(4) L 单元间经互连网络进行通信，互连网络还具有某些处理功能。最简单的互连网络结构是二叉树，如图 7.6 所示。二叉树互连网络结构易于构造和扩展，如将两台二叉树结构的计算机连到一个新的根节点上，就构造出一台更大的二叉树互连网络。所以也将这种机器称为细胞树结构多处理机。

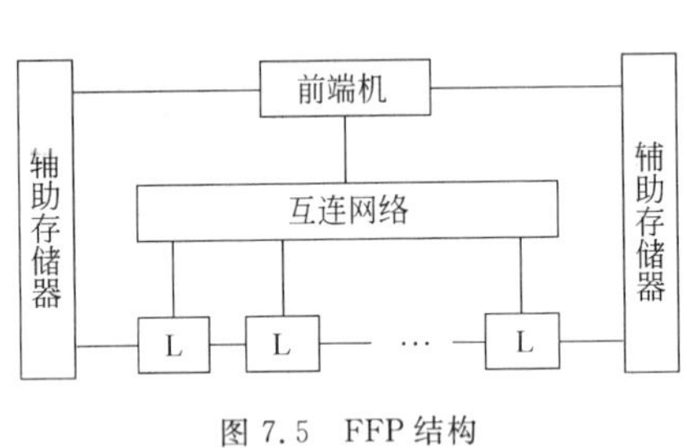

图 7.5　FFP 结构

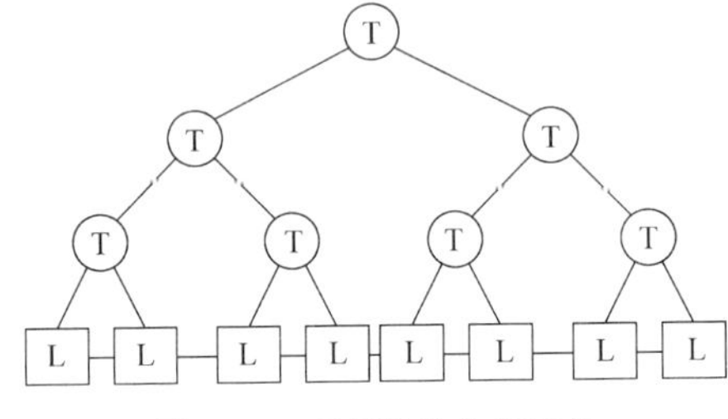

图 7.6　二叉树结构的 FFP 机

**3. FFP 工作过程**

1) 几个术语

- 可归约表达式：一个操作符及其复元的组合。
- 归约程序：表现为嵌套的可归约表达式(一个可归约表达式中又含有别的可归约表达式)。
- 最内层可归约表达式：在嵌套的多个表达式中，已计算出其多元值的可归约表达式。

归约过程就是将每个最内层可归约表达式用其值来替换，形成新的最内层可归约表达式;接着再对其进行归约……直至整个程序被归约,仅留下最终结果。

2) FFP 机的工作过程

FFP 机的工作过程分为多个操作周期,每一周期分为 3 个阶段。

(1) 分解阶段。分解阶段的工作是按可归约表达式各最内层可归约表达式对二叉树结构的机器进行分解,重新构造成一组互相独立的二叉树结构的子机,为每个最内层可归约表达式分配一台子机。

(2) 执行阶段。由各子机独立地对其上的最内层可归约表达式作归约处理。

(3) 存储管理阶段。L 阵列的主要用途是存储可归约表达式。当对一个表达式的最内层可归约表达式计值之后,表达式的形成将发生变化,通常是规模变大,需要重新安排存储。

FFP 机重复执行上述 3 个周期,直到归约结束。

还须说明的是,归约机上使用的语言是函数式语言。用函数式语言描述的程序是一个归约表达式。对运算顺序无显式描述,运算顺序只蕴含于各函数调用之间的依赖关系中,且与运行程序的实际计算结构无关。关于函数式语言这里不再介绍。

### 7.1.3 智能计算机

随着计算机应用的广泛与深入,软件的规模和复杂度越来越大,软件系统的开发成本、可靠性、可维护性越来越难以控制。解决"软件危机",除了从改进软件的开发方面寻找出路之外,还可以从尽量减少人的干预入手,把人工智能技术与软件工程结合起来,逐步实现程序设计自动化。而更进一步的设想是开发具有智能的计算机,使其具有学习功能、联想功能和解决非确定性问题的能力。

智能计算机的研究工作是从 20 世纪 70 年代末开始的。1981 年 10 月,日本率先向世界宣布了一个研制智能计算机计划,并与 1982 年 4 月由日本政府大藏省正式成立了领导这项研究计划的发展机构——新一代计算机技术研究所。目前,这项计划虽没有达到预期的目标,但却为人们积累了有价值的经验和教训。

#### 1. 智能计算机应具备的性能和特点

一个人具有解决某个问题的能力,首先是因为他具有与这个问题相关的知识。同样,如果一个系统能够回答某个领域的问题集,并且能解决问题,则这个系统就具有这个领域的智能。目前,对智能计算机有各种不同的理解和解释,但较为普遍的看法是智能计算机应具备如下功能:

(1) 冯·诺依曼计算机的解题能力主要取决于程序的能力。而智能计算机的解题能力主要取决于知识,因此,它应当是以知识库为中心的系统,它的基本部件是知识库。它与传统计算机最大的不同之处在于,要变"程序存储"为"知识存储",为此还要解决知识的表示问题。

(2) 知识是一个不断积累的过程,这个过程称为知识获取。因此,智能计算机应当有知识获取(即学习)功能。

(3) 问题的求解过程是知识的应用过程,是根据已有知识对问题进行理解和推理过程,因此,理解与推理是智能计算机的核心部件。

**2. 智能计算机系统结构**

智能计算机的开发必须解决知识获取、知识表示、知识库的建立、推理机制等问题及其实现方式。智能计算机系统结构如图 7.7 所示。它可看成一个功能分布式的、技术上以 VLSI 技术为基础并包含诸如数据流计算的新结构，根据其应用场合的不同而有不同的构成方式。如果以它为一个基本单元，则还可以构成局域网或广域网，形成一个大规模的分布式处理系统。

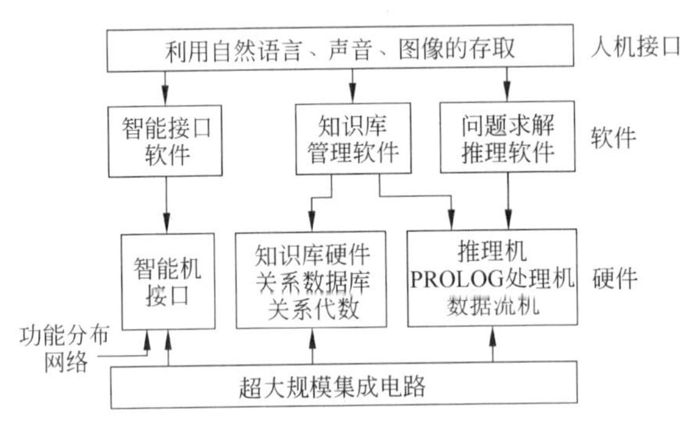


图 7.7 智能计算机系统结构

1) 智能计算机的硬件组成

智能计算机系统按其应用形态提供从小型到大型各种规模的结构，但一般都有以下 3 个基本结构：

(1) 问题解决与推理计算机(相当于中央处理机)。

(2) 知识数据库管理计算机(相当于带虚拟存储机构的主存和文件系统)。

(3) 智能接口计算机(相当于过去的输入输出通道和输入输出设备)。

这 3 部分将成为任何一个智能计算机系统不可分割的组成部分，智能计算机系统由这 3 个部分按大致相同的比例配置而成。

2) 智能机软件系统组成

智能机软件系统一般由以下 6 部分组成：

(1) 基本知识库。它包括 3 种知识库：

- 一般知识库，包含日常使用的基本词汇、基本类型、基本子结构规则、各种词典以及有关自然语言的其他知识，以及自然语言的理解。
- 系统知识库，包含计算机本身的各种规则以及有关说明(如处理机、操作系统、语言手册等)。
- 应用知识库，包含各种应用领域的特殊知识。

(2) 基础软件系统。由 3 部分组成：

- 智能接口系统，提供智能接口所需知识，完成各项功能。
- 问题求解推理系统，提供知识库推理机，便于推理机求解问题。
- 知识库管理系统，提供知识给知识库，并支持知识库管理。

(3) 智能系统化支持系统。向用户提供知识，支持用户进行各种系统的设计，从而减轻人的脑力劳动。它有3个支持系统：

- 用于处理程序的智能程序设计系统。
- 用于处理知识库的设计系统。
- 用于处理计算机结构的智能设计系统。

(4) 智能使用系统。为用户提供各种规程，帮助用户构造应用系统。它包含4种软件：

- 传递系统，将程序式数据库从现有机器中传输到目标机中去。
- 教学系统，说明智能机的功能及使用方法。
- 咨询系统，为用户提供使用规程。
- 故障诊断、系统维护、自动检查和恢复功能，指导维修。

(5) 基本应用系统。提供基本应用功能，如翻译、问题回答、声音应用、图形图像应用、问题求解等，是各应用系统的共享核心。

(6) 应用系统。按用户需要建立的具体应用对象的系统，由基本应用系统提供共享资源。

3) 智能接口技术

新一代计算机的一个重要组成部分是智能接口。智能接口技术包括视觉系统、听觉系统、自然语言理解等研究领域。

(1) 视觉系统。用于模拟人的视觉功能。

(2) 听觉系统。自然听觉是人类通信的常用工具。其核心是语声信号处理，包括词的端点识别、词的识别、语义分析等部分。它们分别用到系统建立的"语义字典"和"语言规则和背景知识库"。

(3) 自然语言理解。可以使用户能够用自然语言与计算机相互通信，使计算机的应用、操作更为方便。如果能达到下面的4条标准，该计算机系统就具备了自然语言理解的能力。

- 能成功地回答语言材料中的有关问题。
- 能对大量材料做出摘要。
- 能用系统自身的语言复述这些材料。
- 能从一种语言转译到另一种语言。

### 3. 智能计算机的解题过程

图7.8(a)是传统计算机解决问题的流程。图7.8(b)是日本新一代计算机技术研究所在1981—1990年间开发的"第五代计算机"的解题流程，即所谓的智能计算机对问题的解决流程。比较这两个图，可以看出新一代计算机——智能计算机与传统计算机在问题解决流程方面的不同。

## 7.1.4 神经网络计算机

智能计算机的开发研究大体上有两条路径：一条是基于现行冯·诺依曼体系，在其上以功能模拟的方法加以扩充；另一条是以结构模拟的方法模拟人脑的功能。神经网络计算机(neural network computer)就是后一种中的较好选择，它是一种能够模拟人脑功能的超分布和超并行处理信息的计算机。它具有良好的自适应性、自组织性以及很强的学习、联想

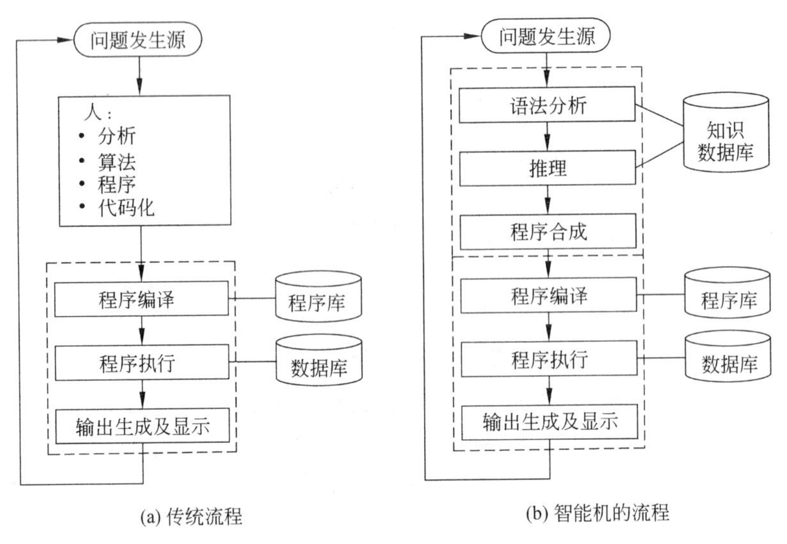

(a) 传统流程　　(b) 智能机的流程

图 7.8　计算机解题过程的比较

和容错功能，并企图通过生物学、心理学、认识科学、计算机科学等多个领域的有机配合探明大脑的信息处理机制，用结构模拟的方法实现人脑的信息处理功能。

**1. 神经元**

神经元即神经细胞，是神经系统的基本单元。神经系统是一个具有高度组织和相互作用机制的群体，是由数目众多的各种类型的神经元按不同的结合方式构成的复杂的神经网络。

神经细胞的结构如图 7.9 所示。它由一个细胞体(soma)、一些树突(dendrite)和一根可以很长的轴突(axon)组成。神经细胞体是一颗星状球形物，里面有一个核(nucleus)。树突由细胞体向各个方向长出，本身可有分支，是用来接收信号的。轴突也有许多的分支。轴突通过分支的末梢(terminal)和其他神经细胞的树突相接触，形成所谓的突触(synapse，图中未画出)，一个神经细胞通过轴突和突触把产生的信号送到其他的神经细胞。

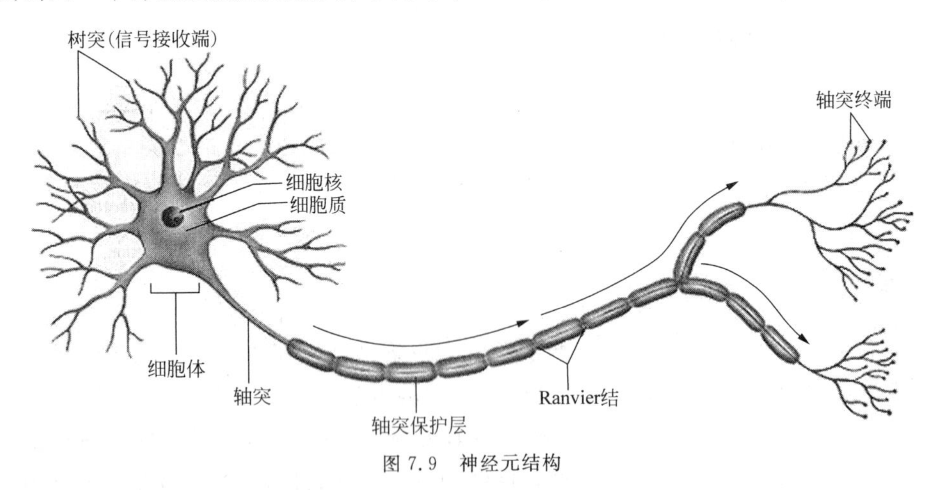

图 7.9　神经元结构

在人的生命的最初 9 个月内，这些细胞以每分钟 25 000 个的惊人速度被创建出来。例如，人的中枢神经系统，包括脊髓和脑就是由大约 100 亿($10^{10}$)个神经元组成的。神经细胞和人身上其他类型的细胞十分不同，每个神经细胞都长着一根像电线一样的称为轴突的东西，它的长度有时伸展到几厘米，用来将信号传递给其他的神经细胞。每个神经细胞通过它的树突和大约 10 000 个其他的神经细胞相连。这就使得你的头脑中所有神经细胞之间连接总计可能有 $10^{14}$ 个。这比 $10^8$ 个现代电话交换机的连线数目还多。

神经细胞利用电-化学过程交换信号。输入信号来自另一些神经细胞。这些神经细胞的轴突末梢(也就是终端)和本神经细胞的树突相遇形成突触，信号就从树突上的突触进入本细胞。信号在大脑中实际怎样传输是一个相当复杂的过程，但就我们而言，重要的是把它看成和现代的计算机一样，利用一系列的 0 和 1 来进行操作。就是说，大脑的神经细胞也只有两种状态：兴奋和不兴奋(即抑制)。发射信号的强度不变，变化的仅仅是频率。神经细胞利用一种我们还不知道的方法把所有从树突突触上传进来的信号进行相加，如果全部信号的总和超过某个阈值，就会激发神经细胞进入兴奋状态，这时就会有一个电信号通过轴突发送出去给其他神经细胞。如果信号总和没有达到阈值，神经细胞就不会兴奋起来。这样的解释有点过分简单化，但已能满足我们的目的。

正是由于数量巨大的连接，使得大脑具备难以置信的能力。从生物控制的信息处理的角度看，神经元具有如下 4 个主要组成部分。

1) 轴突

由细胞体向外伸出的最长的一条分支称为轴突，即神经纤维。它相当于细胞的输出电缆，其端部的许多神经末稍为信号输出端子，用于传出神经冲动。

2) 树突

由细胞体向外伸出的其他许多较短的分支称为树突。它相当于细胞的输入端，接收来自其他相关神经元传入的神经冲动。

图 7.10 为图 7.9 的简化，它表明神经元是一个多输入/单输出的非线性元件。其中，$u_i$ 为神经元的内部状态，$\theta_i$ 为阈值，$x_i$ 为输入信号，$y_i$ 为输出信号，$s_i$ 表示外部输入信号(在某些情况下，它可以控制神经元的 $u_i$，使它保持在某一状态)。

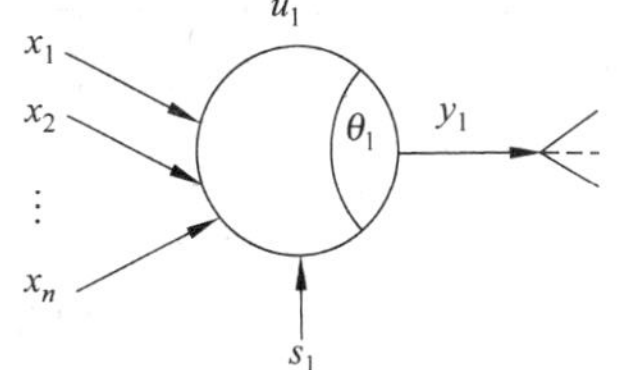

图 7.10 神经元结构模型

3) 细胞体

细胞体由细胞核、细胞质与细胞膜等组成。细胞膜内外之间有电位差，约 20～100mV，称为膜电位。细胞体对突触上所接收的突触和树突之间的薄膜电势求和，称为净输入。每个细胞体只有一个输出。净输入与输出之间的函数关系称为神经细胞活化(激活)函数。

4) 突触

细胞与细胞之间(即神经元之间)通过轴突(输出)与树突(输入)相互连接，其接口称为突触，即神经末梢与树突相接触的交界面。每个细胞约有 $10^3$～$10^4$ 个突触。突触有两种类型：兴奋型与抑制型。

突触的信息传递是可变的，随着神经冲动传递方式的变化，其传递作用可增强或减弱。所以，细胞之间的连接是柔性的，故称为结构可塑性。通过神经元的可塑性，使人脑具有学习、记忆和认识等智能。

### 2. 神经网络的信息处理特点

人的大脑是一个神秘而复杂的世界，其思维过程实质上是一种信息处理过程。这个过程发生在神经网络中。经过长期的探索，人们基本总结出了大脑信息处理的如下一些特点。

1）信息处理与存储合二为一

神经网络的每个神经元都兼有信息处理和存储功能，神经元之间连接强度的变化，既反映了对信息的记忆，同时又与神经元对激励的响应一起反映了对信息的处理。

2）高度的非线性、良好的容错性和计算的非精度性

神经元的广泛互联与并行工作必然使整个网络呈现出高度的非线性特点。而分布存储的结构特点会使网络在以下两个方面表现出良好的容错性：

（1）由于信息的分布式存储，当网络中部分神经元损坏时不会对系统的整体性能造成影响，这就像人的大脑中每天都有神经细胞正常死亡而不会影响大脑的功能一样。

（2）当输入模糊、残缺或变形的信息时，神经网络能通过联想恢复记忆，从而实现对不完整输入信息的正确识别，这一点就像人可以对不规范的手写字进行正确识别一样。神经网络能够处理连续的模拟信号以及不精确的、不完全的模糊信息，因此给出的是次优的逼近解而非精确解。

3）信息处理的并行性、信息存储的分布性、信息处理单元的互连性、结构的可塑性

神经网络中的每个神经元都可以根据接收到的信息进行独立的运算和处理，并输出结果，同一层中的各个神经元的输出结果可被同时计算下来，然后传输给下一层做进一步处理，这体现了神经网络并行运算的特点，这一特点使网络具有非常强的实时性。虽然单个神经元的结构极其简单，功能有限，但是大量神经元构成的网络系统所能实现的行为是极其丰富多彩的。

在神经网络中，信息分布存储在不同位置，神经网络用大量神经元之间的连接及对各连接权值的分布来表示特定的信息，从而使网络在局部网络受损或输入信号因各种原因发生部分畸变时仍然能够保证正确输出，提高网络的容错性和鲁棒性。

4）自适应性与自学习、自组织

自适应性是指一个系统能够改变自身性能以适应环境变化的能力，它是神经网络的一个重要特性。自适应性包括自学习与自组织两层含义。

（1）神经网络的自学习是指当外界环境发生变化时，经过一段时间的训练或感知，神经网络能够通过自动调整网络结构参数，使得对于给定输入能产生期望的输出，训练是神经网络学习的途径，因此经常将学习与训练两个词混用。

（2）神经系统能在外部刺激下按一定规则调整神经元之间的突触连接，逐渐构建神经网络，这一构建过程称为网络的自组织（或称重构）。神经网络的自组织能力与自适应性相关，自适应性是通过自组织实现的。

### 3. 人工神经网络

人工神经网络（Artificial Neural Network，ANN）是一种模仿神经网络，进行分布式并

行信息处理的系统。

1）人工神经网络的层次结构

组成人工神经网络的元素常常被聚集成线性排列，即所谓的“层”。一个神经网络必须有输入层和输出层。图 7.11(a)为一个两层的网络结构，又称其为感知器(perceptron)。在功能较强的网络中，常常是带有隐蔽层的，如图 7.11(b)所示。权 $w_{ij}$ 是变量，为产生一个确定的输出应动态地调整它们。动态地修改权是允许一个神经网络记忆信息，使之适应环境的学习过程。每个网络具体使用多少个神经元和层次要视具体应用而定，也依赖于模拟神经网络的计算资源。

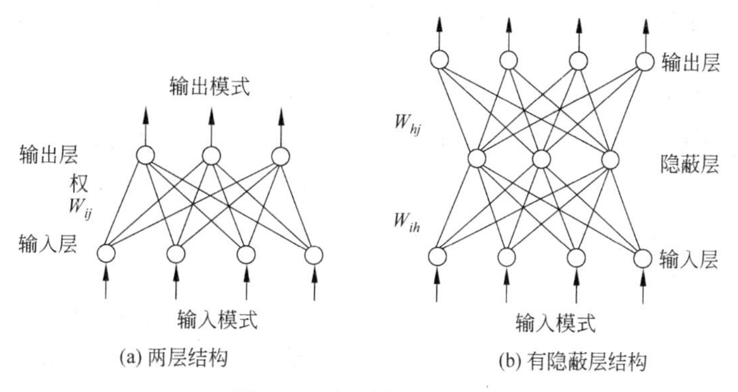


图 7.11 人工神经网络模型

2）人工神经网络的工作过程

神经网络的工作过程主要由两个阶段组成：一个阶段是工作期，此时各连接权值固定地计算单元的状态变化，以求达到稳定状态；另一阶段是学习期(自适应期或设计期)，此时各计算单元状态不变，各连接权值可修改(通过学习样本或其他方法)。前一阶段较快，各单元的状态也称短期记忆；后一阶段慢得多，权及连接方式也称长期记忆。

3）机器学习

神经网络的适应性是通过学习实现的。根据环境的变化，对权值进行调整，改善系统的行为。Hebb 认为学习过程最终发生在神经元之间的突触部位，突触的联系强度随着突触前后神经元的活动而变化。在此基础上，人们提出了各种学习规则和算法，以适应不同网络模型的需要。有效的学习算法使得人工神经网络能够通过连接权值的调整，构造客观世界的内在表示，形成具有特色的信息处理方法，信息存储和处理体现在网络的连接中。

根据学习环境不同，神经网络的学习方式可分为监督学习和非监督学习。

(1) 监督学习。将训练样本的数据加到网络输入端，同时将相应的期望输出与网络输出相比较，得到误差信号，以此控制权值连接强度的调整，经多次训练后收敛到一个确定的权值。当样本情况发生变化时，经学习可以修改权值以适应新的环境。使用监督学习的神经网络模型有反传网络、感知器等。

(2) 非监督学习。事先不给定标准样本，直接将网络置于环境之中，学习阶段与工作阶段成为一体。此时，学习规律的变化服从连接权值的演变方程。竞争学习规则是一个更复杂的非监督学习的例子，它是根据已建立的聚类进行权值调整。自组织映射、适应谐振理论网络等都是与竞争学习有关的典型模型。

**4. 人工神经网络计算机的实现途径**

目前神经网络计算机的实现在如下 4 个途径上推进。

1）软件模拟神经网络计算机

在通用计算机上模拟神经网络计算机主要用于人工神经网络的模型和算法的研究。面向对象的程序特别适合进行人工神经网络的仿真。目前，学术界已经研究出了许多人工神经网络模型和算法，这些成果在对图像、声音和文字的理解和分析以及云端的大数据处理上取得很好的效果。例如，2001 年 Google 公司与斯坦福大学合作构建了一个有 10 亿个突触的深度神经网络（多层神经网络）来进行猫脸识别。他们用 1600 个处理器花了好几天时间训练该神经网络，使得对于猫脸识别的准确率提高了 70%。

2）学习（训练）算法的开发

学习算法是神经网络的灵魂。学习算法的研究和开发直接影响到神经网络计算机的性能。迄今为止，人们对于学习算法的开发已经经历了 3 个重要阶段：浅层（无层或两层）学习算法、支持向量机（Supporting Vector Machine，SVM）算法和深度学习算法。

3）神经网络芯片的开发

神经网络是一个庞大的网络，因此硬件的速度和功耗成为了人工神经网络应用的瓶颈。这些是一般计算机难以承受的。同时，现行的冯·诺依曼计算机的存储和处理是在不同部件中进行的，它与神经元网络的存储处理一体化格格不入，也是运行神经网络算法时效率很低的一个原因。因此，人们必须开发专门的神经网络芯片。这类神经网络芯片上的电路与所模拟的神经网络中的各个神经元和神经突触等都有一一对应的关系，神经网络中的各个权值也都存储在同一芯片上。

1984 年，美国 TRW 公司推出世界上第一台神经网络计算机产品 Mark-Ⅲ，之后又推出 Mark-Ⅳ，训练速度达到每秒 500 万个突触。1991 年，Intel 公司推出了可训练模拟神经网络（Electrically Trainable Analog Neural Network，ETANN）用模拟电路进行神经网络计算。1995 年，中国科学院半导体研究所王守觉院士数模混合的通用神经网络处理机 Cassandra-1（预言神 1 号）。这是神经网络计算机开发的第一个阶段。

2006 年，Hinton、LcCun 和 Bengio 等人提出深度学习算法，将神经网络计算机的开发提升到新的层次。2010 年，日本 NEC 公司开始研究如何将人工神经网络映射到可编程门序列（Field Programmable Gate Array，FPGA）和 GPU 上。2011 年，IBM 公司开发出了神经突触（neurosynaptic）计算机芯片，可模拟人脑认知和活动等能力。2014 年，IBM 公司科学家发布了首款前所未有的超大规模神经突触计算机芯片 SyNAPSE，它含有 100 万个可编程神经元、2.56 亿个可编程突触，在进行生物实时运算时的功耗低至 70mW，比现代微处理器功耗低数个数量级。

4）寻找新的物理元器件

早期的神经网络芯片都采用硅片。但是这类芯片受硅片面积的限制，不可能制作规模庞大的神经网络硬件。一个数万个神经元的全连接网络，其互连线将达到 10 亿根；若以 $1\mu m$ 三层金属布线工艺来计算，仅仅布线一项所占硅片面积就将达到数十平方米。因此，在微电子技术基础上用这种一一对应的方式实现规模很大的神经网络显然不现实。

光学技术在许多方面有着电子技术无法比拟的优点：光具有并行性，这一点与神经计算机吻合;光波的传播交叉无失真,传播容量大;可实现超高速运算。现在的神经计算机充其量也只有数百个神经,因此用"电子式"还是可能的,但是若要把一万个神经结合在一起,那么就需要一亿条导线,恐怕除光之外,任何东西都不可能完成了。但是光束本身很难表示信号的正负,通常需要双层结构,加之光学相关器件体积略大,都会使系统变得庞大与复杂。

神经网络的主要特点是大量神经元之间的加权互连。这就是神经网络与光学技术相结合的重要原因。电子技术与光学技术相比,精确度高,便于程序控制,抗噪声能力强。但是,通过7.2节的讨论将会看到,随着计算机芯片集成度和速度的提高,计算机中的引线问题已成为一个严重的障碍。由于电子引线不能互相短路交叉,引线靠近时会发生耦合,高速电脉冲在引线上传播时要发生色散和延迟,以及电子器件的扇入和扇出系数较低等问题,使得高密度的电子互连在技术上有很大困难。超大规模集成电路(VLSI)的引线问题造成的时钟扭曲(clock skew),严重限制了冯·诺依曼型计算机的速度。而另一方面,光学互连是高度并行的,光线在传播时可以任意互相交叉而不会发生串扰,光传播速度极快,其延时和色散可以忽略不计,加上光学元件的扇入和扇出系数都很高,因此光学互连具有明显的优势。

关于光学神经网络的研究,国内外已提出许多不同的硬件系统。例如,基于光学矢量矩阵相乘的Hopfield网络的外积实现,采用全息存储和共轭反射镜(PCM)的全光学系统,采用液晶开关阵列、液晶光阀以及其他空间光调制器(SLM)的内积型光学神经网络,光电混合全双极WTA网络等等。光学神经网络已成为人工神经网络研究的一个重要组成部分。

除了光技术的开发,生物等芯片技术也在研制中。有关内容将在7.5节中介绍。

## 7.2 未来计算机元器件展望

### 7.2.1 摩尔定律及其影响

#### 1. 摩尔定律

戈登·摩尔(Gordon Moore,见图7.12)是Intel公司的董事长和创始人。1965年,他发现了如图7.13所示的一个有趣的现象:每一代新的芯片都是在上一代芯片推出3年后出现的,而且都是上一代容量的4倍。

图7.12 戈登·摩尔

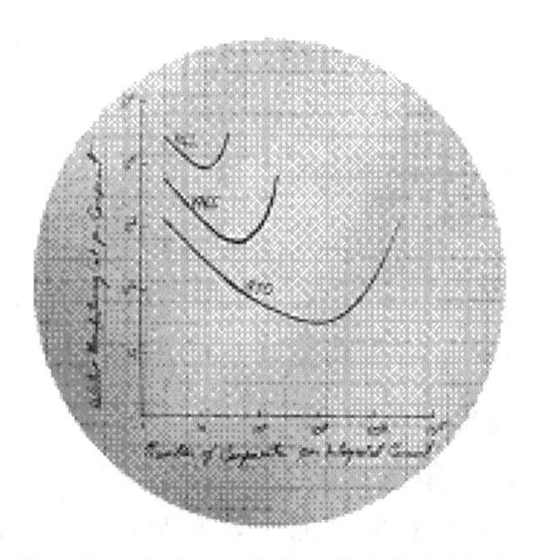

图7.13 戈登·摩尔发现的芯片进步规律

现在，摩尔定律通常从两个方面表述：

- 每个芯片中含晶体管的数量，每 18 个月翻一番，即每年增长 60%。
- 芯片的价格每 18 个月降低一半。

初看起来，摩尔定律是一个固体物理学家和集成电路工艺工程师所观察到的芯片发展的经验公式，但实质上它较好地解释了美国在 20 世纪最后 20 年间产生的经济良性循环现象：技术的进步（芯片集成度的提高）带来更好的产品和低廉的价格；低廉的价格带来新的应用；新的应用带来了新的市场划分和竞争，进而刺激了新技术的发展。

**2. 关于摩尔定律寿命的讨论**

元器件的进步一直是计算机技术不断发展、计算机性能不断提高的积极因素之一。在电子计算机的发展过程中，现代科学技术，尤其是电子技术总是不断地为人类最重要的工具——计算机提供最先进的技术装备，使得电子计算机得到了惊人的发展。从第一台电子计算机诞生到现在仅仅 70 多年的时间，电子计算机也已经历了真空管、晶体管分立元件、集成电路、大规模集成电路、超大规模集成电路 5 代。微元件技术的进步又反过来使得电子计算机系统的设计和应用环境发生了深刻的变化。元件的微小化使得电子计算机的记忆能力显著增强，运算速度急剧提高。表 7.1 为摩尔定律提出后近半个世纪间微处理器芯片集成度的发展以及影响运算速度的关键指标——主频提高的状况。表中所显示的 CPU 的集成度不断提高的事实有力地表明摩尔定律的正确。

**表 7.1 摩尔定律提出后近半个世纪间计算机 CPU 集成度的发展状况**

| 年　份 | 代表性处理器型号 | 数据总线/b | 核数 | 时钟频率/Hz | 集成度/(晶体管数/片) | 线　宽 |
|---|---|---|---|---|---|---|
| 1971 | Intel 4004 | 4 | 1 | | 2200 | |
| 1873 | Intel 8008 | 8 | 1 | | 4800 | |
| 1974—1977 | Intel 8080/8085，Z80，M6800 | 8 | 1 | | 9000 | |
| 1978—1984 | Intel 8086/8088/80286，Z8000，M68000 | 16 | 1 | 5M～20M | 29 000～130 000 | 4～2μm |
| 1985—1992 | Intel 80386/80486 | 16/32 | 1 | 12.5M～50M | 27.5 万～120 万 | 1.5～1μm |
| 1993—2005 | Pentium，K6/K7 | 64 | 1/2 | 60M～2.4G | 310 万～7700 万 | 1～0.09μm |
| 2006—2010 | Core 2 | 64 | 2/4 | 1.8G～3.8G | 8.2 亿 | 65/45/32nm |
| 2011.1 | SNB(Sandy Bridge) | | 4 | | | 32nm |
| 2012.4 | IVB(Ivy Bridge) | | 4 | | | 22nm(3D) |
| 2015.8 | Core i7-6700K/i5-6600K | | 4 | 4.0G/3.5G | | 14nm |

但是，就在人们为摩尔定律的应验欢欣鼓舞的时候，另外一些人却对摩尔定律到底还有多长的寿命提出了挑战。

线宽是芯片集成度的主要制造工艺指标。有人研究表明，当集成电路线宽小于 0.1μm 时，热噪声电压引起的雪崩击穿和强电场、隧穿现象随距离缩短而呈指数增加以及随着集成度提高而产生的耗散热量的急剧增高将非常突出。同时光刻技术难度和成本问题也会成为传统大规模集成工艺的极大障碍。因而芯片的发展迫切需要另辟蹊径。

也有人认为，微电子技术理论上的极限来自光传输速度、量子力学的测不准原理和热力学第二定律，进入亚 0.1μm 开发时期后，到器件工作原理方面的极限还有很长的路可走，当前还可以在工艺方面找到突破。例如，2015 年 Intel 公司宣布开发 10nm 技术，并在 2016 年投产。IBM 公司于 2015 年 7 月 9 日宣布该公司已经可以使用 7nm 技术生产芯片。这样的集成度可以使高端芯片的晶体管数量从几十亿个增加到 200 亿个以上。

### 7.2.2 突破传统微电子工艺的努力

从 1947 年 12 月 16 日美国新泽西州墨累山的贝尔实验室里的第一个晶体管诞生(图 7.14)，迄今已近 70 年了。这 70 年间人们在基于晶体管的微电子技术方面积累了丰富的经验，尤其是在摩尔定律几次危急时刻，人们都找到了突破口。近 20 年间的突破主要表现在如下 5 个方面：

(1) 介质材料方面的突破——高 $K$ 介质的应用。

(2) 晶体管栅极结构的突破——3D 晶体管。

(3) 封装工艺的突破——3D 堆叠芯片。

(4) 晶体管工作模式的突破——“睡眠”晶体管。

#### 1. 高 *K* 电介质材料的应用

图 7.15 为一个传统的晶体管模型。它主要由 3 个极(源、漏和栅)、导电沟道、衬底和绝缘组成。影响该晶体管性能的一个重要因素是以下 3 种电流泄漏：

图 7.14 第一个晶体管

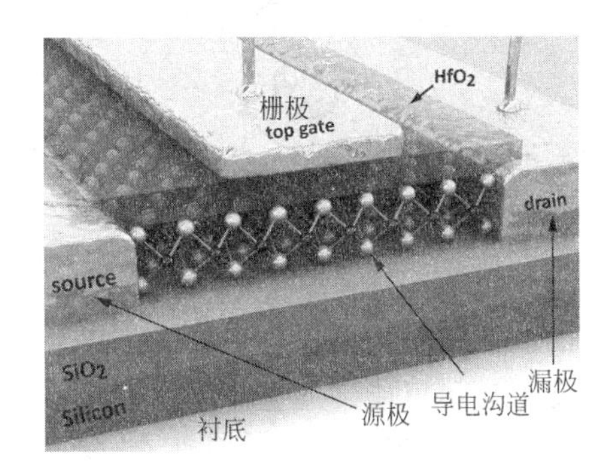


图 7.15 一个传统的晶体管模型

- 不同晶体管之间的电流泄漏。
- 各个极与衬底之间的电流泄漏。
- 栅极与导电沟道之间的电流泄漏。

这些电流泄露使得工作电流不足，进而影响晶体管的性能。为此，芯片不得不要求更大的供电量，而其直接后果就是芯片功耗增加，芯片发热量增加。

在 90nm 工艺之前，问题并不严重，因为晶体管之间有较大的距离。但转换到 90nm 工艺之后，不同晶体管的间距变得非常小，电流泄漏现象变得严重起来。特别是栅极与导电沟道之间的绝缘问题十分突出，因为没有很好的电介常数 $K$ 的材料，就不能得到很好的工作电场，直接影响晶体管的性能。到了 65nm 时代，这个问题到了非解决不可的地步，因为 65nm 只有 5 个原子层厚度。IBM 和 AMD 都采用 SOI(Silicon On Insulator，绝缘层上覆硅)技术，SOI 有效隔断了各电极向衬底流动的漏电流，使之只能够通过晶体管流动，但它对于同级晶体管之间的阻隔效果并不理想。为此，Intel 公司决定采用高 $K$ 值电介质(high k gate dielectric)的氧化物材料来制造晶体管的栅极。这种材料对电子泄漏的阻隔效果可以达到二氧化硅的 10 000 倍，电子泄漏基本被阻断，这样就可以在绝缘层厚度降低到 0.1nm 时还拥有良好的电子隔绝效果。

**2. 3D 晶体管**

如图 7.15 所示，传统的晶体管的栅极是一个平面。这样一个平面的栅极加电后的电场效应肯定不如图 7.16(a)的结构好。基于这种思路，Intel 公司早在在 2002 年就宣布了 3D 晶体管设计，并于 2011 年 5 月 6 日推出了它的第一个 3D 三维晶体管——Tri-Gate(三栅极晶体管)。

Tri-Gate 的结构如图 7.16(b)所示。它用一个极薄的三维硅鳍片取代了传统二维晶体管上的平面栅极，形象地说就是从硅基底上站了起来。硅鳍片的 3 个面都安排了一个栅极，其中两侧各一个，顶面一个，用于辅助电流控制，而二维晶体管只在顶部有一个。

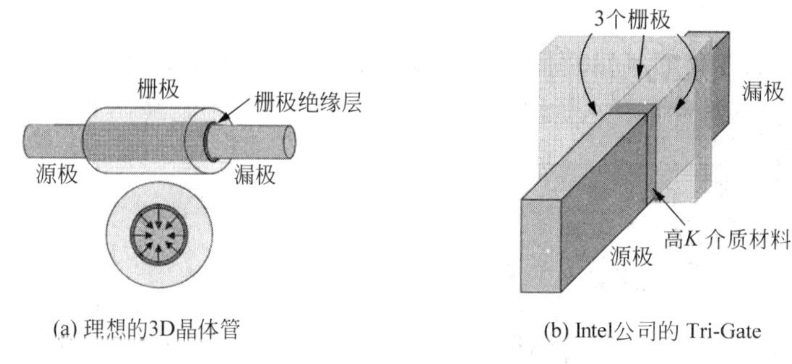


(a) 理想的3D晶体管　　(b) Intel公司的 Tri-Gate

图 7.16　3D 晶体管模型

这样的三栅极结构与以往平放的栅极晶体管相比，提供了更多的控制，可以使晶体管在“开”的状态下让尽可能多的电流通过(高性能)，而在“关”的状态下尽可能让电流接近零(即减少漏电，低能耗)，提高了开关速度，减少了晶体管的漏电流，降低了功耗，提高了单位面积上的集成度。Intel 公司声称，22nm 3D Tri-Gate 晶体管相比于 32nm 平面晶体管可带来最多 37%的性能提升，而且同等性能下的功耗减少一半。

**3. 3D 堆叠芯片**

3D 堆叠芯片是一种面向系统级的芯片封装工艺。如图 7.17 所示，它是指将多层平面器件堆叠起来，器件层之间通过穿通硅的 $Z$ 方向通孔(Through Silicon Via，TSV)来实现垂直互连。

芯片封装最初的作用是保护芯片，提供电连接，后来其技术和理念不断发展，形成了如下几个层次：

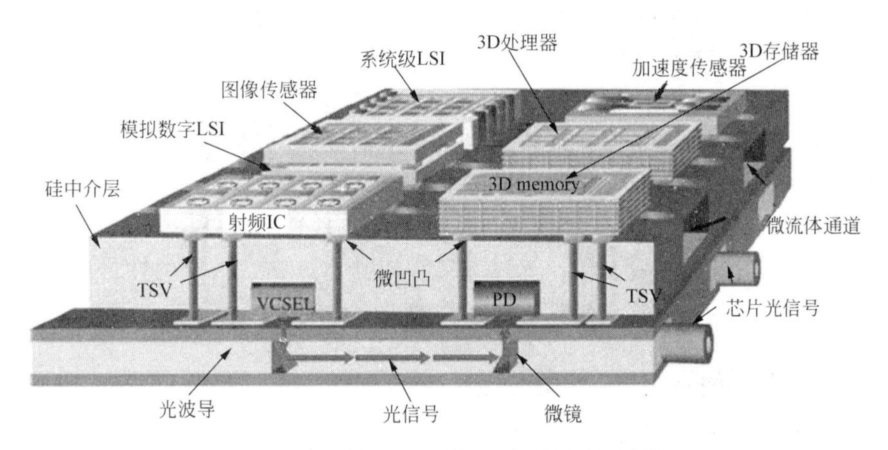


图 7.17　一种使用 TSV 的 3D 晶体管堆叠示意图

- SoB(System on Board,板上系统)。指所有分立元件在系统板上互连,DIP 就是一种典型的 SoB。
- SoC(System on Chip,片上系统)。指在单个芯片上集成一个系统,可以包括处理器、高密度逻辑电路、模拟和混合信号电路、存储器等。其工艺特点是在一个平面上实现系统,主要适合 CMOS 工艺。进行异质元件整合很困难,难以实现复杂系统,成本高,面市周期长。
- SiP(System in Package,系统级封装)。指将多个异质元件(有源或无源元件、微机电系统或光学等元件)组合到一个单元中,形成一个具有多种功能的系统或子系统。相比于 SoB、SoC,其集成相对简单,成本较低,设计周期和面市周期都比较短。
- SoP(System on Package,系统级封装)。是一种高度小型化的系统技术。SoP 与 SiP 的区别在于:SiP 的集成对于元件有选择性,所以集成度为 10%～20%;而 SoP 以微米级甚至纳米级元件为基础,灵活性和集成度更高,集成度可达 80%～90%。但是,其技术实现有一系列困难。

#### 4. “睡眠”晶体管

发热是制约集成电路进一步发展的一个关键因素。目前,主流处理器的功耗已经超过百瓦,而且还一直呈现向上提升态势。而缓存单元是 CPU 中的发热大户,特别是二级缓存的数量已经超过 CPU 晶体管总量的一半,其功耗极为可观。为了降低大容量缓存带来的高热量,Intel 公司为其 65nmSRAM 芯片中引入了“睡眠晶体管”——作为 SRAM 的小型控制器,当 SRAM 内的某些区域处于闲置状态时,睡眠晶体管就会自动切断该区域的电流供应,从而令芯片的总功耗大大降低。

### 7.2.3　纳米电子器件

#### 1. 物质的纳米态

从宏观世界开始,不断走向微观,当考察的尺度到达纳米(nm,1 nm=$10^{-9}$ m)级别时,所看到的物质已经到了几十个原子或分子组成的“超分子”级。在这个尺度上，物质的基础物理结构表现出一些奇异特性，既区别于宏观世界，又不同于微观世界，而被冠以独特的名称——介观(mesoscopic)世界，表明它是介于宏观与微观之间的特殊世界，也表明人们需要用一种新的思维来研究这个世界中的物质形态和运动规则，并把这个世界中的物质形态称为纳米态。

在纳米态，这些超分子级的物质已经无法区分它们是晶态(长程有序)、液态(短程有序)或气态(完全无序)，在超分子内部有了强关联性，使其熔点、磁性、导电性、发光性和水溶性等都发生了大幅度的变化。这些特性引起人们的极大兴趣。

**2. 纳米态的电气特性**

在纳米态，物质的电特性发生了很大变化，例如：

(1) 电子通过纳米圆环所组成的电路时，它的行为将不再遵循欧姆定律，而表现出 AB 效应(关联性)。

(2) 把两个金属体用一个绝缘层隔开，如果不断将绝缘层减薄，当薄到约 1nm 时，在两片金属就形成一个隧道结。纳米尺度隧道结中存在量子电容效应。由于量子隧道效应，超导电流(约 mA 量级)可以穿透该绝缘层，使两块超导体之间存在微弱耦合，这种超导体-绝缘体-超导体(SIS)结构称为约瑟夫森隧道结。

可以利用这些新的特性制作纳米晶体管。

**3. 纳米晶体管模型**

目前已经有 3 种纳米晶体管模型。

1) 单电子晶体管

如图 7.18 所示，单电子晶体管(Single-Electron Transistor，SET) 有 3 个端头：两个隧道结($C_1$ 和 $C_2$)的外端(分别连接源极和漏极)和一个栅极端。两个隧道结串联而成，在两个隧道间形成了一个“电荷岛”。由于单电子器件的三维尺寸很小，因此岛和栅极之间的电容很小，约为 $10^{-18}$F，因此即便是岛区内只有一个电子，也会产生几百毫伏的电压，使得先进入岛区的电子会强烈地排斥后来进入的电子，即产生库仑阻塞效应。这样，就可以通过栅极电压的大小来控制漏源电流的形成，也可以控制岛上的电荷多少，其工作很像场效应晶体管，非常适合做存储器。

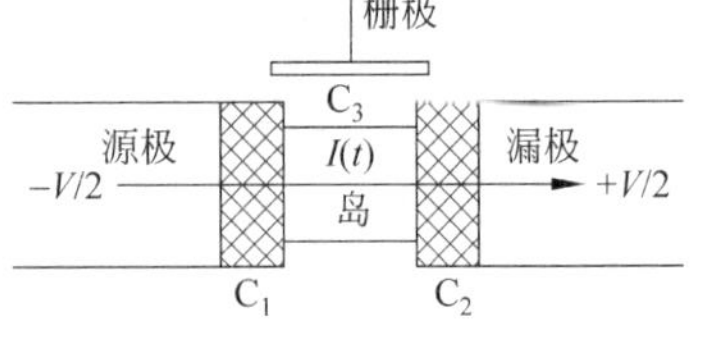

图 7.18　单电子管结构

2007 年 9 月，IBM 公司在《科学》杂志上发表两份研究报告，公布其在单原子存储技术和单分子逻辑开关研究方面取得的技术突破，这是纳米技术领域两项最新的重大科学成就。一是用扫描隧道显微镜操纵单个铁原子，并在其上成功地保存了一比特信息。该技术实用后可得到超高密度的存储设备，容量至少相当于目前硬盘的 1000 倍；二是首次揭示了单分子开关技术。该技术有望取代当今的硅芯片技术，制造出超微型的处理器，未来超级计算机的体积也许只相当于一粒尘埃，这是迈向建造分子级计算机的一个重大跨越。

2）共振隧穿器件

共振隧穿器件(Resonant Tunneling Device,RTD)包括两端的共振隧穿二极管(RTD)和三端的共振隧穿晶体管(RTT)。RTD利用双位垒位能阱中电子波的共振及电子隧穿原理设计而成。例如,RTD可以由两类Ⅲ/Ⅴ族化合物构成的夹心式结构,即在两层“高能”的AlAs(砷化铝)之间夹一层极薄(纳米级)的“低能”GaAs,以形成一个称之为量子阱的结构。当GaAs通道中入射电子的能量与量子阱内能级不匹配时,几乎没有电子能隧穿过位能阱,RTD处于截止状态;当入射电子的能量与量子阱内的能级匹配时,则RTD处于导通状态。RTD适合作为开关器件和放大器件。

3）量子点晶体管

量子点(quantum dot)也是一种电荷岛,是在金属或半导体内人为制造的纳米尺寸(1～100nm)的小空间或小区域,用于有选择地容纳和释放其内的电子。可以通过改变量子点的静电环境,如调节量子点附近的电场来控制量子点内的电子数。

一个量子点有一个顶栅和一个底栅。在顶栅极上加负偏压,可将电子约束在窄的沟道内。底栅的作用就像场效应晶体管中的栅极一样,调节其上的电压来控制漏和源间电流的大小。通过调节顶栅的负偏压可增高位垒,产生库仑阻塞,几乎没有电子隧穿过位垒,晶体管处于截止状态。

目前已经制得的量子点器件在十几纳米到1000纳米范围,其内的电子数在零到几百之间。

**4. 石墨烯晶体管**

石墨烯(graphene)是从石墨材料中剥离出来,由碳原子组成的只有一层原子厚度的二维晶体。2004年,英国曼彻斯特大学物理学家安德烈·盖姆(Andre Geim)和康斯坦丁·诺沃肖洛夫(Kostya Novoselov)(见图7.19),成功地从石墨中分离出石墨烯,证实它可以单独存在,两人也因此共同获得2010年诺贝尔物理学奖。

图7.19　2010年诺贝尔物理学奖获得者安德烈·盖姆和康斯坦丁·诺沃肖洛夫

2004年安德烈·盖姆和康斯坦丁·诺沃肖洛夫还用分离出的石墨烯开发出了10nm级可实际运行的石墨烯晶体管。他们采用标准的晶体管工艺,首先在单层石墨膜上用电子束刻出沟道。然后在余下的被称为“岛”的中心部分封入电子,形成量子点。石墨烯晶体管栅极部分的结构为十几纳米的量子点夹着几纳米的绝缘介质。由于施加电压后会改变该量子点的导电性,就如同于标准的场效应晶体管一样,可记忆其逻辑状态。此外,他们尚未公布的最新研究成果还有已研制出长宽均为1个分子的更小的石墨烯晶体管。该石墨烯晶体管实际上是由单原子组成的晶体管。

受物理原理的制约,当硅被分割成小于10nm的小片后,将失去诱人的电子性能。与硅相比,石墨烯分割成1nm的小片时,其基本物理性能并不改变,而且还有可能异常发挥。研究表明,硅基的微计算机处理器在室温条件下每秒只能执行一定数量的操作,所以目前硅器件的工作速度所达到的千兆赫已经接近极限，无法再提高了。而电子穿过石墨烯几乎没有任何阻力，所产生的热量也非常少。此外，石墨烯本身就是一个良好的导热体，可以很快地散发热量。因此石墨烯被认为最有潜力的应用是成为硅的替代品。用石墨烯器件制成的计算机的运行速度可达到太赫(THz)级，即 $10^{12}$ Hz。

除了让计算机运行得更快，石墨烯器件还能用于需要高速工作的通信技术和成像技术。有关专家认为，石墨烯很可能首先应用于高频领域，如太赫兹波成像，其一个用途是用来探测隐藏的武器。

在业界，2008 年 3 月 IBM 公司沃森研究中心的科学家在世界上率先制成低噪声石墨烯晶体管。

2008 年 5 月美国乔治亚科技学院教授德希尔与美国麻省理工学院林肯实验室合作在单一芯片上生成了几百个石墨烯晶体管阵列。

2008 年 6 月底日本东北大学电气通信研究所末光真希教授在硅衬底上生成单层石墨膜，即石墨烯。

### 7.2.4 量子计算机

量子计算机的概念最早是由美国加州理工学院的物理学家费曼(Richard P. Feynman)于 20 世纪 80 年代提出的。它不是避免电子的波动性，而是利用电子的波动性来制造出集成度很高的芯片。下面介绍有关量子计算机的一些基本概念。

#### 1. 基本原理

在传统计算机中，位(bit)是对高电位还是低电位、0 或 1、开或关的抽象。一位同时只能存储 0 和 1 中的一个，两位只能存储 00、01、10 和 11 中的一个……

与传统计算机不同，量子计算机遵循的是原子级的世界中的运动规律。在量子计算机中，使用的是量子状态量，每个量子状态不仅可以有存在和不存在两种稳定状态，还有一种既存在又不存在的状态。好比一个硬币，当它旋转时，就具有既是数字面又是图像面的状态；而当读取它时，就有一个确定的值。为了区别传统计算机中的信息单元 bit(比特)，人们把量子计算机中的基本信息单元称作 qubit(量子位或者昆比特)。显然，qubit 能作为单个的 0 或 1 存在，也能以这些传统位的混合或重叠状态——“超态”存在(同时既作为 0 也作为 1)，而 bit 只能作为 0 或者作为 1 存在。这说明 qubit 比 bit 可以表示的状态多。

用传统 bit，在某一时刻，一位只能存储 0 或 1 中的一个，2 位只能存储 00 或 01、10、11 中的一个，3 位只能存储 000 或 001、010、011、100、101、110、111 中的一个……但用量子比特就不同了。表 7.2 表明不同数量的量子所具有的存储能力，一个量子重叠态运行 1 qubit 可以同时存储 0 和 1；2 qubit 能同时存储所有的 4 个二进制数。3 qubi 能同时存储 8 个二进制数 000、001、010、011、100、101、110 和 111……300 qubit 能同时存储 $2^{300} \approx 10^{90}$ 个数字。这比可见宇宙中的原子数还多。即只须用 300 个光子(或者 300 个离子等)就能存储比可见宇宙中的原子数还多的数字，而且对这些数字的计算可以同时进行。

表 7.2 qubit 的存储能力

| qubit 位数 | 所具有的状态 | 存储的数据量 |
|---|---|---|
| 1 | (0 和 1) | $2^1$ |
| 2 | (0 和 1)和(0 和 1) | $2^2=4$ |
| 3 | (0 和 1)和(0 和 1)和(0 和 1) | $2^3=8$ |
| ⋮ | ⋮ | ⋮ |
| 300 | (0 和 1)和(0 和 1)和(0 和 1)和(0 和 1)… | $2^{300}\approx10^{90}$ |

### 2. 量子计算机的应用特点

在微观世界中,各种微粒的运动每时每刻都是不确定的,它们的运动状态只能用概率描述。例如,一个电子的行为处于一种朦胧的电子云中,它的行踪是无法精确地描述的。但是,用量子力学就能计算出它的位置的概率,但是在受到某种作用之前,电子不会待在一个地方不动,而是"到处都可能出现"。这种量子粒子的"到处都可能出现"的性质可以解决利用现有计算机认为不可解或难解的问题。例如在一个城市、一个国家或全球查找具有某一基因特征的人,用现在的计算机只能一个一个地比较查询,即使用最快的计算机也要几个世纪。而用量子方法,可以不一个一个地个别查找,而是用指定概率的方法为其定位:对量子计算机的以亿计的名字标识的输入给定相同的概率,通过计算机程序的推进形成"概率云",然后查询到所要寻找的对象。量子计算机的编程人员的任务是从迅速得到正确答案的成功率上控制胜率。

量子的基本逻辑运算有 NOT、COPY、AND 3 种。

### 3. 量子计算机应用

已有的研究成果表明,量子计算在密码技术和通信方面已经取得了一定成果。

1) 量子密码

现代保密通信把安全性建立在密钥的保护上,并且根据加密和解密采用的密钥是否相同,把加密系统分为对称密钥体系(加密与解密采用相同的密钥)和不对称密钥体系(加密与解密采用不同的密钥)。由于对称密钥体系中密钥安全传输的困难性,人们普遍认为基于大数因子分解这样一类单向性函数的不对称密钥体系是很安全的,传统计算机解密是相当困难的。但是,业已证明,采用量子计算机可以轻而易举地破译这种公开密钥体系。这就对现有保密通信提出了严峻挑战。解决这个问题的有效途径是量子密钥体系。

量子密码的安全性由量子力学性质所保证。量子密钥体系采用量子态作为信息载体,经由量子通道传送,在合法用户之间建立共享的密钥(经典随机数)。量子力学的基本原理中有两条保证了量子密码体系的安全性:一是对量子态的测量会干扰量子态本身;二是量子不可克隆定理,即任何物理上可行的量子复制机都不可能克隆出与输入量子态完全一样的量子态来。前者将使窃密者的任何测量——窃听行为必然会留下痕迹而被合法用户所发现;后者确保窃听者不会成功。

2) 量子通信

量子通信最基本的特点是量子隐形传态,即传送的是量子信息。1993 年 Bennet 等人在 PRL 上发表了一篇论文,提出量子隐形传态的方案:将某个粒子的未知量子态(即未知量子比特)传送到另一个地方,把另一个粒子制备到这个量子态上,而原来的粒子仍留在原处。其基本思想是:将原物的信息分成经典信息和量子信息两部分,它们分别经由经典通道和量子通道传送给接收者。经典信息是发送者对原物进行某种测量而获得的,量子信息是发送者在测量中未提取的其余信息。接收者在获得这两种信息之后,就可制造出原物量子态的完全复制品。这种量子信息的隐形传送过程可以看作是未知量子比特在甲处消失,而在乙处重新出现,这不是量子克隆的过程,而是量子信息的传输过程。

2013 年 3 月 15 日,《科学》杂志在线发文,宣布中国科学院院士薛其坤(见图 7.20)领衔的清华大学团队找到一种叫作“磁性拓扑绝缘体薄膜”的特殊材料,并在对它的实验中观测到“量子反常霍尔效应”。

图 7.20 薛其坤在实验室中

霍尔效应是美国物理学家霍尔(Edwin Hall)于 1879 年发现的一个物理效应。普通状态下的电子运动轨迹是无序的,时有碰撞。量子霍尔效应里的电子在外加强磁场的情况下,可以让电子有规律地运动,不损耗能量。但物理学家认为,还应该存在“量子反常霍尔效应”,就是不需要强磁场,也能使电子运动并且没有能量损耗。所以反常霍尔效应也称零磁场中的霍尔效应。

薛其坤领衔的团队在实验室条件下实现了它,表明人类有可能利用其无耗散的边缘态发展新一代的低能耗晶体管和电子学器件,从而解决电脑发热问题和摩尔定律的瓶颈问题,有可能推动信息技术的进步。

2014 年 9 月,美国普林斯顿大学研究人员发布了他们的一项最新研究成果:他们制作出一种超导体,里面有 1000 亿个原子,在聚集起来之后,众多原子如同一个大的“人工原子”。科学家把“人工原子”放在载有光子的超导电线上,结果显示,光子在“人工原子”的影响下改变了原有的运动轨迹,开始呈现实物粒子的性质。这项成果表明,可以让光子遵循实物粒子的运动规律。从而使量子计算机的诞生又提前了一步。

### 7.2.5 光学计算机

#### 1. 光学计算机研究进展

光速是物质运动最快的速度。电子的传播速度只能达到 593 km/s,而光子的速度是 $3\times10^5$ km/s。同时,光的互联数大,功耗低,抗干扰能力强,光路间可以交叉,也可以与电子信号交叉,不产生互相干扰。因此它是超并行、高容错、超高速、高带宽、强抗干扰计算机的理想技术。

早在 1940 年,现代计算机之父,美籍匈牙利科学家冯·诺依曼就曾经提出过利用光学原理制造数字计算机的设想。但是由于技术方面的难度,光学计算机的研制一直处在缓慢前进的状态。1960 年第一台激光器的诞生,才为光学器件的研制奠定了基础。又过了近 20 年,即在 1979 年第一个半导体光学双稳态器件才研制成功。从此,光学计算机的研制逐步走向高潮。1985 年,美国 AT&T 公司贝尔实验室研制成利用自由光效应(SEED)的光处理机。1990年该实验室又研制成使用对称SEED(S-SEED)器件的第一台全光学数字计算机。2003年底,全球首个嵌入光核心的商用向量光学数字处理器——由以色列Lenslet公司研发的Enlight(见图7.21)在美国波士顿军事通信展览会上露面。这一预示着计算机进入光学时代的产品引起了全球计算机界的极大关注。

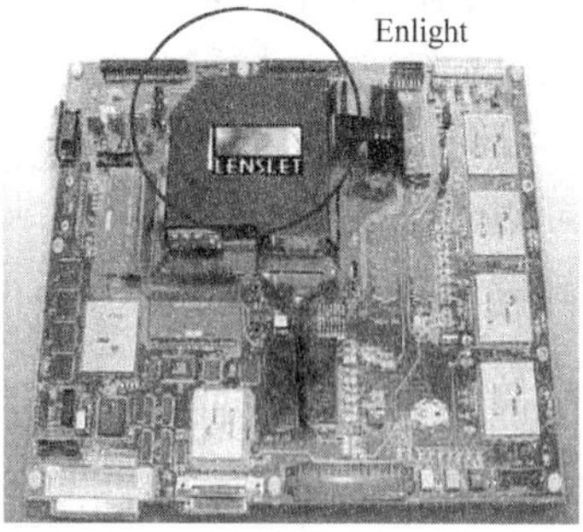

图7.21 光学数字信号处理器Enlight

**2. 光学计算机的特点**

与电子计算机相比,光子计算机具有以下优点。

1) 超高速的运算速度

电子的传播速度是593km/s,而光子的传播速度却达$3\times10^5$km/s,是电子传播速度的500倍左右。并且电子只能通过一些相互绝缘的导线来传导,随着装配密度的不断提高,会使导体之间的电磁作用不断增强,散发的热量也逐渐增加,从而制约了电子计算机的运行速度。而光子对使用环境条件的要求也比电子计算机低得多,并且光子计算机并行处理能力强,因而具有更高的运算速度,可高达每秒一千亿次。

2) 超大规模的信息存储容量

与电子计算机相比,光子计算机具有超大规模的信息存储容量。光子计算机具有极为理想的光辐射源——激光器,光子的传导是可以不需要导线的,而且即使在相交的情况下,它们之间也不会产生丝毫的相互影响。光子计算机无导线传递信息的平行通道,其密度实际上是无限的,一个五分硬币大小的棱镜,它的信息通过能力竟是全世界现有电话电缆通道的许多倍。

3) 能量消耗小,散发热量低,节能

光子计算机的驱动只需要同类规格的电子计算机驱动能量的一小部分,这不仅降低了能耗,而且为微型化、便携化提供了便利条件。

目前,光子计算机的许多关键技术,如光存储技术、光互连技术、光电子集成电路等都已经获得突破,大幅度地提高光子计算机的运算能力是当前科研工作面临的攻关课题。光子计算机的问世和进一步研制、完善将为人类跨向更加美好的明天提供无穷的力量。

由于完全的光计算机的研制有相当大的难度,科学家们正试验将传统的电子转换器和光子结合起来,制造一种"杂交"的计算机,这种计算机既能更快地处理信息,又能克服巨型电子计算机运行时内部过热的难题。

### 7.2.6 超导技术

随着半导体器件集成度的提高,硅半导体工艺越来越接近极限,于是不少人把希望寄予超导(superconductivity)现象的研究。

超导现象是金属、合金和化合物在温度低于某一临界温度时电阻陡然降为零的现象。在一个超导回路中,电流将无限流动,只有外加磁场或升高温度时,才能中断该超导性。具有这种特性的物体称为超导体。

超导体还有一个非常特殊的现象:若把两个超导体构成一个隧道结,两者之间用绝缘层相隔，则当此绝缘层减薄到一定程度并将此结置于临界温度之下时，无须加电压，就有电流通过此绝缘层。这种电流称为隧道效应超导电流，这种现象称为超导约瑟夫逊效应(Josephson effect of superconductivity)，基于这种效应的器件称为约瑟夫逊器件。而当电流超过此超导电流的阈值时，结电阻会陡变为高电阻，并且，可以通过外加磁场来减少约瑟夫逊结的有效面积以减小阈值电流，将约瑟夫逊结器件由超导变为常态，从而使约瑟夫逊器件呈可控的二态性。

约瑟夫逊结现象是20世纪60年代被发现的。它的诱人前景立即被计算机专家看好。美、日等国的许多大公司投入了巨资进行研究。1985年前苏联科学家Likharev等人发现了快速单磁通量子(Rapid Single-Flux-Quantum，RSFQ)：利用穿过超导环的磁通量具有量子特征，以磁通量表示数字信息并用铌代替铅合金制成超导薄膜，可以使基于RSFQ的逻辑电路的时钟频率达到几百吉赫(GHz)，而每个门的功率消耗只有0.3μW，从而实现了数字电路技术上的一次突破。但是，超导计算机的研究还有许多问题没有解决。

约瑟夫逊效应(超导隧道效应)是制造脑磁图传感器心脏部件SQUID(超导量子干涉器件)的核心理论。1962年，当时是剑桥大学研究生的约瑟夫逊分析了由极薄绝缘层(厚度约为百万分之一毫米)隔开的两个超导体断面处发生的现象。他在玻璃衬板上镀一层超导金属膜，使其上形成厚度很薄的绝缘层，在氧化层上再镀上一层超导金属膜，就得到一个超导-绝缘-超导(SIS)结，称为约瑟夫逊结(Josephson junction)。简单地说，约瑟夫逊结是将一层极薄的非超导材料融合在两层超导材料中间，通过调节两块超导体间的绝缘层的厚薄，可以使其电压比某一特定值大时才有电流通过，小时则没有电流通过。约瑟夫逊预言，超导电流可以穿过绝缘层，在薄绝缘层隔开的两种超导材料之间有电流通过，即"电子对"能穿过薄绝缘层(隧道效应)；同时还产生一些特殊的现象：只要超导电流不超过某一临界值，则电流穿过绝缘层时将不产生电压，即电流通过薄绝缘层无须加电压，倘若加电压，电流反而停止而产生高频振荡，即通过绝缘层的电压将产生高频交流电。这些预言于1963年在美国的贝尔实验室被罗威尔等人用试验证实了，而这一超导物理现象则被称为约瑟夫逊效应。约瑟夫逊效应是超导体的电子学应用的理论基础。

### 7.2.7 生物计算机

说到底，计算机是模拟人的大脑计算功能的一种机器。在计算机发展的漫长岁月中，人们制造了机械计算机、电子计算机，正在研制光学计算机等，但它们都不及人的大脑那样优越。所以制造人大脑那样的计算机一直是人类的梦想。这就是生物计算机。

#### 1. 生物计算原理

20世纪70年代，人们发现DNA处于不同状态时可以代表信息的有或无。DNA分子中的遗传密码相当于存储的数据，DNA分子间通过生化反应，从一种基因代码转变为另一种基因代码。反应前的基因代码相当于输入数据，反应后的基因代码相当于输出数据。只要能控制这一反应过程，就可以制成DNA计算机。

1) 基于生物开关的研究

人们最早发现的生物开关是DNA(脱氧核糖核酸)，它处于不同状态时可以分别代表

“有信息”和“无信息”。后来又发现，一些半醌类有机化合物分子具备“开”和“关”两种电态。科学家们进一步发现，蛋白质分子中的氢也具备“开”和“关”两种电态，因而可以把一个蛋白质分子当作一个开关元件，进一步可以做成生物记忆元件等，再进一步就可以构成生物计算机。已经研制出利用蛋白质团来制造的开关装置有合成蛋白芯片、遗传生成芯片、红血素芯片等。

在研究中人们发现，生物分子的机械特性不仅可以实现逻辑运算（“与”“或”“非”）、加、移位等运算，通过对 DNA 链的简单复制、剪接、粘连和修复，可以使它们进行非常复杂的运算。而且，生物计算机可以同时对整个分子库中的分子进行处理，而不必像传统计算机那样对于所要处理的问题以电流速度一个一个地分析所有可能的方案。这样，就可以实现大规模的并行计算。此外，DNA 电路的判断结果再不是简单的 1（是）或 0（非），而是 0～1 之间的模糊值，这样就可以像人脑一样进行模糊计算。

2）基于 DNA 结构的研究

DNA 是一种细长的高分子化合物，由一系列脱氧核苷酸链构成，脱氧核苷酸又由脱氧核糖、磷酸和含氮碱基组成，碱基有 4 种，分别是腺嘌呤（A）、鸟嘌呤（G）、胞嘧啶（C）和胸腺嘧啶（T）。

单个的核苷酸连成一条链，两条核苷酸链按一定的顺序排列，并扭成如图 7.22 所示的双螺旋，就构成脱氧核糖核酸（DNA）的分子结构。在这个结构中，每 3 个碱基可以组成一个遗传的“密码”，一个 DNA 上的碱基多达几百万个，所以每个 DNA 就是一个大大的遗传密码本，里面所藏的遗传信息多得数不清，这种 DNA 分子就存在于细胞核中的染色体上。它们会随着细胞分裂传递遗传密码。

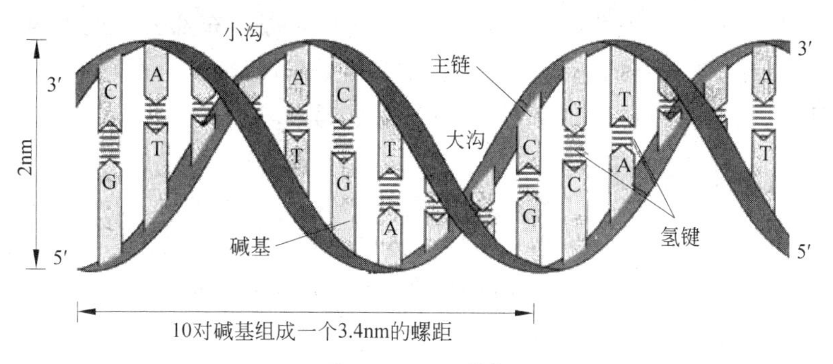


图 7.22 DNA 结构

DNA 的 4 种含氮碱基的比例具有奇特的规律性——符合加卡夫法则，具有 A≈T 和 C≈G 的关系。这就说明一个单链有且只有唯一的另一条单链与其对应。即当输入一条信息后（信息就用一条单链表示），在信息的载体上有且只有唯一的另一条单链与其对应，再用从信息载体上获得的信息表示信息时又有且只有唯一的另一条单链对其进行表示。其运算情景就像是齿轮的咬合。所以，其运算在理论上具有 100％的传递正确性。而在电子计算机中，因为电传输中有静电效应，光传输中也会有能量的损失，这些都会导致在信息传递中出现误码率。

### 2. 生物计算机的优势

生物计算元件还有许多优点：

(1) 密度高。蛋白质分子比电子元件小很多，可以小到几十亿分之一米，而且生物芯片本身具有天然独特的立体化结构，其密度要比平面型的硅集成电路高5个数量级。科学家采用有机的蛋白质分子构成的生物芯片代替由无机材料制作的硅芯片，其大小仅为现在所用的硅芯片的十万分之一，而集成度却极大地提高了，如用血红素制成的生物芯片，$1mm^2$能容纳10亿个门电路。$1m^3$的DNA溶液可存储1万亿亿($1\times10^{20}$)位的信息，相当于目前世界上所有计算机的总存储容量。

(2) 速度快。生物计算机传递信息的速度是人脑思维速度的100万倍，开关速度达到10ps，是当今最新一代计算机的10万倍。如果生物计算机研制成功，几十小时的运算量就相当于全球所有计算机问世以来运算量的总和。

(3) 低能耗。生物计算机的元件是由有机分子组成的生物化学元件，它们是利用化学反应工作的，所以，只需要很少的能量就可以工作了，消耗的能量只有一台普通计算机的十亿分之一，从而克服了长期以来集成电路制作工艺复杂、电路因故障发热熔化以及能量消耗大等弊端。此外，它还可以从外界自动以细胞吸收营养的方式来补充能量。

(4) 高可靠性。生物芯片具有生物的特点，具有自我组织、自我调节、自我修复的功能和自愈能力，从而获得极高的可靠性。

(5) 具有并行计算能力和生物活性。生物计算机具有先天的并行计算能力，其生物活性便于与人体组织有机地结合，尤其是能够与大脑和神经系统相连。这样，就可以用来模仿人脑的思维活动，直接接受人脑的指挥，成为人脑的外延或扩充部分。把生物电脑植入人脑内，可以使盲人复明，使人脑的记忆力成千上万倍地提高；若是植入血管中，则可以监视人体内的化学变化，使人的体质增强，使残疾人重新站立起来。

### 3. 生物计算机的研究状况

自1983年美国公布了研制生物计算机的设想之后，立即激起了世界性的研制热潮。美国、日本、德国和俄罗斯的科学家积极开展生物芯片的开发研究。其中，日本从1984年开始，每年用于研制生物计算机的科研投资为86亿日元。

20世纪80年代，科学家就制造出了蛋白质分子电路，这种电路由视紫红蛋白组成。视紫红蛋白有一种特性：用一定能量的绿色激光照射，分子就会打结，在红色激光照射下，又会恢复原状。从而形成一种蛋白质分子开关，为制造生物计算机迈开了可喜的一步。美国明尼苏达州立大学已经研制成世界上第一个“分子电路”，由“分子导线”组成的显微电路只有目前计算机电路的千分之一。美国斯坦福大学的专家在细菌中也发现了“生物电路”，并在生物利用能量糖酵解过程中发现了逻辑运算现象，找到了有关的“逻辑门”。科学家还研制出许多生物计算机的主要部件——生物芯片，如合成蛋白芯片、血红素芯片、赖氨酸芯片等。

2002年，以色列维茨曼科学研究所开发出一种由DNA和生物酶分子制成的可运行程序的分子计算机。这种纳米级生物计算机实际上是一个试管计算机。在此计算机中，数据用一条 DNA 链的分子对表达，用两种天然酶进行代码的读取、复制和操作。

目前最新一代实验计算机正在模拟人类的大脑。人们正努力寻找神经元与硅芯片之间的相似处，研制基于神经网络的计算机。尽管目前研制出来的最先进的神经网络拥有的智力还非常有限，但大多数科学家认为，生物计算机是未来发展之路。国外有科学家预言，到2020 年，运算速度更快的生物芯片将取代硅芯片。

生物计算机一旦研制成功，可能会在计算机领域内引起一场划时代的革命。不过，由于成千上万个原子组成的生物大分子非常复杂，其难度非常大，目前来看，很容易质变和受损。因此，生物计算机的发展可能要经过一个较长的过程。

## 习　题

7.1　冯·诺依曼计算机属于________驱动方式，数据流计算机属于________驱动方式，归约计算机属于________驱动方式。

7.2　查找资料，写一份当前非冯·诺依曼计算机发展状况的报告。

7.3　查阅资料，分析计算机元器件技术的发展趋势。

# 附录A　国内外常用二进制逻辑元件图形符号对照图

| 图形符号 | | | | | | 说明 |
|---|---|---|---|---|---|---|
| 中国 | 国际电工委员会 | 美国 | 德国 | 英国 | 日本 | |
| | | | | | | 逻辑非，画在输入端 |
| | | | | | | 逻辑非，画在输出端 |
| | | | | | | 逻辑极性，画在输入端 |
| | | | | | | 逻辑极性，画在输出端 |
| | | | | | | 动态输入 |
| | | | | | | 带逻辑非的动态输入 |
| & | & | & 或 | & | & | AND | “与”门 |
| ≥1 | ≥1 | ≥1 或 | ≥1 | ≥1 | OR | “或”门 |
| 1 | 1 | 1 或 | 1 | 1 | NOT | “非”门<br>反相器 |
| & | & | & 或 | & | & | NAND | “与非”门 |

续表

| 图形符号 | | | | | | 说明 |
| --- | --- | --- | --- | --- | --- | --- |
| 中国 | 国际电工委员会 | 美国 | 德国 | 英国 | 日本 | |
| 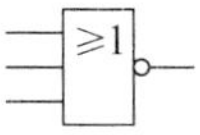 ≥1 | 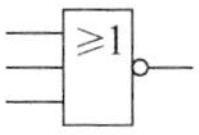 ≥1 | 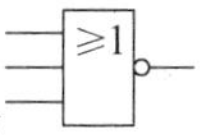 ≥1 或 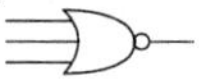 | 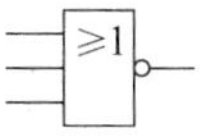 ≥1 | 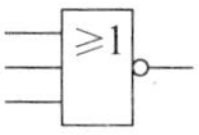 ≥1 | NOR | “或非”门 |
| 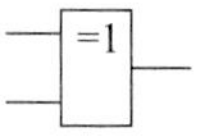 =1 | 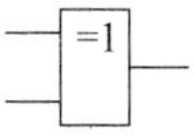 =1 | 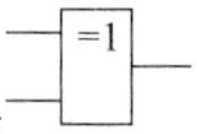 =1 或  | 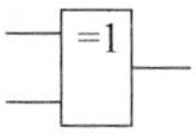 =1 | 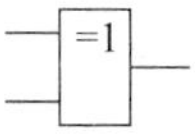 =1 | | “异或”门 |
| 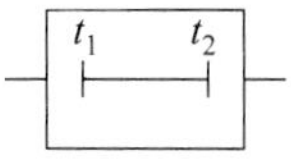 $t_1$ $t_2$ | 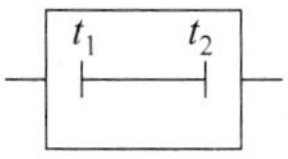 $t_1$ $t_2$ | 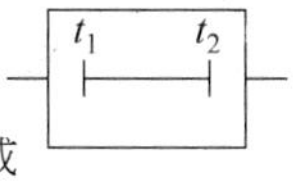 $t_1$ $t_2$ 或 $t_1$ $t_2$ 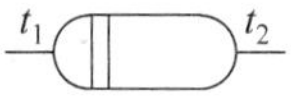 | 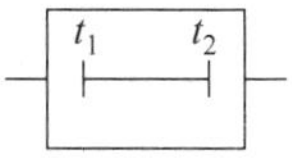 $t_1$ $t_2$ | 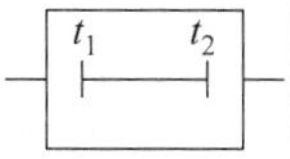 $t_1$ $t_2$ | | 规定延迟时间延迟单元 |

# 参考文献

[1] 张基温. 计算机组成原理教程[M]. 6版. 北京：清华大学出版社，2016.
[2] 裘雪红，李伯成，车向泉，等. 计算机组成与体系结构[M]. 北京：高等教育出版社，2009.
[3] 白中英. 计算机组成原理[M]. 4版. 北京：科学出版社，2008.
[4] 陈云霁，陈天石，谭奥维. 神经计算机的涅槃[J]. 中国计算机学会通讯，2013，9(10).